Fluidmechanik

Peter von Böckh · Christian Saumweber

Fluidmechanik

Einführendes Lehrbuch

3., bearbeitete und ergänzte Auflage

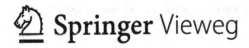 Springer Vieweg

Peter von Böckh
Karlsruhe, Deutschland

Christian Saumweber
Institut für Angewandte Thermo- und Fluid-
dynamik
Hochschule Mannheim
Mannheim, Deutschland

ISBN 978-3-642-33891-5   ISBN 978-3-642-33892-2 (eBook)
DOI 10.1007/978-3-642-33892-2

Die Deutsche Nationalbibliothek verzeichnet diese Publikation in der Deutschen Nationalbibliografie; de-
taillierte bibliografische Daten sind im Internet über http://dnb.d-nb.de abrufbar.

Springer Vieweg ist eine Marke von Springer DE. Springer DE ist Teil der Fachverlagsgruppe Springer
Science+Business Media
www.springer-vieweg.de

Vorwort zur 1. Auflage

Es gibt bereits gute, einführende Lehrbücher der Fluidmechanik bzw. Strömungslehre (z. B. „Technische Strömungslehre" von Willy Bohl), die für den Unterricht an Universitäten und Fachhochschulen geeignet sind. Warum ein weiteres Fachbuch über die Grundlagen der Fluidmechanik?

Dieses Buch wurde speziell für Maschinenbau- und Verfahrensingenieure erarbeitet. Um diesem Fachbereich gerecht zu werden, wurden im Vergleich zu anderen Lehrbüchern gewisse Gebiete wie z. B. die Strömung in offenen Gerinnen und Rheologie weggelassen, andere Themen zusätzlich aufgenommen beziehungsweise erweitert behandelt. Diese sind:

- die für die Auslegung von Verdampfern und Kondensatoren wichtige Berechnung des Druckverlustes bei der Strömung von Flüssigkeits-/Gasgemischen in Rohren
- die für sicherheitstechnische Risikoanalysen wichtige kritische Strömung von Gasen und Flüssigkeits-/Gasgemischen
- die Strömung kompressibler Fluide mit hoher Geschwindigkeit (*Fanno*-Linie)
- Reibungsdruckverluste in quer angeströmten Rohrbündeln
- einfache Grundlagen der numerischen Lösungsmethoden, die hinsichtlich vermehrt aufkommender Strömungsprogramme den Studierenden einen ersten Einblick in dieses Gebiet vermittelt und sie in die Lage versetzt, einfachere Probleme selbst zu programmieren
- in *Mathcad* erstellte Beispiele, die im Internet abgerufen werden können. Sie erlauben z. B. die Berechnung von Druckverlusten in Rohrleitungssystemen, Bestimmung der Stoffwerte, Berechnung des Druckverlustes und kritischen Massenstromes in Gas/Flüssigkeitsgemischen, Berechnung von *Laval*düsen etc.

Aufbau und Gestaltung des Buches orientieren sich an den hervorragenden amerikanischen Lehrbüchern „Engineering Fluid Mechanics" von *John A. Roberson* und *Clayton T. Crowe* und „Introduction to Fluid Mechanics" von *Robert W. Fox* und *Alan T. McDonald*. Beide Bücher zeichnet eine klar strukturierte und systematische Darstellung aus. Durch treffend gewählte Beispiele werden Verständnis und Benutzung erleichtert.

Die Grundlagen für das vorliegende Buch lieferten meine Erfahrungen aus der Forschungstätigkeit über zweiphasige Strömungen, aus industrieller Praxis mit Wärmeübertragern, Wasserabscheidern und Strömungsmaschinen für Dampfkraftwerke und aus zehnjähriger Lehrtätigkeit, Laborpraxis und anwendungsorientierter Forschung an der Fachhochschule beider Basel.

Bei der Erstellung des Buches wurden folgende Ziele angestrebt:

- klare und streng strukturierte Darstellung der Grundlagen
- Aufzeigen der grundlegenden Gemeinsamkeiten mit der Thermodynamik
- Anwendung der Grundlagen auf praktische Probleme in MusterBeispielen
- strikte Verwendung des Systembegriffes und Kontrollraumes
- konsequente Anwendung und Formulierung der Erhaltungssätze für Masse, Impuls und Energie
- praxisorientierte Stoffvermittlung
- Vermittlung der Stoffwerte aus Diagrammen und Tabellen im Anhang des Buches.

Der behandelte Stoffumfang entspricht den Fluidmechanik-Kursen für Maschinenbau- und Verfahrensingenieure an technischen Hochschulen und Fachhochschulen.

Das Buch entstand aus meinem Vorlesungsskript. Ich danke den Studentinnen und Studenten, die durch ihre Fragen, Anregungen und Kritik mitgewirkt haben, ein für den Unterricht geeignetes Werk zu erstellen. Für weitere Anregungen und Kritik aus dem Leserkreis bin ich dankbar.

Meiner Frau Brigitte danke ich für ihre Unterstützung während der vielen Stunden, die das Verfassen und die Redaktion des Buches gekostet haben. Mit stilistischen Ratschlägen hat sie wesentlich zur sprachlichen Gestaltung des Buches beigetragen.

Dem Verlag Sauerländer danke ich für die ausgezeichnete Zusammenarbeit.

Muttenz, im Juli 2001   Peter von Böckh

Vorwort zur 2. Auflage

Nachdem der Sauerländer Verlag Fachhochschulbücher nicht mehr publiziert, erklärte sich freundlicherweise der Springer Verlag bereit, die 2. Auflage des Buches zu veröffentlichen. Die erste Auflage benutzte ich zweieinhalb Jahre in den Vorlesungen. Dank der Aufmerksamkeit der Studierenden und des Herrn Dr. Hartwig Wolf konnte ich einige sachliche Fehler eliminieren. Das Buch fand bei Studierenden und auch bei Benutzern aus der Industrie gute Resonanz. Gegenüber der ersten Auflage verbesserte meine Frau Brigitte in diesem Buch die Verständlichkeit der Formulierungen.

Mein besonderer Dank gilt dem Springer Verlag für die wertvolle und speditive Zusammenarbeit.

Muttenz, Frühjahr 2004 Peter von Böckh

Vorwort zur 3. Auflage

Für die Dritte Auflage hat Prof. Dr. Christian Saumweber sich bereiterklärt als Koautor am Buch mitzuarbeiten. Er unterrichtet an der Hochschule Mannheim. Durch ihn wurde das Buch mit dem Kapitel „Einführung in die numerische Lösungsmethoden" neu gestaltet. Heute ist dieses Verfahren in der Entwicklung und Berechnung strömungstechnischer Probleme ein Standard. Es werden von mehreren Anbietern 3D-CFD-Programme angeboten. In diesem Kapitel wird der Studierende in die Grundlagen eingeführt, so dass er in den angebotenen Programmen nicht nur ein „Blackbox" sieht, sondern die Funktion der Programme versteht und die Resultate kritisch analysieren kann. Weiterhin hat er im Kapitel „Strömungsmesstechnik" einige neue Messmethoden zugefügt.

Neu ist jetzt auch die Erscheinung des Buches, da der Springer Verlag die Bücher auch als E-Books herausbringen will. Das ursprünglich mit Pagemaker hergestellte Buch musste dazu in Word umgestellt werden und das Layout ist nicht mehr die Sache der Autoren.

Die Zusammenarbeit mit dem neuen Koautor hat sehr gut funktioniert und durch ihn wird sichergestellt, dass das Buch künftig auch dem Stand der Technik entspricht.

Karlsruhe und Mannheim, Frühjahr 2013

Peter von Böckh
und Christian Saumweber

Inhaltsverzeichnis

Formelzeichen

Symbol	Bezeichnung	Einheit
A	Querschnittsfläche	m^2
a	Schallgeschwindigkeit	m/s
a	Hilfsgröße, dimensionsloser Rohrabstand senkrecht zur Anströmung	–
b	Breite	m
b	Hilfsgröße, dimensionsloser Rohrabstand parallel zur Anströmung	–
c	Geschwindigkeit	m/s
c	Hilfsgröße, dimensionsloser Rohrabstand diagonal zur Anströmung	–
c_A	Widerstandsbeiwert für den Auftrieb	–
c_p	isobare spezifische Wärmekapazität	J/(kg K)
$\bar{c}_p$	mittlere isobarespezifische Wärmekapazität	J/(kg K)
c_w	Luftwiderstandsbeiwert von Fahrzeugen	–
d, D	Durchmesser	m
d_h	hydraulischer Durchmesser	m
E	Energie	J
E	Hilfsgröße (Zweiphasenströmung)	–
e	spezifische Energie	J/kg
F	Kraft	N
Fr	*Froude*zahl	–
g	Erdbeschleunigung	m/s^2
H	Enthalpie	J
h	spezifische Enthalpie	J/kg
h	Rippenhöhe	m
j	spezifische Dissipationsenergie	J/kg
M	Moment	Nm
m	Masse	kg
m	Querschnittsverhältnis d^2/D^2 der Normdrosselorgane	–
$\dot{m}$	Massenstrom	kg/s

Symbol	Bezeichnung	Einheit
Ma	*Machzahl*	–
n	Drehzahl, Frequenz	1/s
n	Anzahl Rohrreihen	–
P	Leistung	W
p	Druck	Pa
q	spezifische Wärme, auf die Masse bezogene Wärme	J/kg
Q	Wärme	J
$\dot{Q}$	Wärmestrom	W
R	Gaskonstante	J/(kg K)
Re	*Reynolds*zahl	–
S	*Struhal*zahl	–
s	spezifische Entropie	J/(kg K)
s	Weg, Abstand, Rippendicke	m
T	absolute Temperatur	K
t	Rippenabstand	m
t	Zeit	s
u	Geschwindigkeit in Umfangsrichtung	m/s
V	Volumen	m³
$\dot{V}$	Volumenstrom	m³/s
v	spezifisches Volumen	m³/kg
W	Arbeit	J
w	spezifische Arbeit	J/kg
w	relative Geschwindigkeit	m/s
x	Weg	m
x	Massenanteil, Dampfgehalt	–
Y	spezifische Arbeit der Strömungsmaschine	J/kg
y	Weg	m
z	geodätische Höhe	m
z	Realgasfaktor	–
α	Dampf- bzw. Gasvolumenanteil	–
α	Kontraktionszahl	–
α	Winkel	°
β	Wärmedehnungskoeffizient	1/K für Gase, m/K
β	Hilfsgröße	–
β	Winkel	°
ε	Expansionszahl	–
ε	Zweiphasenströmungsparameter	–
δ	nicht totales Differential	–
δ	Winkel	°
η	dynamische Viskosität	kg/(m s)

Symbol	Bezeichnung	Einheit
η	Wirkungsgrad	–
ϑ	Celsius-Temperatur	$^\circ$C
φ	Geschwindigkeitsziffer	–
$\varkappa$	Isentropenexponent	–
λ	Rohrreibungszahl	–
ν	kinematische Viskosität	m^2/s
μ	Ausflusszahl	–
π	Druckverhältnis p_2/p_1	–
ρ	Dichte	kg/m^3
σ	Oberflächenspannung	N/m
τ	Schubspannung	N/m^2
τ	dimensionslose Zeit t/t_0	–
ζ	Widerstandszahl	–
ω	Winkelgeschwindigkeit	1/s

Indizes

a	Austritt
A	Auftrieb
atm	Atmosphärendruck
C	Zentrifugalkraft
dyn	dynamischer Druck
e	Eintritt
F	Fluid
G	Gewichtskraft
g	Gasphase
H	homogen
i	i-te Komponente
K	Körper
kin	kinetische Energie
kr	kritisch
L	lokal
l	flüssige Phase
m	meridiane (axiale) Komponente der Geschwindigkeit
n	Normalkomponente
pot	potentielle Energie
r	Vektorkomponente in r-Richtung
s	isentrop
u	Umfangskomponente der Geschwindigkeit

w	Widerstand
x	Vektorkomponente in x-Richtung
y	Vektorkomponente in y-Richtung
z	Vektorkomponente in z-Richtung
0	Bezugszustand, Referenzzustand, Normzustand
0	Stagnationszustand
1, 2, 3 …	Zustandspunkt
12, 23 …	Verlauf der Prozessgrößen

Einleitung und Grundlagen

1

Dieses Kapitel vermittelt grundlegende Konzepte und Begriffe der Fluidmechanik für Maschinenbau- und Verfahrensingenieure. Die Anwendung des Systembegriffs, welcher aus der Thermodynamik stammt, wird in der Strömungslehre eingeführt. Am Schluss des Kapitels wird die Methodik zur Behandlung von Problemen, die in diesem Buch eingesetzt wird, besprochen.

1.1 Womit beschäftigt sich die Fluidmechanik?

Sie beschäftigt sich mit der Einwirkung der Kräfte auf Fluide, damit diese qualitativ und quantitativ erfasst und behandelt werden können. Dazu benötigt man gewisse Eigenschaften der Fluide und spezifische Messmethoden. *Fluide* sind gasförmige oder flüssige *Kontinua*. Im Gegensatz zu festen Körpern können sie ihre Form leicht verändern und Teile von ihnen bewegen sich unter Krafteinwirkung relativ zueinander. Im Vergleich zur Mechanik starrer Körper ist dies für die meisten Studierenden etwas schwerer verständlich.

Fluidmechanik (fluid mechanics) kann in verschiedene Untergebiete aufgeteilt werden: Die Hydrodynamik (hydrodynamics) befasst sich mit bewegten Fluiden, deren Dichte zumindest angenähert als konstant betrachtet werden kann. Die Gasdynamik (gasdynamics) behandelt bewegte Fluide, deren Dichte sich bei den beobachteten Vorgängen verändert. Bei ruhenden Flüssigkeiten spricht man von Hydrostatik (hydrostatics), bei ruhenden Gasen von Aerostatik (aerostatics).

Die Strömungslehre ist für Maschinenbau-, Verfahrens-, Bau-, Flugzeug- und Raumfahrtingenieure von Bedeutung. In diesem Buch wird hauptsächlich auf die Bedürfnisse des Maschinenbau- und Verfahrensingenieurs eingegangen. Der behandelte Stoff soll Grundlagen zur Berechnung von Strömungsmaschinen, Widerständen in Rohrleitungen, Ein- und Ausströmvorgängen und Widerständen angeströmter Körper liefern. Bauingenieure dagegen beschäftigen sich mehr mit statischen Vorgängen (Hydrostatik) und der Strömung

P. von Böckh und C. Saumweber, *Fluidmechanik*, DOI 10.1007/978-3-642-33892-2_1,
© Springer-Verlag Berlin Heidelberg 2013

Tab. 1.1 Anwendungsgebiete der Strömungslehre

Verbrennungsmotoren	combustion engines
Gas- und Dampfturbinen	gas and steam turbines
Propeller- und Strahltriebwerke	propeller and jet propulsion engines
Windkraftwerke	wind power
Pumpen und Kompressoren	pumps and compressors
Heizungs- und Lüftungsanlagen	heating and ventilating systems
Strömungen in Rohrleitungssystemen	flow in piping networks
Mechanische Trennverfahren	mechanical separation processes
Wärmeübertrager	heat exchanger
Flugzeugtragflügel	airplane wings
Widerstände von Fahrzeugen	drag coefficients of automotive vehicles

von Flüssigkeiten mit offener Oberfläche (Flüsse). Auf diese Gebiete wird nur sporadisch eingegangen.

Für die Berechnungen werden folgende Erhaltungssätze verwendet: Massenerhaltungssatz, Impulserhaltungssatz, Energieerhaltungssatz und Drallsatz. Diese Sätze geben an, wie und in welchem Umfang verschiedene Energieformen umgewandelt werden und welche Kräfte durch Impulsänderungen entstehen.

In der Praxis werden die Prinzipien der Strömungslehre mit anderen technischen Wissenschaften (Thermodynamik, Mechanik, Werkstoffkunde etc.) zur Verbesserung der Produkte angewendet. Dabei stehen im Vordergrund:

• Erhöhung des Wirkungsgrades
• sparsamer Einsatz der Energieressourcen
• Reduktion der Umweltbelastung
• Reduktion der totalen Kosten.

In Tab. 1.1 sind Anwendungsgebiete der Strömungslehre für Maschinenbau- und Verfahrensingenieure aufgelistet.

1.1.1   Unterscheidung zwischen Fluiden und festen Körpern

Fluide besitzen im Gegensatz zu festen Körpern die Eigenschaft, dass sich ihre Teilchen durch die Einwirkung von Schub- oder Druckkräften leicht verschieben lassen. Flüssigkeiten haben in einem breiten Bereich die Eigenschaft, dass sich ihre Dichte auf eine Druckeinwirkung nur geringfügig und meistens vernachlässigbar verändert. Damit können Flüssigkeiten in der Regel als *inkompressible Fluide*behandelt werden. Eine Flüssigkeit nimmt den ihr zugeordneten Raum entsprechend der Oberflächenkräfte und anderer auf sie einwirkenden Kräfte ein. In einem ruhenden Glas füllt Wasser entsprechend seines Volumens das

Abb. 1.1 Aggregatzustände eines reinen Stoffes

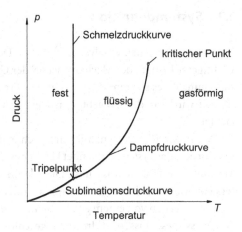

Glas anteilmäßig aus. Durch die Schwerkraft wird die Oberfläche eine waagerechte Ebene bilden, wegen der Oberflächenkräfte entsteht am Rand eine leichte Krümmung nach oben. Lässt man das Glas rotieren, entsteht durch die Wirkung der Zentrifugalkraft eine parabelförmige Oberfläche. Bei Schwerelosigkeit verteilt sich die Flüssigkeit im ganzen Raum als Tröpfchen oder haftet an einer Oberfläche. Ein Gas dagegen nimmt immer den ganzen ihm zur Verfügung stehenden Raum ein. Gase verändern infolge des Druckes und der Temperatur ihre Dichte, sie sind *kompressible Fluide.*

Gase und Flüssigkeiten können reine Stoffe, nur bestehend aus den gleichen Molekülen oder Gemische aus mehreren Stoffen sein. Bei reinen Stoffen kann anhand der Dampf-, Schmelz- und Sublimationsdruckkurven zwischen den *Aggregatzuständen* fest, flüssig oder gasförmig unterschieden werden. Der Aggregatzustand hängt von der Temperatur und dem Druck des Stoffes ab. Abbildung 1.1 zeigt das Druck-Temperatur-Diagramm eines reinen Stoffes.

Die Dampf-, Schmelz- und Sublimationsdruckkurven grenzen die Aggregatzustände ab. Die *Schmelzdruckkurve* trennt zwischen fest und flüssig, die *Dampfdruckkurve* zwischen flüssig und gasförmig und die *Sublimationsdruckkurve* zwischen fest und gasförmig. Je nach Temperatur und Druck ist ein Stoff fest, flüssig oder gasförmig. Hat ein Stoff bei einem bestimmten Druck die Temperatur, die auf der Schmelzdruckkurve liegt, kann er fest und flüssig sein (Eis im Wasser). Auf der Dampfdruckkurve kann er flüssig und gasförmig (kochendes Wasser und Dampf) und auf der Sublimationsdruckkurve fest und gasförmig sein (Trockeneis). Am Tripelpunkt können gleichzeitig alle drei Aggregatzustände auftreten. Oberhalb des kritischen Punktes kann zwischen flüssig und gasförmig nicht unterschieden werden. Bei Stoffgemischen können sich mit ändernder Temperatur und Druck die Zusammensetzung der Stoffe in der flüssigen und gasförmigen Phase verändern.

1.2   Systemdefinition

Bei jeder technischen Analyse ist die klare Definition des untersuchten Gegenstandes ein wichtiger Schritt. In der Mechanik ist bei der Untersuchung des Gleichgewichts oder bei der Bewegung eines starren Körpers stets das Freimachen der (des) Körper(s) notwendig. Der Körper wird von der Umgebung isoliert. Bindungen werden durch Kräfte und Momente ersetzt.

Wie in der Thermodynamik wird auch in der Strömungslehre an Stelle des freigemachten Körpers das *System* verwendet [1]. Es besteht aus einem Fluid, das durch eine Fläche, die *Systemgrenze*, eingeschlossen ist. Diese kann ortsfest oder beweglich, bezüglich des Transfers von Masse und Energie geschlossen oder offen sein.

Wir sprechen von einem *geschlossenen System*, wenn die Systemgrenze für den Transfer von Masse geschlossen ist. In einem geschlossenen System ist die Masse des Systems stets konstant. Beispiele geschlossener Systeme sind eine Gasflasche oder ein mit Wasser gefülltes Glas. In der Strömungslehre kommen geschlossene Systeme nur bei der Hydro- oder Aerostatik vor.

Die Systemgrenze eines *offenen Systems* ist für den Transfer von Masse offen. Dabei kann im betrachteten System die Masse selbst konstant sein oder sich verändern. In ein Rohr z. B. strömt am Eintritt eine Flüssigkeit konstanter Dichte ein und verlässt es am Austritt. Im betrachteten Abschnitt des Rohres ist die Masse des Fluids konstant, aber bedingt durch die Strömung wird Masse in das Rohr hinein und heraus befördert. Beim Entleeren einer Gasflasche oder Füllen eines Bassins ändert sich die Masse des betrachteten Systems.

In Abb. 1.2 werden verschiedene Systeme mit ihren Grenzen dargestellt. (a) und (b) zeigen einen Behälter mit konstanter unveränderlicher Flüssigkeitsmasse. Durch Rotation des Behälters verändert sich der Verlauf der Systemgrenze. (c) und (d) stellen zwei offene Systeme dar. System (c) ist der Abschnitt eines Rohres, in dem z. B. eine Flüssigkeit mit konstanter Dichte strömt. In diesem Fall ist die Masse des Fluids innerhalb der Systemgrenzen konstant, obwohl die abströmende Masse laufend durch zuströmende ersetzt wird. Sys-

Abb. 1.2 Verschiedene Systeme, **a** geschlossenes System mit konstanter Flüssigkeitsmasse, **b** System **a** in Rotation versetzt, **c** offenes System, Rohrleitung, **d** offenes System, Füllen und Leeren eines Bassins

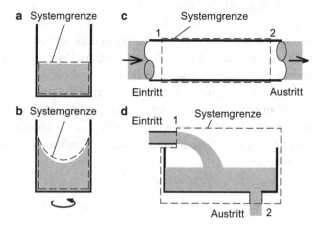

tem (d) ist ein offener Behälter, der durch einen Zulauf mit Flüssigkeit gespeist und dem Flüssigkeit durch einen Ablauf entnommen wird. Je nach Strömungsbedingungen ist im Behälter die Masse der Flüssigkeit konstant oder veränderlich.

In einem geschlossenen System befindet sich innerhalb der Systemgrenzen stets dieselbe Masse des Fluids. Damit ist das System durch seine Masse ebenfalls definiert. In offenen Systemen ist die Definition der Masse nicht immer möglich und sinnvoll. Der von der Systemgrenze eingeschlossene Raum wird *Kontrollraum* (control volume) genannt.

Durch problemangepasste Festlegung der Systemgrenzen können Analysen einfacher durchgeführt werden. Dies wird in den nachfolgenden Kapiteln anhand von Beispielen demonstriert.

1.3 Zustandsgrößen

Die Eigenschaften der Fluide werden durch Zustandsgrößen beschrieben. Zustandsgrößen, die massen- bzw. volumenabhängig sind, werden als *extensive*, jene auf Masseneinheit bezogene als *intensive Zustandsgrößen* bezeichnet.

1.3.1 Spezifisches Volumen, Druck und Temperatur

Drei Zustandsgrößen sind von besonderer Bedeutung: Das *spezifische Volumen*, der *Druck* und die *Temperatur*, die als thermische Zustandsgrößen bezeichnet werden. In diesem Abschnitt wird auf die Dichte, in Abschn. 1.4 auf den Druck und in Abschn. 1.5 auf die Temperatur eingegangen.

1.3.1.1 Dichte und spezifisches Volumen

Bei den hier behandelten Fluiden gilt die Annahme, dass die Stoffe als Kontinua betrachtet werden dürfen. Damit ist es möglich, von Zustandsgrößen „an einem Punkt" zu sprechen. Die *Dichte* (density) an einem Punkt ist definiert durch:

$$\rho = \lim_{\Delta A \to \Delta A'} \left(\frac{\Delta m}{\Delta V} \right) \tag{1.1}$$

Dabei ist $\Delta V'$ das kleinste Volumen, für das ein definierter Quotient $\Delta m/\Delta V$ existiert, d. h., $\Delta V'$ enthält eine genügende Anzahl Partikel für ein statistisches Mittel. Somit ist $\Delta V'$ das kleinste Volumen, für das die Substanz noch als Kontinuum betrachtet werden kann. Mathematisch ist die Dichte eine kontinuierliche Funktion des Ortes und der Zeit.

Für eine *Phase* vereinfacht sich die Definition der Dichte; der durch Gl. 1.1 definierte Grenzübergang ist wegen der Homogenität nicht erforderlich. Eine Phase hat in einem gegebenen Zustand nur eine Dichte. Man kann in diesem Fall direkt schreiben:

$$\rho = \frac{m}{V}$$

Das *spezifische Volumen* (specific volume) ist als Kehrwert der Dichte definiert.

$$v = \frac{1}{\rho} \tag{1.2}$$

Das spezifische Volumen v ist wie die Dichte ρ eine Zustandsgröße mit der Einheit m^3/kg.

Dichte und spezifisches Volumen sind Zustandsgrößen der Fluide, die von Temperatur und Druck abhängen. Für ein Fluid existiert eine Funktion:

$$F(p, T, v) = 0 \tag{1.3}$$

Die Änderung des spezifischen Volumens infolge Temperatur- oder Druckänderung kann damit angegeben werden als:

$$dv = \left(\frac{\partial v}{\partial T}\right)_p \cdot dT + \left(\frac{\partial v}{\partial p}\right)_T \cdot dp \tag{1.4}$$

Mit den partiellen Ableitungen werden die auf das spezifische Volumen bezogenen *isobaren Wärmedehnungskoeffizienten* β_0 und *isothermen Kompressibilitätskoeffizienten* $\varkappa_0$ gebildet.

$$\beta_0 = \frac{1}{v_0} \cdot \left(\frac{\partial v}{\partial T}\right)_p \tag{1.5}$$

$$\kappa_0 = \frac{1}{v_0} \cdot \left(\frac{\partial v}{\partial p}\right)_T \tag{1.6}$$

Dabei ist v_0 das spezifische Volumen bei einer Bezugstemperatur T_0 und einem Bezugsdruck p_0. In den meisten Fällen wird der *physikalische Normzustand* bei der Temperatur von **0 °C** und einem Druck von **1,01325 bar** als Bezugspunkt gewählt. Es können aber auch andere Bezugspunkte festgelegt werden. Die Wärmedehnungs- und Kompressibilitätskoeffizienten sind wiederum temperatur- und druckabhängig. In vielen Tabellen sind diese Koeffizienten ohne Vorzeichen angegeben. Dann ist zu beachten, dass eine positive Druckänderung eine Abnahme, die positive Temperaturänderung eine Zunahme des spezifischen Volumens bewirken.

1.3.1.2 Spezifisches Volumen der Flüssigkeiten

Bei Flüssigkeiten sind der isobare Wärmedehnungskoeffizient und der isotherme Kompressibilitätskoeffizient in weiten Bereichen nur geringfügig von der Temperatur und dem Druck abhängig. Damit kann das spezifische Volumen als linearer Ansatz aus den Gln. 1.4 bis 1.6 bestimmt werden.

$$v = v_0 \cdot [1 + \beta_0 \cdot (T - T_0) + \kappa_0 \, (p - p_0)] \tag{1.7}$$

Bei kleinen Druckänderungen ist der Einfluss des Druckes bei den meisten Flüssigkeiten vernachlässigbar, berücksichtigen muss man nur die Änderung des spezifischen Volumens mit der Temperatur.

$$v = v_0 \cdot [1 + \beta_0 \cdot (T - T_0)] \tag{1.8}$$

Bei genauen Berechnungen sind entsprechende Formeln und Tabellen für die jeweilige Flüssigkeit zu verwenden (z. B. für Wasser die Wasser-Wasserdampftafel [3]).

1.3.1.3 Spezifisches Volumen der Gase und Dämpfe

Gase und Dämpfe haben ein vom Druck und von der Temperatur stark abhängiges spezifisches Volumen. Bei Gasen nehmen *ideale Gase* eine Sonderstellung ein. Dort wird angenommen, dass Moleküle Massenpunkte (Moleküle ohne räumliche Ausdehnung) sind und keine gegenseitigen Anziehungskräfte ausüben. Für ideale Gase gilt folgende Zustandsgleichung:

$$v = \frac{R \cdot T}{p} \tag{1.9}$$

Dabei ist R die Gaskonstante des entsprechenden Gases. Viele Gase lassen sich bei nicht allzu großen Drücken mit sehr guter Genauigkeit als ideales Gas behandeln. Bei hohen Drücken und bei Temperaturen, die nahe der Dampfdruckkurve liegen, wird Gl. 1.9 ungenau. Das Verhalten *realer Gase* berücksichtigt man durch den *Realgasfaktor z*, der von der Temperatur und vom Druck abhängig ist.

$$v = \frac{z \cdot R \cdot T}{p} \tag{1.10}$$

Tabellierte Werte und Diagramme des Realgasfaktors können z. B. aus [1, 2] und [4] entnommen werden.

Die Dichte einiger Fluide sind in den Tabellen A.2, A.5 und A.6 angegeben oder können mit dem Programm FMA0101 (siehe Abschn. 1.9) berechnet werden.

Beispiel 1.1: Dichte der Luft
Bestimmen Sie die Dichte der Luft bei einem Druck von 0,98 bar und der Temperatur von 20 °C. Die Gaskonstante der Luft beträgt 287,1 J/(kg K).

Lösung

- Annahme
  Die Luft ist ein ideales Gas.

- Analyse
  Die Dichte wird mit Gl. 1.10 als Kehrwert des spezifischen Volumens berechnet.

$$\rho = \frac{p}{R \cdot T} = \frac{0,98 \cdot 10^5 \cdot N \cdot kg \cdot K}{287,1 \cdot J \cdot m^2 \cdot 293,15 \cdot K} = 1,164 \, \frac{kg}{m^3}$$

- Diskussion
  Die Berechnung der Dichte idealer Gase ist sehr einfach. Es ist zu beachten, dass die richtigen Einheiten verwendet werden, in unserem Fall der Druck also in Pa bzw. in N/m² und die Temperatur als absolute Temperatur in Kelvin.

1.4 Druck

In einem ruhenden Fluid wirkt auf die beliebig orientierte Fläche ΔA die Normalkraft ΔF_{normal}. Der Druck (pressure) ist definiert durch:

$$p = \lim_{\Delta A \to \Delta A'} \left(\frac{\Delta F_{normal}}{\Delta A} \right)$$

Dabei hat im Grenzübergang $\Delta A'$ dieselbe Bedeutung wie $\Delta V'$ bei der Definition der Dichte. Wenn die Orientierung des Flächenelements $\Delta A'$ im betrachteten Punkt geändert wird, bleibt der Druck derselbe, solange sich das Fluid in Ruhe befindet (hydrostatischer Spannungszustand). Der Druck p kann aber von Ort zu Ort variieren. Beispiel: Abnahme des Atmosphärendruckes mit der Höhe über Meer.

Bei einem bewegten Fluid wirken auf ein Flächenelement nicht nur der Druck als Normalspannung (normal stress), sondern im Allgemeinen auch Schubspannungen (shear stresses). Die Beträge dieser Spannungen verändern sich mit der Orientierung des Flächenelements.

Die *Einheit des Druckes* ist **N/m²** oder *Pascal* **Pa**. In der Technik wird immer noch die Einheit **bar** verwendet. Andere noch gebräuchliche Einheiten sind **Torr** = **mm Hg** (Millimeter Quecksilbersäule), **mm WS** (Millimeter Wassersäule) oder *physikalische Atmosphäre* **atm**. Die früher übliche Einheit Atmosphäre **at** sollte nicht mehr verwendet werden. In den USA werden die Einheiten **psi** (pound per square inch), **psf** (pound per square foot), **in. Hg** (inch mercury column) oder **in. WG** (inch watergauge) verwendet. In Tab. 1.2 sind Umrechnungsfaktoren für die Druckeinheiten angegeben.

Drücke sind hier stets als *Absolutdrücke* zu verstehen und als solche auch in Zustandsgleichungen zu verwenden, es sei denn, es wird explizit auf eine andere Festlegung hingewiesen. Gewisse Druckmessgeräte zeigen die Differenz zwischen dem absoluten Druck

Tab. 1.2 Umrechnung der Druckeinheiten

1 bar	10^5 Pa	750,06 Torr	10.197,2 mm WS
1 atm	$1,01325 \cdot 10^5$ Pa	760 Torr	10.332,3 mm WS
1 at	$0,980665 \cdot 10^5$ Pa	735,56 Torr	10.000,0 mm WS
1 mm WS	9,80665 Pa	0,073556 Torr	–
1 psi	6894,74 Pa	51,7148 Torr	703,068 mm WS
1 psf	47,8802 Pa	0,35913 Torr	48,824 mm WS
in. Hg	3386,39 Pa	25,4 Torr	345,316 mm WS
in. WG	249,09 Pa	1,86832 Torr	25,4 mm WS

Abb. 1.3 Beziehungen
zwischen Absolutdruck, Atmosphärendruck, Überdruck
und Unterdruck [1]

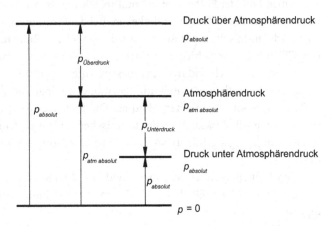

und Atmosphärendruck an. Man unterscheidet:

$\qquad$ *Überdruck* (gage pressure) $\qquad p_{\text{Überdruck}} = p_{\text{absolut}} - p_{\text{atm absolut}}$

$\qquad$ *Unterdruck* (vacuum pressure) $\qquad p_{\text{Unterdruck}} = p_{\text{atm absolut}} - p_{\text{absolut}}$

Diese Beziehungen sind in Abb. 1.3 dargestellt.

1.5 Temperatur

Bei der Behandlung strömungstechnischer Probleme ist die Temperatur nur für die Bestimmung der Stoffwerte und Zustände notwendig. Sie ist eine von der Masse des Stoffs
unabhängige intensive Zustandsgröße. Die Temperaturen werden hier entweder in Grad
Celsius °C (degree C) oder in *Kelvin* K angegeben. Die Temperaturen der empirischen
Celsiusskala werden mit dem Symbol ϑ, die Absoluttemperaturen mit dem Symbol T bezeichnet.

Es ist wichtig, die richtigen Temperatureinheiten zu verwenden. Bei idealen Gasen muss
z. B. zur Bestimmung des spezifischen Volumens nach Gl. 1.9 die absolute Temperatur eingesetzt werden.

1.6   Viskosität

Wird ein Körper in einem Fluid oder ein Fluid in einem geschlossenen Kanal bewegt, muss für diese Bewegung eine Kraft aufgebracht werden, die den Reibungswiderstand überwindet. Geht die Geschwindigkeit gegen null, verschwindet auch die Kraft. Die Reibung wird durch die Bewegung der Fluidschichten zueinander und durch Reibung an der Oberfläche des Körpers oder an der Kanalwand, also im Inneren des Fluids, verursacht. Wird ein Körper in einem ruhenden Fluid bewegt, hat das Fluid direkt an der Oberfläche des Körpers die gleiche Geschwindigkeit wie der Körper. Von dort ausgehend nimmt die Geschwindigkeit zunehmend mit der Entfernung auf null ab. Die Fluidschichten in der Nähe des Körpers haben unterschiedliche Geschwindigkeiten. Bei der Strömung eines Fluids durch ein Rohr ist die Geschwindigkeit an der Rohrwand gleich null, zur Rohrmitte hin nimmt sie zu. In beiden Fällen haben verschiedene Schichten des Fluids unterschiedliche Geschwindigkeiten und verschieben sich dadurch. Bei diesem Vorgang entstehen tangentiale Reibungsspannungen. Die Größe dieser Reibungsspannungen hängt von der Verschiebungsgeschwindigkeit und vom verwendeten Fluid ab. Die Stoffeigenschaft, die die Reibungsspannung beeinflusst, ist die *Viskosität*. In der technischen Strömungslehre werden zur Beschreibung der Reibungsvorgänge die *dynamische Viskosität* η und *kinematische Viskosität* v verwendet.

Je nach Fließverhalten teilt man Fluide in *Newton*'sche und *nicht Newton*'sche Fluide auf. Bei *Newton*'schen Fluiden ist die Viskosität des Fluids unabhängig von der Geschwindigkeit.

Die Messung der Viskosität wird *Viskosimetrie*, die Beschreibung des Fließverhaltens *Rheologie* genannt.

1.6.1   Viskosität *Newton*'scher Fluide

Newton'sche Fluide zeichnen sich dadurch aus, dass die Viskosität von der Geschwindigkeit unabhängig ist und dass das Fluid bei der kleinsten auf es wirkenden tangentialen Kraft zu fließen beginnt. Dieses kann man am Beispiel eines Fluids demonstrieren, das sich zwischen einer ebenen Platte und einem dazu parallel verlaufenden und beweglichen Band befindet (Abb. 1.4). Der Abstand der Platte zum Band ist s, die Fläche des Bandes, die das Fluid berührt, A. Die Platte ist fest, d. h., sie kann nicht bewegt werden. Übt man auf das Band eine tangentiale Kraft F aus, wird es sich gegenüber der Platte nach einiger Zeit mit konstanter Geschwindigkeit c bewegen. Zwischen Platte und Band entsteht ein lineares Geschwindigkeitsprofil. Nach *Newton* verhält sich die Tangentialkraft F proportional zur Geschwindigkeit c und Fläche A, umgekehrt proportional zum Abstand s.

$$F \sim c \cdot A / s \qquad\qquad (1.11)$$

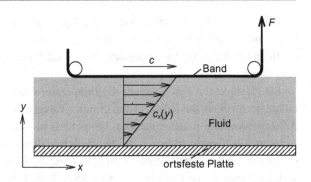

Abb. 1.4 Fluidschicht zwischen bewegtem Band und ruhender Platte

Der Proportionalitätsfaktor wird vom verwendeten Fluid und dessen Zustand bestimmt und *dynamische Viskosität* η genannt.

$$F = \eta \cdot A \cdot \frac{c}{s} \qquad (1.12)$$

Die pro Flächeneinheit wirkende Tangentialkraft wird als *Schubspannung* τ bezeichnet. Mit ihr kann der *Newton*'sche *Schubspannungsansatz* unabhängig von der Größe der Fläche A angegeben werden:

$$\tau = \eta \cdot \frac{c}{s} \qquad (1.13)$$

Die für die gesamte Strömung zwischen der Platte und dem Band formulierte Aussage gilt auch für einen differentiellen kleinen Bereich im Strömungsraum. An Stelle des Quotienten aus der Geschwindigkeit c und dem Plattenabstand s tritt nun die Ableitung der Geschwindigkeit in der x-Richtung nach dem Weg in y-Richtung. Damit wird die Schubspannung:

$$\tau_{xy} = -\eta \cdot \frac{dc_x}{dy} \qquad (1.14)$$

Gleichung 1.14 gilt natürlich für alle Geschwindigkeits- und Schubspannungskomponenten.

Die *Einheit der dynamischen Viskosität* ist **Pa · s** oder **kg/(m · s)**. Die früher üblichen Einheiten Poise (P) oder Centipoise (cP) sind seit Einführung der SI-Einheiten vom 1.1.1978 nicht mehr zulässig.

Die *kinematische Viskosität* v wird nach *Maxwell* als Quotient aus dynamischer Viskosität η und Dichte ρ definiert.

$$v = \frac{\eta}{\rho} \qquad (1.15)$$

Die *Einheit der kinematischen Viskosität* ist **m²/s**. Die früher gebrauchte Einheit Stokes ist seit Einführung der SI-Einheiten nicht mehr erlaubt.

Die Viskositäten einiger Fluide sind im Anhang A.2, A.5 und A.7 bis A.10 angegeben oder können mit dem Programm FMA0101 berechnet werden.

Bei *Newton*'schen Fluiden ist die Schubspannung in Richtung der Geschwindigkeitskomponenten proportional zum senkrechten Gradienten der Geschwindigkeit. Der Proportionalitätsfaktor ist die dynamische Viskosität. Sie ist abhängig von der Temperatur und vom Druck.

Bei Flüssigkeiten und Gasen ist die Temperaturabhängigkeit der dynamischen Viskosität unterschiedlich. Bei Flüssigkeiten nimmt sie wegen Abnahme der zwischenmolekularen Adhäsionskräfte mit zunehmender Temperatur ab. Bei Gasen dagegen steigt sie wegen zunehmender Geschwindigkeit der Moleküle und dem damit verbundenen verstärkten Impulsaustausch bei Zunahme der Temperatur an. Die Druckabhängigkeit der dynamischen Viskosität macht sich erst bei hohen Drücken bemerkbar. Ihre starke Temperaturabhängigkeit verursacht in der Regel auch eine verstärkte Druckabhängigkeit. Bei Gasen ist die Dichte beinahe proportional zum Druck und die kinematische Viskosität ändert sich somit entsprechend.

Beispiel 1.2: Bestimmung der Viskosität eines Fluids aus der Gleitgeschwindigkeit
Auf einer *schiefen* Ebene mit der Neigung von 20° gleitet eine quadratische Stahlplatte mit einer Kantenlänge von 0,4 m auf einem Ölfilm mit der Geschwindigkeit von $c = 0,1$ m/s herunter. Die Dicke des Ölfilms ist 1 mm. Die Platte wiegt 1,28 kg. Bestimmen Sie die dynamische Viskosität des Öls.

Lösung

- Schema

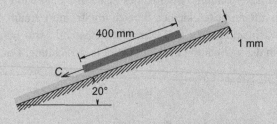

- Annahmen
  - Der *Newton*'sche Schubspannungsansatz ist gültig.
  - Effekte am Rand der Platte können vernachlässigt werden.
- Analyse
  Die Gl. 1.13 umgeformt, ergibt:

$$\eta = \frac{\tau \cdot s}{c}$$

Die Schubspannung τ ist die Komponente der Gewichtskraft parallel zur schiefen Ebene, geteilt durch die Fläche der Platte.

$$\tau = \frac{m \cdot g \cdot \sin \alpha}{a^2} = \frac{1,28 \cdot \text{kg} \cdot 9,806 \cdot \text{m/s}^2 \cdot \sin(20°)}{0,4^2 \cdot \text{m}^2} = 26,83 \, \frac{\text{N}}{\text{m}^2}$$

Damit ist die dynamische Viskosität:

$$\eta = \frac{\tau \cdot s}{c} = \frac{26{,}83 \cdot \mathrm{N/m^2} \cdot 0{,}001 \cdot \mathrm{m}}{0{,}1 \cdot \mathrm{m/s}} = 0{,}268 \, \frac{\mathrm{k}}{\mathrm{m} \cdot \mathrm{s}}$$

- Diskussion

  Aus dem Gleitverhalten einer Masse bei bekannter Kraft kann die Viskosität unter Vernachlässigung von Randeffekten und unter der Annahme des *Newton*'schen Schubspannungsansatzes einfach bestimmt werden. In Viskosimetern werden Sinkgeschwindigkeiten von Körpern zur Bestimmung der Viskosität verwendet.

1.6.2 Fließverhalten nicht *Newton*'scher Fluide

Fluide, deren Fließverhalten nicht mit dem *Newton*'schen Schubspannungsansatz beschrieben werden können, sind nicht *Newton*'sche Fluide. Diese fangen erst nach Anwendung einer bestimmten großen Kraft an zu fließen und/oder die Viskosität des Fluids verändert sich mit den Geschwindigkeitsgradienten. Gase sind immer *Newton*'sche Fluide. Bei Flüssigkeiten wird nach drei Klassen nicht *Newton*'scher Fluide unterschieden (DIN 13342):

- *Nicht linear-reinviskose Flüssigkeiten* fangen zwar bei kleinster einwirkender Kraft an zu fließen, aber die Viskosität der Flüssigkeit verändert sich mit der Schubspannung bzw. dem Geschwindigkeitsgradienten.
- *Linear-viskoelastische Flüssigkeiten* verhalten sich bei kleinen Schubspannungen wie elastische Körper und fangen erst beim Erreichen einer bestimmten Schubspannung (*Fließgrenze*) an zu fließen. Nach Erreichen der Fließgrenze bleibt die Viskosität der Flüssigkeit konstant. Diese Flüssigkeiten werden *Bingham-Körper* genannt.
- *Nicht linear-viskoelastische Flüssigkeiten* verhalten sich bei kleinen Schubspannungen wie elastische Körper und fangen erst beim Erreichen einer bestimmten Schubspannung (*Fließgrenze*) an zu fließen. Nach Erreichen der Fließgrenze verändert sich die Viskosität der Flüssigkeit mit der Schubspannung bzw. mit dem Geschwindigkeitsgradienten.

Beim Abweichen vom *Newton*'schen Fließverhalten spricht man von *Fließanomalien*. Zum Vergleich ist in Abb. 1.5 das Fließverhalten von Flüssigkeiten zu *Newton*'schen Fluiden dargestellt.

Abb. 1.5 Fließverhalten von
Flüssigkeiten

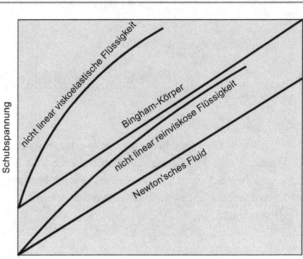

1.7 Oberflächenspannung

In einer ruhenden, homogenen Flüssigkeit ziehen sich benachbarte Teilchen mit gleich
starker Anziehungskraft (Kohäsionskraft) an. Diese Kräfte halten sich im Gleichgewicht
und zeigen nach außen keine Wirkung. Flüssigkeitsteilchen, die an der Grenzfläche mit
einem anderen Fluid oder Festkörper in Kontakt sind, erfahren unterschiedlich große Anziehungskräfte. Dies wird besonders an der Grenzfläche zwischen einer Flüssigkeit und
einem Gas deutlich. Die sich an der Grenzfläche der Flüssigkeit befindenden Moleküle werden von jenen im Inneren angezogen, die Gasmoleküle üben dagegen fast keine Kraft aus.
Wirkt keine andere Kraft auf die Flüssigkeit, versuchen diese nach innen gerichteten Kräfte
(Kohäsionskräfte) die Oberfläche möglichst klein zu halten. Die kleinste Oberfläche wird
durch eine Kugel realisiert. Dies kann an Tropfen- oder Blasenbildung sehr schön beobachtet werden. Die Spannung an der Oberfläche, verursacht durch nach innen wirkende
Kräfte, wird *Oberflächenspannung* genannt.

Sie ist klein und nimmt mit steigender Temperatur der Flüssigkeit ab. Minimalste Ver-
unreinigungen der Flüssigkeit können eine sehr starke Veränderung der Oberflächenspannung verursachen.

Die Oberflächenspannung σ lässt sich am Beispiel einer gespannten Flüssigkeitshaut
einfach herleiten. Aus Erfahrung ist bekannt, dass an einem kleinen Ring, der ins Wasser
eingetaucht und dann vorsichtig herausgezogen wird, eine dünne Wasserhaut entsteht. Zur
Messung der Oberflächenspannung kann nun ein U-förmiger Drahtbügel (Abb. 1.6), an
dessen beiden Schenkeln ein beweglicher Draht angebracht ist, verwendet werden. Wird
der Bügel in Flüssigkeit getaucht, entsteht beim Herausnehmen ein Flüssigkeitsfilm. Übt
man die Kraft *F* auf den beweglichen Draht aus, dehnt sich der Film um die Länge *ds*. Der

Abb. 1.6 Oberflächenspannung eines Flüssigkeitsfilms

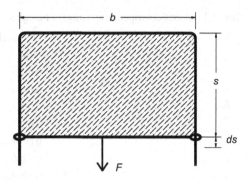

Abstand der Schenkel beträgt b. Die Arbeit, die zur Vergrößerung der Oberfläche benötigt wird, ist:

$$dW = \sigma \cdot dO = \sigma \cdot 2 \cdot b \cdot ds = F \cdot ds \tag{1.16}$$

Da wir auf beiden Seiten des Flüssigkeitsfilms eine Oberfläche haben, muss das entsprechend berücksichtigt werden. Für die Oberflächenspannung ergibt das:

$$\sigma = \frac{dW}{dO} = \frac{F}{2 \cdot b} \tag{1.17}$$

Die *Einheit der Oberflächenspannung* ist **N/m**.

Wie schon erwähnt, ist die Oberflächenspannung an der Grenze zwischen Flüssigkeiten und Gasen besonders ausgeprägt. Bei nicht allzu hohen Drücken hat das Gas nur einen vernachlässigbaren Einfluss auf die Oberflächenspannung. Bei sehr hohen Drücken befinden sich beinahe so viele Gas- wie Flüssigkeitsmoleküle pro Volumeneinheit und das Gas beeinflusst dadurch auch die Oberflächenspannung. Sie ist am kritischen Punkt zwischen Flüssigkeit und Dampf gleich null. In Tab. 1.3 sind die Oberflächenspannungen einiger Flüssigkeiten aufgelistet.

1.7.1 Haftspannungen

An den Berührungsstellen der Fluide mit festen Wänden entstehen *Haftspannungen*, an jenen nicht mischbarer Fluide Grenzflächenspannungen. Abhängig von der Größe dieser Spannungen bilden sich verschiedene Formen der Oberfläche.

An den Grenzflächen treten folgende Oberflächenspannungen auf:

σ_{12} Oberflächenspannung zwischen Flüssigkeit und Gas
σ_{13} Oberflächenspannung zwischen Gas und Wand
σ_{23} Oberflächenspannung zwischen Flüssigkeit und Wand.

Tab. 1.3 Oberflächenspannung einiger Flüssigkeiten

Flüssigkeit	Oberflächenspannung σ	Temperatur ϑ
	N/m	°C
	0,0728	20
	0,0679	50
Wasser	0,0588	100
	0,0378	200
	0,0144	300
Alkohol	0,0280	20
Speiseöl	0,025 bis 0,03	20
Quecksilber	0,4700 bis 0,4900	20
Ammoniak	0,0420	−29
Blei	0,4420	350

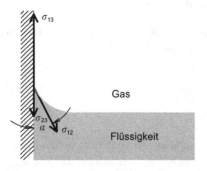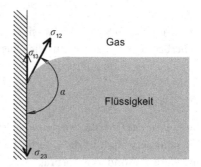

Abb. 1.7 Bildung des Benetzungswinkels

Abbildung 1.7 zeigt verschiedene Formen der Benetzung. Die Flüssigkeitsoberfläche bildet mit der festen Wand einen Winkel α, der *Benetzungswinkel*(Randwinkel, Kontaktwinkel) genannt wird. Am Berührungspunkt herrscht das folgende Spannungsgleichgewicht:

$$\sigma_{13} - \sigma_{23} = \sigma_{12} \cdot \cos \alpha \tag{1.18}$$

Damit ist der Winkel α:

$$\cos \alpha = \frac{\sigma_{13} - \sigma_{23}}{\sigma_{12}} \tag{1.19}$$

Nach der Größe des Benetzungswinkels kann zwischen zwei Bereichen unterschieden werden: Steigt die Flüssigkeit an den Randzonen an, spricht man von einem benetzenden (hydrophilen) Verhalten. In diesem Fall ist $\sigma_{13} > \sigma_{23}$, der Benetzungswinkel ist kleiner als 90°. Sinkt die Flüssigkeit an den Randzonen, besteht ein nicht benetzendes (hydrophobes) Verhalten. In diesem Fall ist $\sigma_{13} < \sigma_{23}$, der Benetzungswinkel ist größer als 90°.

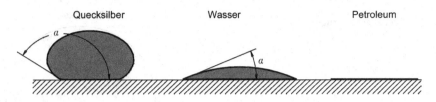

Abb. 1.8 Tropfenbildung auf einer sauberen Glasplatte

Tab. 1.4 Oberflächenspannung und Benetzungswinkel

Flüssigkeit	Festkörper	Oberflächenspannung in N/m	Benetzungswinkel in Grad
Wasser	Glas	< 0,073	~ 8
	Graphit	0,005	86
	Kupfer	> 0,073	~ 0
Quecksilber	Glas	0,350	135 bis 140
	Stahl	0,430	154

Die Differenz der Spannungen σ_{13} und σ_{23} heißt Haftspannung. Wird sie größer als die Oberflächenspannung σ_{12}, entsteht ein Benetzungswinkel von $\alpha = 0°$, die ganze Oberfläche wird benetzt. Bei diesen Betrachtungen ist der Einfluss der Schwerkraft, die auch bei der Ausbildung der Oberfläche eine Rolle spielt, unberücksichtigt. Eine senkrechte Wand kann von einer Flüssigkeit nicht beliebig hoch benetzt werden.

Die Grenzflächenspannungen bestimmen Form und Art der Bildung von Tröpfchen und Blasen. Abbildung 1.8 zeigt die Tropfenbildung einiger Flüssigkeiten auf einer sauberen Glasplatte. Quecksilber bildet einen ovalen Tropfen mit einem Benetzungswinkel von ca. 140°, Wasser einen halblinsenförmigen mit dem Benetzungswinkel von ca. 8°, Petroleum benetzt die gesamte Platte bei einem Winkel von 0°. In Tab. 1.4 sind die Oberflächenspannungen und die Benetzungswinkel von Wasser und Quecksilber zu einigen Festkörpern angegeben.

1.8 Kapillardruck

An ebenen Grenzflächen treten keine senkrecht auf die Oberfläche wirkenden Oberflächenkräfte auf, weil die Oberflächenspannungen auf einer Ebene liegen. Bei gekrümmten Grenzflächen, z. B. am Gefäßrand oder bei Blasen und Tropfen, tritt eine senkrecht zur Oberfläche wirkende Normalkomponente auf, die eine Druckkraft auf die Grenzfläche ausübt. Diese Druckkraft wird *Grenzflächen-* oder *Kapillardruck* genannt.

Am Beispiel einer Gasblase in einer Flüssigkeit kann dieser Druck sehr einfach verdeutlicht werden. Der Druck in der Blase ist p_g, der Druck in der Flüssigkeit p_l. Die Oberflächenspannung versucht, die Blase zusammenzuziehen (Abb. 1.9). Gegen diese Kraft wirkt

Abb. 1.9 Grenzflächendruck

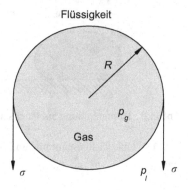

der Druck in der Blase. Die von der Oberflächenspannung erzeugte Kraft auf die Oberfläche ist F_O:

$$F_O = 2 \cdot \sigma \cdot \pi \cdot R \tag{1.20}$$

Durch den Druckunterschied wirkt die Kraft F_p entgegen der Oberflächenkraft.

$$F_p = \pi \cdot R^2 \cdot (p_g - p_l) = \pi \cdot R^2 \cdot \Delta p \tag{1.21}$$

Beide Kräfte sind im Gleichgewicht. Damit erhält man für die Druckdifferenz:

$$\Delta p = \frac{2 \cdot \sigma}{R} \tag{1.22}$$

Der Druck in der Blase ist größer als der Druck in der Flüssigkeit. Das Gleiche gilt
auch für Tropfen. Bei Blasen, die aus einem Flüssigkeitsfilm bestehen und innen und außen von einem Gas umgeben sind (Seifenblase), sind zwei Oberflächen vorhanden, so dass
die Oberflächenkraft innen und außen berücksichtigt werden muss. Ist die Filmdicke sehr
viel kleiner als der Blasendurchmesser, kann die Kraft einfach verdoppelt werden und man
erhält für die Druckdifferenz:

$$\Delta p = \frac{4 \cdot \sigma}{R} \tag{1.23}$$

Ist die erwähnte Bedingung nicht erfüllt und sind die Gase im Inneren und Äußeren
der Blase nicht gleich, müssen zusätzlich der Unterschied im Blasendurchmesser innen
und außen sowie die unterschiedliche Oberflächenspannung berücksichtigt werden.

1.8.1   Kapillarität

Wird ein enges Röhrchen (Abb. 1.10) in eine Flüssigkeit getaucht, ist bei benetzenden Flüssigkeiten (z. B. Wasser gegenüber Glas) ein Ansteigen und bei nicht benetzenden Flüssig-

Abb. 1.10 Kapillaraszension
und Kapillardepression

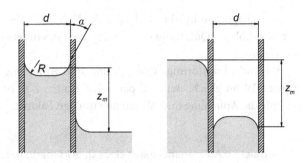

keiten (z. B. Quecksilber gegenüber Glas) ein Absinken des *Flüssigkeitsmeniskus* im Röhrchen gegenüber dem Flüssigkeitsniveau der freien Oberfläche zu beobachten. Das Ansteigen des Meniskus wird als *Kapillaraszension*, die Absenkung als *Kapillardepression* bezeichnet. Die mittlere Anhebung bzw. Absenkung z_m lässt sich aus dem Kapillardruck herleiten. Der Meniskus der Flüssigkeitssäule mit dem Krümmungsradius R hat einen der Gl. 1.22 entsprechenden Kapillardruck.

Dieser Druck erzeugt bei benetzenden Flüssigkeiten eine nach oben, bei nicht benetzenden Flüssigkeiten eine nach unten gerichtete Kraft. Der Radius der Krümmung ist:

$$R = \frac{d}{2 \cdot \cos \alpha} \tag{1.24}$$

Damit erhält man für den Kapillardruck:

$$\Delta p_K = \frac{2 \cdot \sigma_{12}}{R} = \frac{4 \cdot \sigma_{12} \cdot \cos \alpha}{d} \tag{1.25}$$

Die nach oben oder unten gerichtete Druckkraft ist:

$$F_p = \frac{\pi}{4} \cdot d^2 \cdot \Delta p_K = \sigma_{12} \cdot \pi \cdot d \cdot \cos \alpha \tag{1.26}$$

Die Gewichtskraft der Flüssigkeitssäule, vermindert um die Auftriebskraft der Gassäule, ist im Gleichgewicht mit der Druckkraft.

$$F_G = \frac{\pi}{4} \cdot d^2 \cdot g \cdot z_m \cdot (\rho_l - \rho_g) \tag{1.27}$$

Die Anhebung oder Absenkung des Meniskus ist damit:

$$z_m = \frac{\sigma_{12} \cdot 4 \cdot \cos \alpha}{d \cdot g \cdot (\rho_l - \rho_g)} \tag{1.28}$$

Nimmt man an, dass der Meniskus die Form einer Halbkugel hat und vernachlässigt die Gasdichte, erhält man eine vereinfachte Gleichung:

$$z_m = \frac{\sigma_{12} \cdot 4}{d \cdot g \cdot \rho_l} \tag{1.29}$$

Das Diagramm in Abb. 1.11 zeigt die Höhe der Absenkung bzw. Anhebung für Wasser, Alkohol und Quecksilber in Abhängigkeit des Innendurchmessers eines eingetauchten Glasrohres.

Für nicht kreisförmige Querschnitte sind Anhebung und Absenkung nicht über der ganzen Wand gleich. Bei zwei parallelen Platten z. B. ist wegen der fehlenden seitlichen Wände die Anhebung und Absenkung um den Faktor 2 geringer.

Beispiel 1.3: Ablesegenauigkeit eines Quecksilberbarometers
Ein Quecksilberbarometer besteht aus einem Glasreservoir mit 50 mm Innendurchmesser und einem Glasrohr, das 5 mm Innendurchmesser aufweist. Die Quecksilbersäule hat die Höhe von 756 mm.

   Bestimmen Sie die Depressionshöhe.
   Lösung

- Schema

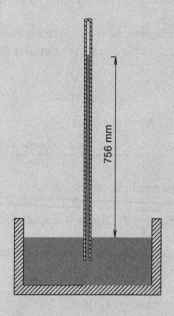

- Annahmen
  - Gleichung Einfügeposition für Formelverweis kann angewendet werden.
  - Die Depressionshöhe im Behälter ist vernachlässigbar.
- Analyse
  Nach Tab. 1.3 ist die Oberflächenspannung 0,48 N/m. Die Depressionshöhe im Rohr beträgt nach Gl. 1.28:

$$z_m = \frac{\sigma_{12} \cdot 4 \cdot \cos\alpha}{d \cdot g \cdot \rho_l} = \frac{4 \cdot \cos(135°) \cdot 0{,}48 \cdot \text{N/m}}{0{,}005 \cdot \text{m} \cdot 9{,}806 \cdot \text{m/s}^2 \cdot 13.600 \cdot \text{kg/m}^3} = -\mathbf{2{,}04mm}$$

Abb. 1.11 Kapillare Aszensions- und Depressionshöhe einiger Flüssigkeiten in einem Rohr

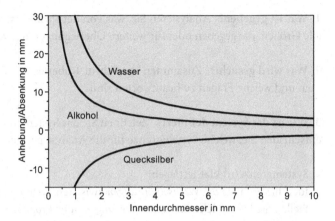

- Diskussion

  Bei kleinen Innenrohrdurchmessern ist die kapillare Depression oder Aszension nicht vernachlässigbar.

1.9 Problemlösungsmethodik

Zur Lösung strömungstechnischer Probleme (übernommen aus [1]) sind meistens, direkt oder indirekt, folgende Grundgesetze erforderlich:

Massenerhaltungssatz	(conservation of mass principle)
Energieerhaltungssatz, erster Hauptsatz der Thermodynamik	(conservation of energy principle, first law of thermodynamics)
Zweiter Hauptsatz der Thermodynamik	(second law of thermodynamics)
Zweites _Newton_'sches Gesetz	(_Newton_'s second law of motion)
Impulssatz	(momentum equation)
Drallsatz (bei Strömungsmaschinen)	(moment of momentum equation)
Ähnlichkeitsgesetze	(similarity laws)
Reibungsgesetze	(laws of friction)

Für den Ingenieur in der Praxis geht es neben der Beherrschung der Grundlagen auch um die Frage der _Methodik_ (methodology), _wie_ diese Grundlagen und insbesondere die oben genannten Grundgesetze bei konkreten Problemstellungen angewendet werden. Es ist wichtig, dass man sich eine systematische Arbeitsweise aneignet. Diese besteht im Wesentlichen stets aus den nachfolgend angegebenen 6 Schritten, die sich in der Praxis bewährt haben und deshalb sehr empfohlen werden.

1. Was ist gegeben? Analysieren Sie, was von der Problemstellung bekannt ist. Legen Sie alle Größen, die gegeben oder für weitere Überlegungen notwendig sind, fest.

2. Was wird gesucht? Zusammen mit Schritt 1 überlegen Sie, welche Größen zu bestimmen und welche Fragen zu beantworten sind.

3. Wie ist das System definiert? Zeichnen Sie das System in Form eines Schemas auf und entscheiden Sie, welche Systemgrenze für die Analyse geeignet ist.

- Systemgrenze(n) klar festlegen!
  Identifizieren Sie die *Wechselwirkungen* zwischen Systemen und Umgebung.
  Stellen Sie fest, welche *Zustandsänderungen* oder *Prozesse* das System durchlaufen bzw. in ihm ablaufen.
- Erstellen Sie klare Systemschemata und Zustandsdiagramme!

4. Annahmen Überlegen Sie, wie das System möglichst einfach modelliertwerden kann; machen Sie *vereinfachende Annahmen* (simplifying assumptions). Stellen Sie Randbedingungen und Voraussetzungen fest.

Überlegen Sie, ob *Idealisierungen* zulässig sind: z. B. ideales Gas statt reales Gas, vollständige Wärmeisolierung statt Wärmeverluste und reibungsfrei statt reibungsbehaftet.

5. Analyse Beschaffen Sie die erforderlichen *Stoffdaten*. Die Stoffwerte finden Sie im Anhang. Falls dort nicht vorhanden, muss in der Literatur gesucht werden (z. B. VDI-Wärmeatlas [4]).

Unter Berücksichtigung der Idealisierungen und Vereinfachungen formulieren Sie die *Bilanz-* und *kinetischen Kopplungsgleichungen*.

Empfehlung: Arbeiten Sie so lange wie möglich mit funktionalen Größen, bevor Sie Zahlenwerte einführen.

Prüfen Sie die Beziehungen und Daten auf *Dimensionsrichtigkeit*, bevor Sie numerische Berechnungen durchführen.

Prüfen Sie die Ergebnisse auf größenordnungs- und vorzeichenmäßige Richtigkeit.

6. Diskussion Diskutieren Sie die Resultate/Schlüsselaspekte, halten Sie Hauptergebnisse und Zusammenhänge fest.

Von besonderer Bedeutung sind die Schritte 3 und 4. Schritt 3 trägt grundlegend zur Klarheit des Vorgehens insgesamt bei, Schritt 4 legt weitgehend die Qualität und den Gültigkeitsbereich der Ergebnisse fest.

Die Lösung der behandelten MusterBeispiele erfolgt nach obiger Methodik. Die Aufgabenstellungen sind jeweils derart formuliert, dass die Punkte 1 und 2 eindeutig gegeben sind und daher sofort mit Punkt 3 begonnen werden kann.

1.10 Benutzung der Programme

Zum Buch gibt es in *Mathcad2001* erstellte Programme. Sie können im Internet unter www. waermeuebertragung-online.de abgerufen werden.

Die Programme sind in zwei Gruppen aufgeteilt:

- In Übungsbeispielen aus dem Buch. Sie sind pro Kapitel in einem Block zusammengefasst und unter den Namen **FMB01** bis **FMB12** abrufbar. Die Zahl bedeutet die Nummer des Kapitels.
- In Programmen, die als Arbeitsmittel zum Berechnen von Problemen wie z. B. Stoffwerte, Widerstandszahlen, Druckverluste etc. verwendet werden können. Sie sind unter **FMAnnnn** abrufbar. **nnnn** ist die laufende Nummer des Programms. Im Anhang des Buches finden Sie eine Liste mit den Titeln der vorhandenen Programme.

Literatur

[1] Böckh P von, Cizmar J., Schlachter W (1999) Grundlagen der technischen Thermodynamik, Bildung Sauerländer Aarau, Bern, Fortis FH, Mainz, Köln, Wien

[2] Bohl W (1991) Technische Strömungslehre, 9. Auflage, Vogel Verlag, Würzburg

[3] Wagner W und Kruse A (1998) Zustandsgrößen von Wasser und Wasserdampf, IAPWS-IF97, Springer Verlag, Berlin

[4] VDI-Wärmeatlas (2002) 9. Auflage, VDI Verlag, Berlin, Heidelberg, New York

[5] Tuckenbrodt E (1989) Fluidmechanik, Band 1, 3. Auflage, Springer Verlag, Berlin

[6] Pàlffy S (1977) Fluidmechanik I, Birkhäuser Verlag, Basel und Stuttgart

[7] Roberson J A, Crowe C T (1997) Engineering Fluid Mechanics, 6. Edition, John Wiley & Sons, Inc., New York

[8] Fox R W, McDonald A T (1994) Introduction to Fluid Mechanics, 4. Edition, John Wiley & Sons, Inc., New York

[9] Böswirth L (1993) Technische Strömungslehre. Vieweg & Sohn, Braunschweig

[10] KSB Kreiselpumpenlexikon (1989) 3. Auflage

Ruhende Fluide

2

Dieses Kapitel behandelt die Gesetze ruhender Fluide. Zwei Beispiele demonstrieren die Ausbildung freier Oberflächen durch Krafteinwirkung. Das Druckfortpflanzungsgesetz in Fluiden wird bei hydraulischen Pressen, kommunizierenden Gefäßen und Flüssigkeitsmanometern angewendet. Die Druckverteilung und Eigenschaften der Erdatmosphäre werden für den technisch relevanten Bereich mit verschiedenen Modellen berechnet. Der Auftrieb und das Schwimmverhalten von Körpern wird diskutiert.

2.1 Ausbildung freier Flüssigkeitsoberflächen

Füllt man eine Flüssigkeit in einen Behälter, deren Volumen ihn vollständig ausfüllt, passt sich die Form der Flüssigkeit der des Behälters an. Wenn die Flüssigkeit den Behälter nicht vollständig ausfüllt, weil sich oberhalb der Flüssigkeit noch ein Gas oder Dampf befindet, entsteht eine Grenzfläche zwischen der Flüssigkeit und dem Gas, die *freie Oberfläche* genannt wird. Die Form dieser Grenzfläche wird von den von außen wirkenden Kräften und Oberflächenkräften bestimmt. Bei großen freien Oberflächen können die im vorhergehenden Kapitel beschriebenen Oberflächenkräfte vernachlässigt werden. Hier wird nur die Ausbildung freier Oberflächen ohne Berücksichtigung der Oberflächenkräfte besprochen.

▸   Eine stationäre freie Oberfläche steht in jedem ihrer Punkte normal zur einwirkenden äußeren Kraft.

Freie Flüssigkeitsoberflächen, auf die nur die Schwerkraft einwirkt, haben die Form einer Kugel. Bei nicht allzu großen Oberflächen kann diese als eine Ebene angesehen werden. An großen Seen oder am Meer ist die Kugelform der Oberfläche jedoch deutlich zu erkennen.

P. von Böckh und C. Saumweber, *Fluidmechanik*, DOI 10.1007/978-3-642-33892-2_2,
© Springer-Verlag Berlin Heidelberg 2013

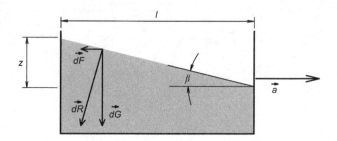

Abb. 2.1 Flüssigkeit in einem gleichmäßig beschleunigten Gefäß

In einem kleineren Behälter, in der die Kugelform vernachlässigt werden kann, hat eine Flüssigkeit eine waagerechte, ebene, freie Oberfläche. Wird auf den Behälter und damit auf die Flüssigkeit eine Beschleunigung ausgeübt, verändert sich die Oberfläche. Dies kann an einem Behälter, der mit gleichmäßiger Beschleunigung a in Bewegung gesetzt wird, demonstriert werden (Abb. 2.1).

Auf ein Massenelement dm der Oberfläche wirkt die Schwerkraft dG, gegen die Beschleunigung die Trägheitskraft dF. Die resultierende Kraft ist dR, der Winkel der Oberfläche β. Die in horizontale Richtung wirkende Komponente der resultierenden Kraft dR ist die Trägheitskraft dF.

$$dR_x = d\vec{R} \cdot \sin\beta = d\vec{F} = \vec{a} \cdot dm \tag{2.1}$$

Die in vertikale Richtung wirkende Komponente der resultierenden Kraft dR ist die Schwerkraft dG.

$$dR_y = d\vec{R} \cdot \cos\beta = d\vec{G} = \vec{g} \cdot dm \tag{2.2}$$

Die resultierende Kraft steht senkrecht zur freien Oberfläche. Der Winkel der freien Oberfläche β wird damit:

$$\tan\beta = \frac{dR_x}{dR_y} = \frac{a}{g} \tag{2.3}$$

Die Steighöhe z der Flüssigkeitsoberfläche ist:

$$z = l \cdot \tan\beta . \tag{2.4}$$

Lässt man ein zylinderförmiges Gefäß, das im Ruhezustand bis zur Höhe z_0 mit einer Flüssigkeit gefüllt ist, mit der Winkelgeschwindigkeit ω rotieren, entsteht dort durch die Wirkung der Schwer- und Zentrifugalkraft eine parabelförmige freie Oberfläche (Abb. 2.1). Auf ein Massenelement der Oberfläche wirken hier die Zentrifugalkraft dC und senkrecht dazu die Schwerkraft dG. Die resultierende Kraft dR steht senkrecht zur Oberfläche der Flüssigkeit. Die Zentrifugalkraft dC und Schwerkraft dG sind:

$$d\vec{C} = \omega^2 \cdot \vec{r} \cdot dm \tag{2.5}$$

Abb. 2.2 Flüssigkeit in einem rotierenden Zylinder

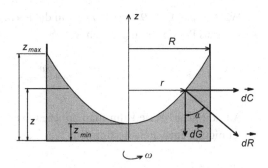

Die Steigung der Oberfläche ist einerseits die Ableitung dz/dx, andererseits der Quotient der Zentrifugalkraft dC und Gewichtskraft dG. Damit erhält man folgende Differentialgleichung:

$$\frac{dz}{dr} = \frac{\omega^2 \cdot r}{g} \tag{2.7}$$

Nach Integration ergibt sich für die Koordinate z der Oberfläche:

$$z = \int \frac{\omega^2 \cdot r}{g} \cdot dr = \frac{\omega^2 \cdot r^2}{2 \cdot g} + C \tag{2.8}$$

Die Oberfläche ist ein quadratisches Rotationsparaboloid. Die Integrationskonstante C wird durch Einsetzen der Höhe z_{min} bei $r = 0$ ermittelt. Damit ist C gleich z_{min} und Gl. 2.8 wird zu:

$$z = \frac{\omega^2 \cdot r^2}{2 \cdot g} + z_{min} \tag{2.9}$$

Die Form der Oberfläche ist bei gleicher Geometrie, der Füllhöhe h und Winkelgeschwindigkeit für alle Flüssigkeiten gleich, da sie unabhängig von der Dichte ist. Um die Höhen z_{min} und z_{max} zu bestimmen, muss das Volumen der Flüssigkeit betrachtet werden. Es befindet sich oberhalb der Höhe z_{min}, ist also im Rotationsparaboloid.

$$V_{Para} = \frac{\pi \cdot R^2 \cdot (z_{max} - z_{min})}{2} \tag{2.10}$$

Da das Volumen im Rotationsparaboloid der Hälfte des Volumens in einem gleich hohen Kreiszylinder entspricht, ist die Füllhöhe z_0 im Ruhezustand:

$$z_0 = \frac{(z_{max} + z_{min})}{2} \tag{2.11}$$

Für die Höhen z_{min} und z_{max} erhält man mit Gl. 2.9:

$$z_{min} = z_0 - \frac{\omega^2 \cdot R^2}{4 \cdot g} \tag{2.12}$$

$$z_{max} = z_0 + \frac{\omega^2 \cdot R^2}{4 \cdot g} \tag{2.13}$$

Wird z_{min} in Gl. 2.9 eingesetzt, kann die Form der Oberfläche als Funktion $f(r)$ mit z_0, R und ω als Parameter angegeben werden.

$$z = z_0 + \frac{\omega^2 \cdot (2 \cdot r^2 - R^2)}{4 \cdot g} \tag{2.14}$$

Auf ähnliche Weise kann man andere Oberflächen, die durch eine gleichmäßige Beschleunigung entstehen, bestimmen.

Beispiel 2.1: Wasseroberfläche in einem rotierenden Behälter

Ein zylinderförmiger Behälter mit 200 mm Innendurchmesser und 300 mm Höhe ist bis zu 200 mm mit Wasser gefüllt. Der Behälter kann mit einem Motor um die Zylinderachse in Rotation versetzt werden. Zu bestimmen sind:

a) die Drehzahl, bei der das Wasser die Oberkante des Behälters erreicht
b) die Form der Oberfläche und den Wasserinhalt, wenn die Drehzahl verdoppelt wird.

Lösung

- Schema

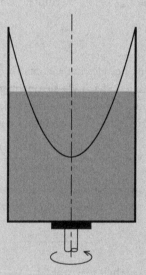

- Annahmen
    - Die berechneten Zustände sind stationär, d. h., Anlaufvorgänge werden nicht untersucht.
    - Beim Verdoppeln der Drehzahl wird Wasser aus dem Behälter geschleudert.

- Analyse
  a) Gleichung 2.14 kann man nach der Winkelgeschwindigkeit ω auflösen. Für die Höhe z werden die Oberkante des Behälters mit dem Wert von 300 mm, für z_0 die Füllhöhe von 200 mm und für $r = R$ der Innenradius mit 100 mm eingesetzt.

$$\omega = \sqrt{\frac{(z - z_0) \cdot 4 \cdot g}{R^2}} = \sqrt{\frac{0,1 \cdot m \cdot 4 \cdot 9,81 \cdot m/s}{0,1^2 \cdot m^2}} = 19,81\,s^{-1}$$

Die Drehzahl n ist damit: $n = \frac{\omega}{2 \cdot \pi} = 3,153\,s^{-1}$.

  b) Mit der Verdopplung der Drehzahl wird ein Teil des Wassers hinausgeschleudert, der Boden ist nur teilweise mit Wasser bedeckt. Die Oberflächenform bleibt eine Parabel, deren Scheitelpunkt aber außerhalb des Behälters liegt. Zur Berechnung wird zunächst ein fiktiver Behälter mit 200 mm Innendurchmesser gesucht, der die doppelte Drehzahl hat, in dem das maximale Wasserniveau die Oberkante und das minimale Niveau der Boden ist. Dieser Behälter wäre im Ruhezustand bis zur Mitte gefüllt. Damit ist die Füllhöhe im Ruhezustand: $z_0 = z_{max} / 2$. Aus Gl. 2.14 erhält man für z_{max}:

$$z_{max} = \frac{\omega^2 \cdot (2 \cdot r^2 - R^2)}{2 \cdot g} = \frac{39,62^2 \cdot s^{-2} \cdot 0,1^2 \cdot m^2}{2 \cdot 9,81 \cdot m/s^2} = 0,8\,m$$

Unser Behälter entspricht den obersten 300 mm des fiktiven Behälters. Um das Wasservolumen zu bestimmen, muss das Füllvolumen des angenommenen 800 mm hohen Behälters berechnet und davon das Wasservolumen, welches unterhalb von 500 mm liegt, abgezogen werden. Das Wasservolumen des 800 mm hohen Behälters ist:

$$V_0 = \pi \cdot R^2 \cdot z_{max}/2 = \pi \cdot 0,1^2 \cdot m^2 \cdot 0,4 \cdot m = 0,01257\,m^3 = 12,57\,l$$

Auf der Höhe von 500 mm, auf der sich der Boden des wirklichen Behälters befindet, erhält man aus Gl. 2.14 den Radius der Wasseroberfläche:

$$r = \sqrt{\frac{(z - z_0) \cdot 4 \cdot g}{2 \cdot \omega^2} + \frac{R^2}{2}}$$
$$= \sqrt{\frac{(0,5 - 0,4) \cdot m \cdot 2 \cdot 9,81 \cdot m/s^2}{1569,7 \cdot s^{-1}} + 0,005 \cdot m^2} = 0,0791\,m$$

Unterhalb von 500 mm setzt sich das Wasservolumen aus einem Wasserring mit 100 mm Außen-, 79,1 mm Innenradius, einem Paraboloid mit 86,6 mm Radius und 500 mm Höhe zusammen. Das Volumen des Paraboloids entspricht dem halben Volumen eines Zylinders mit dem gleichen Durchmesser und der gleichen Höhe.

$$V_{Wasser} = \pi \cdot (R^2 - r^2 + r^2/2) \cdot z = \pi \cdot (0,01 - 0,0791^2/2) \cdot 0,5 \cdot m^3 = 10,79 \, l$$

Das Wasservolumen im Behälter beträgt damit **1,78 l**.
Ursprünglich waren 6,28 l Wasser eingefüllt. Damit wurden **4,51 l** Wasser hinausgeschleudert.

- Diskussion
Durch Verdopplung der Drehzahl wird ein Großteil des Wassers hinausgeschleudert. Interessant ist, dass die Gleichungen auch dann anwendbar sind, wenn die errechnete Oberfläche nur teilweise im Behälter ist.

2.2　Statischer Druck

Der statische Druck ist die auf Fläche A wirkende Normalkomponente F_n der Kraft F, geteilt durch die Fläche.

Im Inneren eines ruhenden Fluids und an den Wänden eines Behälters treten nur Normalkräfte auf, Schubspannungen und Zugkräfte sind nicht vorhanden. Legt man an irgendeinem Punkt eines Fluids Bezugsflächen beliebiger Richtung an, ist der statische Druck an all diesen Flächen gleich groß, d. h., er ist richtungsunabhängig und damit eine skalare Größe und nur vom Ort abhängig. Die Druckkraft dagegen ist eine gerichtete Größe, also ein Vektor, der senkrecht auf die gedrückte Fläche wirkt.

Der Druck ist eine absolute Größe. Wenn keine Kraft auf eine Fläche drückt, ist der Druck null. Unsere Atmosphäre erzeugt durch die Masse der Luft und die darauf wirkende Schwerkraft einen statischen Druck (Luftdruck). Daher spricht man oft von einem auf diesen Atmosphärendruck bezogenen *Über-* oder *Unterdruck*.

2.2.1　Erzeugung des hydrostatischen Druckes

2.2.1.1　Kolbendruck

In einem durch einen reibungsfrei gleitenden Kolben vollkommen dicht abgeschlossenen Behälter, der sich in schwerelosem Zustand befindet, ist ein Fluid. Der Kolben wird mit der konstanten Kraft F auf das Fluid gedrückt und dadurch zusammengepresst. Nach dem *Druckfortpflanzungsgesetz* von *Pascal* pflanzt sich der statische Druck gleichmäßig in alle Richtungen fort und wirkt an jeder Stelle der Behälterwand. Er ist gleich groß wie am Kolben. Damit ist der statische Druck:

$$p = F/A \qquad\qquad (2.15)$$

Abb. 2.3 Hydraulische Presse

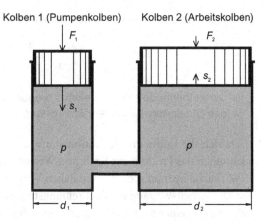

Eine bekannte Anwendung des Druckfortpflanzungsgesetzes ist die hydraulische Presse (Abb. 2.2). Sie besteht aus zwei Zylindern mit unterschiedlichen Durchmessern, die jeweils mit einem Kolben verschlossen und durch eine Leitung verbunden werden. Die Zylinder und die Verbindungsleitung sind mit einer Flüssigkeit gefüllt. Für die weitere Behandlung wird angenommen, dass die Flüssigkeit inkompressibel, der Vorgang reibungsfrei und die Einwirkung der Schwerkraft vernachlässigbar sind. Auf den Pumpenkolben (Kolben 1) wirkt die Kraft F_1 und erzeugt in der Flüssigkeit den hydrostatischen Druck p, der sich wiederum im gesamten Behälter fortpflanzt und auf den Arbeitskolben wirkt. Der Druck im System ist:

$$p = F_1/A_1 \qquad (2.16)$$

Da der Druck, der auf den Arbeitskolben (Kolben 2) wirkt, gleich groß ist, wird die Kraft F_2:

$$F_2 = p \cdot A_2 \qquad (2.17)$$

Zwischen den Kolbenflächen und den Kräften besteht folgender Zusammenhang:

$$\frac{F_2}{F_1} = \frac{A_2}{A_1} = \frac{d_2^2}{d_1^2} \qquad (2.18)$$

▸   Die an den Kolben wirkenden Kräfte sind proportional zu den Kolbenflächen bzw. zu den Quadraten der Kolbendurchmesser.

Damit kann bei entsprechendem Kolbendurchmesserverhältnis mit einer kleinen Kraft am Pumpenkolben eine große Kraft am Arbeitskolben erzeugt werden. Wird z. B. mit dem Arbeitskolben ein Gewicht um die Strecke s_2 angehoben, verändert sich das Volumen im Arbeitszylinder. Bei dieser Wegänderung muss der Pumpenkolben auch die gleiche Volumenänderung durchführen. Die Wegänderungen in den einzelnen Zylindern verhalten sich umgekehrt proportional zu den Kolbenflächen.

$$\frac{s_1}{s_2} = \frac{A_2}{A_1} = \frac{d_2^2}{d_1^2} \qquad (2.19)$$

▶   Die Kolbenhübe sind umgekehrt proportional zu den Kolbenflächen bzw. zu
    den Quadraten der Kolbendurchmesser.

Da sich die Kräfte und Kolbenhübe umgekehrt verhalten, ist natürlich die Arbeit, die
bekanntlich das Produkt aus Kraft und Weg ist, an beiden Kolben gleich groß.

Wirkliche hydraulische Pressen haben Ventile, Leitungen, Vorratsbehälter, Dichtungen
usw. Der Arbeitsvorgang ist nicht reibungsfrei. Damit wird der Druck am Arbeitszylinder
geringfügig kleiner als nach Gl. 2.16. Die Arbeit am Pumpenkolben kann sogar sehr viel
größer als am Arbeitskolben sein.

2.2.1.2 Schweredruck

An der freien Oberfläche auf der geodätischen Höhe z_0 einer Flüssigkeit in einem offenen
Gefäß herrscht der Druck p_0, der sich nach dem *Pascal*'schen Druckfortpflanzungsgesetz
in der gesamten Flüssigkeit ausbreitet. Dieser Druck p_0 kann bei einem mit Kolben abgeschlossenen Gefäß auch als Kolbendruck angesehen werden, wobei dann folgende Betrachtungen allgemein für Fluide, d. h. für Flüssigkeiten und Gase, gelten: Dem Kolbendruck ist
in einem Fluid der Druck, der durch das Gewicht des Fluids verursacht wird, ein weiterer
Druck überlagert. Auf jedem Punkt des Fluids wird durch die darüber liegende Fluidsäule
ein zusätzlicher Druck erzeugt, der *Schweredruck* oder *hydrostatischer Druck* genannt wird.
Bei Gasen mit einer kleinen Dichte und nicht allzu hohen Gassäulen kann dieser zusätzliche Druck vernachlässigt werden. Bei Flüssigkeiten, deren Dichte wesentlich höher ist,
muss er meist berücksichtigt werden. In einer geodätischen Höhe z unterhalb von z_0 wirkt
auf ein Flächenelement dA, das senkrecht zur Erdbeschleunigung gerichtet ist, die durch
das Gewicht der Flüssigkeitssäule hervorgerufene Schwerkraft dF_G. Der Kolbendruck p_K
wirkt auf beide Seiten dieses Flächenelements und hebt sich dadurch auf. Damit wird ein
zum vorhandenen Kolbendruck zusätzlicher Druck p_G erzeugt.

$$p_G = \frac{dF_G}{dA} = \frac{\rho \cdot g \cdot (z_0 - z) \cdot dA}{dA} = \rho \cdot g \cdot (z_0 - z) \qquad (2.20)$$

Der hydrostatische Druck im Fluid verändert sich in Richtung z der Erdbeschleunigung. Er ist proportional zum geodätischen Höhenunterschied $z_0 - z$. Der gesamte statische
Druck setzt sich aus dem Kolbendruck p_0 und dem Schweredruck p_G zusammen.

$$p = p_0 + \rho \cdot g \cdot (z_0 - z) \qquad (2.21)$$

▶   In einem ruhenden Fluid herrscht in Punkten gleicher geodätischer Höhe überall
    der gleiche hydrostatische Druck. Er ist unabhängig von Form und Größe des
    Gefäßes.

Dieses Gesetz gilt auch, wenn sich in einem Gefäß zwei sich nicht mischende Fluide befinden. In Gl. 2.21 muss dann im jeweiligen Fluid dessen Dichte eingesetzt werden.

Die Gln. 2.20 und 2.21 zeigen, dass mit der Höhe einer Flüssigkeitssäule ein Druck ausgedrückt bzw. gemessen werden kann. Messgeräte, die mit einer Flüssigkeitssäulenhöhe den Druck bestimmen, werden *Flüssigkeitssäulen-* oder *Flüssigkeitsmanometer* genannt.

2.2.2 Kommunizierende Gefäße

Aus der Gesetzmäßigkeit, dass in einer Flüssigkeit auf gleicher geodätischer Höhe immer der gleiche hydrostatische Druck herrscht, kann das Gesetz für kommunizierende Gefäße hergeleitet werden. In ihnen befindet sich eine Flüssigkeit, durch die sie unten miteinander verbunden sind. Die geodätischen Höhen sind je nach Kolbendruck unterschiedlich groß. Abmessung, Form und Neigung der Gefäße können verschieden sein (Abb. 2.3). Die vier Gefäße sind mit dem gleichen Fluid homogener Dichte gefüllt. Der Kolbendruck auf die einzelnen Gefäße ist p_{0i}, die geodätische Höhe der freien Oberfläche z_{0i}. In Höhe z herrscht der gleiche Druck p, der nach Gl. 2.21 berechnet wird.

$$p = p_{0i} + \rho \cdot g \cdot (z_{0i} - z) \qquad (2.22)$$

Bezogen auf das erste Gefäß ist die Differenz der Kolbendrücke zwischen den einzelnen Gefäßen:

$$p_{01} - p_{0i} = \rho \cdot g \cdot (z_{0i} - z_{01}) \qquad (2.23)$$

Entsprechend kann auch bei anderen Gefäßen verfahren werden. Die von der Druckdifferenz hervorgerufenen Höhenunterschiede sind von der Form unabhängig. Ist der Kolbendruck überall gleich groß, bildet die geodätische Höhe der Flüssigkeitssäule eine horizontale Ebene.

Praktische Anwendung finden kommunizierende Gefäße in der Messtechnik zur Messung von Differenzdrücken (U-Rohrmanometer) und Flüssigkeitsniveaus in Behältern (Flüssigkeitsstandgläser) sowie in der Trinkwasserversorgung (Wassertürme).

Abb. 2.4 Kommunizierende Gefäße

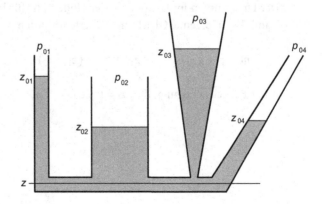

Bringt man nicht mischbare Flüssigkeiten in ein kommunizierendes System, muss für die jeweilige Flüssigkeit die entsprechende Dichte eingesetzt werden.

Beispiel 2.2: Flüssigkeitsmanometer

Der Druck eines Gasbehälters wird mit einem quecksilbergefüllten Flüssigkeitsmanometer gemessen. Die Dichte des Gases beträgt $4,2\,\text{kg/m}^3$, die des Quecksilbers $13.600\,\text{kg/m}^3$. Man liest folgende Höhen ab: $z_0 = 0\,\text{mm}$, $z_1 = 300\,\text{mm}$, $z_2 = 850\,\text{mm}$ und $z = 500\,\text{mm}$. Der Atmosphärendruck beträgt $0,98\,\text{bar}$. Bestimmen Sie den Behälterdruck p und zeigen Sie, dass der Einfluss der Gassäule vernachlässigbar ist.

  Lösung

- Schema

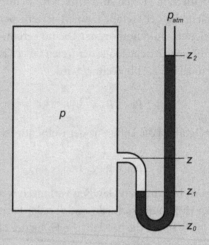

- Annahmen
  - Die beiden Schenkel des U-Rohres bilden ein kommunizierendes Gefäß.
  - Der Einfluss der Kapillardepression ist vernachlässigbar, weil sie in beiden Schenkeln ca. gleich groß ist.
- Analyse

  Der Druck unten im U-Rohr auf der Höhe z_0 ist für beide Schenkel gleich groß. Damit kann folgende Gleichung aufgestellt werden:

$$p_0 = p + g \cdot [\rho_g \cdot (z - z_1) + \rho_{Hg} \cdot (z_1 - z_0)] = p_{atm} + g \cdot \rho_{Hg} \cdot (z_2 - z_0)$$

Unter Berücksichtigung, dass $z_0 = 0$ ist, erhält man nach Umformung für p:

$$p = p_{atm} + g \cdot [\rho_{Hg} \cdot (z_2 - z_1) - \rho_g \cdot (z - z_1)]$$

Die Zahlenwerte ergeben:

$$p = 0{,}98 \cdot 10^5 \cdot Pa + 9{,}81 \cdot m \cdot s^{-2}(\cdot 13.600 \cdot kg/m^{-3} \cdot 0{,}55 \cdot m - 4{,}2 \cdot kg/m^{-3} \cdot 0{,}2 \cdot m) =$$
$$= (98.000 + 73.379 - 8{,}2)\, Pa = \mathbf{1{,}713\,bar}$$

- Diskussion

  Mit dem Flüssigkeitsmanometer können Drücke ohne Eichung sehr einfach
  gemessen werden. In unserem Fall ist der Einfluss der Gassäule wirklich vernachlässigbar. Er beträgt weniger als 0,005 %. Bei Flüssigkeiten mit wesentlich höheren
  Dichten ist die Vernachlässigung nicht erlaubt. Die Berechnung zeigt, dass für die
  Messung nur die Differenz der Flüssigkeitssäule benötigt wird.

Beispiel 2.3: Niveaumessung mit einem Flüssigkeitsmanometer
Die Füllstandshöhe in einem offenen Wasserbehälter wird mit einem Flüssigkeitsmanometer, das mit Quecksilber gefüllt ist, gemessen. Die Dichte des Wassers ist
998 kg/m^3, die des Quecksilbers 13.600 kg/m^3. Folgende Höhen werden abgelesen:
$z_1 = 100\,mm$, $z_2 = 850\,mm$ und $z_0 = 0\,mm$. Der Atmosphärendruck beträgt 0,98 bar.
Bestimmen Sie das Wasserniveau z im Behälter.

   Lösung

- Schema

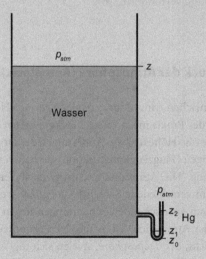

- Annahmen
  - Beide Schenkel des U-Rohres bilden ein kommunizierendes Gefäß.
  - Der Einfluss der Kapillardepression ist vernachlässigbar, weil sie in beiden Schenkeln ca. gleich groß ist.
- Analyse

  Der Druck unten im U-Rohr auf der Höhe z_0 ist für beide Schenkel gleich groß. Damit kann folgende Gleichung aufgestellt werden:

  $$p_0 = p_{atm} + g \cdot [\rho_{H_2O} \cdot (z - z_1) + \rho_{Hg} \cdot (z_1 - z_0)] = p_{atm} + g \cdot \rho_{Hg} \cdot (z_2 - z_0)$$

  Unter Berücksichtigung, dass $z_0 = 0$ ist, erhält man nach Umformung für z:

  $$z = \rho_{Hg} \cdot (z_2 - z_1)/\rho_{H_2O} + z_1$$

  Die Zahlenwerte ergeben: $z = \frac{13.600}{998} \cdot 0{,}75\,\mathrm{m} + 0{,}1 \cdot \mathrm{m} = \mathbf{10{,}320\,m}$
- Diskussion

  In einem relativ hohen Wasserbehälter kann die Füllstandshöhe mit dem Quecksilber-Flüssigkeitsmanometer sehr einfach gemessen werden. Durch den Dichteunterschied zwischen Quecksilber und Wasser entspricht eine Quecksilbersäule einer 13,6 mal höheren Wassersäule. Der Nachteil des Quecksilbersäulenmanometers ist, dass wegen der Giftigkeit der Quecksilberdämpfe Vorkehrungen getroffen werden müssen, die das Austreten des Quecksilbers in den Behälter oder in die Umgebung verhindern.

2.2.3 Statischer Druck der Atmosphäre (Aerostatik)

Gassäulen haben in technischen Anwendungen relativ geringe Höhen, die Druckänderung in der Gassäule kann in der Praxis meist vernachlässigt werden. Die Gassäule unserer Atmosphäre hat eine sehr große Höhe und die Änderungen des Druckes und der Temperatur sind für viele Anwendungen (Flugzeugkonstruktion, Verhalten von Fahrzeugen in großer Höhe etc.) von Bedeutung. Die Atmosphäre kann je nach Temperatur, Gaszusammensetzung und Ionisation in verschiedene Schichten aufgeteilt werden. Die für die meisten technischen Berechnungen ausreichenden Schichtungen liegen in einer Höhe von bis zu 50 km. Die Schichtung der Atmosphäre ist in Tab. 2.1 zusammengefasst.

In der untersten Schicht, der *Troposphäre*, spielen sich die Witterungsvorgänge ab. Sie enthält ca. drei Viertel der Luftmasse der Atmosphäre. In der Troposphäre nimmt die Temperatur der Luft linear mit 0,65 K pro 100 m ab. In der darüber liegenden *Stratosphäre* ist die Temperatur bis zur Höhe von etwa 20 km konstant und nimmt dann linear bis zu einer Hö-

Tab. 2.1 Schichtung der Atmosphäre

Höhe z	Bezeichnung	Temperatur
0–11 km	Troposphäre	Linear von +15 °C auf –56,5 °C fallend
11–20 km	Stratosphäre	–56,5 °C konstant (isotherm)
20–50 km	Stratosphäre	Linear von –56,5 °C auf 0 °C zunehmend (Inversion)
50–60 km	Stratopause	Bei ca. 0 °C konstant (isotherm)
60–80 km	Mesosphäre	Linear von 0 °C auf –80 °C abnehmend
80–400 km	Ionosphäre	Von –80 °C auf 1000 °C zunehmend

he von 50 km auf 0 °C zu. Die Höhe und Temperatur der Schichten sind von geographischer Lage und Jahreszeit abhängig. Nähere Angaben zu den Eigenschaften der Atmosphäre sind in [2] zu finden.

Für technische Belange werden Berechnungsverfahren zur Bestimmung der Eigenschaften der Atmosphäre in den folgenden Kapiteln anhand dreier Modelle beschrieben.

2.2.3.1 Isotherme Schichtung

Bei isothermer Schichtung werden die Temperatur der Schicht als konstant, die Luft als ideales Gas angenommen. Nach der idealen Gasgleichung gilt für die isotherme Zustandsänderung:

$$\frac{p}{\rho} = \frac{p_0}{\rho_0} = \text{konst.}$$

Eine differentiell kleine Druckänderung dp in der Höhe z ist:

$$dp = -\rho \cdot g \cdot dz = -\frac{p}{p_0} \cdot \rho_0 \cdot g \cdot dz \qquad (2.24)$$

Nach Separation der Variablen erhalten wir:

$$\int_0^z dz = -\frac{p_0}{\rho_0 \cdot g} \cdot \int_{p_0}^p \frac{dp}{p}$$

Die Integration ergibt:

$$z = \frac{p_0}{\rho_0 \cdot g} \cdot \ln \frac{p_0}{p} \qquad (2.25)$$

Dabei ist z die auf eine Referenzhöhe (z. B. Meeresspiegel oder Beginn der Stratosphäre) bezogene geodätische Höhe. p_0 ist der Druck und ρ_0 die Dichte der Luft auf der Referenzhöhe.

Auf der Höhe z erhält man für Druck und Dichte folgende Beziehungen:

$$p = p_0 \cdot e^{-\frac{\rho_0 \cdot g}{p_0} \cdot z} = p_0 \cdot e^{-\frac{g}{R \cdot T_0} \cdot z} \qquad (2.26)$$

$$\rho = \rho_0 \cdot e^{-\frac{\rho_0 \cdot g}{p_0} \cdot z} = \rho_0 \cdot e^{-\frac{g}{R \cdot T_0} \cdot z} \qquad (2.27)$$

2.2.3.2   Isentrope Schichtung

Die Isentropengleichung für ideale Gase lautet [1]:

$$\frac{p}{\rho^{\kappa}} = \frac{p_0}{\rho_0^{\kappa}} = \text{konst.}$$

In Gl. 2.24 eingesetzt, erhalten wir:

$$dp = -\rho \cdot g \cdot dz = -\left(\frac{p}{p_0}\right)^{1/\kappa} \cdot g \cdot dz$$

Die Integration ergibt für z:

$$z = \frac{p_0}{\rho_0 \cdot g} \cdot \frac{\kappa}{\kappa - 1} \cdot \left[1 - \left(\frac{p}{p_0}\right)^{\frac{\kappa-1}{\kappa}}\right] \qquad (2.28)$$

Für den Druck und die Dichte erhält man:

$$p = p_0 \cdot \left(1 - \frac{\rho_0 \cdot g}{p_0} \cdot \frac{\kappa}{\kappa - 1} \cdot z\right)^{\frac{\kappa}{\kappa-1}} = p_0 \cdot \left(1 - \frac{g}{R \cdot T_0} \cdot \frac{\kappa - 1}{\kappa} \cdot z\right)^{\frac{\kappa}{\kappa-1}} \qquad (2.29)$$

$$\rho = \rho_0 \cdot \left(1 - \frac{\rho_0 \cdot g}{p_0} \cdot \frac{\kappa}{\kappa - 1} \cdot z\right)^{\frac{1}{\kappa-1}} = \rho_0 \cdot \left(1 - \frac{g}{R \cdot T_0} \cdot \frac{\kappa - 1}{\kappa} \cdot z\right)^{\frac{1}{\kappa-1}} \qquad (2.30)$$

Nach der idealen Gasgleichung ist die Temperatur in der isentropen Schichtung:

$$T = \frac{p}{R \cdot \rho} = \frac{p_0}{R \cdot \rho_0} \cdot \left(1 - \frac{\rho_0 \cdot g}{p_0} \cdot \frac{\kappa - 1}{\kappa} \cdot z\right) \qquad (2.31)$$

Gleichung 2.31 nach dz differenziert, zeigt, dass der Temperaturgradient dT/dz linear ist. Setzt man für Luft den Isentropenexponenten mit $\varkappa = 1{,}4$ und die Gaskonstante mit $R = 287$ J/(kg K) ein, erhält man:

$$\frac{dT}{dz} = \frac{g}{R \cdot} \cdot \frac{\kappa - 1}{\kappa} = \frac{9{,}8 \cdot \text{m/s}^2}{287 \cdot \text{J/(kg} \cdot \text{K)}} \cdot \frac{0{,}4}{1{,}4} = 0{,}098 \, \frac{\text{K}}{\text{m}} = 0{,}98 \, \frac{\text{K}}{100 \, \text{m}}$$

Dieser Wert ist größer als der Temperaturgradient von 0,65 K pro 100 m in der Troposphäre. Das Ergebnis ist nicht erstaunlich, weil die isentrope Zustandsänderung davon ausgeht, dass ein ideales Gas isentrop eine Druckänderung erfährt. Dies ist der Fall, wenn eine Gasmasse von einer bestimmten geodätischen Höhe in der Atmosphäre auf eine andere geodätische Höhe gebracht wird und dabei eine Druckänderung erfährt. Bei Windstille bleiben die Luftschichten in der gleichen Höhe und ihre Temperaturen werden von anderen Effekten wie z. B. Wärmeaustausch bestimmt. Bei Föhn kann der Einfluss der Kompression beobachtet werden, wenn die Luftmassen entlang der Berghänge in ein Tal strömen. Sie werden dabei komprimiert und erfahren eine Aufwärmung, die etwa Gl. 2.31 entspricht.

2.2.3.3   Normatmosphäre

Nach Festlegung der ICAO (International Civil Aviation Organization) und DIN ISO 2533 (Dezember 1979) hat die *Normatmosphäre* auf Meereshöhe folgende Daten:

Luftdruck $\quad\quad p_0 = 101.325 \, \text{Pa}$
Lufttemperatur $\quad \vartheta_0 = 15\,^\circ\text{C}$
Luftdichte $\quad\quad \rho_0 = 1{,}225 \, \text{kg/m}^3$

Der Temperaturgradient beträgt bis zu einer Höhe von 11 km $-0{,}0065$ K/m. Für Höhen zwischen 11 und 20 km ist die Temperatur konstant $-56{,}5\,^\circ\text{C}$.

Die Temperatur der Troposphäre wird damit:

$$T = T_0 - a \cdot z = 288 \, \text{K} - 0{,}0065 \, (\text{K} \cdot \text{m}) \cdot z$$

In Gl. 2.24 eingesetzt, erhalten wir:

$$dp = -g \cdot \rho \cdot dz = -\frac{p \cdot g}{R \cdot (T_0 - a \cdot z)} \cdot dz$$

Setzt man für z die Variable ein, erhält man:

$$\frac{dp}{p} = -\frac{g}{a \cdot R} \cdot \frac{dz^*}{z^*}$$

Die Integration zwischen den Grenzen p_0 und p sowie z_0 und z ergibt:

$$\ln \frac{p}{p_0} = \frac{g}{a \cdot R} \cdot \ln \frac{z}{z_0} = \frac{g}{a \cdot R} \cdot \ln \frac{T_0 - a \cdot z}{T_0}$$

Der Zahlenwert für den Ausdruck ist 5,2586. Damit erhalten wir nach Umformung:

$$p = p_0 \cdot \left(\frac{T_0 - a \cdot z}{T_0} \right)^{\frac{g}{a \cdot R}} = p_0 \cdot \left(1 - \frac{a \cdot z}{T_0} \right)^{5{,}2586} \tag{2.32}$$

$$\rho = \frac{p}{R \cdot (T_0 - a \cdot z)} = \rho_0 \cdot \left(\frac{T_0 - a \cdot z}{T_0} \right)^{\frac{g \cdot a}{R} - 1} = \rho_0 \cdot \left(1 - \frac{a \cdot z}{T_0} \right)^{4{,}2586} \tag{2.33}$$

Eigenschaften der Normatmosphäre sind im Anhang A.1 zu finden und können mit dem Programm FMA0201 berechnet werden.

Beispiel 2.4: Steighöhe eines Heißluftballons

Ein Heißluftballon hat die Masse von 600 kg und ein Volumen von 1000 m³. Am Boden sind die Bedingungen entsprechend der Normatmosphäre. Wie hoch steigt der Ballon

a) bei isothermer Schichtung
b) bei isentroper Schichtung
c) in der Normatmosphäre?

   Lösung

- Annahmen
  - Die Rechenmodelle der verschiedenen Atmosphären sind gültig.
  - Volumen und Masse des Ballons bleiben konstant.
- Analyse

Für alle drei Atmosphärenmodelle gilt, dass die Steighöhe dann erreicht ist, wenn die Auftriebskraft dem Gewicht des Ballons entspricht. Dies ist der Fall, wenn die Luftdichte gleich der Dichte des Ballons ist. Gemäß Definition in Kap. 1 beträgt die Dichte des Gases im Ballons:

$$\rho_B = m/V = 600 \cdot \text{kg}/1000 \cdot \text{m}^3 = 0,6 \,\text{kg/m}^3$$

Für alle drei Modelle ist nur die Höhe zu errechnen, bei der die Luftdichte der Dichte des Ballons entspricht.

a) Bei isothermer Schichtung kann die Dichte der Luft mit Gl. 2.27 bestimmt werden. Die Gleichung nach z aufgelöst, ergibt:

$$z = \frac{R \cdot T_0}{g} \cdot \ln \frac{\rho_0}{\rho} = \frac{287 \cdot \text{J}/(\text{kg} \cdot \text{K}) \cdot 288 \cdot \text{K}}{9,81 \cdot \text{m/s}^2} \cdot \ln \frac{1,225}{0,6} = \textbf{6,019 km}$$

b) Nach Gl. 2.30 ist bei isentroper Schichtung die Dichte der Luft:

$$z = \frac{R \cdot T_0}{g} \cdot \frac{\kappa}{\kappa - 1} \left[\left(\frac{\rho_0}{\rho} \right)^{\kappa-1} - 1 \right] = \frac{287 \cdot 288}{9,81} \cdot \frac{1,4}{0,4} \cdot \left[(1,225/0,6)^{0,4} - 1 \right]$$

$$= \textbf{9,754 km}$$

c) Die Höhe z in der Standardatmosphäre kann mit Gl. 2.33 bestimmt werden:

$$z = \frac{T_0}{a} \cdot \left[1 - \left(\frac{\rho}{\rho_0} \right)^{1/4,2586} \right] = \frac{288 \cdot \text{K}}{0,0065 \cdot \text{K/m}} \cdot \left[1 - (0,6/1,225)^{1/4,2586} \right]$$

$$= \textbf{6,841 km}$$

• Diskussion

Das Beispiel demonstrierte drei Berechnungsmodelle für die Atmosphäre. Die wirkliche Berechnung des Ballons müsste die Änderung des Ballonvolumens, das mit zunehmender Höhe größer wird, berücksichtigen. Wegen des Brennstoffverbrauchs nimmt außerdem die Masse des Ballons ab, so dass die wirkliche Steighöhe wesentlich größer wird. Bei einer realistischeren Berechnung wären die Standardatmosphäre, die lokalen und jahreszeitlichen Abweichungen zu berücksichtigen.

2.3 Druckkräfte

Bei Schwerelosigkeit wirkt auf die Wände eines Behälters überall der auf das Fluid ausgeübte Kolbendruck p_K. Unter Einwirkung des Schwerefeldes der Erde muss zusätzlich noch der Schweredruck berücksichtigt werden. Der Druck an den Behälterwänden ist von der geodätischen Höhe abhängig. In der Regel wirkt von außen auf die Behälterwände auch ein Druck p_a. Bei der Berechnung der Kräfte ist die Differenz des Innen- und Außendruckes maßgebend. Für die Auslegung von Behältern ist es äußerst wichtig zu wissen, welche Kräfte auf die Behälterwände wirken. Hier wird auf die genaue Berechnung von Behältern nicht eingegangen. Berechnungsunterlagen sind in den entsprechenden gesetzlichen Vorschriften (z. B. SVDB), in Richtlinien (z. B. TRD-Richtlinien, ADI-Merkblätter) oder in Fachliteratur zu finden.

2.3.1 Druckkräfte auf ebene Wände

Wirkt in einem Behälter von innen ein konstanter statischer Druck p und von außen der konstante Außendruck p_a auf eine ebene Wand (z. B. Deckel oder Flansch) mit der Fläche A, entsteht senkrecht zur Wand eine Kraft F, die gleich dem Produkt der Druckdifferenz und der Fläche ist.

$$F = (p - p_a) \cdot A \tag{2.34}$$

Die Kraftwirkung geht vom *Flächenschwerpunkt* der Fläche aus. Bei einer Kreisfläche wäre dieser der Mittelpunkt der Fläche. Ist der Druck bzw. die Druckdifferenz nicht konstant, weil z. B. infolge des Schweredruckes mit abnehmender geodätischer Höhe der Druck ansteigt, geht die Kraftwirkung nicht vom Flächenschwerpunkt, sondern vom so genannten *Druckmittelpunkt* aus. Er entspricht dem Punkt, an dem die wirkende Kraft mit der Druckkraft im Gleichgewicht ist.

2.3.2 Druckkräfte auf gekrümmte Wände

Die Druckkraft auf gekrümmte Wände ist das Produkt der Druckdifferenz und der in Kraftrichtung projizierten Fläche. Wenn man ein kreiszylindrisches Gefäß mit einem halb-kugelförmigen oder gewölbten Deckel abschließt, ist die projizierte Fläche in Richtung Zylinderachse gleich der Fläche des Kreises. Die wirkende Kraft ist also gleich groß wie bei einem ebenen Deckel.

Die Berechnung der Druckkräfte kann an einem Rohr, das an beiden Enden mit einer ebenen Platte verschlossen ist, demonstriert werden (Abb. 2.4). Der Druck im Rohr ist p, außen am Rohr p_a. Das Rohr hat die Länge l, den Außendurchmesser D und den Innen-durchmesser d.

Die axiale Kraft F_{ax} wird durch den Druck, der auf die beiden Abschlüsse wirkt, be-stimmt:

$$F_{ax} = (p - p_a) \cdot A = (p - p_a) \cdot \frac{\pi}{4} \cdot d^2 \tag{2.35}$$

Die in der Rohrwand erzeugte Axialspannung σ_{ax} berechnet sich als:

$$\sigma_{ax} = \frac{F_{ax}}{A_{Rohr}} = \frac{(p - p_a) \cdot d^2}{D^2 - d^2} \tag{2.36}$$

Zur Berechnung der tangentialen Kräfte muss zunächst die projizierte Fläche bestimmt werden. Der höhere Innendruck versucht, das Rohr mit der Tangentialkraft F_t auseinander zu drücken. Damit ist die projizierte Fläche gleich dem Produkt des Innendurchmessers d und der Länge l. Die Tangentialkraft errechnet sich zu:

$$F_t = (p - p_a) \cdot A_{proj} = (p - p_a) \cdot d \cdot l \tag{2.37}$$

Die in der Rohrwand erzeugte Tangentialspannung σ_t beträgt:

$$\sigma_t = \frac{F_t}{A_{Wand}} = \frac{(p - p_a) \cdot d \cdot l}{l \cdot (D - d)} = \frac{(p - p_a) \cdot d}{(D - d)} = \frac{(p - p_a) \cdot d}{2 \cdot s} \tag{2.38}$$

Die Axial- und Tangentialspannungen geben an, welche Zugspannungsfestigkeit das Rohrmaterial aufweisen muss. Bei Rohren, vor allem bei solchen mit kleineren Durchmes-sern, ist in der Regel nur die Tangentialspannung maßgebend.

Abb. 2.5 Kraftwirkung des Druckes auf ein Rohr

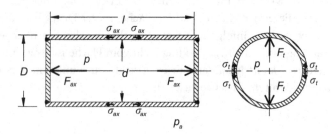

2.3.3   Hydrostatisches Paradoxon

Der innere Druck übt immer auf den Boden eines Behälters gemäß Gl. 2.22 Kraft aus, und zwar unabhängig davon, wie der Behälter geformt ist. In einem oben offenen Behälter mit einem waagerechten Boden, in dem sich eine Flüssigkeit befindet, ist der Kolbendruck auf die Flüssigkeit gleich dem Außendruck. Damit wird die Druckdifferenz am Boden des Behälters nur vom Schweredruck der Flüssigkeit bestimmt. Die Kraft, die auf den Boden wirkt, ist gleich dem Produkt des Schweredruckes und der Fläche. Das Gewicht der Flüssigkeit hat keinen Einfluss auf die Kraftwirkung des Schweredruckes. In Abb. 2.5 sind einige Behälter, die alle bis zur gleichen Höhe z_0 mit identischer Flüssigkeit gefüllt sind, dargestellt. Die Behälter haben die gleich großen Bodenflächen A. Es erscheint unlogisch, dass trotz der unterschiedlichen Flüssigkeitsmassen auf alle Bodenflächen die gleiche Kraft ausgeübt wird. Daher nennt man diesen physikalischen Sachverhalt *hydrostatisches Paradoxon*.

Abb. 2.6 Zur Erklärung des hydrostatischen Paradoxons

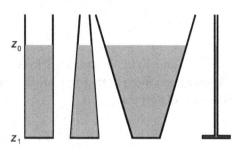

2.4   Auftrieb und Schwimmen

Taucht man einen homogenen Körper vollständig in ein homogenes Fluid ein (Abb. 2.6), wirkt der hydrostatische Druck von allen Seiten auf den Körper.

Da der hydrostatische Druck mit abnehmender geodätischer Höhe jedoch zunimmt, wirkt auf die Flächenelemente des Körpers an tiefer liegenden Punkten eine höhere Kraft. Betrachtet man zwei übereinander liegende Flächenelemente dA_1 und dA_2, die sich auf der geodätischen Höhe z_1 und z_2 befinden und deren projizierte Fläche in Richtung der Schwerkraft gleich groß dA ist, wirkt von unten die Kraft dF_2 und von oben die Kraft dF_1 auf die Flächenelemente. Nach Gl. 2.21 sind diese Kräfte:

$$dF_1 = (p_0 + g \cdot \rho \cdot z_1) \cdot dA$$
$$dF_2 = (p_0 + g \cdot \rho \cdot z_2) \cdot dA . \tag{2.39}$$

Die resultierende Kraft auf das Volumenelement dV zwischen den beiden Flächenelementen dA_1 und dA_2 ist (s. Abb. 2.7):

$$dF_A = dF_2 - dF_1 = g \cdot \rho \cdot (z_2 - z_1) \cdot dA = g \cdot \rho \cdot dV \tag{2.40}$$

Abb. 2.7 Zur Erklärung der
Auftriebskraft

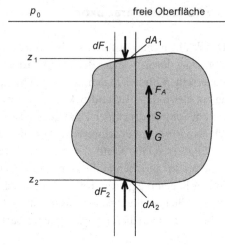

Die gesamte Kraft, die auf den Schwerpunkt S des verdrängten Flüssigkeitsvolumens (*Verdrängungsschwerpunkt*) wirkt, erhält man durch Integration der Kraft dF_A über das Volumen des Körpers.

$$F_A = \int_V dF_A = \int_V g \cdot \rho \cdot dV = g \cdot \rho \cdot V \tag{2.41}$$

Die Kraft F_A wird als *statische Auftriebskraft* bezeichnet. Wie Gl. 2.29 zeigt, ist sie gleich der Gewichtskraft des verdrängten Fluids. Diese Kraft wirkt gegen die Gewichtskraft G des Körpers. Damit erscheint der Körper leichter oder er erfährt einen scheinbaren Gewichtsverlust. Das *scheinbare Gewicht* G_{sch} des Körpers ist:

$$G_{sch} = g \cdot (\rho_K - \rho_F) \cdot V \tag{2.42}$$

Dabei bedeuten Index K Körper und F Fluid.

Ist die Auftriebskraft gleich der Gewichtskraft des Körpers, *schwebt* der Körper im Fluid. Ist die Auftriebskraft kleiner, *sinkt* der Körper, ist sie größer, *taucht* der Körper *auf*. Bei nicht homogenen Körpern ist der Schwerpunkt des Körpers nicht der Verdrängungsschwerpunkt. Befindet sich der Körperschwerpunkt unterhalb des Verdrängungsschwerpunktes, spricht man von einer *stabilen Schwimmlage*, d. h., wenn sich durch eine Kraft die Lage des schwimmenden Körpers verändert, kehrt der Körper nach Wegfall der Krafteinwirkung in die Gleichgewichtslage zurück.

Bleibt durch eine einwirkende Kraft oder Moment die Lage des Schwerpunktes und des Verdrängungsschwerpunktes unverändert, spricht man von einer *indifferenten Schwimmlage*. Diese können nur homogene Körper mit symmetrischer Form, z. B. eine Kugel (allseitig indifferent) oder ein Kreiszylinder (indifferent bezüglich der Längsachse) einnehmen.

Abb. 2.8 Stabilität von
Schwimmkörpern

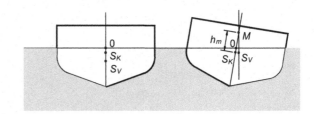

Befindet sich der Schwerpunkt eines *schwebenden Körpers* oberhalb des Verdrängungsschwerpunktes auf der Schwimmachse, wird er bei der Einwirkung der kleinsten Kraft
diese Lage verlassen und nicht mehr zurückkehren. Man spricht in diesem Fall von *labiler
Schwimmlage*.

Körper, deren Auftriebskraft größer als die Gewichtskraft ist, schwimmen auf einer
freien Oberfläche. Das Gewicht der verdrängten Flüssigkeit ist gleich dem Gewicht des Körpers. Die freie Flüssigkeitsoberfläche wird als *Schwimmebene*, die innerhalb des Körpers
liegende Fläche (Schnittfläche) als *Schwimmfläche* oder *Wasserlinie* bezeichnet. Im Gleichgewichtszustand befinden sich der Körperschwerpunkt S_K und der Verdrängungsschwerpunkt S_V auf einer gemeinsamen vertikalen Wirkungslinie der Auftriebs- und Gewichtskraft, die *Schwimmachse* genannt wird (s. Abb. 2.8). Bringt man einen Schwimmkörper aus
seiner Gleichgewichtslage, verändert sich der Verdrängungsschwerpunkt, weil die Form,
nicht aber das Volumen der verdrängten Flüssigkeit verändert wird. Bei Schwimmkörpern
spricht man von einer Schwimmstabilität, wenn der Körper nach Einwirkung einer Kraft
seine ursprüngliche Lage wieder einnimmt. Dies ist der Fall, wenn der Körperschwerpunkt
tiefer liegt (Gewichtsstabilität) als der Verdrängungsschwerpunkt oder wenn die Form des
Schwimmkörpers so gestaltet ist, dass bei der Auslenkung der *Verdrängungsschwerpunkt*
derart verändert wird, dass der Schwimmkörper ein Rückstellmoment erfährt.

Wenn die so genannte *metazentrische Höhe* h_m positiv ist, hat ein Schwimmkörper
Schwimmstabilität. Unter metazentrischer Höhe versteht man den Abstand des Körper-
schwerpunktes vom *Metazentrum M*, das der Schnittpunkt der Schwimmachse mit der
Auftriebskraft (senkrechte Linie durch den Verdrängungsschwerpunkt) ist.

Literatur

[1] Böckh P von, Cizmar J., Schlachter W (1999) Grundlagen der technischen Thermodynamik, Bildung Sauerländer Aarau, Bern, Fortis FH, Mainz, Köln, Wien

[2] Roberson J A, Crowe C T (1997) Engineering Fluid Mechanics, 6. Edition, John Wiley & Sons,
Inc., New York

[3] Fox R W, McDonald A T (1994) Introduction to Fluid Mechanics, 4. Edition, John Wiley & Sons,
Inc., New York

[4] DIN-ISO 2533 (1979) Normatmosphäre

Bewegte Fluide 3

Im Gegensatz zur Hydrostatik, die ruhende Fluide behandelt, werden hier bewegte Fluide besprochen und die zu ihrer Behandlung benötigten Grundbegriffe eingeführt. Wir behandeln den Massenerhaltungssatz bei Strömungsvorgängen (Kontinuitätsgleichung). Zur Sichtbarmachung von Strömungsvorgängen und verschiedenen Strömungsformen werden Methoden aufgezeigt. Die Anwendung des Kontrollraums, der in den nachfolgenden Kapiteln zur Behandlung der Impuls und Energieerhaltung von Wichtigkeit ist, wird demonstriert.

3.1 Grundbegriffe

3.1.1 Strömungsgeschwindigkeit

Die Bewegung eines Fluidelements wird durch die *Strömungsgeschwindigkeit* beschrieben. Wie in der Mechanik ist die Strömungsgeschwindigkeit die Wegänderung eines Fluidelements pro Zeiteinheit. Sie ist richtungsabhängig und damit ein Vektor. Der zeitabhängige Ortsvektor $\vec{r}(t)$ wird in kartesischen Koordinaten folgendermaßen angegeben:

$$\vec{r}(t) = \vec{x}(t) + \vec{y}(t) + \vec{z}(t) \tag{3.1}$$

Die x, y und z Komponenten der Ortskoordinaten werden nach Regeln der Vektoraddition zusammengesetzt. Den Geschwindigkeitsvektor $\vec{c}(t)$ erhält man durch die Differentiation des Ortsvektors nach der Zeit.

$$\vec{c}(t) = \frac{d\vec{r}}{dt} = \frac{d\vec{x}}{dt} + \frac{d\vec{y}}{dt} + \frac{d\vec{z}}{dt} = \vec{c}_x + \vec{c}_y + \vec{c}_z \tag{3.2}$$

Dabei ist c die Geschwindigkeit der Strömung am Ort r zur Zeit t. In einem strömenden Fluid kann die Geschwindigkeit an jedem Ort zu einer bestimmten Zeit eine unterschiedliche Größe und Richtung haben. Die Richtung der x, y und z Komponenten ist jeweils

P. von Böckh und C. Saumweber, *Fluidmechanik*, DOI 10.1007/978-3-642-33892-2_3, © Springer-Verlag Berlin Heidelberg 2013

gegeben. Damit können die Komponenten wie folgt angegeben werden:

$$c_x = f_1(x, y, z, t) \quad c_y = f_2(x, y, z, t) \quad c_z = f_3(x, y, z, t) \tag{3.3}$$

Gleichung 3.3 gibt die Geschwindigkeitskomponente als eine Funktion des Raums und der Zeit in einem kartesischen Koordinatensystem an. Entsprechend des Problems können natürlich andere Koordinatensysteme, wie z. B. Zylinder- oder Kugelkoordinaten, angenommen werden.

Eine andere Angabe der Geschwindigkeit kann entlang einer *Stromlinie s*, die im nächsten Abschnitt beschrieben wird, erfolgen.

$$c = c(s, t) \tag{3.4}$$

3.1.2 Stromlinie, Strömungsfeld

Werden die Geschwindigkeitsvektoren innerhalb einer Strömung eingezeichnet, erhält man ein *Strömungsfeld* (flow field). Verbindet man die Geschwindigkeitsvektoren so, dass eine Kurventangente entsteht, bekommt man eine *Stromlinie* (streamline). Der Weg eines Fluidelements wird als *Strombahn* oder *Strompfad* bezeichnet. Bei der Umströmung eines Körpers werden der in Strömungsrichtung vorderste Punkt des Körpers, an dem sich die Strömung verzweigt, *vorderer Staupunkt* (stagnation point) und der hinterste, an dem sich die Strömung wieder vereinigt, *hinterer Staupunkt* genannt.

In Abb. 3.1 wird die Strömung aus einem Behälter durch eine Öffnung dargestellt. An den Punkten a, b, c und d sind die Geschwindigkeitsvektoren eingezeichnet. Man sieht, dass ein Strömungsfeld ein effektives Mittel ist, um eine Strömung darzustellen.

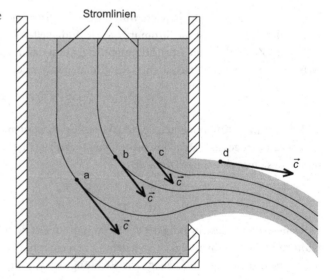

Abb. 3.1 Strömung durch eine Öffnung

Werden mehrere Stromlinien zur Untersuchung einer Strömung zusammengefasst, erhält man eine *Stromröhre*.

Wenn die Teilchen des Fluids nur translatorische Bewegungen ausführen, spricht man
von einer *wirbelfreien Strömung*. Führen die Teilchen Rotationsbewegungen um ihre eige-
ne oder eine andere Achse aus, handelt es sich um einen *Wirbel* (vortex). Ändert sich die
Geschwindigkeit weder in einer Stromlinie noch im Strömungsfeld, d. h., der Geschwindigkeitsvektor hat überall die gleiche Richtung und den gleichen Betrag, spricht man von
einer *gleichförmigen* oder *uniformen Strömung*.

3.2 Sichtbarmachung von Strömungen

In vielen Fällen ist es notwendig, eine Strömung sichtbar zu machen. Dieses bedeutet, dass
ein Strömungsfeld erstellt wird, in dem an den interessierenden Punkten die Geschwindigkeitsvektoren eingezeichnet werden. Die Sichtbarmachung einer Strömung kann mit
experimentellen oder rechnerischen Verfahren erfolgen.

3.2.1 Experimentelle Sichtbarmachung

In den Abb. 3.2 und 3.3 sind experimentell sichtbar gemachte Strömungen dargestellt. Zur
Sichtbarmachung verwendet man möglichst kleine Fremdkörper, die der Strömung ohne
merkliche Verzögerung folgen. Die Teilchen werden mit fotografischen Verfahren erfasst.
Mit der Belichtungszeit kann man aus der Länge der fotografierten Teilchenbahnen die Geschwindigkeit der Teilchen bestimmen. Solche Aufnahmen stellen bereits Vektorfelder dar.
In Gasen können als Teilchen Rauch oder Nebel verwendet werden. In Flüssigkeiten erfolgt
die Sichtbarmachung meist durch die auf der Oberfläche mitströmenden Aluminiumflitter.

Andere photographische Methoden sind die Erfassung der Teilchenbewegung mit einer
Hochgeschwindigkeitskamera oder die Sichtbarmachung in einer Laserlichtebene.

Abb. 3.2 Strombahnen der
auf einer Wasseroberfläche
schwimmenden Partikel [1]

Abb. 3.3 Rauchspuren um
einen Tragflügel [1]

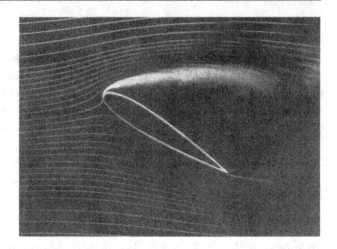

Eine weitere Methode der Sichtbarmachung ist die Messung der Strömungsgeschwindigkeiten an verschiedenen Orten und die Auftragung der Geschwindigkeitsvektoren in
einem Diagramm. Auf die Methoden der Geschwindigkeitsmessung wird in Kap. 12 eingegangen.

3.2.2   Rechnerische Erfassung von Strömungsfeldern

In einigen einfachen Fällen ist die Berechnung von ein- oder zweidimensionalen Strömungsfeldern mit analytischen Methoden, wie sie später bei der laminaren Rohrströmung
gezeigt werden, möglich. Heute verwendet man Computermodelle zur Voraussage der
Geschwindigkeitsvektoren dreidimensionaler Strömungsfelder. Die numerische Erfassung
von Strömungsfeldern wird in Kap. 11 behandelt.

3.3   Kontinuitätsgleichung (Massenerhaltungssatz)

3.3.1   Massenstrom und Volumenstrom

In Abb. 3.4 ist die Strömung eines Fluids mit der Geschwindigkeit c durch ein Flächenelement dA dargestellt. Zur Bestimmung des Massentransfers ist nur die Geschwindigkeitskomponente, die senkrecht zum Flächenelement steht, maßgebend. Die über eine Fläche
A pro Zeiteinheit übertragene Masse ist der Massenstrom (mass flow rate). Er berechnet
sich als:

$$\dot{m} = \int_A \rho \cdot c_n \cdot dA \tag{3.5}$$

Abb. 3.4 Zur Bestimmung
des Massenstromes

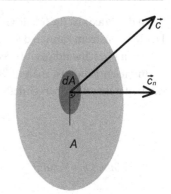

Abb. 3.5 Strömung in einem
Rohr mit schrägem Austritt

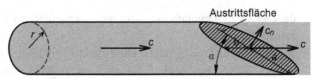

Dabei ist ρ die lokale Dichte und c_n die lokale Geschwindigkeitskomponente senkrecht zur Fläche A. Die *Einheit des Massenstromes* ist **kg/s**.

Dass die zur Austrittsfläche normale Komponente für die Bestimmung des Massenstromes notwendig ist, kann am Beispiel eines Rohres, das mit einem Fluid konstanter Dichte und uniformer Geschwindigkeit c durchströmt wird und dessen Ende unter einem Winkel von z. B. 20° schräg abgeschnitten ist, demonstriert werden (Abb. 3.5).

Im Rohr ist die Geschwindigkeit zur Querschnittsfläche des Rohres stets konstant. Da die Dichte ebenfalls konstant ist, erhält man aus Gl. 3.5:

$$\dot{m} = \rho \cdot \vec{c}_n \cdot A$$

Am Rohrende ist die Querschnittsfläche für die Ausströmung eine Ellipse mit den Halbachsen $a = r \,/ \sin \alpha$ und $b = r$. Das Integral der Fläche ist $A = \pi \cdot r^2 \,/ \sin \alpha$. Da aus dem Rohr seitlich keine Masse verschwinden kann, muss am Rohrende der gleiche Massenstrom wie im Rohr strömen. Diesen Massenstrom erhalten wir mit der zur Austrittsfläche senkrechten Geschwindigkeitskomponente.

In den meisten Anwendungsfällen ist die Dichte über der Fläche des interessierenden Strömungsquerschnitts konstant. An Stelle lokaler Normalkomponenten der Strömungsgeschwindigkeit kann ein mittlerer Wert der Normalkomponente der mittleren Geschwindigkeit verwendet werden. Der Massenstrom ist damit:

$$\dot{m} = \rho \cdot \bar{c}_n \cdot A \tag{3.6}$$

In den Fällen, in denen die Geschwindigkeit c normal zum Strömungsquerschnitt steht, kann statt der Normalkomponente die Geschwindigkeit selbst eingesetzt werden.

$$\dot{m} = \rho \cdot \bar{c} \cdot A \tag{3.7}$$

In der Praxis ist die lokale Geschwindigkeit meist unbekannt bzw. nur bedingt messbar. Der Massenstrom kann in der Regel einfach bestimmt werden. Mit Gl. 3.7 wird die mittlere Strömungsgeschwindigkeit berechnet.

In vielen Fällen ist man an Stelle des Massenstromes am *Volumenstrom* (volume flow rate) interessiert. Er berechnet sich als:

$$\dot{V} = \int_A c_n \cdot dA = \frac{\dot{m}}{\rho} = \bar{c}_n \cdot A \qquad (3.8)$$

Die *Einheit des Volumenstromes* ist **m³/s**.

Beispiel 3.1: Bestimmung der mittleren Geschwindigkeit und des Massen- bzw. Volumenstromes

In einem Rohr kreisförmigen Querschnitts mit 50 mm Innendurchmesser strömt Wasser. Messungen ergeben für die Geschwindigkeitsverteilung über dem Strömungsquerschnitt die Funktion $c(r) = c_0 \cdot (1 - r/R)^{1/7}$. R ist der Radius des Rohres, r die radiale Zylinderkoordinate und c_0 die Geschwindigkeit in der Rohrmitte, die mit 2,51 m/s gemessen wurde. Die Dichte des Wassers beträgt 1000 kg/m³. Zu bestimmen sind:

a) die mittlere Geschwindigkeit des Wassers
b) der Massenstrom
c) der Volumenstrom.

Lösung

- Schema

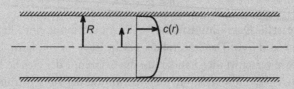

- Annahmen
  - Die Strömung ist stationär.
  - Die Dichte des Wassers ist konstant.
  - Die Strömung ist zylindersymmetrisch.
- Analyse
  a) Die mittlere Geschwindigkeit wird berechnet, indem die lokale Geschwindigkeit über die Fläche integriert und durch die Fläche geteilt wird.

$$\bar{c} = \frac{1}{A} \cdot \int_A c(r) \cdot dA$$

Da wir ein kreissymmetrisches Problem haben, ist die Geschwindigkeit nur vom Radius r abhängig. Damit kann das Flächenelement dA durch den Radius r ausgedrückt werden.

$$dA = 2 \cdot \pi \cdot r \cdot dr$$

In das Integral eingesetzt, erhält man unter Berücksichtigung der Geschwindigkeitsfunktion:

$$\bar{c} = \frac{1}{\pi \cdot R^2} \cdot \int_0^R c_0 \cdot (1 - r/R)^{1/7} \cdot 2 \cdot \pi \cdot r \cdot dr =$$

$$= \frac{2 \cdot c_0}{R^2} \cdot \left[\left| -r \cdot \frac{7 \cdot R}{8} (1 - r/R)^{8/7} \right|_0^R + \int_0^R \frac{7 \cdot R}{8} (1 - r/R)^{8/7} \cdot dr \right] =$$

$$-\frac{2 \cdot c_0}{R^2} \cdot \frac{7 \cdot R^2}{8} \cdot \frac{7}{15} \cdot (1 - r/R)^{15/7} \Big|_0^R = c_0 \cdot 0{,}817 = \mathbf{2{,}05\,m/s}$$

b) Der Massenstrom wird mit Gl. 3.7 bestimmt.

$$\dot{m} = A \cdot \rho \cdot \bar{c} = \pi \cdot R^2 \cdot \rho \cdot \bar{c} = \pi \cdot 0{,}025^2 \cdot m^2 \cdot 1000 \cdot \frac{kg}{m^3} \cdot 2{,}05 \cdot \frac{m}{s} = \mathbf{4{,}025\,kg/s}$$

c) Der Volumenstrom ist nach Gl. 3.8:

$$\dot{V} = \frac{\dot{m}}{\rho} = \frac{4{,}025 \cdot kg/s}{1000 \cdot kg/m^3} = \mathbf{4{,}025 \cdot 10^{-3}\,m^3/s}$$

- Diskussion
  Bei bekannter Geschwindigkeitsverteilung ist die Bestimmung der mittleren Geschwindigkeit möglich. Sie kann, wenn die Verteilung symmetrisch und Geometrie einfach ist, analytisch berechnet werden. Komplexere Probleme behandelt man mit grafischen oder numerischen Methoden.

In einem *Kontrollraum*, dem aus mehreren Eintritten Massenströme zugeführt und über mehrere Austritte Massenströme abgeführt werden, kann sich die Masse des Fluids mit der Zeit verändern. Da keine Masse verloren gehen kann, gilt:

$$\frac{dm}{dt} = \sum_i (\dot{m}_e)_i - \sum_j (\dot{m}_a)_j \tag{3.9}$$

Gleichung 3.9 ist der allgemein gültige *Massenerhaltungssatz* (principle of mass conservation). Er besagt, dass die zeitliche Massenänderung in einem Kontrollraum die Summe der zu- abzüglich der Summe der abströmenden Massenströme ist. Der Index *e* steht dabei für Eintritt und *a* für Austritt.

Beim stationären Fall verändert sich die Masse im Kontrollraum nicht, die linke Seite der Gl. 3.9 wird zu null und es gilt:

$$\sum_i (\dot{m}_e)_i = \sum_j (\dot{m}_a)_j \tag{3.10}$$

▸   Im stationären Fall ist die Summe der eintretenden Massenströme gleich der
      Summe der austretenden Massenströme.

Beispiel 3.2: Füllen eines Bassins

In ein Bassin mit $30\,m^2$ Grundfläche strömt aus einem Rohr $1\,m^3/s$ Wasser. Durch ein Abflussrohr mit 400 mm Durchmesser fließt das Wasser aus dem Bassin wieder ab. Die Abflussgeschwindigkeit ist von der Füllhöhe des Bassins abhängig. Der funktionelle Zusammenhang zwischen der mittleren Ausströmgeschwindigkeit c und der Füllhöhe z ist: $c = (2 \cdot g \cdot z)^{1/2}$. Dichte des Wassers: $1000\,kg/m^3$.

a) Bestimmen Sie den zeitlichen Verlauf der Füllhöhe und welche Füllhöhe erreicht werden kann.

b) Berechnen Sie die dimensionslose Füllhöhe als eine Funktion der dimensionslosen Zeit.

Lösung

• Schema

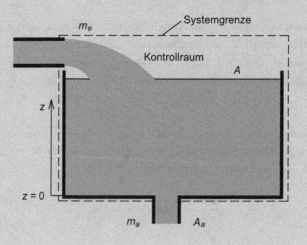

- Annahmen
  - Die Strömung ist reibungsfrei.
  - Die Dichte des Wassers ist konstant.
- Analyse
  a) Da zum Kontrollraum nur ein Ein- und auch nur ein Austritt vorhanden sind, kann Gl. 3.9 vereinfacht werden.

$$\frac{dm}{dt} = \dot{m}_e - \dot{m}_a$$

Der einströmende Massenstrom ist gegeben. Die zeitliche Änderung der Masse im Kontrollraum errechnet sich als:

$$\frac{dm}{dt} = \rho \cdot A \cdot \frac{dz}{dt}$$

Der Massenstrom aus dem Ausfluss kann als eine Funktion der Füllhöhe bestimmt werden.

$$\dot{m}_a = \rho \cdot A_a \cdot c = \rho \cdot A_a \cdot \sqrt{2 \cdot g \cdot z}$$

Damit wird die zeitliche Änderung der Masse im Kontrollraum:

$$\rho \cdot A \cdot \frac{dz}{dt} = \dot{m}_e - \rho \cdot A_a \cdot \sqrt{2 \cdot g \cdot z}$$

Nach Umformung erhält man:

$$\frac{dz}{dt} = \frac{\dot{m}_e}{\rho \cdot A} - \frac{A_a \cdot \sqrt{2 \cdot g \cdot z}}{A}$$

Zur Lösung führen wir die Variable y ein.

$$y = \frac{\dot{m}_e}{\rho \cdot A} - \frac{A_a \cdot \sqrt{2 \cdot g \cdot z}}{A} \quad \frac{dy}{dz} = -\frac{A_a \cdot \sqrt{2 \cdot g}}{2 \cdot A \cdot \sqrt{z}} \quad dz = -\frac{2 \cdot A \cdot \sqrt{z}}{A_a \cdot \sqrt{2 \cdot g}} \cdot dy$$

z kann durch y ersetzt werden und damit ist dz:

$$\frac{1}{\sqrt{2 \cdot g}} \cdot \left(\frac{\dot{m}_e}{\rho \cdot A_a} - \frac{A \cdot y}{A_a} \right) = \sqrt{z} \quad dz = -\frac{A^2}{A_a^2 \cdot g} \cdot \left(\frac{\dot{m}_e}{\rho \cdot A} - y \right) \cdot dy$$

Nach Separation der Variablen erhält man:

$$-\frac{A^2}{A_a^2 \cdot g} \cdot \left(\frac{\dot{m}_e}{\rho \cdot A \cdot y} - 1 \right) \cdot dy = dt$$

Die Integration von y_0 bis y und 0 bis t ergibt:

$$\frac{\dot{m}_e}{\rho \cdot A} \cdot \ln \frac{y}{y_0} - (y - y_0) = -\frac{A_a^2 \cdot g}{A^2} \cdot t$$

y kann durch z ersetzt und die Gleichung nach t aufgelöst werden.

$$t = -\frac{A}{A_a \cdot g} \cdot \sqrt{2 \cdot g \cdot z} - \frac{A \cdot \dot{m}_e}{\rho \cdot g \cdot A_a^2} \cdot \ln \left(1 - \frac{A_a \cdot \rho \cdot \sqrt{2 \cdot g \cdot z}}{\dot{m}_e} \right)$$

Für die Berechnung muss noch die Fläche A_a bestimmt werden. $A_a = 0{,}25 \cdot \pi$ $\cdot d^2 = 0{,}1257 \text{ m}^2$. Die Gleichung für t liefert nur so lange reale Lösungen, bis der Wert in der Klammer positiv ist. Wenn das Argument des Logarithmus gegen null strebt, geht die Zeit t gegen unendlich. Dabei erreicht der Massenstrom im Ausfluss den Wert des eintretenden Massenstromes. Diese maximale Füllhöhe wird asymptotisch angenähert. Die Gleichung kann nicht analytisch nach z aufgelöst werden. Im nachstehenden Diagramm ist die numerisch ermittelte Lösung grafisch dargestellt.

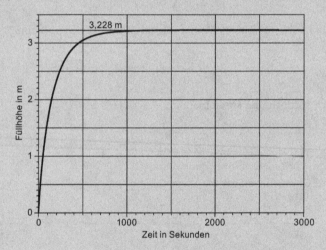

Die asymptotische Füllhöhe erhält man, indem der ein- und austretende Massenstrom gleichgesetzt werden und die Gleichung nach z_∞ auflöst.

$$\dot{m}_e = \rho \cdot A_a \cdot \sqrt{2 \cdot g \cdot z_\infty}$$

$$z_\infty = \left(\frac{\dot{V}_e}{A_a} \right)^2 \cdot \frac{1}{2 \cdot g} = \left(\frac{1 \cdot \text{m}^3/\text{s}}{0{,}1257 \cdot \text{m}^2} \right)^2 \cdot \frac{1}{2 \cdot 9{,}81 \cdot \text{m/s}^2} = \mathbf{3{,}228 \, m}$$

b) Für die dimensionslose Darstellung werden die dimensionslose Länge ξ und die dimensionslose Zeit τ definiert:

$$\xi = \frac{z}{z_\infty} = \left(\frac{A_a}{\dot{V}_e}\right)^2 \cdot 2 \cdot g \cdot z \quad \tau = \frac{t}{t_0} = \frac{\dot{V}_e}{z_\infty \cdot A} \cdot t = \frac{\dot{V}_e}{A} \cdot \left(\frac{A_a}{\dot{V}_e}\right)^2 \cdot 2 \cdot g \cdot t$$

Die dimensionslose Füllhöhe ξ ist das Verhältnis der Höhe z zur asymptotischen Füllhöhe z_∞. Die Zeit t_0 ist die Zeit, bei der die asymptotische Füllhöhe ohne Abfluss erreicht wird. Damit ist die dimensionslose Zeit τ ein Vielfaches der Zeit t_0.

In die Ausgangsgleichung eingesetzt, erhalten wir:

$$\frac{d\xi}{d\tau} = 1 - \sqrt{\xi}$$

Bei der Integration von $t = 0$ bis t und $x = 0$ bis x ist die Lösung dieser Gleichung:

$$\tau = 2 \cdot \left[\sqrt{\xi} + \ln(1 - \sqrt{\xi})\right]$$

Berechnet man z_∞ und t_0, kann aus den dimensionslosen Größen die Füllhöhe und die Zeit berechnet werden. z_∞ wurde bereits berechnet. Der Zahlenwert für t_0 ist:

$$t_0 = \frac{z_\infty \cdot A}{\dot{V}_e} = \frac{3{,}228 \cdot m \cdot 30 \cdot m^2}{1 \cdot m^3/s} = \mathbf{96{,}76\,s}$$

• Diskussion
Bei bekannter Ausflussfunktion kann mit dem Massenerhaltungssatz das Füllen und Leeren eines Behalters mit inkompressiblen Fluiden berechnet werden. Die dimensionslose Darstellung liefert einfachere mathematische Beziehungen und führt zur übersichtlichen Darstellung der allgemeinen Gesetzmäßigkeit. Bei der Wahl der Bezugsgrößen ist darauf zu achten, dass aussagefähige Größen definiert werden. Diese und ähnliche Berechnungen können mit dem Programm FMA0301 erfolgen.

Bei einfachen Problemen mit nur einem Ein- und einem Austritt vereinfacht sich Gl. 3.10 und sagt aus, dass der eintretende Massenstrom gleich dem austretenden Massenstrom ist. In einer Leitung mit unterschiedlichen Strömungsquerschnitten (Abb. 3.6) gilt:

$$\dot{m} = \rho \cdot A \cdot \bar{c} = \rho_1 \cdot A_1 \cdot \bar{c}_1 = \rho_2 \cdot A_2 \cdot \bar{c}_2 = \rho_3 \cdot A_3 \cdot \bar{c}_3 = \text{konst.} \tag{3.11}$$

Gleichung 3.11 ist die *Kontinuitätsgleichung* (continuity equation).

Abb. 3.6 Strömung eines
Fluids in einer Leitung unterschiedlichen Querschnitts

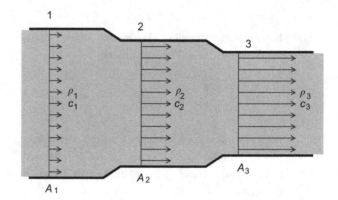

Ändert sich mit dem Druck die Dichte, ändert sich der Volumenstrom ebenfalls. Nur wenn die Dichte konstant ist, also bei inkompressiblen Fluiden, bleibt der Volumenstrom ebenfalls konstant.

In den folgenden Kapiteln wird die mittlere Geschwindigkeit der Einfachheit halber mit c bezeichnet und bei Verwendung lokaler Geschwindigkeiten extra darauf hingewiesen.

Beispiel 3.3: Bestimmung des Durchmessers einer Düse

Die Düse einer Feuerwehrspritze ist so auszulegen, dass die Geschwindigkeit des Wassers am Austritt der Düse 50 m/s ist. Der Durchmesser des Wasserschlauchs am Eintritt der Düse beträgt 100 mm. Die Geschwindigkeit im Schlauch ist 6 m/s, die Dichte des Wassers konstant 1000 kg/m^3.

Lösung

- Schema

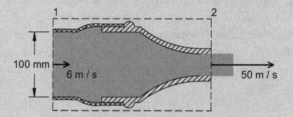

- Annahmen
    - Die Strömung ist reibungsfrei.
    - Die Dichte des Wassers ist konstant.
    - Die Geschwindigkeit ist in jedem Strömungsquerschnitt die mittlere Geschwindigkeit.

- Analyse

  Nach der Kontinuitätsgleichung gilt unter Berücksichtigung der konstanten Dichte:

$$c_1 \cdot A_1 = c_2 \cdot A_2$$

  Nach der Fläche A_2 bzw. nach dem Durchmesser d_2 aufgelöst, erhalten wir:

$$\frac{A_2}{A_1} = \frac{d_2^2}{d_1^2} = \frac{c_1}{c_2} \quad d_2 = d_1 \cdot \sqrt{c_1/c_2} = 100 \cdot \text{mm} \cdot \sqrt{6/50} = \mathbf{34{,}6\,mm}$$

- Diskussion

  Bei der Strömung inkompressibler Fluide in einer Leitung ist der Strömungsquerschnitt umgekehrt proportional zur Geschwindigkeit.

Beispiel 3.4: Bestimmung der Strömungsgeschwindigkeit eines kompressiblen Fluids

In die Düse eines Windkanals strömt Luft mit einer Geschwindigkeit von 40 m/s hinein. Der Eintrittsquerschnitt ist 5 mal größer als der des Austritts. Der Druck der Luft beträgt am Eintritt 1,25 bar, am Austritt 1,0 bar. Die Temperatur am Eintritt ist 20 °C, am Austritt 15 °C.

Die Gaskonstante der Luft beträgt 287 J/(kg K). Bestimmen Sie die Geschwindigkeit der Luft am Austritt.

Lösung

- Schema

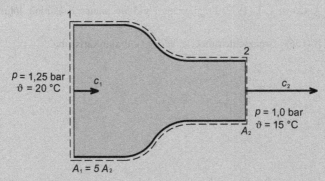

- Annahmen
  - Die Luft ist ein ideales Gas.
  - Im Strömungsquerschnitt ist die Geschwindigkeit ortsunabhängig.

- Analyse
  Nach der Kontinuitätsgleichung gilt:

$$c_1 \cdot A_1 \cdot \rho_1 = c_2 \cdot A_2 \cdot \rho_2$$

An den Stellen 1 und 2 kann die Dichte der Luft mit der idealen Gasgleichung bestimmt werden.

$$\rho_1 = \frac{p_1}{R \cdot T_1} = \frac{1{,}25 \cdot 10^5 \cdot \text{Pa}}{287 \cdot \text{J}/(\text{kg} \cdot \text{K}) \cdot 293{,}15 \cdot \text{K}} = 1{,}486 \, \text{kg/m}^3$$

Für die Geschwindigkeit am Austritt erhält man:

$$c_2 = \frac{A_1 \cdot \rho_1}{A_2 \cdot \rho_2} \cdot c_1 = \frac{5 \cdot 1{,}486}{1 \cdot 1{,}209} \cdot 40 \, \text{m/s} = \mathbf{245{,}7 \, m/s}$$

- Diskussion
  Bei kompressiblen Fluiden muss die Dichteänderung infolge einer Druck- und Temperaturänderung berücksichtigt werden. Wenn Druck und Temperatur bekannt sind, ist die Dichte idealer Gase einfach zu bestimmen. Es ist wichtig, die richtigen Einheiten einzusetzen.

Literatur

[1] Roberson J A, Crowe C T (1997) Engineering Fluid Mechanics, 6. Edition, John Wiley & Sons, Inc., New York

[2] Schlichting H (1965) Grenzschichttheorie, Verlag G. Braun Karlsruhe

Energieerhaltungssatz

4

In diesem Kapitel wird zunächst der allgemeine Energieerhaltungssatz formuliert und auf die inkompressiblen reibungsfreien Strömungen angewendet, woraus dann die *Bernoulli*-Gleichung resultiert. Ihre Anwendung wird bei verschiedenen Problemen demonstriert. Die hier hergeleiteten Ergebnisse für ideale Fluide werden als Vergleichsgrößen bei reibungsbehafteten Strömungen in Kap. 6 verwendet.

4.1 Allgemeiner Energieerhaltungssatz

Die allgemeine Energieerhaltung (principle of energy conservation) wird im ersten Hauptsatz der Thermodynamik postuliert [1]. Zur Herleitung des Energieerhaltungssatzes für die in der Strömungslehre relevanten Form betrachten wir als Kontrollraum eine Rohrleitung veränderlichen Querschnitts (Abb. 4.1). Diese Rohrleitung stellt eine Stromröhre dar, in die an der Stelle 1 ein Fluid hinein und an der Stelle 2 heraus fließt. Der Druck an der Stelle 1 ist p_1, die geodätische Höhe z_1 und die Strömungsgeschwindigkeit c_1. An der Stelle 2 ist der Druck p_2, die geodätische Höhe z_2 und die Geschwindigkeit c_2. Da in die Stromröhre ein Fluid hinein und auch heraus fließt, handelt es sich um ein offenes System. In den meisten für die Strömungslehre relevanten Fällen ohne Phasenumwandlung (Verdampfung oder Kondensation) kann der Einfluss der zu- oder abgeführten Wärme vernachlässigt werden.

Nach dem ersten Hauptsatz der Thermodynamik lautet die Energieerhaltung für offene Systeme mit einem Ein- und einem Austritt:

$$\frac{dE}{dt} = P + \dot{Q} - \dot{m} \cdot \left[h_2 - h_1 + \frac{c_2^2}{2} - \frac{c_1^2}{2} + g \cdot (z_2 - z_1) \right] \qquad (4.1)$$

$$\frac{dE}{dt} = \dot{Q} + \dot{m} \cdot \int_1^2 v \cdot dp + \dot{m} \cdot j_{12} - \dot{m} \cdot (h_2 - h_1) \qquad (4.2)$$

P. von Böckh und C. Saumweber, *Fluidmechanik*, DOI 10.1007/978-3-642-33892-2_4,
© Springer-Verlag Berlin Heidelberg 2013

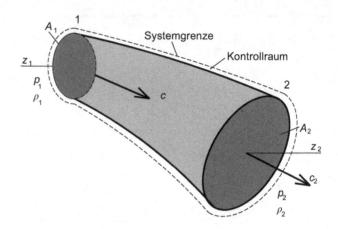

Abb. 4.1 Zur Herleitung des Energieerhaltungssatzes

Der Strömung wird von außen keine Leistung P in Form technischer Arbeit zugeführt. Durch Gleichsetzung beider Gleichungen erhält man:

$$\int_1^2 v \cdot dp + j_{12} = -\left[\frac{c_2^2}{2} - \frac{c_1^2}{2} + g \cdot (z_2 - z_1)\right] \tag{4.3}$$

Diese spezielle Form des Energieerhaltungssatzes sagt aus, dass die Summe aus der Druckänderungs- und Dissipationsarbeit (Reibungsarbeit) gleich der Änderung der kinetischen und potentiellen Energie ist.

Die Bestimmung der Druckänderungsarbeit und die Dissipation erfordern je nach Strömung komplexe Berechnungen, auf die später noch eingegangen wird. In den folgenden Abschnitten beschäftigen wir uns zunächst mit der Energiebilanz idealer inkompressibler Fluide.

4.1.1 Energieerhaltung in der Strömung inkompressibler Fluide

Unter Berücksichtigung der konstanten Dichte und Multiplikation mit ρ erhält man nach Kürzung:

$$p_2 - p_1 + j_{12} \cdot \rho = -\left[\frac{c_2^2 \cdot \rho}{2} - \frac{c_1^2 \cdot \rho}{2} + g \cdot \rho \cdot (z_2 - z_1)\right] \tag{4.4}$$

Die Größe $j_{12} \cdot \rho$ wird in der Strömungslehre als *Reibungsdruckverlust* Δp_v bezeichnet. Dessen Berechnung behandelt Kap. 6. In den folgenden Abschnitten werden zunächst die Gesetzmäßigkeiten der idealen Fluide, d. h. die der inkompressibel reibungsfrei strömende Fluide besprochen.

4.1.2 Energieerhaltung in Strömungen idealer Fluide

Ideale Fluide zeichnen sich dadurch aus, dass sie inkompressibel sind und dass weder im Fluid noch an den Wänden Reibung entsteht. Bei idealen Fluiden kann in Gl. 4.4 der Reibungsterm weggelassen werden. Unter der Berücksichtigung, dass die Gleichung an jeder Stelle des Kontrollraums gilt, erhält man nach Umformungen:

$$p_1 + \rho \cdot \left(\frac{c_1^2}{2} + g \cdot z_1 \right) = p_2 + \rho \cdot \left(\frac{c_2^2}{2} + g \cdot z_2 \right) = p + \rho \cdot \left(\frac{c^2}{2} + g \cdot z \right) = \text{konst.} \qquad (4.5)$$

Diese Gleichung wird *Bernoulli*-Gleichung genannt. Der erste Term ist der Kolbendruck, der zweite der dynamische Druck und der dritte der bereits bekannte Schweredruck.

▸   Bei der Strömung idealer Fluide in Leitungen nicht poröser Wände ist die Summe aus dem Kolbendruck, dynamischen Druck und Schweredruck konstant.

▸   Der Druck in der Strömung eines idealen Fluids wird außer vom Kolben- und Schweredruck auch noch durch den dynamischen Druck, welcher durch die Änderung der Strömungsgeschwindigkeit verursacht wird, bestimmt.

Die *Bernoulli*-Gleichung ist ein Sonderfall des ersten Hauptsatzes der Thermodynamik für reibungsfreie, isolierte, adiabate Systeme bei isochorer Zustandsänderung. Einfacher ausgedrückt: Die *Bernoulli*-Gleichung ist der Sonderfall für adiabate Strömungen idealer Fluide.

4.1.3 Der dynamische Druck

Gleichung 4.5 zeigt, dass sich der Druck aus dem statischen und *dynamischen Druck* (head pressure) zusammensetzt. Der statische Druck besteht bekanntlich aus dem Kolbendruck p und dem hydrostatischen Druck $g \cdot r \cdot z$. Damit ist der dynamische Druck:

$$p_{dyn} = \frac{1}{2} \cdot \rho \cdot c^2 \qquad (4.6)$$

Er ist immer dann vorhanden, wenn die Strömung eine Geschwindigkeit hat.

▸   Im Gegensatz zum statischen Druck übt der dynamische Druck keine Kraftwirkung senkrecht zur Strömung aus.

Er hat also keine Kraftwirkung auf die Rohrwand. Ändert sich die Geschwindigkeit der Strömung, wird dynamischer Druck in statischen Druck umgewandelt und umgekehrt. Strömt z. B. ein Fluid von einem Rohr in einen großen Behälter, in dem die Strömungsgeschwindigkeit annähernd null wird, erhöht sich dort der Druck um den dynamischen Druck, den das Fluid im Rohr hat. Eine andere Formulierung der *Bernoulli*-Gleichung sagt:

▷   Bei der Strömung idealer Fluide ist die Summe der statischen und dynamischen Drücke konstant.

In einem waagerechten Rohr konstanten Strömungsquerschnitts bleibt der Druck bei der Strömung idealer Fluide konstant. In einem waagerechten Rohr veränderlichen Strömungsquerschnitts bewirkt gemäß Kontinuitätsgleichung eine der Strömungsquerschnittsänderung entsprechende Geschwindigkeitsänderung und verursacht damit eine Änderung des statischen Druckes. Bei nicht waagerechten Rohren entsteht durch den Schweredruck eine zusätzliche Änderung des statischen Druckes. Praktisch angewendet wird diese Gesetzmäßigkeit zur Messung der Strömungsgeschwindigkeit, des Massen- und Volumenstromes, zur Berechnung der Ausflussgeschwindigkeiten aus Behältern und bei Strahlpumpen.

4.2   Anwendung der *Bernoulli*-Gleichung

4.2.1   Bestimmung der Strömungsgeschwindigkeit

Bringt man einen Körper in eine Strömung, ist die Strömungsgeschwindigkeit am vorderen Staupunkt gleich null. Dort erhöht sich der Druck um den dynamischen Druck des Fluids. Hat man an dieser Stelle eine Bohrung zur Druckmessung, kann der dynamische Druck des Fluids bestimmt werden. Einfachheitshalber betrachten wir eine Flüssigkeit in einem horizontalen Rohr konstanten Querschnitts. In diesem Fall hat der hydrostatische Druck keinen Einfluss. Abbildung 4.2 zeigt eine solche Strömung. An der Rohrwand wird ein Glasrohr (*Piezorohr*) angeschlossen, in dem eine Flüssigkeitssäule entsteht, deren hydrostatischer Druck dem statischen Druck der Strömung an der Wand entspricht. In der Mitte der Strömung wird ein gebogenes Rohr (*Pitot*rohr) angebracht, dessen Öffnung gegen die Strömungsrichtung gerichtet und durch die Rohrwand geführt ist. Der statische Druck der Flüssigkeitssäule im *Pitot*rohr entspricht dem Gesamtdruck, also dem statischen plus dem dynamischen Druck.

Der dynamische Druck ist die Differenz beider Drücke. Aus dem dynamischen Druck kann mit den Gln. 4.5 und 4.6 die Geschwindigkeit der Strömung bestimmt werden.

$$c = \sqrt{\frac{2 \cdot p_{dyn}}{\rho}} = \sqrt{\frac{2 \cdot \left(p_{ges} - p_{st} \right)}{\rho}} \qquad (4.7)$$

Das Rohr zur Messung des Gesamtdruckes (Summe des statischen und dynamischen Druckes) wird *Pitotrohr*, jenes zur Messung des statischen Druckes *Piezorohr* genannt. Der statische Druck ist der Druck, der Kräfte auf die Wand ausübt und deshalb *Wanddruck*

Abb. 4.2 Messung der Strömungsgeschwindigkeit mit einem *Pitot*rohr

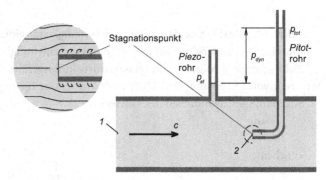

Abb. 4.3 Prandtlrohr

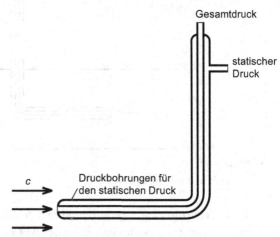

heißt. Bei der Strömung nicht idealer Flüssigkeiten ist die Geschwindigkeit im Rohrquerschnitt nicht konstant, der statische Druck in der Strömung kann sich verändern. Dies ist ebenfalls dann der Fall, wenn das Rohr nicht waagerecht ist. Deshalb wird zur Bestimmung der Strömungsgeschwindigkeit meist ein *Prandtlrohr* verwendet (Abb. 4.3).

Es besteht aus zwei konzentrisch angeordneten Rohren. Das innere Rohr hat eine Öffnung am vorderen Staupunkt und dient zur Messung des Gesamtdruckes. Am äußeren Rohr sind am Umfang einige Löcher angebracht, mit denen der lokale statische Druck bestimmt werden kann. Die Druckdifferenz zwischen dem Innen- und Außenrohr ist der dynamische Druck. *Prandtl*rohre kann man mit sehr kleinen Abmessungen (ca. 1 mm Außendurchmesser) fertigen. Damit wird die lokale Strömungsgeschwindigkeit mit vernachlässigbarer Störung der Strömung bestimmt.

Mit einem *Prandtl*rohr ist nach Gl. 4.7 die Strömungsgeschwindigkeit sowohl inkompressibler als auch kompressibler Fluide ohne weitere Eichung recht genau bestimmbar. In kompressiblen Fluiden muss bei hohen Geschwindigkeiten die Kompressibilität berücksichtigt werden (siehe Kap. 12).

Beispiel 4.1: Messung der Strömungsgeschwindigkeit in einem waagerechten Rohr

Mit einem *Prandtl*rohr wird die Strömungsgeschwindigkeit von Wasser in einem Rohr gemessen. Mittels eines Differenzdruckmessgerätes liest man eine Druckdifferenz von 150 mbar ab. Die Dichte des Wassers ist 1000 kg/m³. Bestimmen Sie die Strömungsgeschwindigkeit des Wassers.

    Lösung

• Schema

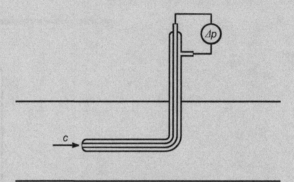

• Annahme
  – Das Wasser ist inkompressibel.
• Analyse
  Das Differenzdruckmessgerät zeigt direkt den dynamischen Druck als die Differenz des Gesamt- und des statischen Druckes an. Die Strömungsgeschwindigkeit ist nach Gl. 4.7:

$$c = \sqrt{\frac{2 \cdot p_{dyn}}{\rho}} = \sqrt{\frac{2 \cdot 15.000 \cdot N/m^2}{1000 \cdot kg/m^3}} = 5,48\,m/s$$

• Diskussion
  Mit dem *Prandtl*rohr ist die Bestimmung der Strömungsgeschwindigkeit sehr einfach. Die aus dem gemessenen Differenzdruck errechnete Strömungsgeschwindigkeit ist die lokale, am Ort des *Prandtl*rohres vorherrschende Geschwindigkeit. Es ist darauf zu achten, dass das *Prandtl*rohr parallel zu der zu messenden Geschwindigkeit ausgerichtet ist.

Beispiel 4.2: Messung der Strömungsgeschwindigkeit in einem senkrechten Rohr

Die Strömungsgeschwindigkeit von Heizöl in einem senkrechten Rohr wird mit einem *Prandtl*rohr gemessen. Die Druckdifferenz liest man an einer Quecksilbersäule ab. In nachfolgender Skizze sind die Anordnung des *Prandtl*rohres und der Höhenquoten dargestellt. Die Dichte des Öls ist $850\,\mathrm{kg/m^3}$, die des Quecksilbers $13.600\,\mathrm{kg/m^3}$.

Bestimmen Sie die Strömungsgeschwindigkeit des Öls.

Lösung

• Schema

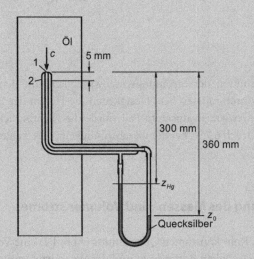

• Annahme
  – Das Öl ist inkompressibel.
• Analyse

Der für den dynamischen Druck maßgebliche Differenzdruck ist der Gesamtdruck p_1 am Eintritt 1 des *Prandtl*rohres minus statischer Druck p_{st} auf der Höhe des *Prandtl*rohreintritts. Dieser Druck ist derjenige an der Druckbohrung 2, abzüglich des hydrostatischen Druckes der 5 mm hohen Ölsäule. Auf Höhe z_0 ist der Druck in beiden Schenkeln des U-Rohres gleich groß. Damit gilt:

$$p_1 + g \cdot \rho_{Öl} \cdot (z_1 - z_0) = p_2 + g \cdot \rho_{Öl} \cdot (z_2 - z_{Hg}) + g \cdot \rho_{Hg} \cdot (z_{Hg} - z_0)$$

Nach Umformung erhalten wir für den dynamischen Druck:

$$\Delta p_{dyn} = p_1 - p_2 - g \cdot \rho_{Öl} \cdot (z_2 - z_1) = g \cdot \rho_{Hg} \cdot (z_{Hg} - z_0) - g \cdot \rho_{Öl} \cdot (z_{Hg} - z_0) =$$
$$= g \cdot \Delta z_{Hg} \cdot (\rho_{Hg} - \rho_{Öl}) = 9{,}81 \cdot \mathrm{m/s^2} \cdot 0{,}06 \cdot \mathrm{m} \cdot (13.600 - 850) \cdot \mathrm{kg/m^3} = \mathbf{7505\,Pa}$$

Die Geschwindigkeit ist damit:

$$c = \sqrt{\frac{2 \cdot p_{dyn}}{\rho}} = \sqrt{\frac{2 \cdot 7505 \cdot \mathrm{N/m^2}}{850 \cdot \mathrm{kg/m^3}}} = \mathbf{4{,}20\,m/s}$$

Abb. 4.4 Zur Bestimmung
des Massenstromes mit einer
*Venturi*düse

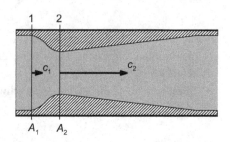

- Diskussion

  Bei der Bestimmung der Strömungsgeschwindigkeit mit dem *Prandtl*rohr in
  senkrechten Rohren müssen bei Flüssigkeiten die Höhen der Flüssigkeitssäulen
  berücksichtigt werden. In unserem Fall würde die Nichtberücksichtigung beim
  dynamischen Druck 6,7 %, bei der Geschwindigkeit 3,3 % Fehler bedeuten.

4.2.2   Bestimmung des Massen- und Volumenstromes

Bringt man in einem Rohr konstanten Querschnitts (Abb. 4.4) eine Verengung an, werden
die Strömungsgeschwindigkeit dort erhöht und der Wanddruck entsprechend verringert.
Die in Abb. 4.4 dargestellte Verengung heißt *Venturidüse*.

Nach Gl. 4.5 erhält man für die Druckdifferenz an den Stellen 1 und 2 folgenden Zusammenhang:

$$\Delta p = p_1 - p_2 = \frac{1}{2} \cdot \rho \cdot \left(c_2^2 - c_1^2 \right) \tag{4.8}$$

Nach der Kontinuitätsgleichung können die Strömungsgeschwindigkeiten aus dem
Massenstrom und Strömungsquerschnitt folgendermaßen bestimmt werden:

$$c_1 = \frac{\dot{m}}{A_1 \cdot \rho} \qquad c_2 = \frac{\dot{m}}{A_2 \cdot \rho} \tag{4.9}$$

Die Geschwindigkeiten in Gl. 4.8 eingesetzt, ergeben für die Druckdifferenz:

$$\Delta p = \frac{\dot{m}^2}{2 \cdot \rho} \cdot \left(\frac{1}{A_2^2} - \frac{1}{A_1^2} \right) = \frac{\dot{m}^2}{2 \cdot \rho \cdot A_2^2} \cdot \left(1 - \frac{A_2^2}{A_1^2} \right) \tag{4.10}$$

Nach dem Massenstrom aufgelöst, ergibt sich:

$$\dot{m} = \sqrt{\frac{2 \cdot \Delta p \cdot \rho}{\frac{1}{A_2^2} - \frac{1}{A_1^2}}} = A_2 \cdot \sqrt{\frac{2 \cdot \Delta p \cdot \rho}{1 - \frac{A_2^2}{A_1^2}}} = A_1 \cdot \sqrt{\frac{2 \cdot \Delta p \cdot \rho}{\frac{A_1^2}{A_2^2} - 1}} \tag{4.11}$$

Durch die Dichte dividiert, erhält man den Volumenstrom:

$$\dot{V} = \sqrt{\frac{2 \cdot \Delta p}{\left(\frac{1}{A_2^2} - \frac{1}{A_1^2}\right) \cdot \rho}} = A_2 \cdot \sqrt{\frac{2 \cdot \Delta p}{\left(1 - \frac{A_2^2}{A_1^2}\right) \cdot \rho}} = A_1 \cdot \sqrt{\frac{2 \cdot \Delta p}{\left(\frac{A_1^2}{A_2^2} - 1\right) \cdot \rho}} \qquad (4.12)$$

Damit können bei bekannter Dichte des Fluids und bekanntem Verhältnis der Strömungsquerschnitte aus der Messung der Druckdifferenz der Massen- und Volumenstrom bestimmt werden. Für die wirkliche Messung des Massen- oder Volumenstromes mit *Venturi*düsen oder anderen Drosselorganen muss man bei realen Fluiden den Einfluss der Reibung, die Kompressibilität und Geschwindigkeitsverteilung berücksichtigen. Dies geschieht durch Korrekturfaktoren, die in Kap. 12 behandelt werden.

Beispiel 4.3: Messung des Massenstromes mit einer *Venturi*düse
In einer Rohrleitung mit 100 mm Innendurchmesser, in der Luft strömt, ist eine *Venturi*düse eingebaut. Der Durchmesser ist am engsten Querschnitt 50 mm. Mit einem wassergefüllten U-Rohr wird zwischen dem Düseneintritt und der engsten Stelle der Düse ein Differenzdruck von 200 mm Wassersäule gemessen. Die Dichte des Wassers beträgt 1000 kg/m^3, die der Luft 1,145 kg/m^3. Bestimmen Sie den Massen- und Volumenstrom der Luft.

  Lösung

- Schema

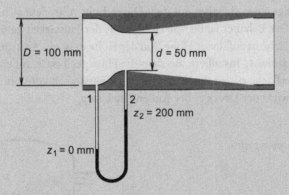

- Annahmen
    - Die Luft ist ein inkompressibles Fluid.
    - Bei der Differenzdruckmessung wird die Höhe der Luftsäule vernachlässigt.
    - Die Geschwindigkeit über den Strömungsquerschnitten ist konstant.
- Analyse
  Da die Luftsäule vernachlässigt wird, kann der dynamische Druck direkt aus der Wassersäule bestimmt werden.

$$\Delta p = g \cdot \Delta z_{H_2O} \cdot \rho_{H_2O} = 9{,}81 \cdot \text{m/s}^2 \cdot 0{,}2 \cdot \text{m} \cdot 1000 \cdot \text{kg/m}^3 = \mathbf{1962\,Pa}$$

Der Massenstrom ist nach Gl. 4.11:

$$\dot{m} = \frac{\pi \cdot D^2}{4} \cdot \sqrt{\frac{2 \cdot \Delta p \cdot \rho}{\frac{D^4}{d^4} - 1}} = \frac{\pi \cdot 0{,}1^2 \cdot \mathrm{m}^2}{4} \cdot \sqrt{\frac{2 \cdot 1962 \cdot \mathrm{Pa} \cdot 1{,}145 \cdot \mathrm{kg/m}^3}{(0{,}1/0{,}05)^4 - 1}}$$

$$= 0{,}1359\,\mathrm{kg/s}$$

Indem der Massenstrom durch die Dichte geteilt wird, erhält man den Volumenstrom.

- Diskussion
  Die Bestimmung des Massen- und Volumenstromes kann unter Annahme des idealen Fluids mit Gl. 4.11 erfolgen. Die Luft ist ein kompressibles Fluid. Bei der angegebenen Dichte ist der Druck der Luft bei einer Temperatur von 20 °C ca. 1 bar. Die Druckänderung beträgt nur 2 % des Absolutdruckes, die Luft kann in guter Näherung als inkompressibel angenommen werden. Reibungseffekte, die die Messung wesentlich stärker beeinflussen, blieben hier unberücksichtigt.

4.2.3 Berechnung der Ausflussgeschwindigkeit aus einem Behälter

Abbildung 4.5 zeigt einen Behälter mit dem Querschnitt A, in dem sich eine ideale Flüssigkeit befindet. Der Behälter ist bis zur Höhe z mit der Flüssigkeit gefüllt, d. h., die freie Flüssigkeitsoberfläche ist auf dieser Höhe. Auf der Höhe z_a ist ein Austrittsstutzen mit dem Strömungsquerschnitt A_a installiert, aus dem die Flüssigkeit nach außen strömt. Die Höhe der freien Oberfläche z wird durch zuströmende Flüssigkeit konstant gehalten. Auf die freie Oberfläche wirkt der Druck p, der Außendruck ist p_a.

Abb. 4.5 Ausfluss aus einem Behälter

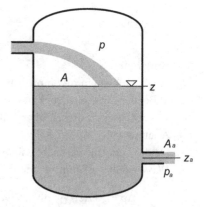

Am Austrittsstutzen muss der Druck gleich dem Außendruck sein, da sich der Strahl am Austritt nicht erweitert und somit Geschwindigkeit und Druck konstant bleiben. An der freien Oberfläche hat die Flüssigkeit die Strömungsgeschwindigkeit c, am Austritt c_a. Nach Gl. 4.5 gilt:

$$p + \frac{1}{2} \cdot \rho \cdot c^2 + g \cdot \rho \cdot z = p_a + \frac{1}{2} \cdot \rho \cdot c_a^2 + g \cdot \rho \cdot z_a \qquad (4.13)$$

In Gl. 4.13 kann aus der Kontinuitätsgleichung die Strömungsgeschwindigkeit c bestimmt und eingesetzt werden. Die Ausströmgeschwindigkeit c_a ist:

$$c_a = \sqrt{\frac{2 \cdot (p - p_a)/\rho + 2 \cdot g \cdot (z - z_a)}{1 - (A_a/A)^2}} \qquad (4.14)$$

Bei offenen Behältern ist der Außendruck gleich dem Behälterdruck. Wenn der Strömungsquerschnitt des Behälters viel größer als der des Ausflusses ist, kann die Geschwindigkeit c vernachlässigt werden. Damit erhält man folgende vereinfachte Gleichung:

$$c_a = \sqrt{2 \cdot g \cdot (z - z_a)} \qquad (4.15)$$

In diesem Fall ist die Ausflussgeschwindigkeit nur noch von der Füllhöhe z abhängig. Gleichung 4.15 ist die *Ausflussformel von Toricelli*. In den meisten Fällen interessiert nicht die Ausflussgeschwindigkeit, sondern der Massenstrom. Dieser kann mit Gl. 3.7 bestimmt werden.

$$\dot{m} = c_a \cdot \rho \cdot A_a = \rho \cdot A_a \cdot \sqrt{2 \cdot \frac{(p - p_a)/\rho + g \cdot (z - z_a)}{1 - (A_a/A)^2}} \qquad (4.16)$$

Die Ausflussgeschwindigkeit aus dem Behälter verändert sich mit der Füllhöhe z. Wenn also die Füllhöhe nicht durch nachfließende Flüssigkeit konstant gehalten wird, verändert sie sich und damit auch die Ausflussgeschwindigkeit. Der Behälter entleert sich. Für diesen Vorgang kann die Zeit τ berechnet werden. Der Massenstrom am Ausfluss ist die zeitliche Massenänderung im Behälter. Man bestimmt sie als zeitliche Änderung der Füllhöhe.

$$\dot{m} = -\rho \cdot \frac{dV}{dt} = -\rho \cdot A \cdot \frac{dz}{dt} \qquad (4.17)$$

Das negative Vorzeichen ergibt sich, weil der Massenstrom positiv und die zeitliche Änderung der Füllhöhe negativ ist. Die Gln. 4.16 und 4.17 können gleichgesetzt werden. Damit erhält man folgende Differentialgleichung:

$$\frac{dz}{dt} = -\sqrt{2 \cdot \frac{(p - p_a)/\rho + g \cdot (z - z_a)}{(A/A_a)^2 - 1}} \qquad (4.18)$$

Nach Separation der Variablen kann Gl. 4.18 integriert und die Entleerungszeit τ des Behälters bestimmt werden:

$$-\int_z^{z_a} \frac{dz}{\sqrt{2 \cdot (p - p_a)/\rho + 2 \cdot g \cdot (z - z_a)}} = \int_0^\tau \frac{dt}{\sqrt{(A/A_a)^2 - 1}} \qquad (4.19)$$

Die Integration wird mit folgender Substitution durchgeführt:

$$y = 2 \cdot (p - p_a)/\rho + 2 \cdot g \cdot (z - z_a) \quad \frac{dy}{dz} = 2 \cdot g \quad \int_y^{y_a} \frac{dy}{2 \cdot g \cdot \sqrt{y}} = -\left|\frac{\sqrt{y}}{g}\right|_{y_a}^y$$

Damit erhält man für das Integral:

$$\sqrt{\frac{2 \cdot (p - p_a)}{\rho} + 2 \cdot g \cdot (z - z_a)} - \sqrt{\frac{2 \cdot (p - p_a)}{\rho}} = \frac{g \cdot \tau}{\sqrt{(A/A_a)^2 - 1}} \qquad (4.20)$$

Gleichung 4.20 nach der Ausströmzeit τ aufgelöst, ergibt:

$$\tau = \frac{1}{g}\left(\sqrt{\frac{2 \cdot (p - p_a)}{\rho} + 2 \cdot g \cdot (z - z_a)} - \sqrt{\frac{2 \cdot (p - p_a)}{\rho}}\right) \cdot \sqrt{(A/A_a)^2 - 1} \qquad (4.21)$$

Für die in Gl. 4.15 gemachten vereinfachenden Betrachtungen erhält man aus Gl. 4.21:

$$\tau = \frac{A}{A_a} \cdot \sqrt{\frac{2 \cdot (z - z_a)}{g}} \qquad (4.22)$$

Beispiel 4.4: Ausströmen von Wasser aus einem Behälter
Aus einem zylindrischen offenen Behälter mit $0{,}4\,m^2$ Querschnitt strömt Wasser durch eine Austrittsöffnung mit dem Querschnitt von $0{,}001\,m^2$ in die Umgebung. Der Behälter ist bis auf $0{,}5\,m$ oberhalb der Austrittsöffnung gefüllt. Dichte des Wassers: $1000\,kg/m^3$.
   Zu bestimmen sind:

a) die Zeit, in der das Niveau um 10 cm gesunken ist
b) die Zeit, in der das Niveau die Höhe der Austrittsöffnung erreicht
c) die Masse des Wassers, die nach 100 s ausgeströmt ist.

Lösung

• Schema

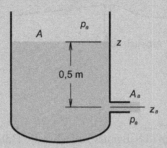

• Annahmen
  – Da die Austrittsöffnung 400-mal kleiner als der Behälterquerschnitt ist und der Druck am Austritt und im Behälter gleich groß ist, kann mit Gl. 4.15 gerechnet werden.
  – Das Wasser ist inkompressibel und strömt reibungsfrei.
• Analyse
  a) Mit den gemachten Annahmen und mit $z_a = 0$ erhält man eine vereinfachte Gl. 4.17.

$$\frac{dz}{dt} = -\frac{A_a}{A} \cdot \sqrt{2 \cdot g \cdot z}$$

Nach Separation der Variablen erhalten wir:

$$\frac{dz}{\sqrt{z}} = -\frac{A_a}{A} \cdot \sqrt{2 \cdot g} \cdot dt$$

Die Integration von der Ausgangshöhe z_1 bis zur gegebenen Höhe z_2 ergibt die gesuchte Zeit t_2.

$$2 \cdot (\sqrt{z_2} - \sqrt{z_1}) = -\frac{A_a}{A} \cdot \sqrt{2 \cdot g} \cdot t_2$$

$$t_2 = \frac{2 \cdot A \cdot (\sqrt{z_1} - \sqrt{z_2})}{A_a \cdot \sqrt{2 \cdot g}} = \frac{2 \cdot 0{,}4 \cdot m^2 \cdot \sqrt{0{,}5 \cdot m} - \sqrt{0{,}4 \cdot m}}{0{,}001 \cdot m^2 \cdot \sqrt{2 \cdot 9{,}81 \cdot m/s^2}} = \mathbf{13{,}48\,s}$$

b) Die Entleerungszeit erhalten wir, wenn wir zuvor in der Gleichung die Höhe z_2 gleich null setzen.

$$t_2 = \frac{2 \cdot A \cdot \sqrt{z_1}}{A_a \cdot \sqrt{2 \cdot g}} = \frac{2 \cdot 0{,}4 \cdot m^2 \cdot \sqrt{0{,}5 \cdot m}}{0{,}001 \cdot m^2 \cdot \sqrt{2 \cdot 9{,}81 \cdot m/s^2}} = \mathbf{127{,}7\,s}$$

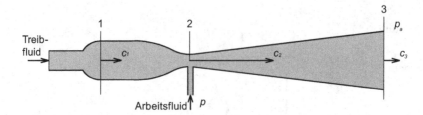

Abb. 4.6 Strahlpumpe

c) Zur Bestimmung der Masse muss zunächst die Höhe, die nach 100 s erreicht
wird, berechnet werden. Die in Teilaufgabe a) ermittelte Gleichung wird nach
z_2 aufgelöst.

$$m = A \cdot \rho \cdot (z_1 - z_2) = 0,4 \cdot m^2 \cdot 1\,000 \cdot kg/m^3 \cdot (0,5 - 0,0235) \cdot m = \mathbf{190,6\,kg}$$

Die Masse erhalten wir, indem wir die Masse des Wassers zwischen den Höhen
von 0,5 m und 0,0235 m bestimmen.
- Diskussion
  Mit Hilfe der gegebenen Gleichungen ist die Bestimmung der Ausströmzeit und
  der ausgeströmten Masse leicht möglich.

4.2.4 Strahlpumpen

bestehen im Prinzip aus einer Verengung und nachfolgender Erweiterung des Strömungsquerschnitts einer Leitung, in der das Treibfluid strömt. Im abnehmenden Strömungsquerschnitt verringert sich wegen der Beschleunigung der Strömung der Druck. An der engsten
Stelle entsteht der tiefste Druck, an der das Arbeitsfluid angesaugt wird. In nachfolgender Querschnittserweiterung nimmt der Druck wegen der Verzögerung der Strömungsgeschwindigkeit zu, das Treib- und Arbeitsfluid werden auf einen höheren Druck gebracht.
Abbildung 4.6 zeigt eine Strahlpumpe schematisch.

Das Treibfluid wird wegen der Verengung des Strömungsquerschnitts von Geschwindigkeit c_1 auf Geschwindigkeit c_2 beschleunigt. Damit sinkt an Stelle 2 der statische Druck.
Hier kann nun durch eine Öffnung das Arbeitsfluid aus einem System angesaugt werden. In der Erweiterung des Strömungsquerschnitts wird das Fluid, jetzt aus dem Treib-
und Arbeitsfluid bestehend, abgebremst. Dabei erhöht sich der Druck bis zum Austritt der
Strahlpumpe. Der minimale Druck an Stelle 2 ist nach Gl. 4.5:

$$p_2 = p_1 + (c_1^2 - c_2^2) \cdot \frac{\rho}{2} = p_1 - c_1^2 \cdot \frac{\rho}{2} \cdot \left(\frac{A_1^2}{A_2^2} - 1 \right) \qquad (4.23)$$

Abb. 4.7 Hydrodynamisches Paradoxon

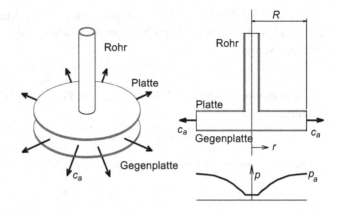

Nach Gl. 4.23 könnte bei entsprechender Wahl des Strömungsquerschnittverhältnisses der Druck negativ werden. Negative Drücke gibt es aber nicht. Damit darf das Querschnittverhältnis höchstens so gewählt sein, dass der Druck p_2 positiv bleibt. Das Strömungsquerschnittverhältnis wird durch die Konstruktion bestimmt. Wählt man es zu klein, wird die Strömungsgeschwindigkeit c_2 so groß, dass bei Gasen die Kompressibilität des Fluids eine Rolle spielt und die hier hergeleiteten Gesetzmäßigkeiten nicht gelten. Die Kompressibilität des Fluids bildet eine Grenze. Bei Flüssigkeiten stellt die Dampfdruckkurve eine weitere Begrenzung dar. Unterschreitet der Druck der Flüssigkeit den durch die Flüssigkeitstemperatur bestimmten Sättigungsdruck, dampft die Flüssigkeit aus, das Fluid wird kompressibel. Die Erweiterung des Strömungsquerschnitts muss so ausgelegt werden, dass das Fluid am Austritt gerade den Außendruck p_a erreicht. Die Geschwindigkeit c_3 muss am Austritt entsprechend klein sein, um diesen Druck zu erreichen. Dabei ist die Zunahme des Massenstromes durch das zugeführte Arbeitsfluid zu berücksichtigen. Bei Strahlpumpen mit Treibflüssigkeit können Gas oder Flüssigkeit als Arbeitsfluid verwendet werden. Bei gasförmigem Treibfluid wird üblicherweise auch das Arbeitsfluid ein Gas sein. Zur genauen Berechnung einer Strahlpumpe sind Reibung und Kompressibilität des Fluids zu berücksichtigen.

4.2.5 Das hydrodynamische Paradoxon

kann am Beispiel zweier paralleler Platten demonstriert werden. An einer Platte ist ein Rohr angebracht, aus dem ein Fluid in den Spalt zwischen beiden Platten einfließt. Von dort gelangt das Fluid in die Umgebung. Vereinfachend werden zwei kreisförmige Platten genommen. In die Mitte der ersten mündet das Rohr. Diese Platte ist am Rohr befestigt, die zweite ist lose (Abb. 4.7). Die Strömung zwischen den Platten erfolgt radial. Diese Vereinfachung schränkt nicht die Allgemeingültigkeit der Aussagen ein, ist jedoch für die Berechnung von Vorteil.

Am Rand der Platten ist der Druck gleich dem Außendruck p_a und die Strömungs-geschwindigkeit beträgt c_a. Der lokale Druck p zwischen den Platten kann nach Gl. 4.5 bestimmt werden.

$$p = p_a + \left(c^2 - c_a^2 \right) \cdot \frac{\rho}{2} \qquad (4.24)$$

Die Strömungsgeschwindigkeit zwischen den Platten ergibt sich aus der Kontinuitäts-gleichung.

$$c = c_a \cdot \frac{A_a}{A} = c_a \cdot \frac{2 \cdot \pi \cdot R \cdot s}{2 \cdot \pi \cdot r \cdot s} = c_a \cdot \frac{R}{r} \qquad (4.25)$$

Die Geschwindigkeit c in Gl. 4.24 eingesetzt, ergibt:

$$p = p_a - c_a^2 \cdot \frac{\rho}{2} \cdot \left(\frac{R^2}{r^2} - 1 \right) \qquad (4.26)$$

Der Druck zwischen den Platten ist immer kleiner als der Außendruck. Damit wirkt auf die Platten von außen eine größere Kraft als von innen. Durch die Strömung wird die Gegenplatte angesaugt. Man erwartet jedoch, dass eine nicht befestigte Gegenplatte durch die Strömung weggestoßen wird. Aufgrund dieses Widerspruchs wird dieses Phänomen *hydrodynamisches Paradoxon* genannt.

4.2.6 Druckänderung senkrecht zur Strömungsrichtung

Die Energiegleichung sagt nur etwas über den Druckverlauf entlang einer Stromröhre aus. Strömt ein Fluidelement auf einer gekrümmten Bahn (Rohrbogen) mit der Geschwindig-keit c, wirkt eine Zentrifugalkraft auf das Fluidelement. Damit es auf seiner Strombahn gehalten wird, muss auf der Außenseite eine größere Druckkraft als auf der Innenseite wirken. Dadurch herrscht auf den äußeren Strombahnen ein höherer Druck als auf den inneren. Das zu betrachtende Fluidelement hat in Strömungsrichtung die Länge ds und senkrecht zur Strömung die Länge dr. Die Breite des Fluidelements ist b. Abbildung 4.8 zeigt den Verlauf der Strömung.

Auf ein Teilchen, das auf einer Strombahn mit dem Krümmungsradius r strömt und die Geschwindigkeit c hat, wirkt folgende Zentrifugalkraft dC:

$$dC = r \cdot \omega^2 \cdot dm = \rho \cdot b \cdot c^2 \cdot ds \cdot \frac{dr}{r} \qquad (4.27)$$

Der Zentrifugalkraft wirkt eine gleich große, nach innen gerichtete Druckkraft dF ent-gegen:

$$dF = b \cdot ds \cdot dp \qquad (4.28)$$

Durch das Gleichsetzen beider Gleichungen erhält man:

$$\frac{dp}{dr} = \rho \cdot \frac{c^2}{r} \qquad (4.29)$$

Abb. 4.8 Druckänderung senkrecht zur Strömungsrichtung

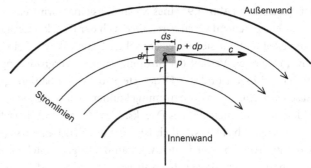

Abb. 4.9 Zur Erklärung der Kavitation

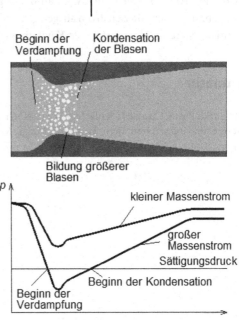

Da die Geschwindigkeit c von r abhängt, muss zur Lösung der Differentialgleichung die Geschwindigkeit als eine Funktion von r bekannt sein.

In geraden Rohrleitungen genügt es, den statischen Druck an einer beliebigen Stelle am Rohrumfang zu messen. Bei gekrümmten Rohrleitungen wird außen ein größerer Druck als innen gemessen.

4.2.7 Kavitation

kann in Pumpen, Wärmetauschern und Leistungsverengungen Störungen und Schäden verursachen. Kavitation bedeutet, dass eine Flüssigkeit aufgrund der Druckabsenkung ausdampft und die Dampfblasen bei nachfolgender Druckerhöhung schlagartig kondensieren. Dabei entstehen Druckstöße, die Teile des Wandmaterials herausbrechen können. In einer Verengung (Abb. 4.9) eines Strömungskanals wird eine Flüssigkeit beschleunigt, der Druck entsprechend verringert. Senkt sich der Druck unterhalb des Sättigungsdruckes der Flüssigkeit, dampft sie aus, es entstehen Dampfblasen. Wird die Strömungsgeschwindigkeit im weiteren Verlauf der Strömung wegen Vergrößerung des Strömungsquerschnitts wieder verringert und der Druck steigt über den Sättigungsdruck an, kondensieren die Blasen schlagartig. In der Strömung können sich Blasen vereinigen und so größere Blasen bilden, was die Intensität des Druckstoßes, der bei Kondensation entsteht, vergrößert.

Wie aus Abb. 4.9 ersichtlich ist, wird die Druckänderung mit zunehmendem Massenstrom größer, d. h., der Druck wird an der engsten Stelle kleiner. Bei Apparaten, die für einen bestimmten Massenstrom ausgelegt wurden und bei diesem kavitationsfrei arbeiten, kann bei höheren Massenströmen Kavitation auftreten.

Literatur

[1] Böckh P von, Cizmar J., Schlachter W (1999) Grundlagen der technischen Thermodynamik, Bildung Sauerländer Aarau, Bern, Fortis FH, Mainz, Köln, Wien

[2] Tuckenbrodt E (1989) Fluidmechanik, Band 1, 3. Auflage, Springer Verlag, Berlin

Impulssatz

5

In diesem Kapitel wird zunächst der allgemeine Impulssatz formuliert, der die Grundlagen für die Beziehungen liefert, die später die Berechnung von Triebwerken und Strömungsmaschinen ermöglichen. Der Impulssatz erlaubt auf einfache Weise die Bestimmung der Strömungskräfte durch die Analyse des Strömungszustands an den Ein- und Austritten eines Systems. An Beispielen mit inkompressiblen Fluiden wird der Impulssatz veranschaulicht. Die spezielle Anwendung auf rotationssymmetrische Körper liefert den Drallsatz und die *Euler*'sche Strömungsmaschinenhauptgleichung.

5.1 Impulssatz

Mit dem Impulssatz können die Kraftwirkungen, die infolge einer Geschwindigkeits- oder Massenänderung der Strömung auf einen Körper wirken, bestimmt werden. Die Geschwindigkeitsänderung kann sowohl den Betrag als auch die Richtung der Strömungsgeschwindigkeit betreffen. Die Berechnung der Strömungskräfte auf einen Körper könnte durch die Bestimmung des Druckes an der Oberfläche und den daraus resultierenden Kräften erfolgen. Dies ist in den meisten Fällen nicht oder nur mit entsprechenden Programmen numerisch möglich. Der Impulssatz gestattet die Ermittlung der Kräfte ohne nähere Kenntnis einzelner Strömungsvorgänge. Es genügt, die Strömungsverhältnisse am Ein- und Austritt des zu untersuchenden Strömungsraums zu kennen.

Wie man aus der Mechanik weiß, ist der Impuls (Bewegungsgröße) das Produkt aus Masse und Geschwindigkeit. Die Geschwindigkeit ist ein Vektor, die Masse eine skalare Größe. Damit ist der Impuls ein Vektor.

> ▶ Der Impulssatz sagt aus, dass in einem Strömungsraum (offenes System) der pro Zeiteinheit ein- und austretende Impulsfluss des Fluids mit den äußeren Kräften im Gleichgewicht ist.

P. von Böckh und C. Saumweber, *Fluidmechanik*, DOI 10.1007/978-3-642-33892-2_5,
© Springer-Verlag Berlin Heidelberg 2013

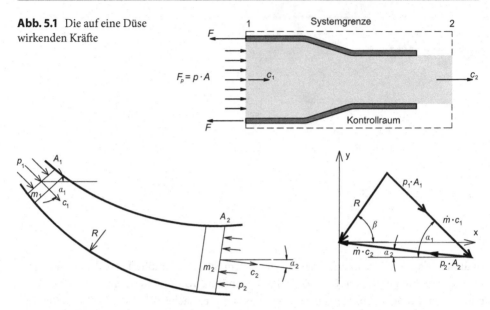

Abb. 5.1 Die auf eine Düse wirkenden Kräfte

Abb. 5.2 Zur Erläuterung des Impulssatzes (*links* Lageplan, *rechts* Vektoraddition)

Die äußeren Kräfte sind Oberflächen- und Körperkräfte. Oberflächenkräfte können Druckkräfte F_p, die auf die Oberflächen an den Systemgrenzen auf das Fluid wirken und von ihm übertragen werden oder Kräfte, die durch einen festen Körper transferiert werden, sein. Abbildung 5.1 zeigt die Krafteinwirkung auf eine Düse. In der Regel sind Körperkräfte durch Gravitation verursachte Kräfte, die im Kontrollraum auf die Masse des Fluids wirken, sie können aber auch durch elektrische und magnetische Felder verursachte Kräfte sein.

Mathematisch formuliert lautet der Impulssatz:

$$\sum \frac{d\vec{I}}{dt} + \sum \vec{F} = 0 \tag{5.1}$$

Um den Impulssatz, angewendet auf eine Strömung, zu erläutern, betrachten wir in Abb. 5.2 die Kräfteverhältnisse in der Stromröhre. An Stelle 1 tritt die Masse m_1 in die Stromröhre ein, an Stelle 2 die Masse m_2 aus. Die Wände des Strömungsraums sind undurchlässig.

Der durch die Masse m_1 eingebrachte Impuls ist:

$$\vec{I}_1 = m_1 \cdot \vec{c}_1 \tag{5.2}$$

Der durch die Masse m_2 hinausgetragene Impuls ist:

$$\vec{I}_2 = -m_2 \cdot \vec{c}_2 \tag{5.3}$$

Der pro Zeiteinheit ein- und austretende Impuls ist damit:

$$\sum \frac{d\vec{I}}{dt} = \frac{d}{dt}(m_1 \cdot \vec{c}_1 - m_2 \cdot \vec{c}_2) = m_1 \cdot \frac{d\vec{c}_1}{dt} + \vec{c}_1 \cdot \frac{dm_1}{dt} - m_2 \cdot \frac{d\vec{c}_2}{dt} - \vec{c}_2 \cdot \frac{dm_2}{dt} \qquad (5.4)$$

Bei stationären Strömungen ist die Ableitung der Geschwindigkeit nach der Zeit gleich null. Die zeitlichen Ableitungen der Massen entsprechen den Massenströmen. Sind sie am Ein- und Austritt gleich groß, ist die zeitliche Impulsänderung:

$$\sum \frac{d\vec{I}}{dt} = \dot{m} \cdot (\vec{c}_1 \cdot - \vec{c}_2) = \rho \cdot \dot{V} \cdot (\vec{c}_1 \cdot - \vec{c}_2) \qquad (5.5)$$

Die auf die Strömung wirkenden äußeren Kräfte bestehen aus den Druckkräften und der resultierenden Kraft R aus der Vektoraddition. Druckkräfte wirken senkrecht zur Strömungsrichtung auf die Ein- und Austrittsflächen, die resultierende Kraft R auf die Wand der Stromröhre. Diese Kraft ist aus der geometrischen Addition der Kräfte zu ermitteln (Abb. 5.2).

Sie wird bei einer zweidimensionalen Betrachtung in ihre x- und y-Komponente zerlegt. Aus der geometrischen Addition erhält man:

$$\begin{aligned} R_y &= (\dot{m} \cdot c_1 + p_1 \cdot A_1) \cdot \sin\alpha_1 - (\dot{m} \cdot c_2 + p_2 \cdot A_2) \cdot \sin\alpha_2 \\ R_x &= (\dot{m} \cdot c_1 + p_1 \cdot A_1) \cdot \cos\alpha_1 - (\dot{m} \cdot c_2 + p_2 \cdot A_2) \cdot \cos\alpha_2 \ . \end{aligned} \qquad (5.6)$$

Da in Gl. 5.6 die Beträge der Kräfte gegeben sind und die Richtung durch den Winkel berücksichtigt ist, kann der Massenstrom aus Gl. 3.7 eingesetzt werden.

$$\begin{aligned} R_y &= (\rho \cdot c_1^2 + p_1) \cdot A_1 \cdot \sin\alpha_1 - (\rho \cdot c_2^2 + p_2) \cdot A_2 \cdot \sin\alpha_2 \\ R_x &= (\rho \cdot c_1^2 + p_1) \cdot A_1 \cdot \cos\alpha_1 - (\rho \cdot c_2^2 + p_2) \cdot A_2 \cdot \cos\alpha_2 \end{aligned} \qquad (5.7)$$

Der Betrag und die Richtung der resultierenden Kraft sind:

$$R = \sqrt{R_x^2 + R_y^2} \quad \tan\beta = \frac{R_x}{R_y} \qquad (5.8)$$

Die analytische Bestimmung der Kräfte hat allgemeine Gültigkeit.

▶ Bei numerischen Berechnungen muss man beachten, dass der Druck nicht der Absolutdruck, sondern die Differenz des Druckes im Strömungsraum zum Umgebungsdruck ist.

Der Umgebungsdruck wirkt von außen auf den Strömungsraum. Die Winkel sind von der positiven x-Achse aus im Uhrzeigersinn zu messen.

5.2 Anwendungen des Impulssatzes

5.2.1 Strömungskräfte am Rohrkrümmer

In Rohrkrümmern wird die Richtung der Strömungsgeschwindigkeit geändert, wodurch auf den Krümmer Kräfte wirken. Hier werden Rohrkrümmer mit konstantem Strömungsquerschnitt und konstantem Krümmungsradius behandelt. Zweckmäßigerweise legt man für die Berechnung den Mittelpunkt des Krümmers auf die x-Achse, so dass sie für ihn eine Symmetrieachse darstellt. Die resultierende Kraft R wirkt damit in Richtung der x-Achse. Sie hat keine y-Komponente. Für ein ideales Fluid sind nach der Energiegleichung Druck und Geschwindigkeit am Ein- und Austritt des Krümmers gleich. Der Biegewinkel des Krümmers ist d. Es ergeben sich folgende Winkelbeziehungen (Abb. 5.3):

$$\alpha_2 = 180° - \alpha_1 \quad \alpha_1 = 90° - \delta/2$$
$$\cos \alpha_2 = -\cos \alpha_1 = -\sin(\delta/2) \tag{5.9}$$
$$\cos \alpha_1 = \sin(\delta/2) \quad \sin \alpha_2 = \sin \alpha$$

Gleichung 5.7 zeigt, dass die y-Komponente der Kraft bei diesen Bedingungen gleich null ist. Für die x-Komponente erhält man:

$$R_x = \left[(\rho \cdot c^2 + p - p_a) \cdot A_1 + (\rho \cdot c^2 + p - p_a) \cdot A_2 \right] \cdot \sin(\delta/2) \tag{5.10}$$

Da die y-Komponente gleich null ist und sich Druck, Geschwindigkeit und Strömungsquerschnitt nicht verändern, ist die resultierende Kraft:

$$R_x = 2 \cdot (\rho \cdot c^2 + p - p_a) \cdot A \cdot \sin(\delta/2) \tag{5.11}$$

Ist der Rohrbogen mit einem Flansch an einer geraden Rohrleitung befestigt, wirken außer der Druckkraft auch noch die resultierende Kraft auf die Schrauben des Flansches.

Abb. 5.3 Strömungskraft am
Rohrkrümmer

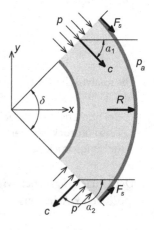

Die Kraft wird von beiden Seiten aufgenommen. Damit ist die auf die Flanschschrauben wirkende Kraft:

$$F_s = A \cdot (\rho \cdot c^2 + p - p_a) \tag{5.12}$$

Beispiel 5.1 Kräfteeinwirkung auf einen Rohrbogen

In einem 90°-Rohrbogen von 1 m Durchmesser strömt Wasser mit der Geschwindigkeit von 6 m/s. Der Druck am Ein- und Austritt ist jeweils 0,2 bar höher als der Außendruck. Bestimmen Sie die auf den Rohrbogen wirkende Kraft R_x und die Kraft, die auf die Flanschschraube wirkt.

  Lösung

• Schema

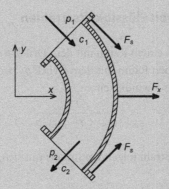

• Annahmen
   – Entlang der Stromlinien ist die Strömungsgeschwindigkeit konstant.
   – Der Druck ist am Ein- und Austritt des Rohrbogens gleich groß.
   – Die Strömung ist stationär.
• Analyse
 Die durch die Richtungsänderung verursachte Kraft kann mit Gl. 5.11 berechnet werden.

$$R_x = 2 \cdot (\rho \cdot c^2 + p - p_a) \cdot A \cdot \sin(\delta/2) =$$

$$= 2 \cdot \left(1000 \cdot \frac{kg}{m^3} \cdot 6^2 \cdot \frac{m^2}{s^2} + 0{,}2 \cdot 10^5 \cdot \frac{N}{m^2}\right) \cdot \frac{\pi}{4} \cdot 1^2 \cdot m^2 \cdot \sin(45°) = \mathbf{62.200 \; \frac{N}{m^2}}$$

 Die Schraubenkraft F_s erhalten wir aus Gl. 5.12.

$$F_s = (\rho \cdot c^2 + p - p_a) \cdot A = \mathbf{43.982\,N}$$

• Diskussion
  In einem geraden Rohr, das den gleichen Strömungsquerschnitt wie der des
  Krümmers hat, wird nur durch die Druckdifferenz eine Kraft auf einen Flansch
  ausgeübt. Die Schraubenkraft ist dann $F_s = p \cdot A = 15{,}71\,\text{kN}$. Durch Umlenkung
  verursacht die Strömung beinahe eine Verdreifachung der Kraft. Der Nenndruck
  der Normflansche beginnt bei 4 bar, d. h., die Kräfte werden auf alle Fälle aufgenommen. In der Regel können die durch Umlenkung verursachten Kräfte bei
  Rohrleitungen unberücksichtigt bleiben.

5.2.2 Rückstoßkräfte von Flüssigkeitsstrahlen

Ein Flüssigkeitsstrahl, der aus einem Raum mit dem Druck p durch eine Öffnung mit dem
Austrittsquerschnitt A_a in einen Raum mit dem Druck p_a strömt, hat nach der Energiebilanzgleichung die Austrittsgeschwindigkeit c_a:

$$c_a = \sqrt{2 \cdot (p - p_a)/\rho}\,. \tag{5.13}$$

Pro Zeiteinheit führt der Strahl folgenden Impuls mit sich:

$$\frac{d\vec{I}}{dt} = \vec{F} = \dot{m} \cdot \vec{c}_a = \rho \cdot A \cdot \vec{c}_a^2 \tag{5.14}$$

Dieser Austrittsimpuls bedingt eine gleich große Impulsänderung der Flüssigkeitsmasse in dem Raum, aus dem die Flüssigkeit strömt. Die Impulsänderung bewirkt eine dem
Betrage nach gleich große, aber entgegengesetzt gerichtete *Rückstoßkraft F*.

$$F = \rho \cdot A \cdot \vec{c}_a^2 = 2 \cdot (p - p_a) \cdot A \tag{5.15}$$

Diese Rückstoßkraft ist doppelt so groß wie die auf die geschlossene Austrittsöffnung
wirkende Druckkraft. Gleichung 5.14 gilt ganz allgemein für alle Fluide, Gl. 5.15 ist nur für
Flüssigkeiten gültig.

In der Technik haben Rückstoßkräfte von Fluidstrahlen bei Raketentriebwerken, aber
auch bei unerwünschten Effekten wie bei der Kraft, welche auf die Düse einer Feuerwehrspritze wirkt, Bedeutung.

Beispiel 5.2 Kräfte auf die Düse einer Feuerwehrspritze

Im Schlauch einer Feuerwehrspritze herrscht ein Druck von 6 bar. Die Öffnung der Düse hat einen Durchmesser von 100 mm. Die Dichte des Wassers ist 1000 kg/m³. Der Umgebungsdruck beträgt 0,98 bar. Bestimmen Sie die Geschwindigkeit in der Düse und die Rückstoßkraft des Strahls.

Lösung

- Annahmen
  - Die Strömung ist reibungsfrei.
  - Das Wasser ist inkompressibel.
  - Die Strömung ist stationär.
- Analyse
  Die Strömungsgeschwindigkeit in der Düse kann mit Gl. 5.13 bestimmt werden.

$$c_a = \sqrt{2 \cdot (p - p_a)/\rho} = \sqrt{\frac{2 \cdot 5,02 \cdot 10^5 \cdot \text{N/m}^2}{1000 \cdot \text{kg/m}^3}} = \mathbf{31{,}69\,m/s}$$

Die Rückstoßkraft wird mit Gl. 5.15 berechnet.

$$F = \rho \cdot A \cdot \vec{c}_a^2 = 2 \cdot (p - p_a) \cdot A = 2 \cdot 5,02 \cdot 10^5 \cdot \frac{\text{N}}{\text{m}^2} \cdot \frac{\pi}{4} \cdot 0,1^2 \cdot \text{m}^2 = \mathbf{7{,}885\,kN}$$

- Diskussion
  Die durch den Strahl verursachte Kraft ist so groß, dass ein Feuerwehrmann die Düse nicht festhalten könnte. Sie muss mit einer entsprechenden Halterung konzipiert werden. Düsen, die ohne Hilfseinrichtungen festgehalten werden können, müssten bei den gegebenen Drücken kleinere Durchmesser als 25 mm haben.

Beispiel 5.3 Schubkraft einer Rakete

Im Weltraum strömt aus einer Rakete der Triebstrahl mit konstanter Geschwindigkeit von 600 m/s. Die Dichte des ausströmenden Strahls ist 0,02 kg/m³. Die Fläche der Austrittsöffnung beträgt 1,4 m². Bestimmen Sie die Schubkraft der Rakete.

Lösung

- Annahmen
  - Die Strömung ist reibungsfrei.
  - Die Geschwindigkeit ist uniform.
  - Die Strömung ist stationär.

- Analyse

  Die Schubkraft erhält man aus dem Impulssatz. Da die Geschwindigkeit konstant ist, ändert sich mit der Zeit nur die Masse der Rakete. Diese Änderung entspricht dem austretenden Massenstrom. Damit ist die Schubkraft:

$$\vec{F} = \frac{d\vec{I}}{dt} = \frac{d(m \cdot \vec{c}_a)}{dt} = \dot{m} \cdot \vec{c}_a = \rho \cdot A \cdot \vec{c}_a^2 = 0{,}02 \cdot \frac{\text{kg}}{\text{m}^3} \cdot 1{,}4 \cdot \text{m}^2 \cdot 600^2 \cdot \frac{\text{m}^2}{\text{s}^2} = 10{,}08\,\text{kN}$$

- Diskussion

  Die Schubkraft einer Rakete kann bei bekannter Geschwindigkeit und Dichte des Gases im Triebstrahl mit dem Impulssatz bestimmt werden.

5.2.2.1 Strahlstoßkräfte auf eine senkrechte Wand

Ein Strahl, der mit Geschwindigkeit c auf eine feste Wand trifft, übt auf diese eine Kraft F aus (Abb. 5.4). Die Fluidteilchen ändern an der Wand die Richtung ihrer Strömungsgeschwindigkeit und strömen parallel zur Wand. Die Kraft lässt sich aus dem Impulssatz ermitteln. Die x-Achse legt man in die Strahlmitte. Kontrollfläche 1 schneidet den Strahl senkrecht direkt hinter der Mündung, Kontrollfläche 2 ist senkrecht zur Wand und bildet einen Ring. Sie wird so gewählt, dass die Geschwindigkeit gleich groß wie an Stelle 1 bleibt. Damit sind die Strömungsquerschnitte A_1 und A_2 gleich groß wie A. Der Winkel α_1 ist 0° und α_2 90°. Der Druck ist überall gleich groß wie der Außendruck. Damit ergibt Gl. 5.7:

$$F_x = \rho \cdot A_a \cdot c^2 \qquad F_y = 0 \tag{5.16}$$

Mit dem Strahl könnte eine „Maschine" betrieben werden. Durch die Kraft des Strahls kann die Wand verschoben und damit Arbeit geleistet werden (Abb. 5.5). Bewegt sich die Wand mit einer Geschwindigkeit u, hat der Strahl die Relativgeschwindigkeit zur Wand $c' = c - u$. Geht man weiter davon aus, dass sich der Druck bei der Strömung an der Platte nicht ändert, bleibt die Geschwindigkeit c' am Austritt dem Betrage nach gleich. Für

Abb. 5.4 Stoß gegen eine
senkrechte Wand

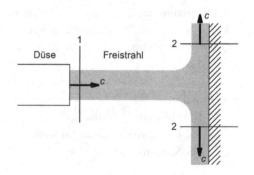

Abb. 5.5 Stoß gegen eine
bewegte senkrechte Wand

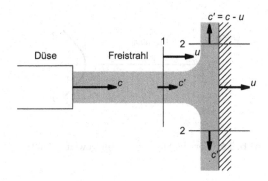

den mitbewegten Beobachter wird der Massenstrom ebenfalls mit der Geschwindigkeit c'
bestimmt. Die Stoßkraft ist:

$$F_x = \dot{m} \cdot (c - u) = \rho \cdot A \cdot (c - u)^2 \qquad F_y = 0 \qquad (5.17)$$

Die Leistung P des Strahls ist das Produkt aus Stoßkraft und Wandgeschwindigkeit:

$$P = \rho \cdot A \cdot (c - u)^2 \cdot u = \rho \cdot A \cdot (c^2 \cdot u - 2 \cdot c \cdot u^2 + u^3) \qquad (5.18)$$

Die maximal mögliche Leistung P_{max} lässt sich ermitteln, wenn Gl. 5.18 nach u abgeleitet und zu null gesetzt wird.

$$\frac{dP}{du} = \rho \cdot A \cdot (c^2 - 4 \cdot c \cdot u + 3 \cdot u^2) = 0 \qquad (5.19)$$

Die Geschwindigkeit u, bei der die maximale Leistung erreicht wird, ist:

$$u = c/3 \qquad (5.20)$$

Für P_{max} ergibt sich:

$$P_{max} = \frac{4}{27} \cdot \rho \cdot A \cdot c^3 = 4 \cdot \rho \cdot A \cdot u^3 \qquad (5.21)$$

Die spezifische kinetische Energie des Strahls ist:

$$e_{kin} = \frac{1}{2} \cdot c^2 \qquad (5.22)$$

Die mit dieser kinetischen Energie theoretisch erreichbare „Leistung" wäre:

$$P_{kin} = \dot{m} \cdot \frac{1}{2} \cdot c^2 = \frac{1}{2} \cdot A \cdot \rho \cdot c^3 \qquad (5.23)$$

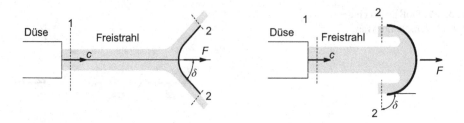

Abb. 5.6 Gerader Stoß gegen eine gewölbte Platte

Der Wirkungsgrad dieser „Maschine" beträgt:

$$\frac{P_{max}}{P_{kin}} = \frac{8}{27} = 0{,}2963 \tag{5.24}$$

Die im Strahl gespeicherte und ungenutzte kinetische Energie wird mit zunehmender Länge des Strahls immer größer und dadurch ist der Wirkungsgrad relativ schlecht. Indem immer wieder eine neue Wand in den Strahl gebracht wird (Schaufelrad), kann die kinetische Energie des Strahls wesentlich besser genutzt werden, was später noch besprochen wird.

5.2.2.2 Schiefer Stoß gegen eine Wand

Die Impulsänderung eines Strahls, der auf eine schiefe Wand unter dem Winkel d auftrifft, übt nur eine zur Wand senkrecht gerichtete Kraft aus. Es genügt daher, die Normalkomponente c_n der Geschwindigkeit zu ermitteln. Damit ist die Strahlstoßkraft:

$$F = \dot{m} \cdot c_n = A \cdot \rho \cdot c^2 \cdot \cos\delta \tag{5.25}$$

Ähnlich wie bei der senkrechten Wand kann die Leistung auch für eine bewegte schiefe Wand hergeleitet werden.

5.2.2.3 Gerader Stoß gegen eine gewölbte Platte

In Abb. 5.6 sind die Verhältnisse eines Strahlstoßes gegen eine nach außen und innen gewölbte Platte dargestellt. Die Stoßkraft kann unter den gleichen Voraussetzungen wie bei der senkrechten Platte hergeleitet werden. An Stelle des Winkels α_2 wird hier der Winkel d eingesetzt. Damit ist die Stoßkraft F:

$$F = F_x = \dot{m} \cdot c \cdot (1 - \cos\delta) = A \cdot \rho \cdot c^2 \cdot (1 - \cos\delta) \tag{5.26}$$

Die größte Stoßkraft lässt sich bei einem Winkel von 180° erzielen. Schaufeln mit gewölbten Wänden von beinahe 180° Umlenkung werden bei Freistrahlwasserturbinen mit *Pelton*rädern verwendet. Das Turbinenrad ist nicht feststehend, sondern es bewegt sich mit der Geschwindigkeit u. Damit ist die Stoßkraft:

$$F = A \cdot \rho \cdot (c - u)^2 \cdot (1 - \cos \delta) \qquad (5.27)$$

Wie bei der senkrechten Wand ist die maximale Leistung dann zu erzielen, wenn die Geschwindigkeit der Schaufel 1/3 der Strahlgeschwindigkeit ist. Bei dieser Betrachtung bewegt sich die Turbinenschaufel mit der Geschwindigkeit u vom Strahlaustritt weg. Damit wird die im Strahl gespeicherte kinetische Energie immer größer. Der Wirkungsgrad ist bei $\delta = 180°$ doppelt so groß wie bei der bewegten ebenen Wand. Bei der späteren Betrachtung mit dem Drallsatz, der berücksichtigt, dass immer wieder neue Schaufeln in den Strahl treten, wird gezeigt, welche Wirkungsgrade tatsächlich erreicht werden können.

5.3 Vereinfachte Propellertheorie

Propeller sind Vortriebsorgane für Flugzeuge und Schiffe, in denen sich das Motordrehmoment zur Beschleunigung des Fluids und damit zum Antrieb des Fahrzeugs verwenden lässt. Ohne Berücksichtigung der Form und Gestaltung des Propellers kann die Schubwirkung mit einer stark vereinfachten Strahlentheorie verdeutlicht werden. Mit der Umdrehung des Propellers wird das Fluid ständig angesaugt und in einem den Propeller umhüllenden Strahl nach hinten beschleunigt, wie in Abb. 5.7 gezeigt. Zur Berechnung nimmt man an, dass das Fluid mit einer konstanten Geschwindigkeit über den gesamten Propellerquerschnitt strömt. Das Fahrzeug bewegt sich mit der Geschwindigkeit c_e, die die Eintrittsgeschwindigkeit des Fluids zum Propeller ist. Durch ihn wird das Fluid auf die Geschwindigkeit c_a beschleunigt.

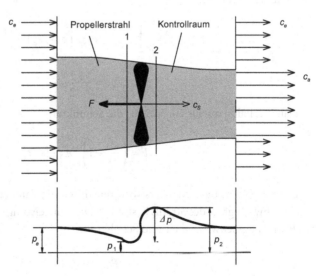

Abb. 5.7 Zur Erklärung der vereinfachten Propellertheorie

Bei der Berechnung werden Reibung, Drehbewegung des Fluids und Einfluss des Fahrzeugs vernachlässigt. Für den Kontrollraum zwischen Ein- und Austritt wird nach dem Impulssatz, da der Druck am Ein- und Austritt gleich groß ist, die Schubkraft F wie folgt berechnet:

$$F = \rho \cdot \dot{V} \cdot (c_a - c_e) = \dot{m} \cdot (c_a - c_e) \tag{5.28}$$

Der vom Propeller erfasste Volumenstrom ist , die in der Propellerebene herrschende Strömungsgeschwindigkeit c_S. Damit erhält man für Gl. 5.28:

$$F = \rho \cdot A_S \cdot c_S \cdot (c_a - c_e) \tag{5.29}$$

Vor und hinter dem Propeller, zwischen den Stellen 1 und 2, ist der Druck unterschiedlich groß. Er kann mit der Energiegleichung bestimmt werden:

$$\frac{p_e}{\rho} + \frac{c_e^2}{2} = \frac{p_1}{\rho} + \frac{c_S^2}{2} \quad \frac{p_a}{\rho} + \frac{c_a^2}{2} = \frac{p_2}{\rho} + \frac{c_S^2}{2} \tag{5.30}$$

Da der Druck am Ein- und Austritt gleich groß ist, wird die Druckdifferenz Δp:

$$\Delta p = p_2 - p_1 = \frac{\rho}{2} \cdot (c_a^2 - c_e^2) \tag{5.31}$$

Diese Druckdifferenz wirkt auf die Propellerfläche. Die dadurch erzeugte Kraft entspricht der Schubkraft F.

$$F = \Delta p \cdot A_S \tag{5.32}$$

Durch Gleichsetzen der Gln. 5.29 und 5.32 ergibt sich zwischen den Geschwindigkeiten folgender Zusammenhang:

$$\frac{1}{2} \cdot (c_a^2 - c_e^2) = \frac{1}{2} \cdot (c_a - c_e) \cdot (c_a + c_e) = c_S \cdot (c_a - c_e) \tag{5.33}$$

$$c_S = \frac{c_a + c_e}{2} \tag{5.34}$$

Damit erhält man aus Gl. 5.29 für die Schubkraft:

$$F = \left(\frac{c_a^2}{c_e^2} - 1\right) \cdot A_S \cdot \frac{\rho}{2} \cdot c_e^2 \tag{5.35}$$

Die Schubkraft des Propellers wird nur durch die Fahrzeuggeschwindigkeit und Austrittsgeschwindigkeit des Strahls bestimmt. Die Nutzleistung des Propellers ist das Produkt aus Fahrzeuggeschwindigkeit und Schubkraft.

$$P_{Nutz} = c_e \cdot F \tag{5.36}$$

Den Leistungsaufwand des Propellers erhält man als Produkt aus der Schubkraft und Geschwindigkeit c_S des Fluids im Propellerquerschnitt.

$$P_{Prop} = c_S \cdot F \tag{5.37}$$

Der theoretische *Wirkungsgrad des Propellers* ist der Quotient aus Nutz- und Propellerleistung.

$$\eta_{th} = \frac{P_{Nutz}}{P_{Prop}} = \frac{c_e}{c_S} = \frac{2 \cdot c_e}{c_a + c_e} = \frac{2}{c_a/c_e + 1} \tag{5.38}$$

Die nutzbare Leistung des Propellerantriebs wird durch die Fahrzeug- und Fluidgeschwindigkeit im Austrittsquerschnitt bestimmt. Mit zunehmender Austrittsgeschwindigkeit nimmt der theoretische Wirkungsgrad ab. Den besten Wirkungsgrad erhält man, wenn die Austrittsgeschwindigkeit gleich der Eintrittsgeschwindigkeit ist. Die Schubkraft ist dann allerdings null. Um den Wirkungsgrad und die Schubkraft zu erhöhen, wird der Massenstrom erhöht. Damit erreicht man die erforderliche Schubkraft bei kleinerer Austrittsgeschwindigkeit. Der Wirkungsgrad ist vom Massenstrom unabhängig.

Der tatsächliche Wirkungsgrad eines Propellers ist wegen Reibungsverlusten und Drall des Fluids geringer: Gute Propeller erreichen etwa das 0,85 bis 0,9-fache des theoretischen Wirkungsgrades. Gleichung 5.38 zeigt aber, dass, abhängig von der Ein- und Austrittsgeschwindigkeit, nicht die gesamte Leistung des Antriebmotors genutzt werden kann. Der theoretische Wirkungsgrad wird zur Beurteilung von Propellern verwendet.

Beispiel 5.4 Berechnung eines Propellers
Der Propeller eines Flugzeugs, das mit einer Geschwindigkeit von 400 km/h fliegt, erhöht die Geschwindigkeit des Luftstrahls auf 500 km/h. Der Durchmesser des Propellers ist 2 m. Die Dichte der Luft kann als konstant mit 1,1 kg/m³ angenommen werden. Zu berechnen sind:

a) die Schubleistung, die Antriebsleistung und der Wirkungsgrad des Propellers
b) die Änderung des Wirkungsgrades mit einem Propeller gleicher Schubleistung, aber 2,3 m Durchmesser.

Lösung

- Schema: siehe Abb. 5.7.
- Annahmen
  - Die Strömung ist reibungsfrei und stationär.
  - Die Luft ist inkompressibel.

- Analyse
  a) Schub- und Antriebsleistung können nach den Gln. 5.36 und 5.37 berechnet werden. Die Schubkraft F des Strahls erhalten wir mit Gl. 5.35. Zunächst bestimmen wir die Ein- und Austrittsgeschwindigkeit in m/s.

$$c_e = 400/3{,}6 = 111{,}1\,\text{m/s} \quad c_a = 500/3{,}6 = 138{,}9\,\text{m/s}$$

$$A_S = 0{,}25 \cdot \pi \cdot d^2 = 3{,}142\,\text{m}^2$$

$$F = \left(\frac{c_a^2}{c_e^2} - 1\right) \cdot A_S \cdot \frac{\rho}{2} \cdot c_e^2 = \left(\frac{138{,}9^2}{111{,}1^2} - 1\right) \cdot$$
$$\cdot\, 3{,}142 \cdot \text{m}^2 \cdot \frac{1{,}1 \cdot \text{kg/m}^3}{2} \cdot 111{,}1^2 \cdot \frac{\text{m}^2}{\text{s}^2} = 12{,}0\,\text{kN}$$

Die Antriebsleistung P_{Prop} mit der Geschwindigkeit $c_S = (c_e + c_a)\,/\,2 = 125\,\text{m/s}$ berechnet, ergibt sich zu:

$$P_{Prop} = c_S \cdot F = 125 \cdot \text{m/s} \cdot 12 \cdot \text{kN} = \mathbf{1500\,kW}$$

Die Schubleistung P_{Nutz} ist:

$$P_{Nutz} = c_e \cdot F = 111{,}1 \cdot \text{m/s} \cdot 12 \cdot \text{kN} = \mathbf{1333\,kW}$$

Der theoretische Propellerwirkungsgrad beträgt:

$$\eta_{th} = \frac{P_{Nutz}}{P_{Prop}} = \frac{1333}{1500} = \mathbf{0{,}989}$$

  b) Um bei der vergrößerten Querschnittsfläche von $4{,}155\,\text{m}^2$ die gleiche Schubkraft zu erhalten, kann die Austrittsgeschwindigkeit verringert werden. Zu ihrer Berechnung wird Gl. 5.35 umgeformt.
  Da die Schubleistung gleich bleibt, muss nur die Antriebsleistung bestimmt werden. Die Geschwindigkeit c_S beträgt jetzt $121{,}9\,\text{m/s}$. Damit ist die Antriebsleistung **1462 kW** und der Wirkungsgrad **0,91**.
- Diskussion
  Der Einfluss des Massenstromes auf den Wirkungsgrad kann anhand einfacher Propellertheorie demonstriert werden. Wirkliche Propeller benötigen wesentlich komplexere Berechnungen.

5.4 Schub der Strahl- und Raketentriebwerke

Raketen- und Strahltriebwerke bewegen ein Flugzeug durch das Hinausstoßen von Verbrennungsgasen. Bei Raketen sind Treibstoff und der zur Verbrennung notwendige Sauerstoff im Raketenkörper vorhanden. Durch die Verbrennung wird eine starke Volumenvergrößerung der Ausgangsstoffe bewirkt und damit ein Strahl mit hoher Geschwindigkeit erzeugt. Die Schubkraft eines Raketentriebwerks ist gleich wie die eines ins Freie tretenden Strahls:

$$F = \dot{m}_G \cdot c_a = \rho_a \cdot A_a \cdot c_a^2 \tag{5.39}$$

Index G bezeichnet das Verbrennungsgas, das aus dem Triebwerk strömt und a den Austrittsquerschnitt des Triebwerks.

Bei einem Strahltriebwerk wird in der Brennkammer der angesaugten und verdichteten Luft Brennstoff zugegeben und verbrannt. Das heiße Verbrennungsgas verlässt wegen seiner geringeren Dichte das Triebwerk mit einer höheren Austrittsgeschwindigkeit c_a. Der Massenstrom des austretenden Abgases ist die Summe der Massenströme des Brennstoffs und der angesaugten Luft. Aus dem Impulssatz ergibt sich folgende Schubkraft:

$$F = (\dot{m}_L + \dot{m}_B) \cdot c_a - \dot{m}_L \cdot c_e \tag{5.40}$$

Der Massenstrom der angesaugten Luft ist viel größer als der des Brennstoffs (ca. 30 bis 50 mal größer). Deshalb kann er für die überschlägige Berechnung vernachlässigt werden.

$$F \approx \dot{m}_L \cdot (c_a - c_e) = \rho_e \cdot A_e \cdot c_e \cdot (c_a - c_e) \tag{5.41}$$

Die Dichte der Luft wird beim Zustand am Eintritt bestimmt. Das Raketentriebwerk hat eine von der Fluggeschwindigkeit unabhängige Schubkraft. Nimmt man bei einem Strahltriebwerk eine konstante Differenz zwischen der Ein- und Austrittsgeschwindigkeit an, wächst die Schubkraft mit zunehmender Fluggeschwindigkeit.

5.5 Drallsatz

In einer Strömung bleibt der Impuls eines Fluidelements so lange konstant, bis eine Kraft auf das Element wirkt. Der Impulssatz zeigt, dass bei der Strömung durch gekrümmte Stromröhren Kräfte auf das Fluidelement wirken. Bei Strömungsmaschinen (Pumpen und Turbinen) durchströmt das Fluid rotationssymmetrische, durch Leit- und Laufschaufeln gebildete krumme Strömungsbahnen. In Abb. 5.8 sieht man das Durchströmen der Laufschaufel einer Strömungsmaschine, die zunächst festgehalten wird.

Wir betrachten eine gekrümmte Stromröhre, durch die ein kleiner infinitesimaler Teil dm des Massenstromes fließt. Rotationssymmetrisch sind gleiche Stromröhren um den Mittelpunkt angeordnet. Das Fluid fließt beim Radius r_1 in den Strömungsraum und verlässt ihn beim Radius r_2. Der Massenstrom bleibt in der Stromröhre unverändert.

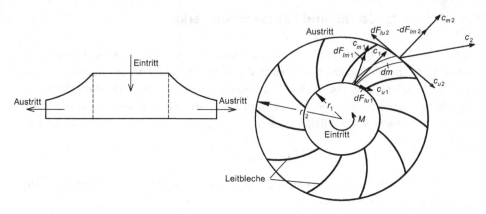

Abb. 5.8 Zur Erklärung des Drallsatzes

Die Impulskraft des eintretenden Massenstromelements auf den Strömungsraum ist:

$$d\vec{F}_{I1} = \frac{d\vec{I}_1}{dt} = d\dot{m} \cdot \vec{c}_1 \qquad (5.42)$$

die des austretenden Massenstromelements:

$$d\vec{F}_{I2} = \frac{d\vec{I}_2}{dt} = -d\dot{m} \cdot \vec{c}_2 \qquad (5.43)$$

Impulskräfte können in radiale (meridiane) und tangentiale Komponenten zerlegt werden. Die insgesamt wirkende Impulskraft in radialer und tangentialer Richtung kann durch Integration der differentiellen Impulskräfte über den Umfang für den gesamten rotationssymmetrischen Strömungsraum bestimmt werden. Die Integration der radialen Kräfte über den Umfang ergibt null, da sich jeweils zwei diametral gegenüberliegende Kräfte aufheben. In der Umfangsrichtung (tangential) bestimmen wir an Stelle der Impulskraft das Moment, welches von der Impulskraft ausgeübt wird. Das Moment ist das Produkt aus tangentialer Komponente der Impulskraft und dem Radius. Damit ist das Moment M_{I1} und M_{I2} am Ein-, bzw. Austritt des Strömungsraums:

$$M_{I1} = \int_0^{2\pi} dF_{Iu1} \cdot r_1 = \int_0^{2\pi} d\dot{m} \cdot c_{u1} \cdot r_1 = c_{u1} \cdot r_1 \cdot \int_0^{2\pi} d\dot{m} = \dot{m} \cdot c_{u1} \cdot r_{12} \qquad (5.44)$$

$$M_{I2} = \int_0^{2\pi} dF_{Iu2} \cdot r_2 = -\int_0^{2\pi} d\dot{m} \cdot c_{u2} \cdot r_2 = -c_{u2} \cdot r_2 \cdot \int_0^{2\pi} d\dot{m} = -\dot{m} \cdot c_{u2} \cdot r_2 \qquad (5.45)$$

Die Summe der durch Impulskraft bewirkten Momente auf den Strömungsraum muss mit dem *Drehmoment M*, das auf die Strömungsbegrenzungen (Leitkanäle) wirkt, im

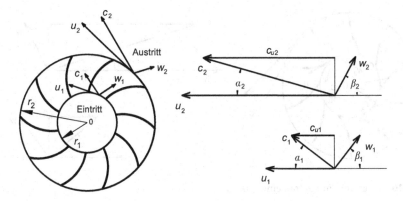

Abb. 5.9 Strömung im Laufrad einer Pumpe

Gleichgewicht sein.

$$M_{I1} + M_{I2} + M = 0 \qquad (5.46)$$

$$\dot{m} \cdot c_{u1} \cdot r_1 - \dot{m} \cdot c_{u2} \cdot r_2 + M = 0 \qquad (5.47)$$

▸ Der Drallsatz sagt aus, dass die Summe aller durch die Impulsänderung bewirkten Momente dem Moment, das auf die Strömungsbegrenzung wirkt, entgegengesetzt gleich groß ist.

5.5.1 Kraftwirkung auf die Laufräder der Strömungsmaschinen

Mit dem Drallsatz lassen sich die für die Technik wichtigen Strömungsmaschinen berechnen. Bei Turbinen wird das Laufrad durch Energieverminderung des Fluids angetrieben. Bei Pumpen und Verdichtern bringt ein von außen angetriebenes Laufrad das Fluid auf ein höheres Energieniveau. Bei Strömungsmaschinen wird die vom ruhenden Beobachter gesehene Strömungsgeschwindigkeit mit c, die von dem mit dem Laufrad mitbewegten Beobachter gesehene relative Geschwindigkeit mit w und die Umfangsgeschwindigkeit der Laufschaufel mit u bezeichnet. Abbildung 5.9 zeigt das Laufrad einer radialen Pumpe, Abb. 5.10 das einer radialen Turbine.

Die Leistung einer Maschine mit drehender Welle ist das Produkt aus Drehmoment M und Winkelgeschwindigkeit.

$$P = M \cdot \omega = \dot{m} \cdot \omega \cdot (c_{u2} \cdot r_2 - c_{u1} \cdot r_1) = \dot{m} \cdot Y_{th} \qquad (5.48)$$

Dabei ist Y_{th} die spezifische Arbeit der Strömungsmaschine. Berücksichtigt man, dass $\omega \cdot r_1 = u_1$ und $\omega \cdot r_2 = u_2$ ist, kann die spezifische Arbeit aus den Geschwindigkeitsdreiecken der Abb. 5.9 bzw. 5.10 bestimmt werden. Die auf den Massenstrom bezogene

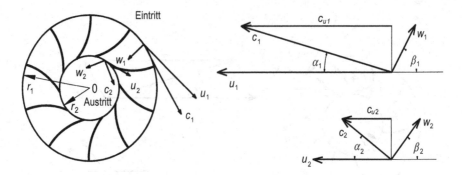

Abb. 5.10 Strömung im Laufrad einer Turbine

spezifische Arbeit Y_{th} ist damit:

$$Y_{th} = c_{u2} \cdot u_2 - c_{u1} \cdot u_1 \tag{5.49}$$

Gleichung 5.49 ist die *Euler'sche Strömungsmaschinenhauptgleichung*. Der Index *th* bedeutet, dass die ermittelte spezifische Arbeit die theoretisch mögliche, maximale spezifische Arbeit ist. Bei wirklichen Strömungsmaschinen wird die erzielte spezifische Arbeit wegen der Reibung innerhalb des Fluids und an den Wänden geringer. Bei der Pumpe gibt Gl. 5.49 einen positiven und bei der Turbine einen negativen Wert an. Dies ist in Übereinstimmung mit den Vereinbarungen in der Thermodynamik. Bei axial angeströmten Strömungsmaschinen ist die Umfangsgeschwindigkeit am Ein- und Austritt gleich groß. Für diese Maschinen vereinfacht sich Gl. 5.49 zu:

$$Y_{th} = (c_{u2} - c_{u1}) \cdot u \tag{5.50}$$

Bei Pumpen wird mit drallfreier Zuströmung, d. h., die tangentiale Komponente der absoluten Geschwindigkeit c_{1u} ist null, eine möglichst große spezifische Arbeit erzielt. Bei Turbinen strebt man an, dass am Auslegungspunkt die tangentiale Komponente der absoluten Austrittsgeschwindigkeit null ist. Die Geometrie des Strömungsraums bestimmt die absolute Geschwindigkeit des Fluids am Eintritt. Die Form der Laufschaufeln ist maßgebend für die Relativgeschwindigkeit am Austritt.

Bei einer Pumpe, in der die Flüssigkeit als inkompressibles Fluid angenommen werden kann, lässt sich die Druckerhöhung aus der Energiebilanzgleichung (Gl. 4.5) und mit Gl. 5.48 bestimmen. Der Pumpvorgang ist inkompressibel. Die Leistung, die an die Pumpe abgegeben wird, wird aus Gl. 5.48 in Gl. 4.5 eingesetzt.

$$P = \dot{m} \cdot Y_{th} = \dot{m} \cdot (c_{u2} \cdot u_2 - c_{u1} \cdot u_1) =$$
$$= \dot{m} \cdot \left(v \cdot (p_2 - p_1) + \frac{c_2^2 - c_1^2}{2} + g \cdot (z_2 - z_1) \right) \tag{5.51}$$

Die Höhendifferenz $z_2 - z_1$ der Pumpenstutzen kann meist vernachlässigt werden. Mit ρ multipliziert und umgeformt erhält man für die Druckerhöhung $\Delta p = p_2 - p_1$:

$$\Delta p = \rho \cdot \left(c_{u2} \cdot u_2 - c_{u1} \cdot u_1 \right) - \frac{\left(c_2^2 - c_1^2 \right) \cdot \rho}{2} \qquad (5.52)$$

Die Geschwindigkeitsdifferenz zwischen Ein- und Austrittsstutzen ist in vielen Fällen ebenfalls vernachlässigbar.

Beispiel 5.5 Berechnung einer Radialpumpe

Aus nachstehender Skizze können die geometrischen Daten des Rotors einer Pumpe entnommen werden. Die Drehzahl der Pumpe beträgt $1500\ \mathrm{min^{-1}}$. Die Geschwindigkeit c_1 am Eintritt ist 3 m/s und steht senkrecht zur Umfangsgeschwindigkeit. Der Winkel α_2 der Geschwindigkeit c_2 zur Umfangsgeschwindigkeit ist 10°. Durch die Leitbleche werden 10 % des Strömungsquerschnitts versperrt. Die Dichte des Wassers beträgt $1000\ \mathrm{kg/m^3}$, die Geschwindigkeit am Eintrittsstutzen 1 m/s, am Austritt 4 m/s.

Zeichnen Sie die Geschwindigkeitsdreiecke und berechnen Sie:

a) die Geschwindigkeiten am Ein- und Austritt
b) die spezifische Arbeit, die Antriebsleistung und den Differenzdruck.

Lösung

• Schema

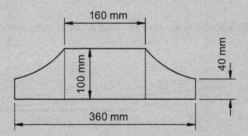

160 mm

100 mm

40 mm

360 mm

• Annahmen
    – Die Strömung ist reibungsfrei und inkompressibel.
    – Die geodätischen Höhen der Pumpenstutzen können vernachlässigt werden.
    – Die Strömung ist stationär.
• Analyse
  Zunächst werden die Umfangsgeschwindigkeiten berechnet.

$$u_1 = \pi \cdot d_1 \cdot n = \pi \cdot 0{,}160 \cdot \mathrm{m} \cdot 25 \cdot \mathrm{s^{-1}} = \mathbf{12{,}57\ m/s}$$
$$u_2 = \pi \cdot d_2 \cdot n = \pi \cdot 0{,}360 \cdot \mathrm{m} \cdot 25 \cdot \mathrm{s^{-1}} = \mathbf{28{,}27\ m/s}$$

Die Meridiankomponenten der Geschwindigkeiten c_1 und c_2 ergeben sich aus dem Massenstrom, der am Ein- und Austritt jeweils gleich groß sein muss. Die Meridiankomponente am Eintritt entspricht der Strömungsgeschwindigkeit c_1, da sie senkrecht zur Umfangsgeschwindigkeit ist. Die vom mitbewegten Beobachter gesehene Geschwindigkeit w_1 beträgt:

$$w_1 = \sqrt{c_1^2 + u_1^2} = \sqrt{3^2 + 12{,}56^2} = \mathbf{12{,}92\,m/s}$$

Mit der Versperrung $\tau = 0{,}9$ erhält man den Massenstrom am Eintritt.

$$\dot{m} = c_1 \cdot \rho \cdot A_1 = c_1 \cdot \rho \cdot \pi \cdot d_1 \cdot a \cdot \tau =$$
$$= 3 \cdot m/s \cdot 1000 \cdot kg/m^3 \cdot \pi \cdot 0{,}16 \cdot m \cdot 0{,}1 \cdot m \cdot 0{,}9 = 135{,}72\,kg/s$$

Mit dem Massenstrom kann die Meridiankomponente der Geschwindigkeit c_2 bestimmt werden.

$$c_{m2} = \frac{\dot{m}}{\rho \cdot \pi \cdot d_2 \cdot a_2 \cdot \tau} = \frac{135{,}72\,kg/s}{1000 \cdot kg/m^3 \cdot \pi \cdot 0{,}36 \cdot m \cdot 0{,}04 \cdot m \cdot 0{,}9} = \mathbf{3{,}33\,m/s}$$

Mit dem gegebenen Winkel α_2 kann die Geschwindigkeit c_2 und deren Umfangskomponente berechnet werden.

$$c_2 = c_{m2}/\sin\alpha_2 = \mathbf{19{,}20\,m/s} \quad c_{u2} = c_2 \cdot \cos\alpha_2 = \mathbf{18{,}90\,m/s}$$

Die Geschwindigkeitsdreiecke am Ein- und Austritt konstruiert man mit den errechneten Werten.

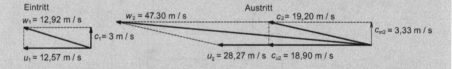

Die Geschwindigkeit w_2 berechnet sich aus den geometrischen Zusammenhängen.

$$w_2 = \sqrt{w_{u2}^2 + w_{m2}^2} = \sqrt{(c_{u2} - u_2)^2 + c_{m2}^2} = \sqrt{(18{,}9 - 28{,}27)^2 + 3{,}33^2} = \mathbf{8{,}76\,m/s}$$

b) Die theoretische spezifische Arbeit ist nach Gl. 5.49:

$$Y_{th} = c_{u2} \cdot u_2 - c_{u1} \cdot u_1 = 18{,}9 \cdot 28{,}27 = \mathbf{534{,}5\,J/kg}$$

Die notwendige Leistung wird mit Gl. 5.48 berechnet.

$$P = \dot{m} \cdot Y_{th} = 135{,}72 \cdot \text{kg/s} \cdot 534{,}3 \cdot \text{J/kg} = \mathbf{72{,}5\,kW}$$

Die Druckdifferenz über der Pumpe ist nach Gl. 5.52:

$$\Delta p = \rho \cdot c_{u2} \cdot u_2 - \frac{(c_{aus}^2 - c_{ein}^2) \cdot \rho}{2} =$$
$$= 1000 \cdot \text{kg/m}^3 \cdot [534{,}3 - 0{,}5 \cdot (16 - 1)] \cdot \text{m}^2/\text{s}^2 = \mathbf{526.800\,Pa} = \mathbf{5{,}27\,bar}\ .$$

- Diskussion
  Die Arbeit an der Pumpenwelle und die erzeugte Druckdifferenz können mit dem Drallsatz einfach bestimmt werden. Bisherige Kenntnisse erlauben nur die Berechnung inkompressibler, reibungsfrei strömender Fluide. Die Anwendung des Drallsatzes auf die Strömung reibungsbehafteter Fluide ist durch einfache Reibungsterme möglich. Eine genaue Berechnung ist ausschließlich mit empirischen Ansätzen oder mit 3D-Computerprogrammen durchführbar.

Beispiel 5.6 Berechnung einer Axialturbine

Eine Axialturbine wird vom Wasser mit der Geschwindigkeit von 3 m/s parallel zur Turbinenachse angeströmt. Die Laufschaufeln auf dem Rotor der Turbine sind relativ kurz. Dadurch kann mit einer konstanten Umfangsgeschwindigkeit von 2 m/s gerechnet werden. Die Schaufeln sind 0,5 m hoch und auf einem Rotor mit 1 m Durchmesser montiert. Ihre Anordnung ist so, dass die vom mitbewegten Beobachter gesehene Geschwindigkeit w_2 am Austritt einen Winkel von 142° zur Umfangsgeschwindigkeit bildet. Die Versperrung durch die Schaufeln beträgt 10 %. Dichte des Wassers: 1000 kg/m^3.

a) Berechnen Sie die Geschwindigkeiten am Ein- und Austritt und zeichnen Sie Geschwindigkeitsdreiecke.

b) Berechnen Sie die spezifische Arbeit und die Leistung der Turbine.

Lösung

• Schema

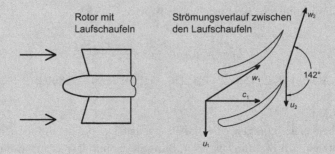

Rotor mit
Laufschaufeln

Strömungsverlauf zwischen
den Laufschaufeln

• Annahmen
  – Die Strömung ist reibungsfrei und inkompressibel.
  – Die Turbine ist waagerecht.
  – Die Strömung ist stationär.
  – Für die Berechnung wird die Umfangsgeschwindigkeit der Schaufeln mit einem mittleren Wert als konstant angenommen.
• Analyse
  a) Die Eintrittsgeschwindigkeit ist senkrecht zur Umfangsgeschwindigkeit und damit auch gleich der Meridiankomponente der Geschwindigkeit. Die vom mitbewegten Beobachter gesehene Geschwindigkeit beträgt:

$$w_1 = \sqrt{c_1^2 + u_1^2} = \sqrt{3^2 + 2^2} = 3{,}61 \, \text{m/s}$$

Da sich der Massenstrom in der Turbine nicht verändert, muss die Meridiankomponente der Geschwindigkeiten w_2 und c_2 am Austritt gleich groß sein wie die Meridiankomponente der Geschwindigkeiten am Eintritt. Zur Berechnung der Geschwindigkeiten w_2, c_2 und c_{u2} konstruiert man der Übersichtlichkeit halber die Geschwindigkeitsdreiecke. Für die Geschwindigkeit w_2 gilt:

$$w_2^2 = w_{m2}^2 + w_{u2}^2 = c_{m1}^2 + w_2^2 \cdot \cos^2 142° \qquad w_2 = \sqrt{\frac{c_1^2}{1 - \cos^2 142°}} = \mathbf{4{,}87 \, m/s}$$

Die anderen Geschwindigkeiten können aus den geometrischen Zusammenhängen bestimmt werden.

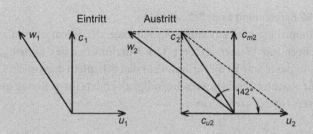

$$c_{u2} = w_{u2} + u_2 = w_2 \cdot \cos 142° + u_2 = \mathbf{-1{,}838\,m/s}$$

$$c_2 = \sqrt{c_{m2}^2 + c_{u2}^2} = \mathbf{3{,}519\ m/s}$$

b) Die spezifische Arbeit und Leistung werden mit den Gln. 5.48 und 5.50 berechnet.

$$Y_{th} = u \cdot c_{u2} = -2 \cdot 1{,}838 \cdot m^2/s^2 = \mathbf{-3{,}68\,J/kg}$$

Zur Berechnung der Leistung ist zunächst der Massenstrom zu bestimmen.

$$\dot{m} = \rho \cdot A \cdot c_1 \cdot \tau = 1000 \cdot kg/m^3 \cdot 3 \cdot m/s \cdot \pi/4 \cdot (2^2 - 1^2) \cdot m^2 \cdot 0{,}9 = \mathbf{6362\,kg/s}$$

$$P = \dot{m} \cdot Y_{th} = \mathbf{-23{,}41\,kW}$$

- Diskussion
  Bei axial durchströmten Apparaten kann am Ein- und Austritt mit gleicher Umfangsgeschwindigkeit gerechnet werden. Aus den Geschwindigkeitsdreiecken ist zu sehen, dass eine hier dargestellte Turbine wegen der achsparallelen Anströmung mit $c_{u1} = 0$ nur dann Arbeit liefern kann, wenn die Geschwindigkeit c_2 eine negative Umfangskomponente c_{u2} hat. Bei Wasserturbinen werden am Eintritt Leitschaufeln angebracht, mit denen die Strömung in Rotation versetzt wird, die Geschwindigkeitskomponente c_{u1} eine positive Größe hat und so zur spezifischen Arbeit beiträgt. Dadurch ist eine größere Nutzung der kinetischen Energie möglich, die hier $c^2/2 = 4{,}5$ J beträgt. Davon werden nur 3,675 J genutzt. Dies wäre ein Wirkungsgrad von 0,82. Bei der theoretischen, reibungsfreien Turbine könnten mit Leitschaufeln Wirkungsgrade von über 0,97 erzielt werden. Die wirklichen modernen Wasserturbinen haben Wirkungsgrade von etwas über 0,90.

Beispiel 5.7 Berechnung einer *Pelton*turbine

Eine *Pelton*turbine wird aus einem Speichersee, der 500 m oberhalb des Turbinen-
eintritts liegt, mit Wasser versorgt. Der Durchmesser des Eintrittstutzens beträgt
100 mm. In der Skizze ist die Strömung in den Schaufeln dargestellt. Die vom mitbewegten Beobachter gesehene Geschwindigkeit ändert ihren Betrag nicht. Die Dichte
des Wassers beträgt 1000 kg/m³.

a) Berechnen Sie, bei welcher Umfangsgeschwindigkeit die Turbine eine maximale
   Leistung liefert.
b) Berechnen Sie die Leistung und den Wirkungsgrad der Turbine.

Lösung

• Schema

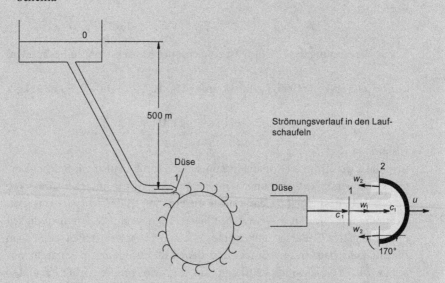

• Annahmen
  – Die Strömung ist reibungsfrei und inkompressibel.
  – Die Strömung ist stationär.
  – Für die Berechnung wird die Umfangsgeschwindigkeit der Schaufeln mit einem
    mittleren Wert als konstant angenommen.
  – Der Druck ist über dem Speichersee und am Austritt der Düse gleich groß.
• Analyse
  a) Um die Leistung der Turbine zu berechnen, müssen die spezifische Arbeit und
     die Geschwindigkeit in der Düse bestimmt werden. Die Geschwindigkeit in der

Düse wird mit der *Bernoulli*-Gleichung berechnet. Da der Druck am Austritt der Düse und über dem Speichersee gleich groß ist, gilt nach Gl. 4.5:

$$c_1 = \sqrt{2 \cdot g \cdot (z_0 - z_1)} = \sqrt{2 \cdot 9{,}81 \cdot \text{m/s}^2 \cdot 500 \cdot \text{m}} = 99{,}03 \, \text{m/s}$$

Zur Berechnung der spezifischen Arbeit müssen die Umfangskomponenten der Geschwindigkeiten c_1 und c_2 bestimmt werden. Die Geschwindigkeit c_1 ist parallel zur Umfangsrichtung, damit entspricht sie ihrer Umfangskomponente. Die Geschwindigkeit w_1 ist gleich der Differenz aus den Geschwindigkeiten c_1 und u. Der Betrag der Geschwindigkeit w_2 ist gleich dem Betrag der Geschwindigkeit w_1, nur ist ihr Abströmwinkel β_2 170° zur Umfangsgeschwindigkeit. Die Berechnung der Umfangskomponente kann aus dem Geschwindigkeitsdreieck am Austritt erfolgen.

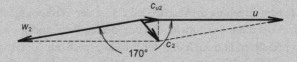

Für die Umfangskomponente der Geschwindigkeit w_2 gilt:

$$w_{u2} = |w_2| \cdot \cos 170° = w_1 \cdot \cos 170° = (c_1 - u) \cdot \cos 170° = u - c_{u2}$$

Damit ist die Umfangskomponente der Geschwindigkeit c_2:

$$c_{u2} = u + (c_1 - u) \cdot \cos 170°$$

Die spezifische Arbeit Y_{th} beträgt:

$$Y_{th} = u \cdot (c_{u2} - c_{u1}) = u \cdot [u + (c_1 - u) \cdot \cos 170° - c_1]$$
$$= (u^2 - c_1 \cdot u) \cdot (1 - \cos 170°)$$

Um die maximale spezifische Arbeit zu bestimmen, wird die Gleichung nach u abgeleitet und zu null gesetzt.

$$\frac{dY_{th}}{du} = (2 \cdot u - c_1) \cdot (1 - \cos 170°) = 0 \quad u = \frac{c_1}{2} = \mathbf{49{,}51 \, m/s}$$

b) Die Zahlenwerte eingesetzt, ergeben für die spezifische Arbeit:

$$Y_{th} = (u^2 - c_1 \cdot u) \cdot (1 - \cos 170°) = -u^2 \cdot (1 - \cos 170°) = \mathbf{-4866 \, J/kg}$$

Bei idealen Bedingungen könnte die kinetische Energie des Wasserstrahls in Arbeit umgesetzt werden. Deshalb ist der Wirkungsgrad:

$$\eta_{th} = \frac{2 \cdot |Y_{th}|}{c_1^2} = \frac{2 \cdot u^2 \cdot (1 - \cos 170°)}{c_1^2} = \frac{1 - \cos 170°}{2} = 0{,}99$$

Zur Berechnung der Leistung muss noch der Massenstrom aus der Düse bestimmt werden.

$$\dot{m} = \rho \cdot c_1 \cdot \pi/4 \cdot d^2 = 1000 \cdot \text{kg/m}^3 \cdot 99{,}04 \cdot \text{m/s} \cdot \pi/4 \cdot 0{,}1^2 \cdot \text{m}^2 = \mathbf{777{,}8\,kg/s}$$

$$P = \dot{m} \cdot Y_{th} = -777{,}9 \cdot \text{kg/s} \cdot 4868 \cdot \text{J/kg} = \mathbf{-3785\,kW}$$

- Diskussion
  Im Vergleich zum Ergebnis in Abschn. 5.2.2.3 ist der Wirkungsgrad wesentlich größer als der dort mit 0,6 ermittelte. Bei der idealen *Pelton*turbine mit reibungsfreien inkompressiblen Fluiden hängt der Wirkungsgrad nur vom Abströmwinkel β_2 ab. Bei einem Winkel von 180° könnte der Wirkungsgrad 1 erreicht werden. Allerdings ist die Geschwindigkeit c_2 dann gleich null, d. h., das Wasser kann nicht abströmen. Diese Wirkungsgradverbesserung erzielt man, weil immer wieder eine neue Umlenkschaufel in die Strömung gebracht und so die kinetische Energie des Wasserstrahls optimal genutzt wird.

Literatur

[1] Böckh P von, Cizmar J., Schlachter W (1999) Grundlagen der technischen Thermodynamik, Bildung Sauerländer Aarau, Bern, Fortis FH, Mainz, Köln, Wien

Reibungsdruckverlust inkompressibler Fluide in Rohren

6

Dieses Kapitel behandelt die Ähnlichkeitsgesetze und Kriterien für Modellversuche. Die Strömungsbereiche bestimmt man mit der *Reynolds-* und *Froude*zahl. Bei reibungsbehafteter Strömung inkompressibler Fluide wird die Energiebilanzgleichung aufgestellt. Für den Reibungsdruckverlust bei laminarer und turbulenter Strömung in glatten und rauen geraden Rohrleitungen kreisförmigen Querschnitts werden Gleichungen hergeleitet und angewendet. Die Berechnung der Rohrreibungskoeffizienten wird auf gerade Leitungen nicht kreisförmiger Querschnitte erweitert.

6.1 Einleitung

Die Einführung der Viskosität zeigte, dass eine Kraft aufgewendet werden muss, um eine Fluidschicht mit konstanter Geschwindigkeit zu bewegen. Diese Kraft wird zur Überwindung der Reibung der mit unterschiedlicher Geschwindigkeit strömenden Fluidteilchen miteinander und der Reibung der Fluidteilchen an der Oberfläche der Wände benötigt. Bei idealen Fluiden strömen alle Teilchen mit gleicher Geschwindigkeit. Die Reibung innerhalb des Fluids und die Reibung des Fluids an der Oberfläche fester Körper verändern die Gesetzmäßigkeiten, die für ideale Fluide hergeleitet wurden.

Diese Gesetzmäßigkeiten können bis auf wenige Ausnahmen für reibungsbehaftete Strömung analytisch nicht hergeleitet werden. Sie sind, auf Messungen basierend, empirisch zu bestimmen. Soll eine für alle Fluide und alle Randbedingungen gültige Gesetzmäßigkeit empirisch hergeleitet werden, müssen bei den Messungen alle Größen, die die Gesetzmäßigkeit beeinflussen, variiert werden. Die Zahl der notwendigen Messungen kann sehr groß sein. Dies wird am Beispiel der Druckänderung in einem langen, geraden, waagerechten Rohr konstanten Querschnitts gezeigt. Bei der Strömung eines idealen Fluids durch das Rohr bleibt der Druck konstant. Aus Erfahrung weiß man, dass bei der Strömung eines realen Fluids durch ein Rohr eine Druckabnahme stattfindet. Diese Druckabnahme ist der *Reibungsdruckverlust*. Er wird von folgenden sechs Strömungsgrö-

P. von Böchk und C. Saumweber, *Fluidmechanik*, DOI 10.1007/978-3-642-33892-2_6,
© Springer-Verlag Berlin Heidelberg 2013

ßen beeinflusst: Strömungsgeschwindigkeit c, dynamischer Viskosität des Fluids η, Dichte des Fluids ρ, Rohrdurchmesser d, Rohrrauigkeitshöhe k und Rohrlänge l. Bei jeweils 10 Variationen der einzelnen Einflussgrößen benötigt man 10^6 Messungen. Die Durchführung einer solch großen Anzahl von Messungen ist in einem vernünftigen Zeitrahmen unmöglich. Aus diesem Grund versucht man, Ähnlichkeiten zu finden, mit denen aus einer Messung die unter bestimmten Bedingungen ermittelten Gesetzmäßigkeiten auf andere Bedingungen übertragen werden können. Insbesondere will man im Labor aus Messungen kleinen Maßstabs Gesetzmäßigkeiten für Bedingungen in der Wirklichkeit finden.

Im Fall der reibungsbehafteten Rohrströmung stellte man fest, dass der Druckverlust proportional zur Rohrlänge ist. Außerdem fand man heraus, dass sich Rohre mit dem gleichen Verhältnis der Rauigkeitshöhe zum Rohrdurchmesser k/d bezüglich Reibungsdruckverlust gleich verhalten. Damit müssen für verschiedene Rohrlängen keine Messungen durchgeführt werden. Die Variation der Rauigkeitshöhe muss nur noch für einen Durchmesser erfolgen. Mit diesen Vereinfachungen sind aber immer noch 10^4 Messungen notwendig. Da man sich nicht nur auf die Strömung in langen, geraden und waagerechten Rohren beschränkt, sind für die jeweiligen Strömungsbedingungen noch mehrere Variable zu berücksichtigen. Deshalb wurden Gesetzmäßigkeiten gesucht, bei denen zwei Strömungen als physikalisch ähnlich betrachtet werden können. Diese Gesetze nennt man *Ähnlichkeitsgesetze* (similitude). Mit ihrer Hilfe kann die Zahl der Einflussgrößen wesentlich reduziert werden.

6.2   Ähnlichkeitsgesetze und Kennzahlen

Zwei Strömungen mit wirklichen Fluiden sind dann physikalisch ähnlich, wenn folgende Voraussetzungen erfüllt sind:

- alle Längenabmessungen weisen die gleiche Proportionalität auf
- alle Oberflächenbeschaffenheiten weisen die gleiche Proportionalität auf
- alle Strömungskräfte weisen die gleiche Proportionalität auf.

Bezüglich der Längenabmessungen bedeutet Proportionalität Folgendes: Wird z. B. der Durchmesser d als charakteristische Größe für die Strömung ausgewählt, verhalten sich die anderen Längen l, die Querschnitte A und die Volumina V folgendermaßen:

$$\frac{d_1}{d_2} = \frac{l_1}{l_2} \qquad \frac{A_1}{A_2} = \frac{d_1^2}{d_2^2} \qquad \frac{V_1}{V_2} = \frac{d_1^3}{d^3} \tag{6.1}$$

Zur Beschreibung der Oberflächenbeschaffenheit wird die mittlere Rauigkeitshöhe k verwendet. Ihre Dimension ist die Länge. Damit muss für die Ähnlichkeit die gleiche Proportionalität wie für die Längenabmessungen gelten:

$$\frac{d_1}{d_2} = \frac{k_1}{k_2} \tag{6.2}$$

Die auf eine Strömung wirkenden Kräfte sind die Reibungskraft F_R, die Druckkraft F_p und die Trägheitskraft F_a. Sind zwei Strömungen ähnlich, müssen alle drei Kräfte gleiche Proportionalität aufweisen.

$$\frac{F_{R1}}{F_{R2}} = \frac{F_{p1}}{F_{p2}} = \frac{F_{a1}}{F_{a2}} \tag{6.3}$$

Die geometrische Summe der Reibungs- und Druckkraft ist die Trägheitskraft. Daher genügt es, wenn zwei der Kräfte gleiche Proportionalität aufweisen.

6.2.1 Reynoldszahl

Die *Reynolds*zahl *Re* (*Reynolds* number) wird als Verhältnis der Trägheitskraft zur Reibungskraft definiert. Diese Kennzahl wurde vom englischen Physiker *Osborne Reynolds* zum ersten Mal angegeben.

Die Reibungskraft kann aus der Definition der Viskosität bestimmt werden.

$$F_R = A \cdot \tau = -A \cdot \eta \cdot \frac{dc_x}{dy} \tag{6.4}$$

Unter Berücksichtigung der Proportionalität der Längen ist das Verhältnis der Reibungskräfte zweier Strömungen:

$$\frac{F_{R1}}{F_{R2}} = \frac{A_1 \cdot \eta_1 \cdot \frac{dc_{x1}}{dx_1}}{A_2 \cdot \eta_2 \cdot \frac{dc_{x2}}{dx_2}} = \frac{d_1 \cdot \eta_1 \cdot c_1}{d_2 \cdot \eta_2 \cdot c_2} \tag{6.5}$$

Die Trägheitskraft ist das Produkt aus Masse und Beschleunigung. Damit gilt für die Proportionalität der Trägheitskräfte:

$$\frac{F_{a1}}{F_{a2}} = \frac{\rho_1 \cdot V_1 \cdot a_1}{\rho_2 \cdot V_2 \cdot a_2} \tag{6.6}$$

Die Beschleunigung a lässt sich aber auch als c^2 / l bzw. c^2 / d angeben. Unter Berücksichtigung der Proportionalität der Längen erhält man:

$$\frac{F_{a1}}{F_{a2}} = \frac{\rho_1 \cdot d_1^2 \cdot c_1^2}{\rho_2 \cdot d_2^2 \cdot c_2^2} \tag{6.7}$$

Mit den Gln. 6.4 bis 6.7 bekommt man für das Verhältnis der Trägheits- zur Reibungskraft:

$$\frac{c_1 \cdot d_1 \cdot \rho_1}{\eta_1} = \frac{c_2 \cdot d_2 \cdot \rho_2}{\eta_2} \tag{6.8}$$

Die Reibungs- und Trägheitskräfte und damit auch die Druckkräfte zweier Strömungen haben die gleiche Proportionalität, wenn das Produkt der Strömungsgeschwindigkeit, der typischen Länge und Dichte, geteilt durch dynamische Viskosität, in beiden Strömungen gleich ist. Diese Größe ist dimensionslos und wird *Reynolds*zahl *Re* genannt.

$$Re = \frac{c \cdot d \cdot \rho}{\eta} = \frac{c \cdot d}{\nu} \qquad (6.9)$$

Gemäß Herleitung ist die *Reynolds*zahl das Verhältnis der Trägheits- zu Reibungskräften in einer Strömung.

▶   Zwei Strömungen gleicher Reynoldszahl haben bezüglich der auf sie wirkenden Kräfte die gleiche Proportionalität.

Die *Reynolds*zahl ist die wichtigste Kennzahl, um reibungsbehaftete Strömungen zu untersuchen. Wie in den nächsten Kapiteln gezeigt wird, können mit ihrer Hilfe Reibungsgesetze und Grenzen der Strömungsformen sehr einfach beschrieben werden.

6.2.2 *Froudezahl*

Wenn in einer Strömung die Schwerkraft zusätzlich einen wesentlichen Einfluss hat, muss sie bei ähnlichen Strömungen die gleiche Proportionalität haben wie die Trägheitskraft. Dies ist der Fall, wenn das Geschwindigkeitsquadrat, geteilt durch das Produkt der typischen Länge und der Erdbeschleunigung in beiden Strömungen gleich groß ist.

$$\frac{c_1^2}{d_1 \cdot g} = \frac{c_2^2}{d_2 \cdot g} \qquad (6.10)$$

Diese Größe wird *Froude*zahl *Fr* (*Froude* number) genannt. Sie ist das Verhältnis der Trägheits- zur Schwerkraft.

▶   Zwei Strömungen, in denen die Schwerkraft eine wesentliche Rolle spielt, sind dann ähnlich, wenn sie die gleiche Froudezahl haben.

Neuerdings wird die *Froude*zahl *Fr* als Wurzel des Kräfteverhältnisses definiert.

$$Fr = \frac{c}{\sqrt{d \cdot g}} \qquad (6.11)$$

6.2.3 *Eulerzahl*

Eine weitere wichtige Kennzahl ist die *Euler*zahl *Eu*. Sie ist das Verhältnis der Druckkraft zur Trägheitskraft. Dabei wird die Trägheitskraft durch den dynamischen Druck repräsentiert.

$$Eu = \frac{p_1 - p_2}{\frac{\rho \cdot c^2}{2}} = \frac{\Delta p}{\frac{\rho \cdot c^2}{2}} \qquad (6.12)$$

Die *Euler*zahl kommt hauptsächlich bei der Untersuchung der durch Reibung verursachten Druckänderungen zur Anwendung. Sie figuriert dann unter den Bezeichnungen *Reibungsziffer*, *Reibungszahl* oder *Reibungskoeffizient*.

Zwei weitere wichtige Kennzahlen, die später noch besprochen werden, sind die *Mach*zahl und *Weber*zahl.

6.2.4 Modellversuche

Wie schon erwähnt, muss man durch Messungen die Gesetzmäßigkeiten der Strömung wirklicher Fluide empirisch herleiten. Am Beispiel des Reibungsdruckverlustes in einem langen, geraden, waagerechten Rohr waren für 10 Variationen der einzelnen Einflussgrößen 10^6 Messungen notwendig. Damit bei der Bestimmung des Druckverlustes physikalisch ähnliche Strömungen herrschen, genügt es, die *Reynolds*zahl und das Verhältnis der Rauigkeitshöhe zum Durchmesser zu variieren. Bei sehr kurzen Rohren ($l \approx d$) müsste noch das Verhältnis des Durchmessers zur Länge berücksichtigt werden. Damit reduziert sich die Anzahl der Versuche wesentlich. Aus Messungen mit Rohren kleineren Durchmessers kann bei gleicher *Reynolds*zahl und gleichem Verhältnis der Rauigkeitshöhe zum Durchmesser auf die Gesetzmäßigkeit für große Rohre geschlossen werden. Dies gilt auch bei komplexeren Problemen wie z. B. bei der Bestimmung des Luftwiderstands von Flugzeugen, bei der Ermittlung der Windkräfte auf Gebäude, bei Krafteinwirkungen auf die Schaufeln von Strömungsmaschinen usw. Mit relativ kostengünstigen Modellversuchen können die für die Wirklichkeit entsprechenden Größen bei gleicher *Reynolds*zahl bestimmt werden. Spielt die Schwerkraft eine wesentliche Rolle, muss beim Modellversuch auch die *Froude*zahl gleich groß sein. Dies ist bei der Untersuchung der Strömung von Gewässern, Auslaufvorgängen aus Behältern usw. wichtig.

Die Modellversuche (model tests) werden in *Wind-*, *Wasser-* und *Schleppkanälen* durchgeführt. Bei Verwendung der gleichen *Reynolds-* und *Froude*zahl kann aus dem Modellversuch auf die Kräfteverhältnisse, Drücke und Stromlinienverläufe in der Wirklichkeit geschlossen werden.

Beispiel 6.1 Untersuchung des Luftwiderstands eines Autos am Modell im Windkanal
An einem Modell im Windkanal wird das Verhalten eines Autos bezüglich des Luftwiderstands untersucht. Im Windkanal erreicht man die Strömungsgeschwindigkeit von 200 m/s. Die charakteristische Länge des Autos ist seine Länge in Fahrtrichtung. Das Widerstandsverhalten soll bis zu einer Geschwindigkeit von 180 km/h untersucht werden. Welchen Maßstab darf das Modell haben?

Lösung

- Schema

- Annahmen
  - Die für die Ähnlichkeit maßgebliche Kennzahl ist die *Reynolds*zahl.
  - Die Luft ist inkompressibel.
- Analyse
  Der Fahrtwind für das Auto und das Fluid im Windkanal sind jeweils Luft. Bei gleicher Temperatur und gleichem Druck ist die kinematische Viskosität für das Original und Modell identisch. Um die gleiche *Reynolds*zahl zu erreichen, müssen die Geschwindigkeiten umgekehrt proportional zur Länge des Fahrzeugs sein. Die zu untersuchende Geschwindigkeit des Autos ist 180 km/h, was 50 m/s entspricht. Im Windkanal werden Geschwindigkeiten bis zu 200 m/s erreicht. Sie sind viermal größer als die des Originals. Die Länge des Modells kann so ein Viertel des Originals sein.
  Der zu verwendende Maßstab ist **1 : 4**.
- Diskussion
  Durch die Verwendung eines kleineren Modells können die Kosten für den Versuch wesentlich reduziert werden, außerdem verringern sich die Investitions- und Betriebskosten (Energie) für den Windkanal.

Beispiel 6.2 Modellversuch an einem Ventil
Anhand eines Modells mit dem Durchmesser von 150 mm soll ein Ventil für die Kanalisation mit DN1500 getestet werden. Im Original strömen 1,5 m³/s Wasser. Beim Versuch entspricht die Temperatur des Wassers der des Originals. Bestimmen Sie die Strömungsgeschwindigkeit im Modell und Original, außerdem den Volumenstrom im Modell.
  Lösung

- Annahmen
  - Die für die Ähnlichkeit maßgebliche Kennzahl ist die *Reynolds*zahl.
  - Das Wasser ist inkompressibel.

- Analyse

  Da die Versuche mit dem Modell bei der gleichen Temperatur durchgeführt werden wie jene, bei der das Original arbeitet, ist die kinematische Viskosität für beide Fälle gleich groß. Um die gleiche *Reynolds*zahl zu erreichen, muss die Geschwindigkeit im Versuch umgekehrt proportional zum Durchmesser, also zehnmal größer sein. Im Original beträgt die Geschwindigkeit:

  $$c_O = \dot{V}/A = 4 \cdot \dot{V}/(\pi \cdot d^2) = 0{,}849 \, \text{m/s}$$

  Im Modell ist die Geschwindigkeit zehnmal größer, also: **8,49 m/s.**
  Da sich der Strömungsquerschnitt quadratisch zum Durchmesser verhält, ist der Volumenstrom zehnmal kleiner als im Original.

- Diskussion

  Trotz vergrößerter Geschwindigkeit kann der Massenstrom wesentlich verringert werden, was die Kosten der Versuche und die Größe der Versuchsanlage erheblich dezimiert. Dies wird erreicht, weil in der *Reynolds*zahl der Durchmesser die charakteristische Länge ist. Die Verkleinerung des Durchmessers verlangt zwar die proportionale Erhöhung der Geschwindigkeit, der Strömungsquerschnitt wird aber quadratisch verkleinert, was eine lineare Verringerung des Volumenstromes zur Folge hat.

6.2.5 Strömungsformen

Bei der Strömung von Fluiden wurden *Strömungsformen* (flow patterns), die verschiedenen Gesetzmäßigkeiten gehorchen, beobachtet. In geschlossenen Kanälen und bei der Umströmung feststehender Körper unterscheidet man zwischen *laminarer* und *turbulenter Strömung*. Bei laminarer Strömung, auch Schichtenströmung genannt, bewegen sich die Fluidteilchen in einem Rohr parallel zur Rohrachse, damit haben sie senkrecht zu ihr keine Geschwindigkeitskomponenten. Bei turbulenter Strömung in einem Rohr hat ein Fluidteilchen eine Hauptgeschwindigkeit in Richtung Rohrachse, der aber zusätzliche, zeitlich variierende Geschwindigkeitskomponenten in allen Strömungsrichtungen überlagert sind. Die *Reynolds*zahl ist das Verhältnis der Trägheitskräfte zu den Reibungskräften. Durch diese Kräfte wird die Querbewegung in der turbulenten Strömung verursacht. Deshalb eignet sich die *Reynolds*zahl zur Unterscheidung der Strömungsformen. Sie werden am Beispiel der Rohrströmung und der Umströmung einer Kugel besprochen.

In offenen Kanälen mit freier Flüssigkeitsoberfläche treten bei der Strömung von Flüssigkeiten ebenfalls zwei verschiedene Strömungsformen auf, die durch die *Froude*zahl unterschieden werden.

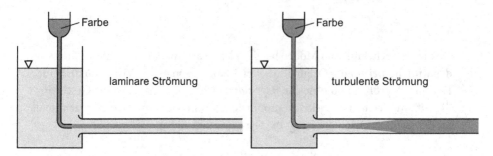

Abb. 6.1 Veranschaulichung der laminaren und turbulenten Strömung

6.2.5.1 Strömungsformen im Rohr

Je nach Größe der *Reynolds*zahl tritt in einem Rohr entweder *laminare* oder *turbulente Strömung* auf. Dies kann mit einem Farbstrahl demonstriert werden (Abb. 6.1). Bringt man in eine Rohrströmung das gleiche, aber gefärbte Fluid ein, bleibt in einer laminaren Strömung der Querschnitt des gefärbten Fluids konstant und vermischt sich nicht mit dem übrigen Fluid. Bei der turbulenten Strömung wird als Folge der Querbewegung der Farbstrahl aufgerissen und das Fluid im gesamten Rohrquerschnitt eingefärbt. Die laminare Strömung weist ein parabelförmiges Geschwindigkeitsprofil auf, bei turbulenter Strömung ist es abgeflacht.

Zur Unterscheidung der Strömungsform wird die *Reynolds*zahl verwendet. Die Geschwindigkeit, mit der die *Reynolds*zahl berechnet wird, ist die mittlere Geschwindigkeit der Strömung, ermittelt aus der Kontinuitätsgleichung.

$$Re = \frac{\bar{c} \cdot d \cdot \rho}{\eta} = \frac{\bar{c} \cdot d}{\nu} \quad \bar{c} = \frac{\dot{m}}{A \cdot \rho} \tag{6.13}$$

Ist die *Reynolds*zahl kleiner als 2320, ist die Strömung laminar. Ist sie größer als 2320, ist sie turbulent.

$Re < 2320$ laminare Strömung
$Re > 2320$ turbulente Strömung

Bei sehr günstigen Bedingungen kann die laminare Strömung auch noch bei *Reynolds*zahlen, die größer als 2320 sind, auftreten. Diese Strömung ist instabil. Beim Auftreten einer kleinsten Störung erfolgt der Übergang zur turbulenten Strömung. In der Regel treten solche Strömungen nur unter Laborbedingungen auf. Wird dagegen in einer turbulenten Strömung die *Reynolds*zahl von 2320 z. B. durch Drosselung der Strömungsgeschwindigkeit unterschritten, entsteht laminare Strömung.

6.2.5.2 Strömungsformen an umströmten Körpern

werden am Beispiel einer umströmten Kugel erläutert (Abb. 6.2).

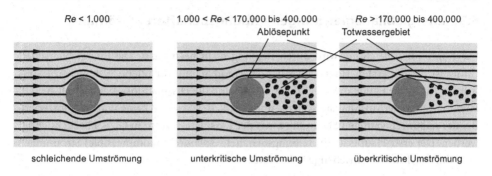

Abb. 6.2 Strömungsformen bei der Umströmung einer Kugel

Die Strömung kann bei der laminaren Anströmung vor und nach der Kugel laminar bleiben. In diesem Fall spricht man von einer *schleichenden Umströmung*. Nach der Kugel schließen sich die Stromlinien wieder. Schleichende Strömung tritt bei *Reynolds*zahlen unter 1000 auf. Die *Reynolds*zahl wird mit der Anströmgeschwindigkeit c und dem Durchmesser d der Kugel gebildet. Bei höheren *Reynolds*zahlen reißt die laminare Strömung am Meridiankreis (größter Kugelumfang) ab. Hinter der Kugel bildet sich ein großes, wirbelbehaftetes *Totwassergebiet*. Die übrige Strömung ist laminar und wird als *unterkritische Umströmung* bezeichnet. Sie tritt je nach Versuchsbedingungen zwischen *Reynolds*zahlen von 1000 und 170.000 bis 400.000 auf. Bei noch größeren *Reynolds*zahlen setzt die überkritische Umströmung ein. Die Strömung reißt hinter dem Meridiankreis ab, das Totwassergebiet ist klein.

$Re < 1000$ schleichende Umströmung
$1000 < Re < 170.000$ bis 400.000   unterkritische Umströmung
$Re > 170.000$ bis 400.000   überkritische Umströmung

Die hier angegebenen Grenzen gelten für eine Kugel. Die Form eines Körpers kann die Grenzen stark beeinflussen. Charakteristische Längen für andere Geometrien werden später besprochen.

6.2.5.3 Strömung von Flüssigkeiten mit freier Oberfläche

Bei der Strömung in offenen Gerinnen (Flüsse, Kanäle) oder in teilweise gefüllten Rohrleitungen tritt je nach Größe der *Froude*zahl eine *strömende* oder *schießende Bewegung* auf. Die *Froude*zahl wird mit der Flüssigkeitstiefe gebildet. Bei *Froude*zahlen, die kleiner als 1 sind, tritt die strömende Bewegung auf, die man in Flüssen und Kanälen vorfindet. Die Flüssigkeitsgeschwindigkeit ist klein, die Wassertiefe groß. Störungen breiten sich stromab- und stromaufwärts aus. Bei der schießenden Bewegung ist die Strömungsgeschwindigkeit groß, die Wassertiefe klein (Wildbach). Störungen breiten sich nur stromabwärts aus.

6.3   Energiebilanzgleichungen reibungsbehafteter Strömung

Die Kontinuitätsgleichung wird durch Reibung nicht beeinflusst. Die Energiebilanzgleichung ist die des ersten Hauptsatzes der Thermodynamik für offene Systeme. In Kap. 4 wurden für ideale Fluide die zugeführte Wärme und die Dissipationsarbeit zu null gesetzt. Hier werden weiterhin adiabate Systeme untersucht, d. h., es wird keine Wärme transferiert. Bei der reibungsbehafteten Strömung muss der Dissipationsterm in Gl. 4.4 berücksichtigt werden. Der erste Hauptsatz für reibungsbehaftete isochore (inkompressible) Strömungen wird durch Gl. 4.4 beschrieben [1]. Sie lautet:

$$p_2 - p_1 + j_{12} \cdot \rho = - \left[\frac{c_2^2 \cdot \rho}{2} - \frac{c_1^2 \cdot \rho}{2} + g \cdot \rho \cdot (z_2 - z_1) \right] \qquad (6.14)$$

Der Dissipationsterm $j_{12}\ \rho$ hat die Dimension eines Druckes und wird im Folgenden als *Reibungsdruckverlust* Δp_v bezeichnet. Nach Umformung erhalten wir für die Druckänderung:

$$p_1 - p_2 = \frac{c_2^2 \cdot \rho}{2} - \frac{c_1^2 \cdot \rho}{2} + g \cdot \rho \cdot (z_2 - z_1) + \Delta p_v \qquad (6.15)$$

▶ Die Druckänderung in einer reibungsbehafteten Stromröhre ist gleich der Summe der Änderungen des dynamischen Druckes, des hydrostatischen Druckes und des Reibungsdruckverlustes.

▶ Der Reibungsdruckverlust ist stets positiv.

In einem waagerechten Rohr mit konstantem Strömungsquerschnitt verändert sich der Druck bei der inkompressiblen Strömung nur um den Reibungsdruckverlust. Diese Änderung ist immer positiv, d. h., der Druck am Austritt wird kleiner als am Eintritt. Die Bestimmung dieser Druckverluste ist Inhalt der nächsten Kapitel.

6.4   Reibungsdruckverlust in Rohren

Für die laminare und turbulente Strömung müssen *Reibungsdruckverluste* getrennt behandelt werden. Für die laminare Strömung in Rohrleitungen konstanten Querschnitts ist eine analytische Herleitung des Reibungsdruckverlustes möglich. Dies wird am Beispiel von Rohrleitungen kreisförmiger und rechteckiger Querschnitte gezeigt. Bei der turbulenten Strömung muss die Gesetzmäßigkeit mit Modellvorstellungen empirisch ermittelt werden.

Abb. 6.3 Zur Herleitung der
laminaren Strömung

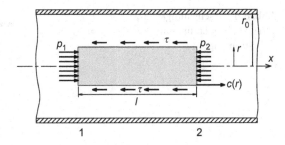

6.4.1   Druckverlust in der laminaren Rohrströmung

In Abb. 6.3 ist der Abschnitt einer waagerechten Rohrleitung kreisförmigen Querschnitts
dargestellt, in dem ein Fluid mit zeitlich konstanter Geschwindigkeit strömt. Die x-Achse
verläuft in der Rohrmitte.

Die Strömung erfolgt laminar, d. h., in genügendem Abstand vom Eintritt strömen die
Fluidteilchen in achsparallelen Schichten. Die Geschwindigkeit verändert sich nur mit dem
Radius r, d. h., sie sind in gleicher Entfernung von der Rohrachse jeweils gleich groß. Das
Fluid haftet an der Wand, die Geschwindigkeit ist dort gleich null. Das Rohr hat den Ra-
dius r_0. Innerhalb des Rohres betrachten wir einen kleinen Teilzylinder mit dem Radius
r und der Länge l. Infolge Reibung entsteht zwischen den Stellen 1 und 2 ein Druckver-
lust. An Stelle 1 wirkt auf die Stirnfläche des Kreiszylinders eine größere Druckkraft als an
Stelle 2. In einer stationären Strömung muss diese Druckkraft im Gleichgewicht mit den
Schubspannungskräften sein, die auf die Oberfläche am Umfang des Teilzylinders wirken.
Nach dem *Newton*'schen Schubspannungsansatz ist die Schubspannung:

$$\tau = -\eta \cdot \frac{dc}{dr} \tag{6.16}$$

Die durch Reibung ausgeübte Kraft wird damit:

$$F_R = 2 \cdot \pi \cdot l \cdot r \cdot \tau = -2 \cdot \pi \cdot l \cdot r \cdot \eta \cdot \frac{dc}{dr} \tag{6.17}$$

Die Druckkraft berechnet sich als:

$$F_p = (p_1 - p_2) \cdot \pi \cdot r^2 \tag{6.18}$$

In einer stationären Strömung sind diese beiden Kräfte gleich groß. Damit erhält man
für die Geschwindigkeit folgende Differentialgleichung:

$$(p_1 - p_2) \cdot r = -2 \cdot l \cdot \eta \cdot \frac{dc}{dr} \tag{6.19}$$

Abb. 6.4 Geschwindigkeitsverlauf bei der laminaren
Rohrströmung

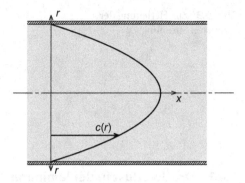

Nach Separation der Variablen und Integration ergibt sich für die lokale Geschwindigkeit $c(r)$:

$$c(r) = -\frac{p_1 - p_2}{2 \cdot l \cdot \eta} \cdot \frac{r^2}{2} + C \tag{6.20}$$

Die Integrationskonstante C wird mit der Randbedingung $c = 0$ für $r = r_0$ bestimmt:

$$C = \frac{p_1 - p_2}{4 \cdot l \cdot \eta} \cdot r_0^2$$

Damit kann die Geschwindigkeit als eine Funktion des Radius r angegeben werden:

$$c(r) = \frac{p_1 - p_2}{4 \cdot l \cdot \eta} \cdot (r_0^2 - r^2) \tag{6.21}$$

Die Geschwindigkeitsverteilung nach dieser Gleichung wird *Stokes*'sches Gesetz genannt.

Gleichung 6.21 zeigt, dass die Geschwindigkeitsverteilung $c = c(r)$ parabelförmig ist und die größte Geschwindigkeit in der Rohrmitte bei $r = 0$ erreicht wird (s. Abb. 6.4).

Die mittlere Geschwindigkeit der Strömung kann durch Integration der Gl. 6.21 bestimmt werden.

$$\bar{c} = \frac{1}{A} \int_{A'} c(r) \cdot dA = \frac{1}{r_0^2} \int_0^{r_0} \frac{p_1 - p_2}{4 \cdot l \cdot \eta} \cdot (r_0^2 - r^2) \cdot 2 \cdot r \cdot dr = \frac{p_1 - p_2}{8 \cdot l \cdot \eta} \cdot r_0^2 \tag{6.22}$$

In der Rohrmitte wird die größte Geschwindigkeit c_{max} erreicht. Sie beträgt:

$$c_{max} = \frac{p_1 - p_2}{4 \cdot l \cdot \eta} \cdot r_0^2 \tag{6.23}$$

Die mittlere Strömungsgeschwindigkeit ist halb so groß wie die maximale Strömungsgeschwindigkeit in der Rohrmitte.

Die mittlere Strömungsgeschwindigkeit kann mit der Kontinuitätsgleichung aus dem Volumenstrom und Rohrquerschnitt bestimmt werden. Setzt man weiterhin in Gl. 6.22 an Stelle des Rohrradius den Rohrdurchmesser d ein, erhält man:

$$\dot{V} = \bar{c} \cdot \frac{\pi}{4} \cdot d^2 = \frac{\pi \cdot (p_1 - p_2) \cdot d^4}{128 \cdot l \cdot \eta} \tag{6.24}$$

Die in Gl. 6.24 hergeleitete Beziehung zwischen dem Volumenstrom und Druckverlust ist das *Hagen-Poiseuille*'sche Gesetz. Es wurde unabhängig voneinander vom deutschen Wasserbauer *Hagen* und französischen Arzt *Poiseuille* entdeckt. Nach diesem Gesetz ist der Volumenstrom in einem waagerechten Rohr konstanten Querschnitts bei laminarer Strömung proportional zum Druckverlust und der vierten Potenz des Durchmessers, umgekehrt proportional zur Länge und dynamischen Viskosität.

Gleichung 6.24 kann auch nach der Druckänderung, die dem Reibungsdruckverlust entspricht, aufgelöst werden.

$$p_1 - p_2 = \Delta p_v = \frac{128 \cdot l \cdot \eta \cdot \dot{V}}{\pi \cdot d^4} = \frac{64 \cdot l \cdot \eta \cdot \bar{c}}{2 \cdot d^2} \tag{6.25}$$

Durch Ersetzen der dynamischen Viskosität durch die kinematische Viskosität und durch Umformung erhält man aus Gl. 6.25:

$$\Delta p_v = \frac{64}{\underset{\nu}{\underbrace{\bar{c} \cdot d}}} \cdot \frac{l}{d} \cdot \frac{\bar{c}^2 \cdot \rho}{2} = \frac{64}{Re} \cdot \frac{l}{d} \cdot \frac{\bar{c}^2 \cdot \rho}{2} \tag{6.26}$$

Der Ausdruck 64/Re wird *Rohrreibungszahl* λ (auch *Rohrreibungsbeiwert* oder *Rohrreibungskoeffizient*) genannt.

$$\lambda = \frac{64}{Re} \tag{6.27}$$

Die Rohrreibungszahl (friction factor) ist wie die *Reynolds*zahl dimensionslos.

▸   Der Druckverlust laminarer Strömung ist proportional zur Rohrreibungszahl, zur dimensionslosen Länge l/d und zum dynamischen Druck des Fluids.

An Stelle der mittleren Strömungsgeschwindigkeit kann in Gl. 6.26 der Volumen- oder Massenstrom eingesetzt werden.

$$\Delta p_v = \lambda \cdot \frac{l}{d} \cdot \frac{\bar{c}^2 \cdot \rho}{2} = \lambda \cdot \frac{l}{d} \cdot \frac{8 \cdot \dot{m}^2}{\rho \cdot \pi^2 \cdot d^4} = \lambda \cdot \frac{l}{d} \cdot \frac{8 \cdot \dot{V}^2 \cdot \rho}{\pi^2 \cdot d^4} \tag{6.28}$$

▸   Die für die Strömung charakteristische Länge, die in die Reynoldszahl eingesetzt wird, ist in Rohren kreisförmigen Querschnitts der Rohrdurchmesser.

▶   Bei laminarer Strömung ist der Reibungsdruckverlust von der Oberflächenbe-schaffenheit (Rauigkeitshöhe) unabhängig.

Laminare Strömung kommt nur bei Fluiden hoher Viskosität, bei kleinen Rohrdurch-messern und kleinen Strömungsgeschwindigkeiten vor.

Zur Analyse des Druckverlustes wird die *Euler*zahl verwendet.

$$Eu = \frac{\Delta p_v}{\frac{\rho \cdot c^2}{2}} = \frac{64}{Re} \cdot \frac{l}{d} = \lambda \cdot \frac{l}{d} \tag{6.29}$$

Die *Euler*zahl ist nur eine Funktion der Rohrreibungszahl und dimensionslosen Länge l/d. Diese Darstellung der Druckverlustberechnung wird auch bei turbulenter Strömung übernommen.

Beispiel 6.3 Druckverlust in einer Heizölleitung

In einer geraden, horizontalen Rohrleitung mit dem Innendurchmesser von 50 mm und 300 m Länge strömt Heizöl mit der mittleren Geschwindigkeit von 1 m/s. Die Dichte des Heizöls ist 800 kg/m^3 und die kinematische Viskosität $50 \cdot 10^{-6}$ m^2/s. Be-stimmen Sie den Reibungsdruckverlust in der Rohrleitung.

    Lösung

- Annahmen
  - Die Viskosität des Öls ist konstant.
  - Der Strömungsquerschnitt ist konstant.
- Analyse
  Um zu prüfen, ob die Strömung laminar ist, muss zunächst die *Reynolds*zahl be-stimmt werden.

$$Re = \frac{c \cdot d}{v} = \frac{1 \cdot \text{m/s} \cdot 0{,}05 \cdot \text{m}}{50 \cdot 10^{-6} \cdot \text{m}^2/\text{s}} = 1000$$

Da die *Reynolds*zahl kleiner als 2320 ist, ist die Strömung laminar. Die Rohrrei-bungszahl kann nach Gl. 6.27 berechnet werden.

$$\lambda = 64/Re = 0{,}064$$

Der Reibungsdruckverlust ist nach Gl. 6.28:

- Diskussion
  Bei der Berechnung des Reibungsdruckverlustes ist darauf zu achten, dass die richtigen Einheiten eingesetzt werden.

Beispiel 6.4 Bestimmung des Massenstromes und Reibungsdruckverlustes
In einer horizontalen Leitung mit 100 mm Innendurchmesser strömt Rohöl. Die
Länge der Leitung ist 30 m. Im 30 mm-Abstand von der Wand wird die Strömungs-
geschwindigkeit mit einem *Prandtl*rohr gemessen. Der gemessene dynamische
Druck beträgt 576 Pa. Kinematische Viskosität des Rohöls: $90 \cdot 10^{-6}$ m^2/s, Dichte:
800 kg/m^3. Bestimmen Sie den Massenstrom und den Reibungsdruckverlust in der
Rohrleitung.

   Lösung

• Schema

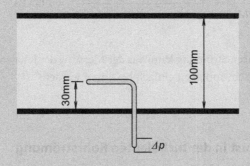

• Annahmen
   – Die Viskosität des Öls ist konstant.
   – Der Strömungsquerschnitt ist konstant.
• Analyse
Aus der Messung mit dem *Prandtl*rohr wird die Geschwindigkeit nach Gl. 4.7 be-
stimmt.

$$c = \sqrt{\frac{2 \cdot \Delta p_{dyn}}{\rho}} = \sqrt{\frac{2 \cdot 576 \cdot \text{Pa}}{800 \cdot \text{kg/m}^3}} = 1{,}2 \, \text{m/s}$$

Diese Geschwindigkeit wurde im 30 mm-Abstand von der Rohrwand gemessen.
Die mittlere Geschwindigkeit berechnet man mit den Gln. 6.21 und 6.22.

$$c(r) = \frac{p_1 - p_2}{4 \cdot l \cdot \eta} \cdot (r_0^2 - r^2) \quad \bar{c} = \frac{p_1 - p_2}{8 \cdot l \cdot \eta} \cdot r_0^2$$

Aus beiden Gleichungen folgt für die mittlere Geschwindigkeit:

$$\bar{c} = \frac{c(r)}{2} \cdot \frac{r_0^2}{(r_0^2 - r^2)} = \frac{50^2}{50^2 - 20^2} \cdot 0{,}6 \cdot \text{m/s} = 0{,}714 \, \text{m/s}$$

Der Massenstrom beträgt:

$$\dot{m} = \pi \cdot r_0^2 \cdot \rho \cdot \bar{c} = \pi \cdot 0{,}05^2 \cdot \text{m}^2 \cdot 800 \cdot \text{kg/m}^3 \cdot 0{,}714 \cdot \text{m/s} = \mathbf{4{,}49 \, kg/s}$$

Die *Reynolds*zahl ist:

$$Re = \frac{c \cdot d}{v} = \frac{0,714 \cdot 0,1}{90 \cdot 10^{-6}} = 794$$

Da die Strömung laminar ist, sind die vorgehenden Berechnungen richtig. Der Reibungsdruckverlust berechnet sich als:

$$\Delta p_v = \frac{64}{Re} \cdot \frac{l}{d} \cdot \frac{c^2 \cdot \rho}{2} =$$

$$= 0,081 \cdot \frac{30 \cdot \mathrm{m}}{0,1 \cdot \mathrm{m}} \cdot \frac{0,714^2 \cdot \mathrm{m^2/s^2} \cdot 800 \cdot \mathrm{kg/m^3}}{2} = 4937\,\mathrm{Pa} = 0,0494\,\mathrm{bar}\,.$$

• Diskussion
  In einer laminaren Strömung kann aus der Messung der lokalen Geschwindigkeit die mittlere Geschwindigkeit einfach bestimmt werden.

6.4.2 Druckverlust in der turbulenten Rohrströmung

Die Gesetzmäßigkeiten für turbulente Rohrströmung können nicht analytisch hergeleitet werden. Die lokale Strömungsgeschwindigkeit ist zeitlich nicht konstant. Zu den lokalen mittleren Strömungsgeschwindigkeiten kommen zusätzliche, kleinere turbulente Bewegungen, die auch als turbulente Schwankungen bezeichnet werden. Diese Bewegungen sind in allen Richtungen vorhanden. Messungen zeigten, dass die Geschwindigkeitsverteilung in der Rohrmitte sehr flach ist und die Strömungsgeschwindigkeit fast im gesamten Querschnitt der mittleren Strömungsgeschwindigkeit entspricht. In der Nähe der Rohrwand kann man ein starkes Abfallen der Geschwindigkeit beobachten. In einer dünnen, wandnahen *Grenzschicht* ist die Strömung laminar. Werden die Messergebnisse in hydraulisch glatten Rohren nach der *Euler*zahl geordnet, stellt man fest, dass die Abnahme der Rohrreibungszahl mit der *Reynolds*zahl zwar vorhanden, jedoch wesentlich kleiner als bei der laminaren Strömung ist. In Rohren mit einer technisch rauen Oberfläche hat die Rauigkeitshöhe zusätzlich Einfluss auf die Rohrreibungszahl. Mit zunehmenden *Reynolds*zahlen nimmt auch der Einfluss der Rauigkeitshöhe zu, die dann allein die Rohrreibungszahl bestimmt.

Nach *Prandtl* [2] ist die *Dicke* δ der laminaren *Grenzschicht*:

$$\delta = 62,7 \cdot Re^{-0,875} \cdot d \tag{6.30}$$

Die Grenzschichtdicke nimmt mit zunehmender *Reynolds*zahl ab. Damit ist der Einfluss der Rauigkeitshöhe zu erklären. Bei kleinen Rauigkeitshöhen befinden sie sich in der laminaren Grenzschicht und beeinflussen die Reibung nicht. Bei *Reynolds*zahlen von 100.000

Abb. 6.5 Geschwindigkeitsverteilung in der turbulenten
Rohrströmung

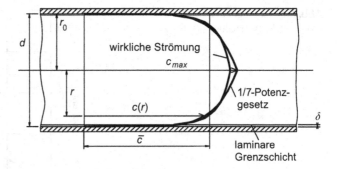

ist nach *Prandtl* die Dicke der laminaren Grenzschicht das 0,0026 fache des Durchmessers. In einem Rohr mit 50 mm Durchmesser beträgt sie 0,13 mm. Rauigkeiten, deren Höhen größer sind, ragen aus der laminaren Grenzschicht heraus.

Blasius hat nach Sichtung vieler Messungen und mit einem Potenzgesetz nach *von Kármán* für die Geschwindigkeitsverteilung eine Gesetzmäßigkeit für die Rohrreibungszahl hergeleitet. Die Geschwindigkeitsverteilung wird nach *von Kármán* folgendermaßen angegeben:

$$c = c_{max} \cdot (1 - r/r_0)^{\frac{1}{n}} \qquad (6.31)$$

Die mittlere Strömungsgeschwindigkeit kann durch Integration über dem gesamten Rohrquerschnitt bestimmt werden.

$$\bar{c} = \frac{c_{max}}{r_0^2} \cdot \int_0^{r_0} (1 - r/r_0)^{\frac{1}{n}} \cdot r \cdot dr = c_{max} \cdot \frac{2 \cdot n^2}{(n+1) \cdot (2 \cdot n + 1)}$$

$$\frac{\bar{c}}{c_{max}} = \frac{2 \cdot n^2}{(n+1) \cdot (2 \cdot n + 1)} \qquad (6.32)$$

Dieses Geschwindigkeitsprofil ist in Abb. 6.5 dargestellt. Es stimmt außerhalb der laminaren Grenzschicht in Wandnähe sehr gut mit gemessenen Werten überein. In der Rohrmitte weist das Geschwindigkeitsprofil eine Unstetigkeit auf, was mit der Wirklichkeit nicht übereinstimmt. *Blasius* hat aus den ihm zur Verfügung stehenden Messungen für n den Wert 7 ermittelt. Dieser Wert stimmt bei *Reynolds*zahlen zwischen 10.000 und 100.000 recht gut. Bei anderen *Reynolds*zahlen fand man für n Werte zwischen 5,3 und 10 (Abb. 6.6).

An der Rohrwand wird die Steigung des Geschwindigkeitsprofils allerdings gleich unendlich. Dies würde bedeuten, dass nach dem *Newton*'schen Schubspannungsansatz an der Wand die Schubspannung unendlich groß ist, was mit der Wirklichkeit wiederum nicht übereinstimmt. Nimmt man an, dass in der laminaren Grenzschicht das Geschwindigkeitsprofil entsprechend der laminaren Strömung verläuft und dann in die durch das Potenzgesetz angegebene Form übergeht, kann die Rohrreibungszahl bestimmt werden.

Abb. 6.6 Exponent der Geschwindigkeitsverteilung

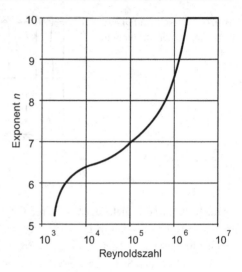

Blasius fand folgende Gesetzmäßigkeit:

$$\lambda = 0{,}3164 \cdot Re^{-0{,}25} \tag{6.33}$$

Die so ermittelten Rohrreibungszahlen zeigen bis zu *Reynolds*zahlen von 10^5 eine ausgezeichnete Übereinstimmung mit gemessenen Werten. Für größere *Reynolds*zahlen liefert Gl. 6.33 zu kleine Werte. Bei hydraulisch glatten Rohren wird hier eine von *Prandtl* hergeleitete Beziehung verwendet.

$$\lambda = \left[\log \cdot (Re^2 \cdot \lambda) - 0{,}8\right]^{-2} \tag{6.34}$$

Die in den Gln. 6.33 und 6.34 hergeleiteten Beziehungen gelten für glatte Rohre.

Rohre mit kleinen Rauigkeitshöhen, bei denen $65 < Re \cdot k/d$ ist, können als glatte Rohre behandelt werden.

Bei sehr hohen *Reynolds*zahlen, wenn $Re \cdot k/d > 1300$ ist, wird die Rohrreibungszahl nur von der Rauigkeit bestimmt. Hier fand man folgenden Zusammenhang:

$$\lambda = \left[2 \cdot \log(3{,}715 \cdot d/k)\right]^{-2} \tag{6.35}$$

Es gibt einen Bereich, in dem die Rohrreibungszahl von der Rauigkeit, aber auch von der *Reynolds*zahl bestimmt wird. Dies ist der Fall, wenn $65 < Re \cdot k/d < 1300$. Hier ragen die Rauigkeitserhöhungen nur wenig aus der laminaren Grenzschicht und beeinflussen die Reibungsgesetze. *Colebrook* ermittelte in diesem Bereich folgende Beziehung für die Rohrreibungszahl:

$$\lambda = \left[-2 \cdot \log\left(\frac{2{,}51}{Re \cdot \sqrt{\lambda}} + 0{,}269 \cdot \frac{k}{d}\right)\right]^{-2} \tag{6.36}$$

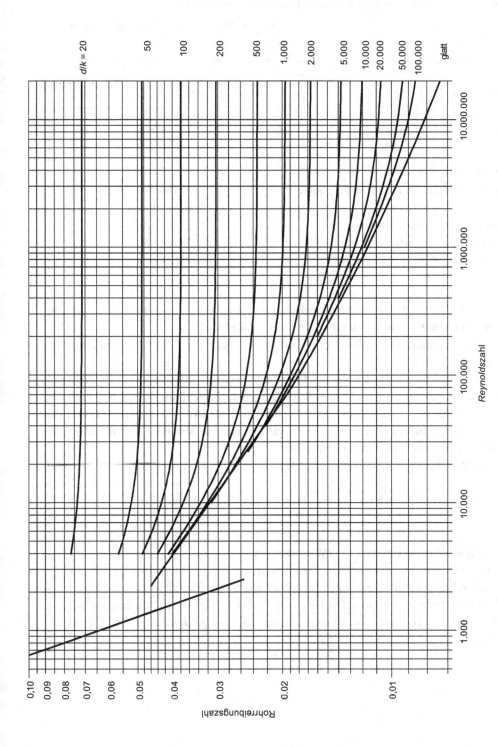

Abb. 6.7 Rohrreibungszahl λ

Tab. 6.1 Gleichungen und Gültigkeitsbereiche der Rohrreibungszahl λ

Formel	Gültigkeitsbereich	Strömung	Rohr
$\lambda = \frac{64}{Re}$	$Re < 2320$	lam.	
$\lambda = 0{,}3164 \cdot Re^{-0{,}25}$	$2300 < Re < 10^5$ und $Re \cdot k/d < 65$	turb.	glatt
$\lambda = \left[\log \cdot (Re^2 \cdot \lambda) - 0{,}8\right]^{-2}$	$Re > 10^5$ und $Re \cdot k/d < 65$	turb.	glatt
$\lambda = \left[2 \cdot \log(3{,}715 \cdot d/k)\right]^{-2}$	$Re \cdot k/d > 1300$	turb.	rau
$\lambda = \left[2 \cdot \log\left(\frac{2{,}51}{Re \cdot \sqrt{\lambda}} + 0{,}269 \cdot \frac{k}{d}\right)\right]^{-2}$	$65 < Re \; k/d < 1300$	turb.	rau

Tab. 6.2 Rauigkeitshöhen technischer Rohre

gezogene Metall-, Kunststoff- und Glasrohre	0,0005 bis 0,0015 mm
nahtlose Stahlrohre, neu	0,02 bis 0,06 mm
nahtlose Stahlrohre, verzinkt, neu	0,07 bis 0,16 mm
Stahlrohre nach längerer Benutzung	0,15 bis 3 mm
gusseiserne Rohre	0,2 bis 3 mm

Strebt die *Reynolds*zahl gegen unendlich, geht Gl. 6.36 in Gl. 6.35 über. Bei einer mittleren Rauigkeitshöhe von $k = 0$ geht Gl. 6.36 in Gl. 6.34 über.

Die Bestimmung des Reibungsdruckverlustes erfolgt wie bei der laminaren Rohrströmung nach Gl. 6.28.

Das Diagramm in Abb. 6.7 zeigt die Rohrreibungszahlen. In Tab. 6.1 sind die Gleichungen und ihre Gültigkeitsbereiche aufgelistet. Die genaue Berechnung der Rohrreibungszahl nach den Gln. 6.34 und 6.36 muss mit Iteration erfolgen. Als Anfangswert kann für die Rohrreibungszahl 0,02 oder ein Wert aus dem Diagramm in Abb. 6.7 entnommen werden. Beide Gleichungen konvergieren sehr schnell.

Die Berechnung der Rohrreibungszahlen ist auch mit dem Programm FMA0601 möglich.

Rauigkeiten technisch verwendeter Rohre sind in Tab. 6.2 angegeben.

Beispiel 6.5 Druckverlust in einer Wasserleitung

In einer geraden, horizontalen Rohrleitung mit 25 mm Innendurchmesser und 300 m Länge strömt Wasser mit einer mittleren Geschwindigkeit von 2 m/s. Die Rauigkeitshöhe beträgt 0,1 mm. Die Dichte des Wassers ist 998 kg/m^3, die kinematische Viskosität $1 \cdot 10^{-6}$ m^2/s. Bestimmen Sie den Reibungsdruckverlust in der Rohrleitung.

Lösung

- Annahmen
  - Die Viskosität des Wassers ist konstant.
  - Der Strömungsquerschnitt ist konstant.
- Analyse
  Um zu prüfen, ob die Strömung laminar oder turbulent ist, muss die *Reynolds*zahl bestimmt werden.

$$Re = \frac{c \cdot d}{\nu} = \frac{2 \cdot \text{m/s} \cdot 0{,}025 \cdot \text{m}}{1 \cdot 10^{-6} \cdot \text{m}^2/\text{s}} = 50.000$$

Da die *Reynolds*zahl größer als 2320 ist, ist die Strömung turbulent.
$Re \cdot k/d = 50.000 \cdot 0{,}1/25 = 200$, also größer als 65. Daher wird die Rohrreibungszahl nach Gl. 6.36 berechnet.

$$\lambda = \left[-2 \cdot \log \left(\frac{2{,}51}{Re \cdot \sqrt{\lambda}} + 0{,}269 \cdot \frac{k}{d} \right) \right]^{-2} = 0{,}03045$$

Aus dem Diagramm in Abb. 6.7 liest man 0,0305 ab. Der Unterschied ist weniger als 0,2 %.
Der Reibungsdruckverlust berechnet sich nach Gl. 6.28.

$$\Delta p_v = \lambda \cdot \frac{l}{d} \cdot \frac{c^2 \cdot \rho}{2} = 0{,}03045 \cdot \frac{300 \cdot \text{m}}{0{,}025 \cdot \text{m}} \cdot \frac{2^2 \cdot \text{m}^2/\text{s}^2 \cdot 998 \cdot \text{kg/m}^3}{2} = \mathbf{729.365\,Pa}$$

- Diskussion
  Bei der Berechnung des Reibungsdruckverlustes ist darauf zu achten, dass die richtigen Einheiten eingesetzt werden.

Beispiel 6.6 Pumpenauslegung
Aus einem atmosphärischen Behälter mit dem Druck $p_1 = 0{,}98$ bar soll Wasser mit einer Pumpe in einen Behälter mit 4 bar Druck gepumpt werden. Die in der Skizze angegebenen geodätischen Höhen sind: $z_1 = 0$ m, $z_2 = z_3 = 5$ m, $z_4 = 10$ m. Der Durchmesser $d_3 = 100$ mm. Die Geschwindigkeit $c_3 = 4$ m/s. Aus einem Katalog möchten Sie eine passende Pumpe aussuchen. Dazu müssen der Volumenstrom und die Förderhöhe (Druckdifferenz $p_3 - p_2$, angegeben als m Wassersäule) bestimmt werden. Aus dem Katalog ist ersichtlich, dass der NPSH-Wert (nominal pump suction head) mit 4 m angegeben ist. Dies bedeutet, dass der Druck p_2 vor der Pumpe

größer sein muss als der Sättigungsdruck des Wassers plus des Druckes entsprechend der Wassersäule von 4 m. Bestimmen Sie den Volumenstrom, die Förderhöhe der Pumpe und den zur Einhaltung des NPSH-Wertes notwendigen Durchmesser d_1. Die Temperatur des Wassers ist 20 °C. Der Sättigungsdruck beträgt bei dieser Temperatur 23,4 mbar. Dichte des Wassers: 998 kg/m³, kinematische Viskosität: 10^{-6} m²/s. Die Oberfläche der Rohre ist glatt.

Lösung

• Schema

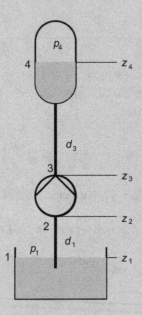

• Annahmen
  – Die Dichte und Viskosität des Wassers sind konstant.
  – Die Verdichtung in der Pumpe wird als reibungsfrei angenommen.
  – Die Geschwindigkeiten an den Stellen 1 und 4 sind so klein, dass sie vernachlässigt werden können.
• Analyse
  Mit den gegebenen Größen Durchmesser d_3 und Geschwindigkeit c_3 kann der Volumenstrom berechnet werden.

$$\dot{V} = \frac{\pi}{4} \cdot d_3^2 \cdot c_3 = \frac{\pi}{4} \cdot 0,01 \cdot \text{m}^2 \cdot 4 \cdot \frac{\text{m}}{\text{s}} = \mathbf{0,03142 \, m^3/s}$$

Zur Bestimmung der Förderhöhe muss man die Drücke p_2 und p_3 bestimmen. Druck p_3 kann mit den vorhandenen Angaben berechnet werden. Zur Ermittlung des Druckes p_2 ist zunächst der Durchmesser der Pumpensaugleitung zu bestimmen. Nach der Vorgabe muss der Druck p_2 größer sein als der Sättigungsdruck des Wassers plus Schweredruck einer 4 m hohen Wassersäule.

$$p_2 > p_s + g \cdot \rho \cdot 4 \cdot \text{m} = 2340 \cdot \text{Pa} + 9{,}81 \cdot \text{m/s}^2 \cdot 998 \cdot \text{kg/m}^3 \cdot 4 \cdot \text{m} = 41.501\,\text{Pa}$$

Dies bedeutet, dass die Druckänderung in der Saugleitung kleiner sein muss als der Druck p_1 abzüglich 41.488 Pa. Die Druckänderung setzt sich aus dem Reibungsdruckverlust und der Änderung des dynamischen und Schweredruckes zusammen.

$$56.512\,\text{Pa} > p_1 - p_2 = \rho \cdot \left[\frac{1}{2} \cdot c_2^2 + g \cdot (z_2 - z_1) + \lambda \cdot \frac{l}{d_2} \cdot \frac{1}{2} \cdot c_2^2 \right]$$

Die Geschwindigkeit c_2 und die Rohrreibungszahl λ hängen vom Durchmesser d_2 ab. Der mathematische Zusammenhang ist meist so komplex, dass nur eine iterative Lösung sinnvoll ist. Die Geschwindigkeit c_2 kann mit der Kontinuitätsgleichung aus dem Volumenstrom mit dem Durchmesser d_2 bestimmt werden.

$$c_2 = \frac{4 \cdot \dot{V}}{\pi \cdot d_2^2}$$

In die vorgehende Gleichung eingesetzt, erhalten wir:

$$56.512\,\text{Pa} > p_1 - p_2 = \rho \cdot \left[g \cdot (z_2 - z_1) + \left(1 + \lambda \cdot \frac{1}{d_2} \right) \cdot \frac{8 \cdot \dot{V}^2}{\pi^2 \cdot d_2^4} \right]$$

Für die numerische Berechnung kann der Schweredruck bestimmt und eingesetzt werden. Die Gleichung vereinfacht sich damit zu:

$$7577\,\text{Pa} > \rho \cdot \left(1 + \frac{\lambda \cdot l}{d_2} \right) \cdot \frac{8 \cdot \dot{V}^2}{\pi^2 \cdot d_2^4}$$

Diese Gleichung kann nicht nach d_2 aufgelöst werden. Die Rohrreibungszahl ist von der *Reynolds*zahl und damit vom Durchmesser d_2 abhängig. Die Berechnung wird mit einer Rohrreibungszahl von 0,02 gestartet. Damit werden der Durchmesser d_2 und dann die Rohrreibungszahl ermittelt. d_2 wird so lange neu bestimmt, bis die erforderliche Genauigkeit erreicht ist.

$$\lambda = 0{,}02 \qquad d_2 > 0{,}1179\,\text{m}$$

Die Rohrreibungszahl wird nach Gl. 6.34 iterativ berechnet.

$$\lambda = \left[\log \cdot (Re^2 \cdot \lambda) - 0{,}8 \right]^{-2} = 0{,}0141$$

$$\lambda = 0{,}0141 \quad d_2 > 0{,}1141\,\text{m}$$

$$\lambda = 0{,}0140 \quad d_2 > 0{,}1140\,\text{m}$$

Wir wählen hier eine Leitung mit der NW125, d. h. mit 125 mm Innendurchmesser aus. Damit wird die Rohrreibungszahl:

$$c_2 = 2,56 \text{ m/s} \quad Re = 320.000 \quad \lambda = 0,0143$$

Der Druck nach der Pumpe rechnet sich als:

$$p_2 = p_1 - \rho \cdot \left[g \cdot (z_2 - z_1) + \left(1 + \lambda \cdot \frac{l}{d_2} \right) \cdot \frac{1}{2} \cdot c_2^2 \right] =$$

$$= 98.000 - 998 \cdot \left[9,81 \cdot 5 + \left(1 + 0,0143 \cdot \frac{5}{0,125} \right) \cdot \frac{2,56^2}{2} \right] = \mathbf{43.926 \, Pa} \, .$$

Die Rohrreibungszahl wird mit Gl. 6.35 berechnet und ist 0,0137.
Die Zahlenwerte eingesetzt, erhält man für den Druck $p_3 = \mathbf{446.423 \, Pa}$. Die Förderhöhe Δz wird aus der Differenz der Drücke p_3 und p_2 bestimmt.

- Diskussion

  Mit der um den Reibungsdruckverlust erweiterten *Bernoulli*-Gleichung können die Druckänderungen, die durch den Reibungsdruckverlust und durch Änderung der Geschwindigkeit und geodätischen Höhe verursacht sind, berechnet werden. Es ist stets darauf zu achten, richtige Einheiten zu verwenden.

Beispiel 6.7 Änderung des Massenstromes durch die Vergrößerung einer Leitung
In einem Ziegelstein befinden sich 100 Löcher mit je 3 mm Durchmesser. Durch die Löcher strömt Luft. Der Druck am Eintritt ist $p_1 = 1,03$ bar, am Austritt $p_2 = 0,98$ bar. Eines der Löcher wird auf 10 mm Innendurchmesser erweitert. Die Luft kann als inkompressibles Medium mit der Dichte von 1,15 kg/m³ und kinematischen Viskosität $15,6 \cdot 10^{-6}$ m²/s angenommen werden. Die Maße des Quaders sind in der Skizze angegeben. Die Rauigkeit der Bohrungen ist 0,1 mm. Bestimmen Sie den Massenstrom der Luft vor und nach dem Aufbohren des einen Loches.

Lösung

- Schema

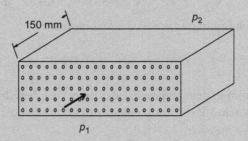

- Annahmen
  - Die Dichte und Viskosität der Luft sind konstant.
  - Die Luft ist inkompressibel.
  - Bei der Einströmung wird die Änderung der Geschwindigkeit vernachlässigt.
  - Durch das Aufbohren des einen Loches verändert sich der Druck nicht.
- Analyse

Da die Geschwindigkeit in den Bohrungen unbekannt ist und die *Reynolds*zahl daher nicht bestimmt werden kann, wird vorausgesetzt, dass die Strömung turbulent ist. Wegen der unbekannten *Reynolds*zahl rechnet man zuerst mit einer angenommenen Rohrreibungszahl. Da alle Rohre an Ein- und Austritten den gleichen Druck haben, ist auch der Druckverlust in allen Rohren gleich groß. Mit Gl. 6.27 kann die Geschwindigkeit in den Rohren bestimmt werden.

$$\lambda = 0{,}02 \quad c = \sqrt{\frac{2 \cdot \Delta p_v \cdot d}{\lambda \cdot l \cdot \rho}} = \sqrt{\frac{2 \cdot 5000 \cdot \text{Pa} \cdot 0{,}003 \cdot \text{m}}{0{,}02 \cdot 0{,}15 \cdot \text{m} \cdot 1{,}15 \cdot \text{kg/m}^3}} = 93{,}25 \text{ m/s}$$

Mit der Geschwindigkeit rechnet man jetzt die *Reynolds*- und Rohrreibungszahl.

$$Re = \frac{c \cdot d}{v} = \frac{93{,}25 \cdot 0{,}003}{15{,}6 \cdot 10^{-6}} = 17.933 \quad Re \cdot k/d = 598$$

Damit kann die Rohrreibungszahl nach Gl. 6.36 ermittelt werden.

$$\lambda = \left[-2 \cdot \log\left(\frac{2{,}51}{Re \cdot \sqrt{\lambda}} + 0{,}269 \cdot \frac{k}{d} \right) \right]^{-2} = 0{,}061$$

Bis die gewünschte Genauigkeit erreicht ist, werden Geschwindigkeit, *Reynolds*zahl und Rohrreibungszahl neu berechnet.

$$\lambda = 0{,}061 \quad c = \sqrt{\frac{2 \cdot \Delta p_v \cdot d}{\lambda \cdot l \cdot \rho}} = \sqrt{\frac{2 \cdot 5000 \cdot 0{,}003}{0{,}061 \cdot 0{,}15 \cdot 1{,}15}} = 53{,}30 \text{ m/s} \quad Re = 10.250$$

$$\lambda = 0,062 \quad c = \sqrt{\frac{2 \cdot \Delta p_v \cdot d}{\lambda \cdot l \cdot \rho}} = \sqrt{\frac{2 \cdot 5000 \cdot Pa \cdot 0,003 \cdot m}{0,062 \cdot 0,15 \cdot m \cdot 1,15 \cdot kg/m^3}} = 52,81 \, m/s$$

Ohne das eine aufgebohrte Loch ist der Massenstrom:

$$\dot{m} = n \cdot c \cdot \rho \cdot d^2 \cdot \pi/4 = 100 \cdot 52,96 \cdot 1,15 \cdot 0,003^2 \cdot \pi/4 = \mathbf{0,0429 \, kg/s}$$

Der Massenstrom in dem aufgebohrten 10 mm-Loch berechnet sich wie zuvor für das 3 mm-Loch. Mit einer angenommenen Rohrreibungszahl von 0,05 ist die Geschwindigkeit im Loch:

$$\lambda = 0,05 \quad c = \sqrt{\frac{2 \cdot \Delta p_v \cdot d}{\lambda \cdot l \cdot \rho}} = 107,68 \, m/s \quad Re = 69.023$$

$$\lambda = 0,039 \quad c = \sqrt{\frac{2 \cdot \Delta p_v \cdot d}{\lambda \cdot l \cdot \rho}} = 122,38 \, m/s \quad Re = 78.448$$

Der Massenstrom in dem 10 mm-Loch beträgt:

$$\dot{m}_{10\,mm} = c \cdot \rho \cdot d^2 \cdot \pi/4 = 121,92 \cdot 1,15 \cdot 0,01^2 \cdot \pi/4 = \mathbf{0,0110 \, kg/s}$$

Der Gesamtmassenstrom berechnet sich als:

$$\dot{m}_{ges} = 0,99 \cdot \dot{m} + \dot{m}_{10\,mm} = \mathbf{0,05358 \, kg/s}$$

• Diskussion
Bei vorgegebener Druckdifferenz hat der Durchmesser einen sehr starken Einfluss auf den Massenstrom. In diesem Beispiel wird durch die Vergrößerung des Durchmessers von 3 auf 10 mm die Strömungsgeschwindigkeit im Rohr verdoppelt. Der Massenstrom im 10 mm-Loch ist 25 mal größer als in einem 3 mm-Loch, d. h., in dem 10 mm-Loch strömt so viel Luft wie in fünfundzwanzig 3 mm-Löchern.

Beispiel 6.8 Auslegung des Massenstromes und Leitungsdurchmessers
Eine 4 km lange Kunststoffleitung für Milch mit einer Höhendifferenz von 400 m, die von einer Alm zum Tal führt, hat einen Innendurchmesser von 15 mm. Die Rauigkeitshöhe ist 5 μm. Die Milch hat die Dichte von 1050 kg/m³, die kinematische Viskosität beträgt 10^{-5} m²/s.

a) Bestimmen Sie die Masse der pro Stunde geförderten Milch.

b) Bestimmen Sie den Durchmesser einer Leitung für den vierfachen Förderstrom.

Lösung

- Schema

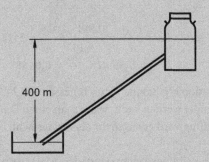

- Annahmen
  - Die Dichte und Viskosität der Milch sind konstant.
  - Die Milch ist inkompressibel.
  - Die Geschwindigkeitsänderung bei der Einströmung wird vernachlässigt.
- *Analyse*
  a) Der Massenstrom wird mit Gl. 6.28 berechnet, wofür allerdings eine Rohrrei-
  bungszahl angenommen werden muss. Damit wird die Geschwindigkeit im
  Rohr bestimmt, dann die Rohrreibungszahl neu berechnet. Der Massenstrom
  kann anschließend mit der Geschwindigkeit bestimmt werden.

$$\lambda = 0{,}02 \quad c = \sqrt{\frac{2 \cdot \Delta p_v \cdot d}{\lambda \cdot l \cdot \rho}} - \sqrt{\frac{2 \cdot g \cdot \Delta z \cdot d}{\lambda \cdot l}} - 1{,}213 \, \text{m/s}$$

$$Re = \frac{c \cdot d}{v} = \frac{1{,}213 \cdot 0{,}015}{10^{-5}} = 1819 \quad \lambda = 64/Re = 0{,}0352$$

Da die Strömung laminar ist, berechnet sich die Geschwindigkeit direkt mit
Gl. 6.26.

$$\bar{c} = \frac{g \cdot \Delta z \cdot d^2}{32 \cdot l \cdot v} = \frac{9{,}81 \cdot \text{m/s}^2 \cdot 400 \cdot \text{m} \cdot 0{,}015^2 \cdot \text{m}^2}{32 \cdot 4000 \cdot \text{m} \cdot 10^{-5} \cdot \text{m}^2/\text{s}} = 0{,}689 \, \text{m/s}$$

Der Massenstrom der Milch ist:

$$\dot{m} = \rho \cdot A \cdot c = 1050 \cdot \text{kg/m}^3 \cdot 0{,}25 \cdot \pi \cdot 0{,}015^2 \cdot \text{m}^2 \cdot 0{,}689 \cdot \text{m/s} = \mathbf{0{,}1279 \, kg/s}$$

b) Der Durchmesser wird mit dem Massenstrom von 0,5114 kg/s mit Gl. 6.26 bestimmt. Hier nimmt man zunächst wieder eine Rohrreibungszahl an.

$$\lambda = 0,05 \quad d = \sqrt[5]{\frac{\lambda \cdot l \cdot 8 \cdot \dot{m}^2}{\rho^2 \cdot \pi^2 \cdot g \cdot \Delta z}} = 25,0 \, \text{mm}$$

$$c = 0,991 \, \text{m/s} \quad Re = \frac{c \cdot d}{\nu} = \frac{0,991 \cdot 0,025}{10^{-5}} = 2477 \quad Re \cdot k/d = 0,5$$

$$\lambda = 0,3164/Re^{0,25} = 0,0448$$

Die weitere Iteration ergibt einen Durchmesser von 24,5 mm. Damit ein Standardrohr verwendet werden kann, wählt man einen Durchmesser von **25 mm**. Die Milchförderung wird etwas mehr als vervierfacht.

- Diskussion
  Will man aus dem Reibungsdruckverlust den Massenstrom oder Durchmesser berechnen, ist die Rohrreibungszahl unbekannt und muss angenommen werden. Nachdem der Massenstrom bzw. Durchmesser ermittelt ist, werden die *Reynolds*- und damit die Rohrreibungszahl berechnet.

6.4.3   Reibungsdruckverlust im Rohr nicht kreisförmigen Querschnitts

6.4.3.1   Druckverlust der turbulenten Strömung

Der Reibungsdruckverlust in Rohren nicht kreisförmigen Querschnitts kann ebenfalls nach Gl. 6.28 bestimmt werden, wenn an Stelle des Durchmessers der hydraulische Durchmesser d_h eingesetzt wird. Die *Reynolds*zahl und die relative Rauigkeitserhebung k/d_h werden mit dem *hydraulischen Durchmesser* ermittelt.

$$\Delta p_v = \lambda \cdot \frac{l}{d_h} \cdot \frac{\bar{c}^2 \cdot \rho}{2} \tag{6.37}$$

Der Druckverlust lässt sich mit folgenden Überlegungen bestimmen: Die Schubspannung, die auf die Wände des nicht kreisförmigen Kanals wirkt, ist im Gleichgewicht mit den durch Reibungsdruckverlust verursachten Kräften.

$$\tau \cdot U \cdot l = A \cdot \Delta p_v \quad \Delta p_v = \tau \cdot l \cdot \frac{U}{A}$$

Denkt man sich ein Ersatzrohr mit einem hydraulischen Durchmesser d_h, gilt:

$$\tau \cdot \pi \cdot d_h \cdot l = \frac{\pi}{4} \cdot d_h^2 \cdot \Delta p_v \qquad \Delta p_v = \tau \cdot l \cdot \frac{4}{d_h} \tag{6.38}$$

Damit erhalten wir:

$$d_h = \frac{4 \cdot A}{U} \tag{6.39}$$

▶ Der hydraulische Durchmesser ist das Vierfache der Querschnittsfläche, geteilt durch den benetzten Umfang des Strömungskanals.

Die Rohrreibungszahl wird mit den Gln. 6.34 bis 6.36 ermittelt, der Reibungsdruckverlust nach Gl. 6.37 bestimmt.

Für ein kreisförmiges Rohr ist der hydraulische Durchmesser gleich dem Innendurchmesser. Für eine Ellipse oder einen Rechteckquerschnitt gilt:

$$d_h = \frac{4 \cdot A}{U} = \frac{4 \cdot a \cdot b}{2 \cdot (a + b)} = \frac{2 \cdot a \cdot b}{a + b} \tag{6.40}$$

wobei a die Breite und b die Höhe des Querschnitts ist. Ist b gegenüber a sehr klein, wird der hydraulische Durchmesser $d_h = 2 \cdot b$.

Beispiel 6.9 Änderung des Strömungsquerschnitts eines nicht kreisförmigen Kanals
Die Leitung einer Kanalisation mit einem quadratischen Querschnitt von 1,2 m Kantenlänge muss ersetzt werden. Damit will man erreichen, dass sie besser begehbar wird. Die neue Leitung soll daher einen elliptischen Querschnitt mit 1,7 m Höhe haben. Der maximale Volumenstrom von 1,1 m^3/s muss erhalten bleiben. Die Rauigkeit in der alten Leitung war 2 mm, in der neuen wird sie 1 mm sein. Die kinematische Viskosität des Wassers ist $0,85 \cdot 10^{-6}$ m^2/s und die Dichte 1000 kg/m^3. Berechnen Sie die Breite der neuen Leitung.
Lösung

• Schema

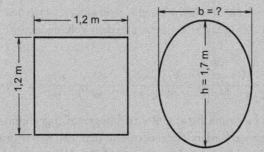

• Annahmen
  – Die Dichte und Viskosität des Wassers sind konstant.
  – Der Volumenstrom in der Leitung wird nur durch den Reibungsdruckverlust bestimmt.

- Analyse

  Damit der Volumenstrom erhalten bleibt, muss der Reibungsdruckverlust pro Meter Länge im neuen Kanal gleich groß wie im alten sein. Zunächst wird der Druckverlust im alten Kanal berechnet. Dazu müssen der hydraulische Durchmesser und die Geschwindigkeit in der Leitung bestimmt werden. Der hydraulische Durchmesser ist mit Gl. 6.39 zu berechnen.

  $$d_h = \frac{4 \cdot A}{U} = \frac{4 \cdot a^2}{4 \cdot a} = a = 1,2 \text{ m}$$

  Die *Reynolds*zahl bestimmt man mit dem hydraulischen Durchmesser und der Geschwindigkeit.

  $$c = \dot{V}/A = \dot{V}/a^2 = 0,764 \text{ m/s}$$

  $$Re = \frac{c \cdot d_h}{\nu} = \frac{0,764 \cdot 1,2}{0,85 \cdot 10^{-6}} = 1.078.431 \quad Re \cdot k/d_h = 1797$$

  Die Rohrreibungszahl ist nach Gl. 6.34:

  $$\lambda = \left[2 \cdot \log(3{,}715 \cdot d_h/k)\right]^{-2} = \left[2 \cdot \log(3{,}715 \cdot 1{,}2/0{,}002)\right]^{-2} = 0{,}0223$$

  Der pro Meter Länge entstehende Reibungsdruckverlust beträgt:

  $$\frac{\Delta p_v}{l} = \frac{\lambda}{d_h} \cdot \frac{\bar{c}^2 \cdot \rho}{2} = \frac{0{,}0223}{1{,}2 \cdot \text{m}} \cdot \frac{0{,}764^2 \cdot \text{m}^2/\text{s}^2 \cdot 1000 \cdot \text{kg/m}^3}{2} = 5{,}421 \frac{\text{Pa}}{\text{m}}$$

  Für den hydraulischen Durchmesser der neuen Leitung erhält man:

  $$d_h = \frac{4 \cdot A}{U} = \frac{\pi \cdot h \cdot b}{\pi/2 \cdot (h + b)} = \frac{2 \cdot h \cdot b}{h + b}$$

  In Gl. 6.28 können an Stelle der Kreisfläche die Fläche der Ellipse und statt des Durchmessers der hydraulische Durchmesser eingesetzt werden. Damit bekommt man zwischen der Breite b der Ellipse und dem Volumenstrom folgenden Zusammenhang:

  $$\frac{\Delta p_v}{l} = \frac{\lambda}{d_h} \cdot \frac{\dot{V}^2 \cdot \rho}{2 \cdot \pi^2 \cdot h^2 \cdot b^2} = \frac{\lambda \cdot (h + b)}{2 \cdot h \cdot b} \cdot \frac{16 \cdot \dot{V}^2 \cdot \rho}{2 \cdot \pi^2 \cdot h^2 \cdot b^2} = \lambda \cdot (h + b) \cdot \frac{4 \cdot \dot{V}^2 \cdot \rho}{\pi^2 \cdot h^3 \cdot b^3}$$

  Wieder muss hier zunächst eine Rohrreibungszahl angenommen und damit die Breite b berechnet werden. Dann bestimmt man neu den hydraulischen Durchmesser, die *Reynolds*- und Rohrreibungszahl. Durch Iteration erhält man folgende Werte:

  $$Re = 1.234.000 \quad Re \cdot k/d = 999 \quad \lambda = 0{,}0186$$

  $$b = \mathbf{0{,}971\,m} \quad d_h = 1{,}236 \text{ m} \quad c = 0{,}849 \text{ m/s}.$$

• Diskussion
Bei nicht kreisförmigen Strömungsquerschnitten ist zu berücksichtigen, dass die
Querschnittsfläche, die zur Berechnung der Geschwindigkeit notwendig ist, aus
der Geometrie der Leitung und nicht mit dem hydraulischen Durchmesser berechnet wird. Die Bestimmung der *Reynolds*zahl und der relativen Rauigkeit
erfolgt mit dem hydraulischen Durchmesser.

Beispiel 6.10 Druckverlust in einem parallel durchströmten Rohrbündel
Im Mantelraum eines Wärmeübertragers strömt parallel zu den Rohren Öl. Der Ap-
parat hat 37 Rohre mit je 40 mm Außendurchmesser, der Innendurchmesser des
Mantels ist 360 mm. Die Geschwindigkeit des Öls beträgt 1 m/s. Die kinematische
Viskosität des Öls ist $5 \cdot 10^{-6}$ m²/s, seine Dichte 800 kg/m³. Bestimmen Sie den Rei-
bungsdruckverlust pro Meter Länge.

Lösung

• Schema

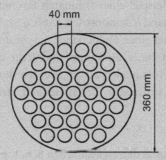

• Annahmen
  – Dichte und Viskosität des Öls sind konstant.
  – Der Volumenstrom in der Leitung wird lediglich durch den Reibungsdruckver-
    lust bestimmt.
• Analyse
Zur Bestimmung des Reibungsdruckverlustes muss der hydraulische Durchmes-
ser berechnet werden.

$$d_h = \frac{4 \cdot A}{U} = \frac{\pi \cdot (D^2 - n \cdot d^2)}{\pi \cdot (D + n \cdot d)} = \frac{0,36^2 - 37 \cdot 0,04^2}{0,36 + 37 \cdot 0,04} \cdot m = 0,0383\,m$$

Die *Reynolds*zahl ist:

$$Re = \frac{c \cdot d_h}{\nu} = \frac{1 \cdot 0,383}{5 \cdot 10^{-6}} = 7652$$

Die Rohrreibungszahl bestimmt man mit Gl. 6.34:

$$\lambda = 0{,}3164/Re^{0{,}25} = 0{,}0338$$

Der Reibungsdruckverlust pro Meter Länge ergibt sich damit zu:

$$\frac{\Delta p_v}{l} = \frac{\lambda}{d_h} \cdot \frac{\bar{c}^2 \cdot \rho}{2} = \frac{0{,}0338}{0{,}0383 \cdot \text{m}} \cdot \frac{1^2 \cdot \text{m}^2/\text{s}^2 \cdot 800 \cdot \text{kg/m}^3}{2} = 353{,}7 \; \frac{\text{Pa}}{\text{m}}$$

- Diskussion
  Mit dem hydraulischen Durchmesser kann der Reibungsdruckverlust in turbulenten Strömungen einfach berechnet werden.

6.4.3.2 Druckverlust bei laminarer Strömung

Die Bestimmung der Rohrreibungszahl laminarer Strömung ist sehr stark von der Geometrie des Kanals abhängig. Sie kann nur für einige einfache Geometrien hergeleitet werden. Ihre Berechnung wird am Beispiel einer laminaren Strömung zwischen zwei unendlich breiten Platten mit dem Abstand h demonstriert (Abb. 6.8). Die Mitte des Kanals legt man auf die x-Achse und betrachtet einen Fluidquader, der symmetrisch zur x-Achse angeordnet ist. Der Quader hat die Höhe $2y$, die Länge l und Breite b, die gegen unendlich geht.

Die Kräfte, die auf den Fluidquader wirken, werden durch die Wandschubspannung und den Druckunterschied verursacht. Bei stationärer Strömung sind diese Kräfte im Gleichgewicht.

$$\tau \cdot 2 \cdot l \cdot b = \Delta p_v \cdot b \cdot 2 \cdot y \tag{6.41}$$

Die Schubspannung ist durch den *Newton*'schen Schubspannungsansatz gegeben.

$$\tau = -\eta \cdot \frac{dc}{dy} \tag{6.42}$$

Abb. 6.8 Zur Herleitung der laminaren Spaltströmung in einem ebenen Spalt

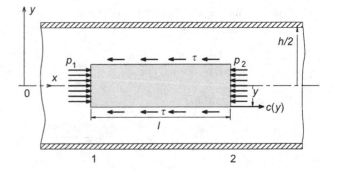

Gleichung 6.42 in Gl. 6.41 eingesetzt, ergibt nach Separation der Variablen folgende Differentialgleichung:

$$dc = -\frac{\Delta p_v}{\eta \cdot l} \cdot y \cdot dy \tag{6.43}$$

Für die Geschwindigkeitsverteilung erhält man unter Berücksichtigung der Randbedingungen, die verlangen, dass an den Orten $y = h/2$ und $y = -h/2$ die Geschwindigkeit gleich null ist, folgende Gleichung:

$$c(y) = \frac{\Delta p_v}{2 \cdot \eta \cdot l} \cdot \left(\frac{h^2}{4} - y^2\right) \quad c_{max} = \frac{\Delta p_v}{8 \cdot \eta \cdot l} \cdot h^2 \tag{6.44}$$

Wie in der Rohrströmung ist das Geschwindigkeitsprofil parabelförmig. Durch Integration wird die mittlere Geschwindigkeit ermittelt.

$$\bar{c} = \frac{\Delta p_v}{2 \cdot \eta \cdot l} \cdot \frac{1}{h} \cdot \int_{-h/2}^{h/2} \left(\frac{h^2}{4} - y^2\right) \cdot dy = \frac{\Delta p_v}{12 \cdot \eta \cdot l} \cdot h^2 = \frac{2}{3} \cdot c_{max} \tag{6.45}$$

Gleichung 6.45 nach dem Reibungsdruckverlust aufgelöst, ergibt:

$$\Delta p_v = \frac{12 \cdot \eta \cdot l \cdot \bar{c}}{h^2} \tag{6.46}$$

Der hydraulische Durchmesser d_h ist, da b gegen unendlich geht, 2 h. Setzt man an Stelle von h den hydraulischen Durchmesser d_h ein, erhält man nach Umformung:

$$\Delta p_v = \frac{48 \cdot \eta \cdot l \cdot \bar{c}}{d_h^2} = \frac{96}{Re} \cdot \frac{l}{d_h} \cdot \frac{\bar{c}^2 \cdot \rho}{2} \tag{6.47}$$

Für den ebenen Spalt ist die Rohrreibungszahl 96/Re. Damit entspricht sie nicht mehr derjenigen in der laminaren Rohrströmung. Die Rohrreibungszahl hängt im Spalt von der Geometrie des Kanals ab. Sie kann für einfache Geometrien analytisch hergeleitet werden. Die Abweichung der Rohrreibungszahl wird durch einen Korrekturfaktor φ gegeben. Die *Reynolds*zahl bestimmt man mit dem hydraulischen Rohrdurchmesser. Damit ist die Rohrreibungszahl bei laminarer Strömung:

$$\lambda = \varphi \cdot \frac{64}{Re} \tag{6.48}$$

Für den ebenen unendlichen Spalt mit der Höhe h ist $\varphi = 1,5$. In Tab. 6.3 ist φ für Kanäle rechteckigen Querschnitts gegeben.

In Abb. 6.9 ist der Korrekturfaktor φ für Ringspalte (Lager von Maschinen) dargestellt. Strebt in einem Ringspalt das Verhältnis R/r gegen unendlich, erreicht der Korrekturfaktor φ nicht den Wert 1. Der hydraulische Durchmesser geht zwar gegen d_a, der Druckverlust wird aber größer als in einem Rohr. Dies bedeutet, dass das Einbauen eines sehr

Tab. 6.3 Korrekturfaktor φ für Rechteck-Kanäle

h/b	0	0,1	0,2	0,3	0,4	0,5	0,6	0,7	0,8	0,9	1,0
φ	1,50	1,34	1,20	1,10	1,02	0,97	0,94	0,92	0,90	0,89	0,88

Abb. 6.9 Korrekturfaktor für den Druckverlust in Ringspalten bei laminarer Strömung [3]

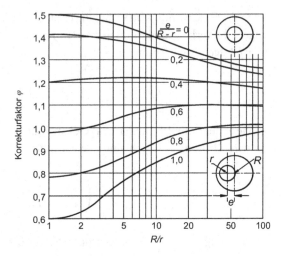

dünnen Drahtes die Strömungsprofile wesentlich verändert und dadurch der Reibungsdruckverlust sehr stark beeinflusst wird. Dagegen ist bei turbulenter Strömung der Einfluss beinahe vernachlässigbar.

Beispiel 6.11 Schmierölmassenstrom in einem Kurbelwellenlager

Das Lager einer Kurbelwelle hat einen 0,4 mm größeren Durchmesser als die Welle mit 30 mm. Das Lager wird durch Öl, das in der Mitte durch den Öldruck von 4 bar eingepresst wird, geschmiert. Im Kurbelgehäuse herrscht ein Druck von 1 bar. Das Lager ist auf beiden Seiten 20 mm lang. Ohne Last liegt die Welle konzentrisch im Lager. Bei Belastung entsteht eine Exzentrizität von 0,05 mm. Die Dichte des Öls ist 820 kg/m³, die kinematische Viskosität $1{,}2 \cdot 10^{-4}$ m²/s.

Berechnen Sie den Massenstrom des Öls mit und ohne Last.

Lösung

• Schema

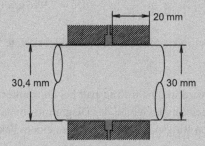

• Annahmen
  – Dichte und Viskosität des Öls sind konstant.
  – Das Öl ist inkompressibel.
  – Die Geschwindigkeiten, die durch Drehung der Welle entstehen, werden vernachlässigt.
  – Die Ein- und Ausströmeffekte werden vernachlässigt.
• Analyse
Der Reibungsdruckverlust über der Länge des Lagers ist Öldruck minus Druck im Kurbelgehäuse, also gleich 3 bar. Der hydraulische Durchmesser ist für beide Fälle:

$$d_h = \frac{4 \cdot A}{U} = \frac{\pi \cdot (d_a^2 - d_i^2)}{\pi \cdot (d_a + d_i)} = d_a - d_i = 0,4 \, \text{mm}$$

Die Exzentrizität $e/(r_a - r_i)$ ist für den Fall ohne Last gleich 0 und mit Last gleich 0,25. Der Korrekturfaktor φ ist nach dem Diagramm in Abb. 6.9 ohne Belastung 1,5 und mit Last 1,38. Mit den Gln. 6.28 und 6.48 erhalten wir für die Geschwindigkeit:

$$\Delta p_v = \frac{32 \cdot \phi \cdot v \cdot l \cdot c \cdot \rho}{d_h^2}$$

$$c = \frac{\Delta p_v \cdot d_h^2}{32 \cdot \phi \cdot v \cdot l \cdot \rho} = \frac{3 \cdot 10^5 \cdot \text{Pa} \cdot 0,4^2 \cdot 10^{-6} \cdot \text{m}^2}{32 \cdot \phi \cdot 1,2 \cdot 10^{-4} \cdot \text{m}^2/\text{s} \cdot 0,02 \cdot \text{m} \cdot 820 \cdot \text{kg/m}^3} = \frac{0,762 \, \text{m/s}}{\phi} \, .$$

Um zu sehen, ob die Strömung laminar ist, muss die *Reynolds*zahl berechnet werden.

$$Re = \frac{c \cdot d_h}{v} = \frac{0,762 \cdot 0,0004}{\phi \cdot 1,2 \cdot 10^{-4}} = 1,69 \, (1,84)$$

Der Wert in der Klammer gilt für die belastete Welle. Die Strömung ist immer laminar. Der Massenstrom berechnet sich als:

$$\dot{m} = c \cdot \rho \cdot A = c \cdot \rho \cdot \frac{\pi}{4} \cdot (d_a^2 - d_i^2) = 7{,}906\,\text{g/s}\ (8{,}594\,\text{g/s})$$

Der Wert in der Klammer steht wie oben für die belastete Welle.

- Diskussion
  Der Massenstrom wird in einem Ringspalt bei konstanter Druckdifferenz durch die Exzentrizität beeinflusst. Gemäß des Diagramms in Abb. 6.9 kann die Änderung in einem engen Ringspalt ($r_a/r_i \approx 1$) bis zu einem Faktor von 2,5 betragen.

Beispiel 6.12 Vergleich der laminaren und turbulenten Druckverluste in einem Ringspalt
In die Mitte eines Rohrs von 25 mm Innendurchmesser wird ein konzentrisches Rohr mit 5 mm Außendurchmesser eingebaut. Berechnen Sie die relative Änderung des Reibungsdruckverlustes durch den Einbau des Innenrohrs für die laminare und turbulente Strömung. Es soll dabei angenommen werden, dass jeweils die mittlere Strömungsgeschwindigkeit beibehalten wird. Bei der turbulenten Strömung gibt man die Rohrreibungszahl nach der Beziehung von *Blasius* Gl. 6.33 an.
  Lösung

- Annahmen
  - Dichte und Viskosität des strömenden Fluids sind konstant.
  - Das Fluid ist inkompressibel.
- Analyse
  Vor dem Einbau des Innenrohrs ist der Reibungsdruckverlust im Rohr:

$$\Delta p_{v,\,lam} = \frac{64}{Re_{d_a}} \cdot \frac{l}{d_a} \cdot \frac{c^2 \cdot \rho}{2} \quad \Delta p_{v,\,turb} = \frac{0{,}3164}{Re_{d_a}^{0{,}25}} \cdot \frac{l}{d_a} \cdot \frac{c^2 \cdot \rho}{2}$$

Der Index der *Reynolds*zahl zeigt, dass sie mit dem Durchmesser des Außenrohrs gebildet wird. Durch den Einbau des Innenrohrs wird der hydraulische Durchmesser verändert. Für den Druckverlust gilt dann:

$$(\Delta p_{v,\,lam})_{Ringspalt} = \frac{\phi \cdot 64}{Re_{d_h}} \cdot \frac{l}{d_a} \cdot \frac{c^2 \cdot \rho}{2} \quad (\Delta p_{v,\,turb})_{Ringspalt} = \frac{0{,}3164}{Re_{d_h}^{0{,}25}} \cdot \frac{l}{d_h} \cdot \frac{c^2 \cdot \rho}{2}$$

Die relative Änderung des Reibungsdruckverlustes ist:

$$\frac{(\Delta p_v)_{Ringspalt}}{\Delta p_v}$$

Nach dem Einbau des Innenrohrs ist der hydraulische Durchmesser $d_h = d_a - d_i = 20$ mm und der Korrekturfaktor für die laminare Strömung aus Abb. 6.9 gleich 1,45. Die relative Änderung des laminaren Druckverlustes beträgt:

$$\frac{(\Delta p_{v,\,lam})_{Ringspalt}}{\Delta p_{v,\,lam}} = \frac{\phi \cdot Re_{d_a}}{Re_{d_h}} \cdot \frac{d_a}{d_h} = \phi \cdot \left(\frac{d_a}{d_h}\right)^2 = \phi \cdot \left(\frac{d_a}{d_a - d_i}\right)^2$$

$$= 1{,}45 \cdot 1{,}25^2 = \mathbf{2{,}266}$$

Für die turbulente Strömung erhalten wir:

$$\frac{(\Delta p_{v,\,turb})_{Ringspalt}}{\Delta p_{v,\,turb}} = \frac{Re_{d_a}^{0,25}}{Re_{d_h}^{0,25}} \cdot \frac{d_a}{d_h} = \left(\frac{d_a}{d_h}\right)^{1,25} = \left(\frac{d_a}{d_a - d_i}\right)^{1,25} = 1{,}25^{1,25} = \mathbf{1{,}322}$$

- Diskussion
  Durch den Einbau des konzentrischen Innenrohrs wird der Reibungsdruckverlust bei laminarer Strömung mehr als verdoppelt. Bei turbulenter Strömung beträgt der Anstieg nur etwa 32 %. Dies ist durch die starke Veränderung des Geschwindigkeitsprofils bei der laminaren Strömung zu erklären.

6.5 *Navier-Stokes*-Gleichungen

Die *Navier-Stokes*-Gleichungen werden aus dem Impulssatz nach dem zweiten *Newton*'schen Gesetz hergeleitet. Für das infinitesimale Volumen $dV = dx \cdot dy \cdot dz$ mit der Masse dm gilt:

$$d\vec{F} = dm \cdot \frac{d\vec{c}}{dt} \tag{6.49}$$

Mit der vektoriellen Ableitung der Geschwindigkeit $c(x, y, z, t)$ nach der Zeit t erhält man:

$$
\begin{aligned}
d\vec{F} &= dm \cdot \left(\frac{\partial x}{\partial t} \cdot \frac{\partial \vec{c}}{\partial x} + \frac{\partial y}{\partial t} \cdot \frac{\partial \vec{c}}{\partial y} + \frac{\partial z}{\partial t} \cdot \frac{\partial \vec{c}}{\partial z} + \frac{\partial \vec{c}}{\partial t} \right) = \\
&= dm \cdot \left(c_x \cdot \frac{\partial \vec{c}}{\partial x} + c_y \cdot \frac{\partial \vec{c}}{\partial y} + c_z \cdot \frac{\partial \vec{c}}{\partial z} + \frac{\partial \vec{c}}{\partial t} \right).
\end{aligned}
\tag{6.50}
$$

Abb. 6.10 Kräfte in x-Richtung auf das Fluidelement

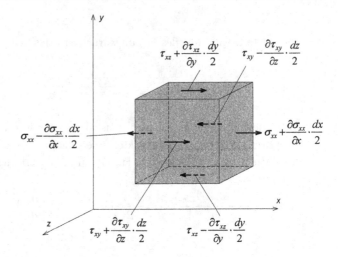

Um die Kraft F und ihre Komponenten zu bekommen, müssen die Kräfte, die auf den Kontrollraum wirken, bestimmt werden. Es sind die Oberflächenkräfte F_O und Körperkräfte F_K. Abbildung 6.10 zeigt die Oberflächenkräfte, die in x-Richtung auf das Fluidelement wirken.

Die Oberflächenkräfte, die auf den Körper wirken, werden durch die Schubspannungen τ_{xy} und τ_{xz} und die Normalspannungen σ_{xx} erzeugt. Für die Oberflächenkraft in x-Richtung, die im Zentrum des Fluidelements wirkt, erhält man:

$$F_{Ox} = \left(\tau_{xz} + \frac{\partial \tau_{xz}}{\partial y} \cdot \frac{dy}{2} - \tau_{xz} + \frac{\partial \tau_{xz}}{\partial y} \cdot \frac{dy}{2} \right) \cdot dx \cdot dz +$$

$$+ \left(\tau_{xy} + \frac{\partial \tau_{xy}}{\partial z} \cdot \frac{dz}{2} - \tau_{xy} + \frac{\partial \tau_{xy}}{\partial z} \cdot \frac{dx}{2} \right) \cdot dx \cdot dy +$$

$$+ \left(\sigma_{xx} + \frac{\partial \sigma_{xx}}{\partial x} \cdot \frac{dx}{2} - \sigma_{xx} + \frac{\partial \sigma_{xx}}{\partial y} \cdot \frac{dx}{2} \right) \cdot dy \cdot dz \, .$$

Errechnet bekommt man:

$$F_{Ox} = \left(\frac{\partial \tau_{xz}}{\partial y} + \frac{\partial \tau_{xy}}{\partial z} + \frac{\partial \sigma_{xx}}{\partial x} \right) \cdot dx \cdot dy \cdot dz \qquad (6.51)$$

Die Körperkräfte werden durch Gravitation verursacht und sind:

$$dF_{Kx} = \rho \cdot g_x \cdot dV = \rho \cdot g_x \cdot dx \cdot dy \cdot dz \qquad (6.52)$$

Die Schubspannungskräfte können nach dem *Newton*'schen Schubspannungsansatz bestimmt werden.

$$\tau_{yx} = \tau_{xy} = \mu \cdot \left(\frac{\partial c_x}{\partial y} + \frac{\partial c_y}{\partial x} \right)$$

$$\tau_{zx} = \tau_{xz} = \mu \cdot \left(\frac{\partial c_x}{\partial z} + \frac{\partial c_z}{\partial x} \right) \tag{6.53}$$

Für ein inkompressibles Fluid konstanter Viskosität werden die Normalspannungen nur durch die Druckgradienten verursacht.

$$\frac{\partial \sigma_{xx}}{\partial x} = -\frac{dp}{\partial x} \tag{6.54}$$

$$F_{Ox} = \left(\frac{\partial \tau_{xz}}{\partial y} + \frac{\partial \tau_{xy}}{\partial z} + \frac{\partial \sigma_{xx}}{\partial x} \right) \cdot dx \cdot dy \cdot dz \tag{6.55}$$

Berücksichtigt man, dass die Masse $dm = r \cdot dV = r \cdot dx \cdot dy \cdot dz$ ist, erhält man aus den einzelnen Komponenten der Kraft mit den Gln. 6.51 bis 6.55:

$$\rho \cdot \left(c_x \cdot \frac{\partial c_x}{\partial x} + c_y \cdot \frac{\partial c_x}{\partial y} + c_z \cdot \frac{\partial c_x}{\partial z} + \frac{\partial c_x}{\partial t} \right) = \rho \cdot g_x - \frac{\partial p}{\partial x} + \eta \cdot \left(\frac{\partial^2 c_x}{\partial x^2} + \frac{\partial^2 c_x}{\partial y^2} + \frac{\partial^2 c_x}{\partial z^2} \right)$$

$$\rho \cdot \left(c_x \cdot \frac{\partial c_y}{\partial x} + c_y \cdot \frac{\partial c_y}{\partial y} + c_z \cdot \frac{\partial c_y}{\partial z} + \frac{\partial c_y}{\partial t} \right) = \rho \cdot g_y - \frac{\partial p}{\partial y} + \eta \cdot \left(\frac{\partial^2 c_y}{\partial x^2} + \frac{\partial^2 c_y}{\partial y^2} + \frac{\partial^2 c_y}{\partial z^2} \right)$$

$$\rho \cdot \left(c_x \cdot \frac{\partial c_z}{\partial x} + c_y \cdot \frac{\partial c_z}{\partial y} + c_z \cdot \frac{\partial c_z}{\partial z} + \frac{\partial c_z}{\partial t} \right) = \rho \cdot g_z - \frac{\partial p}{\partial z} + \eta \cdot \left(\frac{\partial^2 c_z}{\partial x^2} + \frac{\partial^2 c_z}{\partial y^2} + \frac{\partial^2 c_z}{\partial z^2} \right).$$
$$\tag{6.56}$$

Diese Gleichungen sind *Navier-Stokes*-Gleichungen für inkompressible Fluide konstanter Viskosität. Die Herleitung der allgemein gültigen Gleichungen, die auch für kompressible Fluide und Fluide veränderlicher Viskosität gelten, kann z. B. bei *Schlichting* [2] eingesehen werden. Dort findet man auch die Gleichungen für zylindrische Koordinaten. Auf die Anwendung der *Navier-Stokes*-Gleichungen wird in Kap. 11 bei numerischen Strömungsrechnungen eingegangen.

Bei stationären Strömungen ist die Ableitung nach der Zeit auf der linken Seite der Gleichungen gleich null. Die anderen Terme auf der linken Seite berücksichtigen die lokale Änderung der Geschwindigkeit und entsprechen daher der Änderung der kinetischen Energie. Bei der in Abschn. 6.4.3.2 behandelten laminaren Spaltströmung haben wir nur Geschwindigkeitskomponente in x-Richtung, die sich in Strömungsrichtung nicht verändern; die Schwerkraft spielt keine Rolle. Für diesen Fall vereinfacht sich Gl. 6.56 zu:

$$\frac{\partial p}{\partial x} = \eta \cdot \frac{\partial^2 c_x}{\partial y^2} \tag{6.57}$$

Der Druckverlust kann durch den konstanten Druckgradienten $\Delta p / \Delta x$ ersetzt werden. Die Lösung der Differentialgleichung ist:

$$c_x = \frac{\Delta p}{\Delta x} \cdot \frac{1}{\eta} \cdot \frac{y^2}{2} + C \tag{6.58}$$

Wenn die entsprechenden Randbedingungen eingesetzt werden, stimmt diese Lösung mit der in Gl. 6.44 überein.

Bei den reibungsfreien, inkompressiblen idealen Fluiden ist die Viskosität gleich null. Betrachtet man eine eindimensionale Strömung, die nur Geschwindigkeiten in z-Richtung hat, vereinfacht sich Gl. 6.56 zu:

$$\rho \cdot c \cdot dc + g \cdot \rho \cdot dz = -dp \tag{6.59}$$

Hier wurde die z-Richtung gewählt, weil nach unseren bisherigen Betrachtungen z die geodätische Höhe ist. Bei der Umformung berücksichtigte man, dass bisher z in Richtung des Erdmittelpunktes gerichtet war. Gleichung 6.59 kann integriert werden,

$$p_1 - p_2 = \rho \cdot \frac{c_2^2 - c_1^2}{2} + g \cdot \rho \cdot (z_2 - z_1) \tag{6.60}$$

Gleichung 6.60 ist die *Bernoulli*-Gleichung.

Solch einfache Lösungen sind nur für die eindimensionale Strömung idealer Fluide oder für die inkompressible, stationäre laminare Strömung in einfachen Geometrien möglich. Schon bei der inkompressiblen turbulenten Strömung in Leitungen einfacher Geometrie ist eine analytische Lösung unmöglich.

Literatur

[1] Böckh P von, Cizmar J., Schlachter W (1999) Grundlagen der technischen Thermodynamik, Bildung Sauerländer Aarau, Bern, Fortis FH, Mainz, Köln, Wien

[2] Schlichting H (1965) Grenzschichttheorie, Verlag G. Braun Karlsruhe

[3] Bohl W (1991) Technische Strömungslehre, 9. Auflage, Vogel Verlag, Würzburg

Druckverlust in Rohrleitungselementen 7

Reibungsdruckverluste in Rohrleitungssystemen können mit den Grundlagen aus Kap. 6 nicht berechnet werden, weil außer geraden Rohren viele Rohrleitungselemente wie Rohrbögen, Ventile, Siebe etc. vorhanden sind. Hier werden die Widerstandszahlen der gebräuchlichsten Komponenten angegeben und die Anwendung an Beispielen demonstriert. Quellen werden aufgezeigt, in denen Widerstandszahlen gesammelt sind.

7.1 Allgemeines

Rohrleitungen bestehen nicht nur aus geraden Rohren konstanten Querschnitts. Sie enthalten auch Elemente, in denen sich Strömungsrichtung, Rohrquerschnitt und der Massenstrom ändern können. Solche Rohrleitungselemente sind Krümmer (miter bends), Bogen (pipe bends, ellbows), Rohrein- und -ausläufe (pipe inlets and exits), Verzweigungen, Ventile (valves), Übergangsstücke mit plötzlichen bzw. stetigen Querschnittsveränderungen (sudden and gradual contractions or enlargements), Schieber (gate valves), Blenden (orifices), Düsen (nozzles), Rückschlagklappen (non-return valves, check valves), Rohrverzweigungen (pipe intersections) usw. In den Rohrleitungselementen treten Reibungsdruckverluste auf, die wesentlich größer sein können als die in geradem Rohrabschnitt. Nur in wenigen Fällen ist es möglich, die Reibungsverluste in solchen Elementen theoretisch zu bestimmen. Der Reibungsdruckverlust hängt von der Geometrie und *Reynolds*zahl ab. Für die Bestimmung des Druckverlustes der meisten Rohrleitungselemente ist man auf Messungen angewiesen. Der Reibungsdruckverlust wird mit einer *Widerstandszahl* ζ folgendermaßen angegeben:

$$\Delta p_v = \zeta \cdot \frac{\bar{c}^2 \cdot \rho}{2} \tag{7.1}$$

P. von Böckh und C. Saumweber, *Fluidmechanik*, DOI 10.1007/978-3-642-33892-2_7,
© Springer-Verlag Berlin Heidelberg 2013

▶   Man muss unbedingt berücksichtigen, auf welchen Rohrquerschnitt und damit, auf welche mittlere Geschwindigkeit die Widerstandszahl bezogen ist.

▶   Weiterhin ist zu beachten, dass zur Bestimmung der Änderung des Gesamtdruckes die Druckänderungen, die durch Geschwindigkeits- oder Höhenänderungen hervorgerufen werden, zu berücksichtigen sind. Gleichung 7.1 gibt nur die durch Reibung verursachten Druckänderungen an. Die in den folgenden Kapiteln angegebenen Widerstandszahlen gelten nur für turbulente Strömungen.

7.2   Widerstandszahlen gängiger Rohrleitungselemente

7.2.1   Rohreinläufe

Bei Rohreinläufen strömt das Fluid aus einem größeren Raum in ein Rohr. Dabei löst sich die Strömung je nach Geometrie des Einlaufs von der Rohrwand und bildet Wirbel. Diese bedeuten einerseits Reibungsverluste, andererseits verkleinert sich der wirksame Strömungsquerschnitt. Im Wirbel wird keine Masse in die Hauptströmungsrichtung transferiert. Dadurch ist die Querschnittsfläche für den Massestrom nicht die Fläche A, sondern die verminderte Fläche A_0 (Abb. 7.1). Die Geschwindigkeitsänderung kann nicht vollständig in eine Druckänderung zurückgewandelt werden.

Zur Berechnung des Reibungsdruckverlustes nach Gl. 7.1 wird die mittlere Strömungsgeschwindigkeit im Rohr verwendet. Die Widerstandszahl hängt stark von der Geometrie des Einlaufs und relativ schwach von der *Reynolds*zahl ab. In Abb. 7.2 sind die geometrieabhängigen Widerstandszahlen für einige typische Rohreinläufe angegeben.

Für genauere Berechnungen muss die entsprechende Literatur (z. B. VDI-Wärmeatlas [1], Idlechick: Handbook of hydraulic resistances [2]) verwendet werden.

Abb. 7.1 Strömungsverlauf in einem Rohreintritt

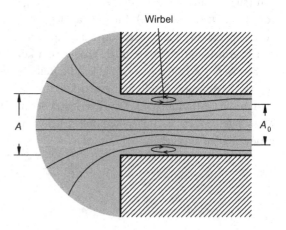

Wirbel

Abb. 7.2 Widerstandszahlen einiger Rohreinläufe

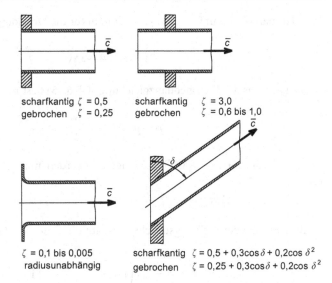

scharfkantig $\zeta = 0,5$ scharfkantig $\zeta = 3,0$
gebrochen $\zeta = 0,25$ gebrochen $\zeta = 0,6$ bis $1,0$

$\zeta = 0,1$ bis $0,005$ scharfkantig $\zeta = 0,5 + 0,3\cos\delta + 0,2\cos\delta^2$
radiusunabhängig gebrochen $\zeta = 0,25 + 0,3\cos\delta + 0,2\cos\delta^2$

Abb. 7.3 Plötzliche Querschnittserweiterung

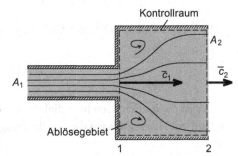

7.2.2 Plötzliche Querschnittserweiterung

können Rohrausläufe oder eine plötzliche Erweiterung des Rohrdurchmessers sein. Abbildung 7.3 zeigt eine Querschnittserweiterung. Die Widerstandszahl lässt sich hier als seltene Ausnahme analytisch herleiten. Am Rohraustritt ist für die Druckkraft der Strömungsquerschnitt gleich A_2. Die Geschwindigkeit am Austritt des Rohrs mit dem kleineren Durchmesser ist größer als in einiger Entfernung im größeren Rohrquerschnitt. Der Impulssatz wird auf den eingezeichneten Kontrollraum angewendet. Dabei ist zu beachten, dass der Druck an den Stellen 1 und 2 jeweils auf die gleich großen Flächen mit dem Querschnitt A_2 wirkt.

$$p_1 \cdot A_2 + \dot{m} \cdot \bar{c}_1 = p_2 \cdot A_2 + \dot{m} \cdot \bar{c}_2 \qquad (7.2)$$

Der Massenstrom ist an den Stellen 1 und 2 gleich groß und kann daher an Stelle 2 angegeben werden.

$$\dot{m} = \rho \cdot A_2 \cdot \bar{c}_2 \qquad (7.3)$$

Setzt man Gl. 7.3 in Gl. 7.2 ein, erhält man für die Druckänderung:

$$p_2 - p_1 = \rho \cdot \bar{c}_2 \cdot (\bar{c}_1 - \bar{c}_2) \tag{7.4}$$

Sie kann aus der Energiebilanzgleichung (Gl. 6.15) bestimmt werden:

$$p_2 - p_1 + \Delta p_v = \frac{\rho}{2} \cdot (\bar{c}_1^2 - \bar{c}_2^2) \tag{7.5}$$

Aus Gl. 7.4 kann $p_2 - p_1$ in Gl. 7.5 eingesetzt werden, man erhält für den Reibungsdruckverlust:

$$\Delta p_v = \frac{\rho}{2} \cdot (\bar{c}_1^2 - \bar{c}_2^2) - \rho \cdot \bar{c}_2 \cdot (\bar{c}_1 - \bar{c}_2) = \frac{\rho}{2} \cdot (\bar{c}_1 - \bar{c}_2)^2 \tag{7.6}$$

Bezieht man den Reibungsdruckverlust auf die Geschwindigkeit c_1, erhält man:

$$\Delta p_v = \frac{\rho}{2} \cdot \bar{c}_1^2 \left(1 - \frac{\bar{c}_2}{\bar{c}_1}\right)^2 = \frac{\rho}{2} \cdot \bar{c}_1^2 \left(1 - \frac{A_1}{A_2}\right)^2 \tag{7.7}$$

Die Widerstandszahl ist nach Gl. 7.1 somit:

$$\zeta_1 = \left(1 - \frac{A_1}{A_2}\right)^2 \tag{7.8}$$

Hier ist die mittlere Geschwindigkeit die Geschwindigkeit im Querschnitt A_1. Die Widerstandszahl kann auch auf die Geschwindigkeit im Querschnitt A_2 bezogen werden. Sie ist dann:

$$\zeta_2 = \left(\frac{A_2}{A_1} - 1\right)^2 \tag{7.9}$$

Ist der Strömungsquerschnitt A_2 sehr viel größer als A_1, wird die Widerstandszahl ζ_1 gleich 1. Die Widerstandszahl ζ_2 geht gegen unendlich, aber gleichzeitig strebt die Geschwindigkeit c_2 auch gegen null.

▸   Beim Ausströmen aus einem Rohr in einen großen Behälter (z. B. Umgebung)
    wird der dynamische Druck vollständig in Reibungsdruckverlust umgewandelt,
    d. h., der Druck am Rohraustritt ist gleich groß wie der Druck im Behälter.

7.2.3 Plötzliche Querschnittsverengung

Die Widerstandszahl einer plötzlichen Querschnittsverengung kann wie bei plötzlicher Erweiterung aus dem Impulssatz und der Energiegleichung hergeleitet werden. Die so ermittelte Widerstandszahl stimmt aber nicht mit den Messergebnissen überein. Bei plötzlicher Verengung wird am Eintritt in den kleineren Querschnitt die Strömung wie im Rohreinlauf

Abb. 7.4 Plötzliche Querschnittsverengung

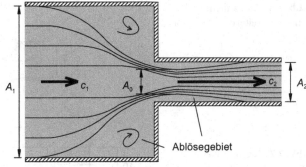

Abb. 7.5 Widerstandszahlen plötzlicher, scharfkantiger Rohrverengungen

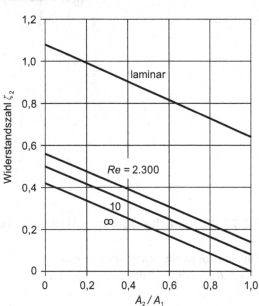

eingeschnürt (Abb. 7.4). Kurz nach dem Eintritt steht für die Strömung nur die Querschnittsfläche A_0 und nicht A_2 zur Verfügung. An der Kante des Eintritts löst sich die Strömung ab, Wirbel bilden sich, man spricht von einer *Strahlkontraktion*.

Die Widerstandszahl für scharfkantige und plötzliche Rohrverengungen hängt von der *Reynolds*zahl und vom Querschnittsverhältnis ab (Abb. 7.5). Es ist darauf zu achten, dass die Widerstandszahlen auf die Geschwindigkeit im Querschnitt A_2 bezogen sind. Wie bei Rohreinläufen ist sie sehr stark von der Geometrie abhängig. Gebrochene oder abgerundete Kanten, vorstehende Rohre und Schweißnähte verändern die Widerstandszahlen sehr stark und können wie bei Rohreinläufen in Spezialliteratur gefunden werden.

Abb. 7.6 Allmähliche Querschnittserweiterung (Diffusor)

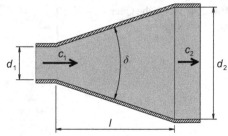

Abb. 7.7 Grenzwinkel von
Diffusoren kreisförmigen
Querschnitts

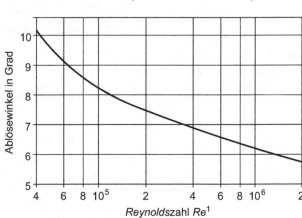

7.2.4 Allmähliche Querschnittserweiterung (Diffusor)

Ein Diffusor ist ein sich in Strömungsrichtung stetig erweiternder Strömungskanal. Abbildung 7.6 zeigt einen Diffusor mit dem konstanten Öffnungswinkel δ.

Der Diffusor ist eine allmähliche Querschnitterweiterung, in der die Geschwindigkeit in Strömungsrichtung abnimmt. Nach der Energiebilanzgleichung steigt der Druck an. Mit Diffusoren kann ein Teil der kinetischen Energie in Druck umgewandelt werden. Dieser Effekt wird in Strahlpumpen, Kreiselpumpen und Kreiselverdichtern technisch genutzt. Durch Reibung ist der Druckanstieg kleiner als nach der *Bernoulli*-Gleichung.

In einem Diffusor mit gegebenem Öffnungswinkel nimmt mit zunehmender Länge der Reibungsdruckverlust zu. Ist das Öffnungsverhältnis fest, nimmt mit abnehmender Länge der Öffnungswinkel zu, durch Ablösungen wird der Reibungsdruckverlust drastisch vergrößert. Deshalb versucht man, Diffusoren so kurz wie möglich zu gestalten, ohne dabei eine Ablösung der Strömung zu verursachen. Der günstigste Öffnungswinkel, bei dem die beste Energieumwandlung erreicht werden kann, liegt bei etwa 8°.

In Abb. 7.7 ist der Winkel, bei dem sich die Strömung nicht ablöst, als eine Funktion der *Reynolds*zahl dargestellt. Ist der Öffnungswinkel größer als der Grenzwert, kommt es zu einer Strömungsablösung.

Abbildung 7.8 zeigt die Widerstandszahlen von Diffusoren, in denen es zu keiner Strömungsablösung kommt. Man sieht, dass sich die Widerstandszahl mit zunehmen-

Abb. 7.8 Widerstandszahl
der Diffusoren kreisförmigen
Querschnitts [1]

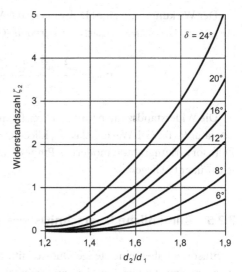

Abb. 7.9 Widerstandszahl
der Diffusoren kreisförmigen
Querschnitts mit $\delta > \delta_{grenz}$ [1]

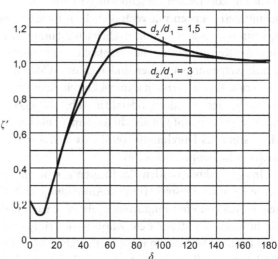

dem Durchmesserverhältnis und der damit ansteigenden Länge des Diffusors erhöht. Für
Diffusoren, bei denen sich die Strömung ablöst, sind die Widerstandszahlen in Abb. 7.9
dargestellt. Die im Diagramm in Abb. 7.9 angegebene Reibungszahl ζ' muss noch mit dem
Flächenverhältnis korrigiert werden:

$$\zeta_2 = \zeta' \cdot (A_2/A_1 - 1) \tag{7.10}$$

Der Wirkungsgrad eines Diffusors ist das Verhältnis des tatsächlich erzielten Druckanstiegs zum Druckanstieg nach der *Bernoulli*-Gleichung.

$$\eta_{Diff} = \frac{\bar{c}_1^2 - \bar{c}_2^2 - \zeta_2 \cdot \bar{c}_2^2}{\bar{c}_1^2 - \bar{c}_2^2} = 1 - \frac{\zeta_2}{\left(A_2/A_1\right)^2 - 1} \tag{7.11}$$

Die Widerstandszahlen für nicht kreisförmige Diffusoren findet man in entsprechender Literatur (z. B. VDI-Wärmeatlas [1], Idlechick: Handbook of hydraulic resistances [2]). Die Diffusorwirkungsgrade moderner Pumpen und Verdichter können Werte erreichen, die leicht über 0,9 liegen.

7.2.5 Allmähliche Querschnittsverengungen (Konfusor, Düse)

Konfusoren haben eine stetige Querschnittsverengung. Abbildung 7.10 zeigt einen Konfusor mit konstantem Einschnürungswinkel. Prinzipiell können Konfusoren auch Querschnittsverengungen mit veränderlichem Einschnürungswinkel haben. Hier werden nur Konfusoren mit kreisförmigem Querschnitt und konstantem Einschnürungswinkel behandelt. Bei Konfusoren ist die Strahlablösung wesentlich kleiner als bei plötzlichen Querschnittsverengungen, daher sind auch die Widerstandszahlen deutlich kleiner. Für technisch raue Konfusoren mit kleinem Einschnürungswinkel ist die auf die Austrittsgeschwindigkeit bezogene Widerstandszahl in Abb. 7.11 gegeben. Es erscheint widersprüchlich, dass die Widerstandszahl mit abnehmendem Winkel ansteigt. Der Grund hierfür ist, dass für ein bestimmtes Durchmesserverhältnis die Länge des Konfusors größer wird und damit auch der Reibungsdruckverlust.

In der Technik werden Konfusoren zur Beschleunigung der Strömungsgeschwindigkeit verwendet. Beispiele für ihre Anwendung sind: Garten- oder Feuerwehrschlauchdüsen, Düsen von Freistrahlturbinen, als Düsen ausgebildete Schaufelgitter der Dampf- und Gasturbinen, Windkanäle etc. Ähnlich wie beim Diffusor kann für die Düse ein Wirkungsgrad definiert werden. In einer idealen Düse wird die Druckänderung nach der *Bernoulli*-Gleichung vollständig in Änderung der kinetischen Energie umgewandelt. In der realen Düse verringert sich die Umwandlung durch den Reibungsdruckverlust. Daher ist der Wirkungsgrad gleich dem Verhältnis realer Änderung kinetischer Energie zur idealen Änderung.

$$\eta_{Konf} = \frac{\bar{c}_2^2 - \bar{c}_1^2 - \zeta_2 \cdot \bar{c}_2^2}{\bar{c}_2^2 - \bar{c}_1^2} = 1 - \frac{\zeta_2}{1 - \left(A_2/A_1\right)^2} \tag{7.12}$$

7.2.6 Normdrosselorgane

Drosselorgane, die den Strömungsquerschnitt verengen und nachher wieder freigeben, nennt man Blenden oder Düsen. Im Gegensatz zum Konfusor, der eine stetige

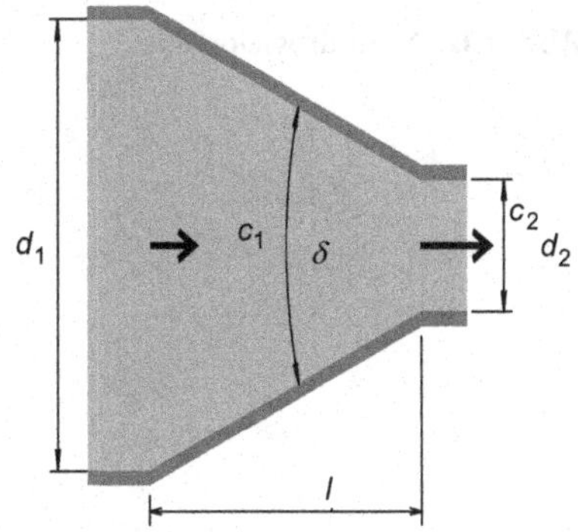

Abb. 7.10 Allmähliche Querschnittsverengung (Konfusor,
Düse)

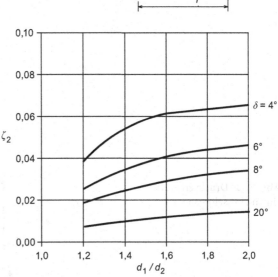

Abb. 7.11 Widerstandszahlen der Düsen kreisförmigen
Querschnitts

Querschnittsverengung ist, ist eine Düse eine auf der Eintrittsseite stetige Querschnittsverengung und auf der Austrittsseite eine plötzliche Querschnittserweiterung. Düsen und
Blenden werden zur Drosselung von Strömungen verwendet. Zur Messung des Volumen-
und Massenstroms nimmt man Normblenden, Normdüsen und Norm*venturi*düsen. Die
Funktion der *Venturi*düse wurde bereits bei idealen Fluiden besprochen. Bei realen Fluiden
ist die Druckabnahme größer als nach der *Bernoulli*-Gleichung. Die Berücksichtigung des
Druckverlustes und der Strahlkontraktion erfolgt durch Faktoren, die in EN ISO 5167-1
angegeben werden. Eine ausführliche Besprechung dieser Messmethode folgt noch im
Kap. 12. Abbildung 7.12 zeigt eine Normblende, Normdüse und Norm*venturi*düse.

In allen drei Normdrosselorganen ist der Druckverlauf prinzipiell gleich. Wegen der Geschwindigkeitserhöhung entsteht direkt vor und nach dem Drosselorgan ein hoher Druck-
abfall, der als Wirkdruck Δp_w bezeichnet wird. Teilweise kann er durch die nachfolgende
Geschwindigkeitsabnahme wieder zurückgewonnen werden. Dieser Rückgewinn verringert sich wegen des Reibungsdruckverlustes Δp_v. Je nachdem, ob eine Normblende, -düse

Abb. 7.12 Normdrosselorgane

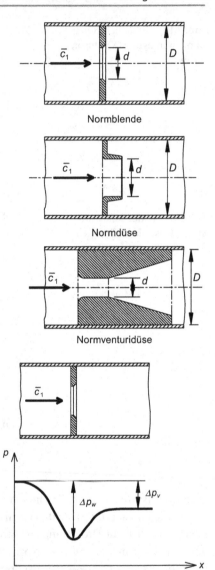

Normblende

Normdüse

Normventuridüse

Abb. 7.13 Druckverlauf in
einem Drosselorgan

oder -*venturi*düse verwendet wird, sind die Beträge des Wirkdruckes und des Reibungsdruckverlustes unterschiedlich. In Abb. 7.13 ist der prinzipielle Druckverlauf über einer
Normblende dargestellt. Abbildung 7.14 [1] zeigt Widerstandszahlen der Normdrosselorgane, die auf die Strömungsgeschwindigkeit c_1 bezogen sind. In der Literatur wird der
Reibungsdruckverlust in Drosselorganen oft als Anteil des Wirkdruckes angegeben.

Abb. 7.14 Widerstandszahlen
der Drosselorgane

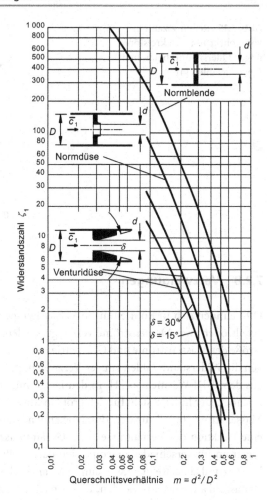

7.2.7 Krümmer (Rohrbogen)

In Krümmern entsteht der Reibungsdruckverlust durch Ablösung der Strömung und
durch Wirbelbildung. Ablösungen und Wirbel bilden sich hauptsächlich an der Innenseite
des Krümmers. Die Reibungszahl hängt von der Geometrie, Rauigkeit des Krümmers und
*Reynolds*zahl ab. In Abb. 7.15 ist die Reibungszahl für Krümmer kreisförmigen Querschnitts in Abhängigkeit vom Krümmerwinkel und vom Verhältnis des Krümmerradius
zum Innendurchmesser bei hohen *Reynolds*zahlen dargestellt. Für andere Geometrien,
Winkel und *Reynolds*zahlen wird auf Literatur verwiesen (z. B. VDI-Wärmeatlas [1], Idlechick: Handbook of hydraulic resistances [2]).

Abb. 7.15 Reibungszahlen
von Rohrkrümmern kreisförmigen Querschnitts bei hohen
*Reynolds*zahlen [4]

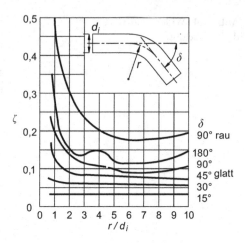

7.2.8   Verzweigungen

Oft befinden sich in Rohrleitungen Verzweigungen, in denen entweder ein Massenstrom
geteilt oder zwei Massenströme vereinigt werden. Die Reibungszahl hängt hier von der
Größe der Massenströme und Geometrie der Verzweigung ab. Die Abb. 7.16 und 7.17 zeigen die Widerstandszahlen einiger Verzweigungen in Rohren kreisförmigen Querschnitts
aus dem VDI-Wärmeatlas [1]. In den Diagrammen werden die Massenströme mit G bezeichnet. Der Index z steht für den größten Massenstrom, a für den zu- oder abgezweigten
Massenstrom und d für den durchgehenden Massenstrom. Die Widerstandszahl ist als
eine Funktion des Verhältnisses vom Gesamtmassenstrom und dem abgezweigten Massenstrom für verschiedene Geometrien dargestellt. Die Widerstandszahlen der durchgehenden und abgezweigten Strömung sind angegeben. Bei Verzweigungen kann die Widerstandszahl auch negativ werden, weil je nach Geometrie durchgehende oder abzweigende
Strömung die andere Strömung mitreißt und damit die Geschwindigkeit verringert, wodurch der Druck vergrößert wird.

7.2.9   Andere Rohrleitungselemente

Einige Rohrleitungselemente, wie z. B. Ventile, Schieber, Rückschlagklappen, Siebe, Fil-
ter, Wellrohre usw., werden hier nicht näher behandelt. Entsprechende Widerstandszahlen
können der schon erwähnten Literatur entnommen werden. Die Hersteller der Rohrleitungselemente geben für ihre spezifischen Produkte Widerstandszahlen an.

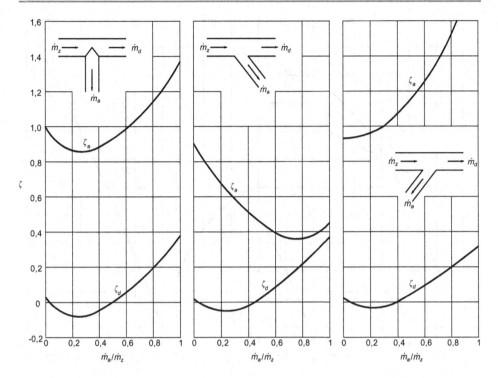

Abb. 7.16 Widerstandszahlen von Verzweigungen

7.3 Rohrleitungssysteme

Der Reibungsdruckverlust in einem Rohrleitungssystem, bestehend aus k geraden Rohren und n Rohrleitungselementen, kann folgendermaßen berechnet werden:

$$\Delta p_v = \frac{\rho}{2} \cdot \left[\sum_{i=1}^{i=n} \zeta_i \cdot \bar{c}_i^2 + \sum_{j=1}^{j=k} \lambda_j \cdot \frac{l_j}{d_j} \cdot \bar{c}_j^2 \right] \tag{7.13}$$

Hier muss man beachten, auf welche Geschwindigkeit die Widerstandszahl bezogen ist. Falsch eingesetzte Geschwindigkeiten können beträchtliche Fehler verursachen. Möglich ist auch, eine für das Rohrleitungssystem typische Geschwindigkeit c_0 bei dem entsprechenden Strömungsquerschnitt A_0 auszuwählen und in Gl. 7.13 statt der Geschwindigkeit das Verhältnis der Strömungsquerschnitte einzusetzen.

$$\Delta p_v = \frac{\rho \cdot \bar{c}_0^2 \cdot A_0^2}{2} \cdot \left[\sum_{i=1}^{i=n} \frac{\zeta_i}{A_i^2} + \sum_{j=1}^{j=k} \frac{\lambda_j}{A_j^2} \cdot \frac{l_j}{d_j} \right] \tag{7.14}$$

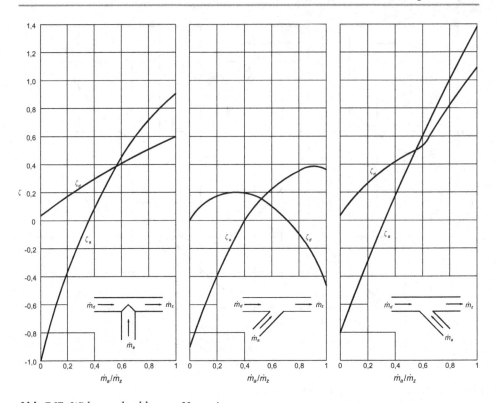

Abb. 7.17 Widerstandszahlen von Verzweigungen

Auch hier ist zu beachten, auf welche Querschnittsfläche die Widerstandszahl bezogen ist.

Ferner ist es üblich, an Stelle der Widerstandszahl der Rohrleitungselemente eine gleichwertige Rohrlänge l_{gl} anzugeben. Sie entspricht bei einem geraden Rohr der Länge, die den gleichen Reibungsdruckverlust erzeugt wie das Rohrleitungselement.

$$l_{gl} = \zeta \cdot \frac{d}{\lambda} \qquad (7.15)$$

Beispiel 7.1: Windkanal
Ein Windkanal hat eine 6 m lange Messstrecke mit dem quadratischen Querschnitt von 0,3 m Kantenlänge. Der Messstrecke sind ein quadratischer Gleichrichter und ein Konfusor mit 20° Öffnungswinkel vorgeschaltet. Der Gleichrichter hat die Widerstandszahl 2 und eine Kantenlänge von 0,6 m. Zunächst strömt die Luft direkt aus der Messstrecke in die Umgebung. Um Energie zu sparen, wurde nach der

Messstrecke ein Diffusor mit 0,54 m Austrittskantenlänge und 6° Öffnungswinkel angebracht. Die Strömungsgeschwindigkeit in der Messstrecke ist 60 m/s. Die Luft kann als inkompressibles Medium mit einer konstanten Dichte von 1,2 kg/m³ behandelt werden. Die Widerstandszahlen der quadratischen Querschnittsveränderungen entnimmt man den Diagrammen für kreisförmige Querschnitte. Viskosität der Luft: $15 \cdot 10^{-6}$ m²/s. Der Außendruck beträgt 0,98 bar. Zu berechnen sind:

a) der Druck vor dem Gleichrichter und am Ende der Messstrecke mit und ohne Diffusor
b) die Änderung der Leistungsaufnahme durch den Diffusor, wenn der Wirkungsgrad des Verdichters 0,75 ist.

Lösung

- Schema

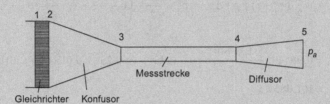

- Annahmen
  - Dichte und Viskosität der Luft sind konstant.
  - Die Reibungszahlen der quadratischen Querschnittsveränderungen werden den Diagrammen kreisförmiger Querschnitte entnommen.
- Analyse
  a) Der Druckverlust kann mit Gl. 7.13 oder 7.14 berechnet werden. Hier wenden wir Gl. 7.14 an:

$$\Delta p_v = \frac{\rho \cdot \bar{c}_3^2}{2} \cdot \left[\sum_{i=1}^{i=n} \frac{\zeta_i \cdot A_3^2}{A_i^2} + \sum_{j=1}^{j=k} \frac{\lambda_j \cdot A_3^2}{A_j^2} \cdot \frac{l_j}{d_j} \right]$$

Für die Geschwindigkeit c_3 und die Querschnittsfläche A_3 werden die Werte der Messstrecke genommen. Dort muss zur Bestimmung des Reibungsdruckverlustes der hydraulische Durchmesser eingesetzt werden. Für den Gleichrichter ist die Widerstandszahl $\zeta_1 = 2$ und das Verhältnis der Flächen $A_3 / A_1 = 0,25$. Die auf die Austrittsgeschwindigkeit c_3 bezogene Widerstandszahl des Konfusors erhält man aus dem Diagramm in Abb. 7.11 mit $\zeta_2 = 0,015$. Das Flächenverhältnis ist gleich 1. Am Austritt der Messstrecke haben wir eine plötzliche, unendliche Querschnittserweiterung. Die Geschwindigkeit wird damit zu null und die Widerstandszahl, bezogen auf die Geschwindigkeit in der Messstrecke, gleich $\zeta_4 = 1$.

Der hydraulische Durchmesser hat die Kantenlänge von 0,3 m. Die *Reynolds*zahl ist damit:

$$Re_3 = \frac{c_3 \cdot a_3}{\nu} = \frac{60 \cdot 0,3}{15 \cdot 10^{-6}} = 1.200.000$$

Die Rohrreibungszahl wird nach Gl. 6.35 berechnet:

$$\lambda = \left[\log \cdot (Re^2 \cdot \lambda) - 0,8\right]^{-2} = 0,0113$$

Der Druck am Eintritt des Gleichrichters ohne Diffusor ist:

$$p_1 = p_u + \frac{1}{2} \cdot (c_u^2 - c_1^2) \cdot \rho + \Delta p_v = p_4 + \frac{\rho \cdot c_3^2}{2} \cdot \left(0 - \frac{A_3^2}{A_1^2} + \zeta_1 \cdot \frac{A_3^2}{A_1^2} + \zeta_2 + \zeta_4 + \lambda \cdot \frac{l}{a}\right)$$

$$p_1 = 0,98 \cdot 10^5 + \frac{1,2 \cdot 60^2}{2} \cdot \left(0 - 0,25^2 + 2 \cdot 0,25^2 + 0,015 + 1 + 0,0113 \cdot \frac{6}{0,3}\right)$$
$$= 101.085\,\text{Pa}$$

Am Austritt der Messstrecke ist der Druck ohne Diffusor gleich groß wie der Umgebungsdruck.

Der Diffusor bewirkt einerseits, dass die Geschwindigkeit herabgesetzt wird und der Druck sich dadurch erhöht, andererseits entsteht im Diffusor ein Reibungsdruckverlust. Das Kantenverhältnis des Diffusors beträgt 1,8. Für die Widerstandszahl des Diffusors liest man aus dem Diagramm in Abb. 7.8 den Wert von $\zeta_4 = 0,4$ ab. Die Widerstandszahl ζ_5 am Austritt hat wiederum den Wert 1, bezogen auf die Geschwindigkeit am Diffusoraustritt. Der Druck vor dem Gleichrichter ist:

$$p_1 = p_u + \frac{1}{2} \cdot (c_4^2 - c_1^2) \cdot \rho + \Delta p_v =$$

$$= p_u + \frac{\rho \cdot c_3^2}{2} \cdot \left[0 - \frac{A_3^2}{A_1^2} + \zeta_1 \cdot \frac{A_3^2}{A_1^2} + \zeta_2 + (\zeta_4 + \zeta_5) \cdot \frac{A_3^2}{A_5^2} + \lambda \cdot \frac{l}{a}\right] =$$

$$p_1 = 0,98 \cdot 10^5 + \frac{1,25 \cdot 60^2}{2}$$

$$\cdot \left(0 - 0,25^2 + 2 \cdot 0,25^2 + 0,015 + 1,4 \cdot (1/1,8)^4 + 0,0113 \cdot \frac{6}{0,3}\right) =$$

$$= 99.213\,\text{Pa}\ .$$

Am Ende der Messstrecke beträgt der Druck:

$$p_4 = p_u + \frac{1}{2} \cdot \left(c_u^2 - c_4^2 \right) \cdot \rho + \Delta p_v = p_u + \frac{\rho \cdot c_3^2}{2} \cdot \left[0 - 1 + \zeta_4 \cdot \frac{A_3^2}{A_5^2} + \zeta_5 \cdot \frac{A_3^2}{A_5^2} \right] =$$

$$p_4 = 0,98 \cdot 10^5 + \frac{1,2 \cdot 60^2}{2} \cdot \left[0 - 1 + 1,4 \cdot (1/1,8)^4 \right] = \mathbf{96.128\,Pa} \; .$$

b) Die Änderung des Druckverlustes entspricht der Änderung des Druckes am Eintritt des Gleichrichters:

$$\Delta(\Delta p) = 100.746\,\text{Pa} - 98.875\,\text{Pa} = \mathbf{1871\,Pa}$$

Die Änderung der Leistung, die wegen dieser Druckdifferenz erbracht werden muss, ist:

$$\Delta P = \dot{V} \cdot \Delta(\Delta p)/\eta_m = A_3 \cdot c_3 \cdot \Delta(\Delta p)/\eta_m = \frac{0,09 \cdot \text{m}^2 \cdot 60 \cdot \text{m/s} \cdot 1871 \cdot \text{Pa}}{0,75}$$

$$= \mathbf{13,5\,kW}$$

- Diskussion
  Durch das Anbringen des Diffusors lässt sich der Druckverlust wesentlich verringern und die Verdichterleistung dadurch senken. Durch den Diffusor wird die Geschwindigkeit am Austritt, die wegen plötzlicher Querschnittserweiterung verloren geht, teilweise in Druck umgewandelt. Der Verlust zwischen dem Eintritt des Gleichrichters und dem Austritt des Windkanals wird um den Faktor 3 gesenkt.

Beispiel 7.2: Rohrleitungssystem einer Pumpenanlage
In einem Kraftwerk wird mit einer Pumpe aus einem Kondensatbehälter Kondensat mit dem Massenstrom von 23 kg/s zum Speisewasserbehälter gefördert. Die Rohrleitung und die Rohrleitungselemente sind, wie in nachfolgender Skizze dargestellt, angeordnet. Der Druck im Kondensatbehälter beträgt 5 bar und der des Speisewassertanks 10 bar. Das Wasser im Kondensatbehälter ist gesättigt. Folgende Widerstandszahlen sind gegeben: Rohreintritt $z_1 = 0,5$, Rückschlagklappe $z_5 = 2,3$, Konus 11 (200/150 mm) $z_{11} = 0,2$, Konusse 15 und 17 $z_{15} = z_{17} = 0,15$, Regelventil 16 $z_{16} = 3,0$, Rohrbögen $z_i = 0,2$ und Austritt $z_{28} = 1$. Die Widerstandszahlen sind mit den Geschwindigkeiten in den Rohrleitungen zu rechnen. Die Rohre haben eine

Rauigkeitshöhe von 0,05 mm. Die Viskosität des Wassers ist $0,197 \cdot 10^{-6}$ m²/s, die
Dichte 915,3 kg/m³.

a) Berechnen Sie den Druck vor und nach der Pumpe.
b) Berechnen Sie die gleichwertige Länge eines DN200-Rohrbogens und die der
   Rückschlagklappe.

   Lösung

- Schema

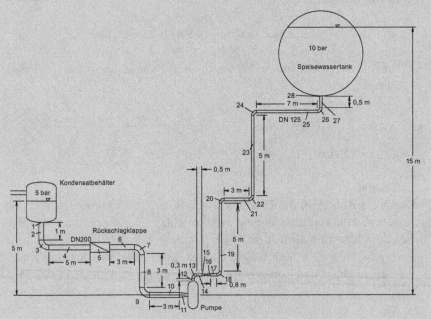

- Annahmen
  - Dichte und Viskosität des Wassers sind konstant.
  - Man kann mit mittleren Strömungsgeschwindigkeiten rechnen.
- Analyse
  a) Da die Reibungszahlen vor der Pumpe auf die Geschwindigkeit im Rohr mit
     DN200 und nach der Pumpe im Rohr mit DN125 bezogen sind, werden die
     Berechnungen vor und nach der Pumpe getrennt durchgeführt. Die Geschwin-
     digkeiten vor der Pumpe bezeichnen wir mit c_1, nach der Pumpe mit $c\ c_{12}$, sie
     sind:

$$c_1 = \frac{4 \cdot \dot{m}}{\pi \cdot d_1^2 \cdot \rho} = \frac{4 \cdot 23 \cdot \text{kg/s}}{\pi \cdot 0,2^2 \cdot \text{m}^2 \cdot 915,3 \cdot \text{kg/m}^3} = 0,8 \, \text{m/s}$$

$$c_{12} = \frac{4 \cdot \dot{m}}{\pi \cdot d_{12}^2 \cdot \rho} = 2,05 \, \text{m/s}$$

Der Druckverlust wird mit Gl. 7.14 berechnet.

$$\Delta p_v = \frac{\rho \cdot \bar{c}_0^2 \cdot A_0^2}{2} \cdot \left[\sum_{i=1}^{i=n} \frac{\zeta_i}{A_i^2} + \sum_{j=1}^{j=k} \frac{\lambda_j}{A_j^2} \cdot \frac{l_j}{d_j} \right]$$

Die geraden Rohrleitungen können alle zu einer Leitung zusammengefasst werden. Für die Rohre vor der Pumpe ist die gesamte Länge l_{ges} die Summe der Längen der Leitungselemente 2, 4, 6, 8 und 10. Sie beträgt 15 m. Der Druckverlust für das Leitungssystem vor der Pumpe ist:

$$\Delta p_v = \frac{\rho \cdot \bar{c}_0^2 \cdot A_0^2}{2} \cdot \left[\sum_{i=1}^{i=n} \frac{\zeta_i}{A_i^2} + \sum_{j=1}^{j=k} \frac{\lambda_2}{A_2^2} \cdot \frac{l_{ges}}{d_2} \right]$$

Damit die Reibungszahl für die DN200-Rohre berechnet werden kann, muss man die *Reynoldszahl* und den Gültigkeitsbereich für die Rohrreibungszahl bestimmen.

$$Re = \frac{c_1 \cdot d_s}{\nu} = \frac{0,8 \cdot 0,2}{0,197 \cdot 10^{-6}} = 812.182 \quad Re \cdot k/d = 203$$

Damit erhalten wir nach Gl. 6.36 die Rohrreibungszahl:

$$\lambda = \left[-2 \cdot \log \left(\frac{2,51}{Re \cdot \sqrt{\lambda}} + 0,269 \cdot \frac{k}{d} \right) \right]^{-2} = 0,0154$$

Der Reibungsdruckverlust ist:

$$\Delta p_{v,1-11} = \frac{0,8^2 \cdot 915,3}{2} \cdot \left(0,0154 \cdot \frac{15}{0,2} + 0,5 + 0,2 + 2,3 + 0,2 + 0,2 + 0,2 \right)$$

$$= 1393 \, \text{Pa}$$

Den Druck vor der Pumpe erhalten wir aus der Energiebilanzgleichung:

$$p_{11} = p_0 - 0,5 \cdot \rho \cdot \left(c_{11}^2 - c_0^2 \right) - g \cdot \rho \cdot (z_{11} - z_0) + \Delta p_{v,1-11}$$

Dabei zeigt Index 0 den Zustand im Kondensatbehälter an. Die Geschwindigkeit c_0 können wir vernachlässigen, c_{11} ist die Geschwindigkeit am Austritt des Konfusors 11 mit 150 mm Durchmesser, d. h., c_{11} beträgt 1,422 m/s.

$$p_{11} = 5 \cdot 10^5 - 915,3 \cdot \left(0,5 \cdot 1,422^2 - 9,81 \cdot 5 \right) - 1393 = \mathbf{5,453 \, bar}$$

Nach der Pumpe berechnet sich der Reibungsdruckverlust im Rohrsystem analog.

$$Re = \frac{c_1 \cdot d_s}{\nu} = \frac{2{,}05 \cdot 0{,}125}{0{,}197 \cdot 10^{-6}} = 1.300.761 \quad Re \cdot k/d = 520$$

Damit wird die Rohrreibungszahl nach Gl. 6.36 bestimmt.

$$\lambda = \left[-2 \cdot \log \left(\frac{2{,}51}{Re \cdot \sqrt{\lambda}} + 0{,}269 \cdot \frac{k}{d} \right) \right]^{-2} = 0{,}0163$$

Der Reibungsdruckverlust ist:

$$\Delta p_{v,12-28} = \frac{2{,}05^2 \cdot 915{,}3}{2} \cdot \left(0{,}0163 \cdot \frac{20{,}1}{0{,}125} + 0{,}15 + 3 + 0{,}15 + 5 \cdot 0{,}2 + 1 \right)$$
$$= 15.213 \, \text{Pa}$$

Dabei zeigt Index 29 den Zustand im Speisewassertank an. Die Geschwindigkeit c_{29} können wir vernachlässigen.

$$p_{12} = 10 \cdot 10^5 - 915{,}3 \cdot (0{,}5 \cdot 2{,}05^2 - 9{,}81 \cdot 15) - 15.234 = \mathbf{11{,}479 \, bar}$$

b) Zur Berechnung der gleichwertigen Länge wird Gl. 7.15 mit der für das 200 mm-Rohr bestimmten Rohrreibungszahl verwendet.

$$l_{gl, \text{Bogen DN200}} = \zeta_B \cdot \frac{d_1}{\lambda_1} = 0{,}2 \cdot \frac{0{,}2 \cdot \text{m}}{0{,}0154} = \mathbf{2{,}61m}$$

$$l_{gl, \text{Rückschlagklappe}} = \zeta_{\text{Rückschlagklappe}} \cdot \frac{d_1}{\lambda} = 2{,}3 \cdot \frac{0{,}2 \cdot \text{m}}{0{,}0154} = \mathbf{29{,}96 \, m}$$

• Diskussion
Die Berechnung der Rohrleitungssysteme wird vereinfacht, wenn für alle Leitungselemente die gleiche Bezugsgeschwindigkeit eingesetzt werden kann. Es ist aber stets darauf zu achten, dass für die Reibungszahl die maßgebende Geschwindigkeit verwendet wird.
Die gleichwertige Länge der Rohrleitungselemente kann wesentlich größer werden als die Länge gerader Rohre.

Beispiel 7.3: Berechnung einer Blende

Die Heizkreisläufe zweier Häuser werden von einer Pumpe mit 0,2 kg/s Wasser versorgt. Die Leitungssysteme beider Heizungen bestehen aus folgenden Elementen:

Heizung 1: 30 m gerade Rohre mit 19,05 mm Innendurchmesser, 8 Rohrbögen mit $\zeta_B = 0{,}2$, 1 Rückschlagventil mit $\zeta_R = 1{,}5$, 5 Heizkörper mit $\zeta_H = 1{,}9$, 1 Sieb mit $\zeta_s = 1{,}2$

Heizung 2: 55 m gerade Rohre mit 19,05 mm Innendurchmesser, 21 Rohrbögen mit $\zeta_B = 0{,}2$, 1 Rückschlagventil mit $\zeta_R = 1{,}5$, 5 Heizkörper mit $\zeta_H = 1{,}9$, 1 Sieb mit $\zeta_s = 1{,}2$

Alle Widerstandszahlen sind auf die Geschwindigkeit im 19,05 mm-Rohr bezogen. Die kinematische Viskosität des Wasser beträgt $0{,}553 \cdot 10^{-6}$ m²/s, die Dichte 988,1 kg/m³. Die mittlere Rauigkeitshöhe der Leitungen ist 0,05 mm. Für das Leitungssystem der Heizung 2 muss eine Blende so ausgelegt sein, dass der Massenstrom in beiden Heizungen gleich groß ist.

Lösung

- Schema

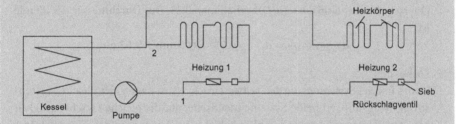

- Annahmen
  - Dichte und Viskosität des Wassers sind in beiden Systemen gleich groß.
  - Man kann mit mittleren Strömungsgeschwindigkeiten rechnen.
- Analyse

Beide Heizungssysteme haben zwischen den Punkten 1 und 2 den gleichen Reibungsdruckverlust. Damit die Strömungsgeschwindigkeit beider Systemen gleich groß wird, müssen sie insgesamt die gleiche Reibungszahl haben. Die Reibungszahlen der Systeme ohne Blende sind:

$$\zeta_I = \sum_{i=1}^{i=n} \zeta_{I,i} + \lambda \cdot \frac{l_I}{d} \quad \zeta_{II} = \sum_{i=1}^{i=n} \zeta_{II,i} + \lambda \cdot \frac{l_{II}}{d}$$

Der Index I ist für Heizung 1, II für Heizung 2. Die Rohrreibungszahl ist in den zwei Systemen gleich groß, da beide identische Durchmesser und Strömungsgeschwindigkeiten haben. Zunächst muss die Rohrreibungszahl ermittelt werden.

$$\bar{c} = \frac{4 \cdot \dot{m}}{\pi \cdot d^2 \cdot \rho} = \frac{4 \cdot 0,2 \cdot \text{kg/s}}{\pi \cdot 0,01905^2 \cdot \text{m}^2 \cdot 988,1 \cdot \text{kg/m}^3} = 0,710\,\text{m/s}$$

$$Re = \frac{\bar{c} \cdot d}{v} = \frac{0,710 \cdot 0,01905}{0,553 \cdot 10^{-6}} = 24.458 \quad Re \cdot k/d = 64,2 \quad \lambda = \frac{0,3164}{Re^{0,25}} = 0,0253$$

Für die Widerstandszahlen der beiden Heizungen (noch ohne Blende) erhalten wir:

$$\zeta_I = 8 \cdot \zeta_B + \zeta_R + 5 \cdot \zeta_H + \zeta_s + \lambda \cdot l_I/d =$$
$$= 1,6 + 1,5 + 5 \cdot 1,9 + 1,2 + 0,0253 \cdot 18/0,01905 = 53,64$$

$$\zeta_{II} = 21 \cdot \zeta_B + \zeta_R + 5 \cdot \zeta_H + \zeta_s + \lambda \cdot l_{II}/d =$$
$$= 4,2 + 1,5 + 5 \cdot 1,9 + 1,2 + 0,0253 \cdot 55/0,01905 = 89,44$$

Dies bedeutet, dass zum Erreichen des gleichen Massenstroms eine Blende mit der Widerstandszahl 35,8 eingebaut werden muss. Die Widerstandszahlen der Blenden können aus dem Diagramm in Abb. 7.14 abgelesen werden. Für das Querschnittsverhältnis $m = (d/D)^2$ erhält man 0,25. Der Durchmesser der Blende ist:

$$d_{Blende} = \sqrt{m} \cdot d_i = \sqrt{0,25} \cdot 19,05\,\text{mm} = \mathbf{9,53\,mm}$$

- Diskussion
  Damit in zwei Systemen, die den selben Druckverlust haben, der gleiche Massenstrom fließt, müssen beide Systeme identische, auf die gleiche Geschwindigkeit bezogene Gesamtwiderstandszahlen haben. Zur Anpassung der Massenströme eignen sich Blenden sehr gut.

7.4 Ausströmungsvorgänge

7.4.1 Ausfluss bei konstantem Flüssigkeitsniveau

Bei den mit idealen Fluiden behandelten Ausströmungsvorgängen blieben Reibungsverluste, die die Ausströmgeschwindigkeit oder die Ausströmungszeiten wesentlich beeinflussen, unberücksichtigt. Zur Behandlung des in Abb. 4.5 gezeigten Behälters wird die Energiebilanzgleichung (Gl. 6.15) verwendet.

$$p + \bar{c}^2 \cdot \frac{\rho}{2} + g \cdot \rho \cdot z = p_a + \bar{c}_a^2 \cdot \frac{\rho}{2} + g \cdot \rho \cdot z_a + \Delta p_v \qquad (7.16)$$

Der Reibungsdruckverlust wird auf die Ausflussgeschwindigkeit c_a bezogen. Die Reibungszahl ζ erfasst alle Reibungsdruckverluste.

$$\Delta p_v = \zeta \cdot \frac{\rho}{2} \cdot \bar{c}_a^2 \tag{7.17}$$

Gleichung 7.17 in Gl. 7.16 eingesetzt und nach der Ausflussgeschwindigkeit aufgelöst, ergibt:

$$\bar{c}_a = \sqrt{2 \cdot \frac{(p - p_a)/\rho + g \cdot (z - z_a)}{1 - (A_a/A)^2 + \zeta}} \tag{7.18}$$

Die reibungsfreie Ausflussgeschwindigkeit, die mit Gl. 4.13 ermittelt wurde, wird mit c_a' und das Verhältnis der reibungsbehafteten zur reibungsfreien Ausflussgeschwindigkeit mit ϕ bezeichnet. Mit den Gln. 7.18 und 4.13 berechnet sich φ zu:

$$\phi = \frac{\bar{c}_a}{\bar{c}_a'} = \sqrt{\frac{1 - (A_a/A)^2}{1 - (A_a/A)^2 + \zeta}} \tag{7.19}$$

Das Verhältnis der reibungsbehafteten zur reibungsfreien Ausflussgeschwindigkeit wird als *Geschwindigkeitsziffer* oder *Geschwindigkeitsbeiwert* ϕ bezeichnet. Ist die Strömung in der Ausflussöffnung eingeschnürt, ist die wirkliche Strömungsgeschwindigkeit größer als die mittlere Geschwindigkeit. Das Verhältnis des Strahlquerschnitts zum Strömungsquerschnitt bezeichnet man als *Kontraktionszahl* α. Die mittlere Strömungsgeschwindigkeit verringert sich um dieses Verhältnis, so dass die wirkliche Ausflussgeschwindigkeit, bezogen auf den Strömungsquerschnitt, gegeben ist als:

$$\bar{c}_a = \alpha \cdot \phi \cdot \bar{c}_a' = \mu \cdot \bar{c}_a' = \mu \cdot \sqrt{2 \cdot \frac{(p - p_a)/\rho + g \cdot (z - z_a)}{1 - (A_a/A)^2}} \tag{7.20}$$

Das Produkt aus Kontraktionszahl und Geschwindigkeitsziffer wird als *Ausflusszahl* μ bezeichnet. Sie ist von der Geometrie und in einigen Fällen auch von der *Reynolds*zahl abhängig. In diesem Fall muss die Ausflussgeschwindigkeit iterativ ermittelt werden.

Ausflusszahlen für einige Ausläufe:

scharfkantige Bohrungs	0,6
kurze Rohrstücke mit $2 < l/d < 3$	0,82
gut gerundete Düse	0,99

7.4.2 Ausfluss bei veränderlichem Flüssigkeitsniveau

Bei der Ausströmung aus einem Behälter konstanten Querschnitts kann die Ausströmungszeit mit Gl. 4.21 berechnet werden. Bei reibungsbehafteter Strömung wird aber die Zeit um den Kehrwert der Ausflusszahl vergrößert. Hängt die Ausflusszahl von der *Reynolds*zahl ab, ist meist nur eine numerische Integration möglich, da sich mit verändertem Flüssigkeitsniveau die Ausflussgeschwindigkeit und damit die *Reynolds*zahlen ebenfalls verändern. Bei nicht konstantem Behälterquerschnitt ist die Änderung des Querschnitts mit dem Flüssigkeitsniveau zu berücksichtigen und entsprechend zu integrieren. In der Fachliteratur sind Lösungen für verschiedene Behälterformen gegeben [3].

Literatur

[1] VDI-Wärmeatlas (2002) 9. Auflage, VDI Verlag, Berlin, Heidelberg, New York

[2] Idelchick I E (1960) Handbook of Hydraulic Resistances, 2nd Edition, Hemisphere Publishing Corporation

[3] Bohl W (1991) Technische Strömungslehre, 9. Auflage, Vogel Verlag, Würzburg

[4] Hoffmann, A Mitt. Hydr. Inst. T. H. München

Strömung kompressibler Fluide

8

Bei kompressiblen Fluiden muss die Druckabhängigkeit der Dichte berücksichtigt werden. Die Gesetzmäßigkeiten für Druckverlust, Ausströmvorgänge und Anströmung von Körpern verändern sich. Kompressibiltätseffekte können bei der Berechnung von Gas- und Dampfturbinen und bei Sicherheitsproblemen von Druckbehältern eine maßgebliche Rolle spielen.

8.1 Grundlagen

Bei der Strömung kompressibler Fluide müssen zunächst einige Größen eingeführt werden, die bisher nicht definiert wurden.

8.1.1 Ausbreitungsgeschwindigkeit einer Druckstörung

Eine der wichtigsten Einflussgrößen der kompressiblen Strömung ist die Ausbreitungsgeschwindigkeit einer Druckstörung. Dazu betrachten wir eine kleine Druckänderung, die zum Beispiel durch einen Kolben in einem Rohr konstanten Querschnitts erzeugt wird (Abb. 8.1a). Wird der Kolben in Bewegung gesetzt, erzeugt er eine Geschwindigkeit Δc und diese eine Änderung der Zustandsgrößen. Die Druckänderung Δp wird sich mit der Geschwindigkeit a ausbreiten, was ein instationärer Vorgang ist. Bewegt sich der Beobachter mit Geschwindigkeit a der Störung, ist der Vorgang stationär (Abb. 8.1b).

Die Kontinuitätsgleichung für den mitbewegten Kontrollraum lautet:

$$(a - \Delta c) \cdot A \cdot (\rho + \Delta \rho) = a \cdot A \cdot \rho \tag{8.1}$$

P. von Böckh und C. Saumweber, *Fluidmechanik*, DOI 10.1007/978-3-642-33892-2_8,
© Springer-Verlag Berlin Heidelberg 2013

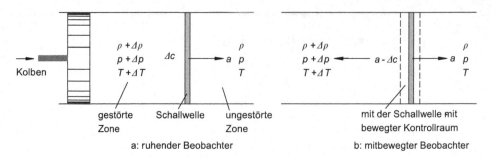

Abb. 8.1 Zur Ausbreitung einer Druckstörung in einem Fluid

Vernachlässigt man die Terme zweiter Ordnung, erhält man für die Geschwindigkeit Δc:

$$\Delta c = \frac{a}{\rho} \cdot \Delta \rho \qquad (8.2)$$

Die Impulsbilanz für den Kontrollraum lautet:

$$(p + \Delta p) \cdot A + \dot{m} \cdot (a - \Delta c) = p \cdot A + \dot{m} \cdot a \qquad (8.3)$$

Nach Multiplikation und Vernachlässigung der Terme zweiter Ordnung erhält man:

$$\Delta p \cdot A = \dot{m} \cdot \Delta c \qquad (8.4)$$

Für den Massenstrom wird $a \cdot \rho \cdot A$ und für die Geschwindigkeit Δc in Gl. 8.2 eingesetzt. Die Geschwindigkeit a ist damit:

$$a = \sqrt{\frac{\Delta p}{\Delta \rho}} \qquad (8.5)$$

Für den Grenzwert der Differenzen kann die differentielle Änderung eingesetzt werden. In der Strömung treten keine dissipativen Effekte auf. Damit kann die *Ausbreitungsgeschwindigkeit a einer kleinen Druckstörung* (velocity of a small pressure disturbance) in erster Näherung als isentrope Änderung behandelt werden:

$$a^2 = \left(\frac{dp}{d\rho} \right)_s \qquad (8.6)$$

Bei isentroper Zustandsänderung für ideale Gase gilt:

$$\frac{p}{\rho^\kappa} = \text{konst.} \qquad (8.7)$$

Die Ableitung nach Gl. 8.6 wird damit:

$$a^2 = \left(\frac{dp}{d\rho} \right)_s = \text{konst.} \cdot \kappa \cdot \rho^{\kappa-1} = \kappa \cdot \frac{p}{\rho} = \kappa \cdot R \cdot T \qquad (8.8)$$

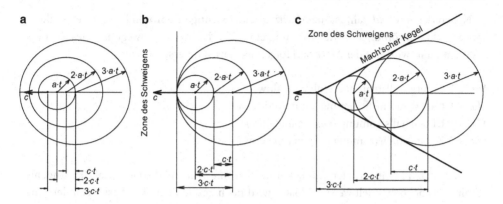

Abb. 8.2 Druckwellenausbreitung bei verschiedenen Geschwindigkeiten der Störquelle: **a** Unterschall $c < a$, **b** schallnaher Bereich $c = a$, **c** Überschall $c > a$

Die Ausbreitungsgeschwindigkeit der Druckwellen bzw. die *Schallgeschwindigkeit* (sonic velocity) ist:

$$a = \sqrt{\kappa \cdot R \cdot T} = \sqrt{\frac{\kappa \cdot p}{\rho}} \tag{8.9}$$

In der Atmosphäre erzeugt jeder bewegte Körper an seiner Vorderseite (vorderer Staupunkt) eine Druckerhöhung. Diese breitet sich je nach Geschwindigkeit des Körpers unterschiedlich aus. Bewegt sich der Körper mit einer Geschwindigkeit, die kleiner als die Schallgeschwindigkeit ist, wird sich die Druckerhöhung vom Körper als Kugelwelle vor und hinter dem Körper ausbreiten. Ist die Geschwindigkeit des Körpers größer als die Schallgeschwindigkeit, breitet sich die Druckänderung nur hinter dem Körper aus. Die verschiedenen Druckfortpflanzungen zeigt Abb. 8.2. Im ersten Fall breitet sich die Druckstörung vor dem bewegten Körper aus, man spricht vom *Unterschallbereich*. Erfolgt die Bewegung mit Schallgeschwindigkeit, bewegt sich der Körper mit der gleichen Geschwindigkeit wie die von ihm erzeugte Druckwellenfront. Dieser Bereich wird *transsonischer Bereich* genannt. Bewegt sich der Körper schneller als Schallgeschwindigkeit, erzeugt er eine kegelförmige Druckwellenfront, der hinter dem Körper liegt (*Mach'scher Kegel*). Wenn die Geschwindigkeit bis zu fünfmal größer als die Schallgeschwindigkeit ist, wird dieser Bereich *Überschall-*, darüber *Hyperschallbereich* genannt.

8.1.2 Machzahl

Das Verhältnis der Strömungsgeschwindigkeit bzw. die Geschwindigkeit eines Körpers in einem Fluid zur Schallgeschwindigkeit wird *Machzahl Ma* genannt.

$$Ma = \frac{c}{a} \tag{8.10}$$

Neben der *Reynolds*zahl ist die *Mach*zahl eine wichtige Kennzahl bei der Behandlung kompressibler Strömungen. Die Strömung eines Fluids bzw. die Bewegung eines Körpers in einem Fluid wird mit der *Mach*zahl folgendermaßen unterschieden:

$Ma < 1$ Unterschallströmung (subsonic flow)
$Ma = 1$ transsonische Strömung (transsonic flow)
$Ma > 1$ Überschallströmung (supersonic flow)
$Ma > 5$ Hyperschallströmung (hypersonic flow)

Strömungen kompressibler Fluide können bei *Mach*zahlen, die kleiner als 0,2 sind, als inkompressibel behandelt werden. Später wird noch gezeigt, dass für diesen Fall der Einfluss der Kompressibilität vernachlässigbar klein ist.

Beispiel 8.1: Geschwindigkeit eines Überschallflugzeugs
Ein Flugzeug wird von einem ruhenden Beobachter A senkrecht zur Flugrichtung in 1 km Entfernung am Punkt B optisch wahrgenommen. Das Geräusch des Fliegers hört er 2,5 Sekunden später. Die Temperatur der Luft ist 20 °C. Bestimmen Sie die Geschwindigkeit des Flugzeugs.
   Lösung

• Schema

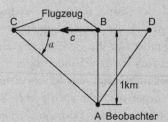

• Annahme
  – Im Beobachtungsraum ist die Schallgeschwindigkeit konstant.
• Analyse
  Zunächst wird die Schallgeschwindigkeit der Luft bestimmt. Der Isentropenexponent der Luft ist bei 20 °C 1,4 und die Gaskonstante 287 J/(kg K). Damit wird die Schallgeschwindigkeit:

$$a = \sqrt{\kappa \cdot R \cdot T} = \sqrt{1{,}4 \cdot 287 \cdot \text{J/(kg K)} \cdot 293{,}15 \cdot \text{K}} = 343{,}2\,\text{m/s}$$

Die Entfernung zwischen den Punkten B und C ist $c \cdot 3{,}5$ s. Die Schallwelle, die vom Beobachter am Punkt A gehört wird, wurde vom Punkt D ausgesandt. Der

Winkel α ist der halbe Winkel des *Mach*'schen Kegels. Aus ihm kann die *Mach*zahl folgendermaßen bestimmt werden.

$$Ma = 1/\sin(\alpha)$$

Aus den Entfernungen zwischen B und C bzw. zwischen A und B kann man den Winkel α berechnen.

$$\alpha = \arctan(\bar{B}\tilde{C}/\bar{A}\tilde{B}) = \arctan(\bar{A}\tilde{B}/Ma \cdot a \cdot 2{,}5\,\mathrm{s})$$

Für die *Mach*zahl erhält man folgende Gleichung:

$$Ma = \left[\sin\left[\arctan(\bar{A}\tilde{B}/Ma \cdot a \cdot 3{,}5\,\mathrm{s})\right]\right]^{-1}$$

Mit dem Gleichungslöser erhält man: $Ma = 1{,}947$, $c = 668{,}2\,\mathrm{m/s}$
- Diskussion
  Mit der Schallgeschwindigkeit kann die Geschwindigkeit eines Überschallflug-zeugs bei bekannter Entfernung aus der Zeitmessung bestimmt werden.

Beispiel 8.2: Geschwindigkeit eines Geschosses
Die Schlierenbildaufnahme eines Geschosses zeigt einen *Mach*'schen Kegel mit ei-nem Winkel von 52°. Bestimmen Sie die Geschwindigkeit des Geschosses, wenn die Lufttemperatur 20 °C beträgt.
  Lösung

- Schema

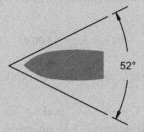

- Annahme
  – Die Schallgeschwindigkeit ist im Beobachtungsraum konstant.
- Analyse
  Aus Beispiel 8.1 kann die Schallgeschwindigkeit mit 343,2 m/s entnommen werden. Der geometrische Zusammenhang zwischen dem halben Winkel des

Mach'schen Kegels $\delta/2$ und der Flug- und Schallgeschwindigkeit erlaubt eine direkte Berechnung der Fluggeschwindigkeit.

$$c = a/\sin(\delta/2) = 782{,}9\,\mathbf{m/s} = 2{,}28\,\mathbf{Ma}$$

• Diskussion
Die Fluggeschwindigkeit kann einfach aus den Schlierenbildern schnell bewegter Körper ermittelt werden.

8.1.3 Zustandsgrößen der Stagnation

Bei stationärer eindimensonaler Strömung in einem Strömungskanal gilt für die Zustandsänderung folgende Energiebilanz:

$$\delta q + \delta w = dh + c \cdot dc + g \cdot dz$$

Da die Zustandsänderung adiabat ist und dem System keine mechanische Arbeit zugeführt wird, ist die linke Seite der Gleichung gleich null. Bei kompressiblen Strömungen werden nur Gase und hier im Speziellen ideale Gase behandelt. Daher kann der Einfluss der potentiellen Energie vernachlässigt werden. Für eine Zustandsänderung von Zustand 0 zu einem beliebigen Zustand ohne Index gilt:

$$h + \frac{c^2}{2} = h_0 + \frac{c_0^2}{2} = \text{konst.}$$

Wird bei Zustand 0 die Geschwindigkeit $c_0 = 0$ gesetzt, erhält man:

$$h_0 = h + \frac{c^2}{2} = \text{konst.} \tag{8.11}$$

Dabei ist h die spezifische *Totalenthalpie* des strömenden Fluids, h_0 die spezifische *Stagnationsenthalpie*.
Für ideale Gase gilt: $h = c_p \cdot T = \frac{\kappa}{\kappa-1} \cdot R \cdot T$ und $c = Ma \cdot \sqrt{\kappa \cdot R \cdot T}$
Setzt man diese Zusammenhänge in Gl. 8.11 ein, erhält man für die Temperatur:

$$T_0 = T \cdot \left(1 + \frac{\kappa-1}{2} \cdot Ma^2\right) = \text{konst.} \tag{8.12}$$

Dabei ist T die Temperatur eines kompressiblen Fluids, die bei einer Geschwindigkeitsänderung aus dem Ruhezustand mit der *Stagnationstemperatur* T_0 entsteht.

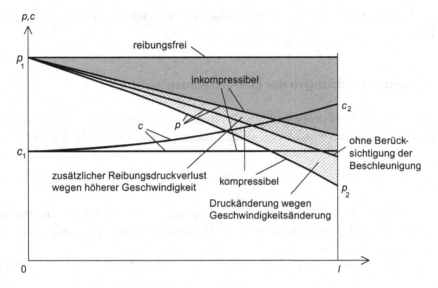

Abb. 8.3 Druck- und Geschwindigkeitsverlauf eines kompressiblen Fluids in einem geraden, horizontalen Rohr

8.2 Adiabate Strömung in Kanälen konstanten Querschnitts

Bei der Behandlung inkompressibler Fluide ist die Dichte des strömenden Fluids konstant. Damit kann die Energiebilanzgleichung einfach integriert werden. Bei der Strömung von Gasen verändert sich mit dem Druck die Dichte des Fluids. Trotz eines konstanten Strömungsquerschnitts ändert sich damit die Geschwindigkeit des Gases. Dies kann anschaulich am Beispiel einer waagerechten Rohrleitung ohne Querschnittsveränderung gezeigt werden. Durch den Reibungsdruckverlust wird der Druck gesenkt, damit verringert sich die Dichte des Gases, die Geschwindigkeit erhöht sich. Durch die höhere Geschwindigkeit wird der Reibungsdruckverlust größer als bei der inkompressiblen Strömung. Infolge der Erhöhung der kinetischen Energie kommt eine Druckänderung dazu, die eine zusätzliche Absenkung des Druckes verursacht. Abbildung 8.3 zeigt die Druck und Geschwindigkeitsänderung eines kompressiblen Fluids in einem Rohr.

8.2.1 Energiebilanz der kompressiblen adiabaten Strömung

Bei kompressibler Strömung ändert sich mit dem Druck die Dichte. Wenn man sich auf eine adiabate Strömung beschränkt, lautet die Energiegleichung in differentieller Form:

$$- dp = \rho \cdot \bar{c} \cdot d\bar{c} + g \cdot \rho \cdot dz + dp_v \qquad (8.13)$$

Der Reibungsdruckverlust ist von der Dichte und Viskosität des Fluids und Geometrie abhängig.

8.2.2 Spezielle Lösungen der Energiebilanzgleichung

Für ein gerades Rohr, in dem ein ideales Gas strömt, kann meist die Druckänderung mit der geodätischen Höhe vernachlässigt werden. Gleichung 8.11 vereinfacht sich somit zu:

$$- dp = \rho \cdot \bar{c} \cdot d\bar{c} + \frac{\lambda}{d} \cdot \frac{\bar{c}^2 \cdot \rho}{2} \cdot dl \tag{8.14}$$

Hier wird die reibungsbehaftete Druckänderung als Funktion der *Mach*zahl hergeleitet. Zunächst wird Gl. 8.14 durch p dividiert und folgende Umformungen werden durchgeführt:

$$p/\rho = R \cdot T = a^2/\kappa \quad Ma = c/a \quad c \cdot dc = d(c^2/2) \tag{8.15}$$

$$- \frac{dp}{p} = \frac{\kappa}{a^2} \cdot d\left(\frac{c^2}{2}\right) + \frac{\lambda}{d} \cdot \frac{\kappa \cdot Ma^2}{2} \cdot dl \tag{8.16}$$

Nach weiteren Umformungen erhalten wir:

$$- \frac{dp}{p} = \frac{\kappa \cdot Ma^2}{2} \cdot \frac{d(c^2)}{c^2} + \frac{\lambda}{d} \cdot \frac{\kappa \cdot Ma^2}{2} \cdot dl \tag{8.17}$$

Um einen Zusammenhang zwischen der *Mach*zahl *Ma*, d. h. der Strömungsgeschwindigkeit und der Rohrlänge *l* zu bekommen, müssen aus Gl. 8.17 die Terme dp/p und $d(c^2)/c^2$ eliminiert werden. Aus der Definition der *Mach*zahl erhalten wir:

$$Ma = c/a \quad c^2 = Ma^2 \cdot a^2 = Ma^2 \cdot \kappa \cdot R \cdot T \quad \frac{d(c^2)}{c^2} = \frac{dT}{T} + \frac{d(Ma^2)}{Ma^2}$$

Die Kontinuitätsgleichung liefert:

$$d(c \cdot \rho) = 0 \quad c \cdot d\rho = -\rho \cdot dc \quad \frac{d\rho}{\rho} = -\frac{dc}{c} = -\frac{d(c^2)}{2 \cdot c^2}$$

Aus der thermischen Zustandsgleichung für ideale Gase erhält man:

$$p = R \cdot \rho \cdot T \quad dp = R \cdot (\rho \cdot dT + T \cdot d\rho) \quad \frac{dp}{p} = \frac{dT}{T} + \frac{d\rho}{\rho}$$

Werden diese drei Gleichungen kombiniert, ergibt sich:

$$\frac{dp}{p} = \frac{1}{2} \cdot \frac{dT}{T} - \frac{d(Ma^2)}{2 \cdot Ma^2} \tag{8.18}$$

In Gl. 8.17 eingesetzt, erhalten wir:

$$-\frac{dT}{2\cdot T}+\frac{d(Ma^2)}{2\cdot Ma^2}=\frac{\kappa\cdot Ma^2}{2}\cdot\frac{d(Ma^2)}{Ma^2}+\frac{\kappa\cdot Ma^2}{2}\cdot\frac{dT}{T}+\frac{\lambda}{d}\cdot\frac{\kappa\cdot Ma^2}{2}\cdot dl$$

Vereinfacht:

$$\frac{1+\kappa\cdot Ma^2}{2}\cdot\frac{dT}{T}=-\frac{\lambda}{d}\cdot\frac{\kappa\cdot Ma^2}{2}\cdot dl+\frac{1-\kappa\cdot Ma^2}{2}\cdot\frac{d(Ma^2)}{Ma^2} \qquad (8.19)$$

Zum Schluss benötigen wir noch den Zusammenhang zwischen den Termen dT/T und Ma. Diesen erhalten wir aus Gl. 8.12. Für dT/T gilt:

$$\frac{dT}{T}=-\frac{(\kappa-1)\cdot Ma^2}{2+(\kappa-1)\cdot Ma^2}\cdot\frac{d(Ma^2)}{Ma^2}$$

In Gl. 8.19 eingesetzt und umgeformt erhält man:

$$\frac{1-Ma^2}{1+\frac{\kappa-1}{2}\cdot Ma^2}\cdot\frac{d(Ma^2)}{\kappa\cdot Ma^4}=\frac{\lambda}{d}\cdot dl \qquad (8.20)$$

Gleichung 8.20 ist eine Differentialgleichung, die die Änderung der *Mach*zahl Ma mit der Rohrlänge l bestimmt. Die Länge, bei der die *Mach*zahl den Wert 1 erreicht, wird mit l_* bezeichnet. Die Integration zwischen den Längen 0 und l_* und den *Mach*zahlen Ma und 1 lautet:

$$\int_{Ma}^{1}\frac{1-Ma^2}{\kappa\cdot Ma^4\cdot\left(1+\frac{\kappa-1}{2}\cdot Ma^2\right)}\cdot d(Ma^2)=\int_{0}^{l_*}\frac{\lambda}{d}\cdot dl$$

Unter der Annahme eines konstanten Isentropenexponenten $\varkappa$ kann die linke Seite der Gleichung direkt integriert werden. Auf der rechten Seite ist die Rohrreibungszahl λ von der *Reynolds*zahl abhängig. Da nach der Kontinuitätsgleichung in einem Rohr konstanten Querschnitts gilt, dass das Produkt der Geschwindigkeit und Dichte konstant ist, verändert sich in der *Reynolds*zahl $Re=(c\cdot d\cdot\rho)/\eta$ während der Strömung nur noch die dynamische Viskosität. In einem idealen Gas hängt diese von der Temperatur ab. Die Abhängigkeit ist relativ schwach, so dass mit einem mittleren Wert gerechnet werden kann.

$$\frac{\bar{\lambda}}{d}\cdot l_*=\frac{1}{l_*}\cdot\int_{0}^{l_*}\frac{\lambda}{d}\cdot dl \qquad (8.21)$$

Die Integration von Gl. 8.20 ergibt:

$$\frac{1-Ma^2}{\kappa\cdot Ma^2}+\frac{\kappa+1}{2\cdot\kappa}\cdot\ln\left[\frac{(\kappa+1)\cdot Ma^2}{2+(\kappa-1)\cdot Ma^2}\right]=\bar{\lambda}\cdot\frac{l_*}{d} \qquad (8.22)$$

Abb. 8.4 Zur Berechnung von
Leitungen gegebener Länge

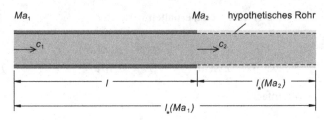

Mit Gl. 8.22 kann die Rohrlänge $l_*(Ma_1)$ berechnet werden (s. Abb. 8.4), bei der bei einer bestimmten *Mach*zahl am Rohreintritt (oder an anderer Stelle, die als null definiert wird) die *Mach*zahl 1 erreicht wird.

Ist eine Rohrlänge l vorgegeben, kann man die Änderung der *Mach*zahl mit Gl. 8.22 berechnen. Für Rohrabschnitte, die kleiner als l_* sind, wird die Länge wie folgt bestimmt:

$$\bar{\lambda} \cdot \frac{l}{d} = \bar{\lambda} \cdot \frac{l_*(Ma_1)}{d} - \bar{\lambda} \cdot \frac{l_*(Ma_2)}{d} \tag{8.23}$$

Mit der errechneten *Mach*zahl können die Änderungen der Geschwindigkeit, der Temperatur und des Druckes berechnet werden. Die Änderung der Temperatur kann aus Gl. 8.12 hergeleitet werden.

$$\frac{T}{T_*} = \frac{T/T_0}{T_*/T_0} = \frac{1 + \kappa}{2 + (\kappa - 1) \cdot Ma^2} \tag{8.24}$$

Die Temperatur T_* ist die Temperatur, die bei der *Mach*zahl 1 nach Gl. 8.12 berechnet wird. Die Änderung des Druckes kann mit Hilfe der Zustandsgleichung idealer Gase und der Kontinuitätsgleichung bestimmt werden. Somit erhalten wir:

$$\frac{\rho}{\rho_*} = \frac{c_*}{c} = \frac{a_*}{Ma \cdot a} = \frac{1}{Ma} \cdot \frac{\sqrt{\kappa \cdot R \cdot T_*}}{\sqrt{\kappa \cdot R \cdot T}} = \left(\frac{T_*}{Ma^2 \cdot T}\right)^{1/2} \tag{8.25}$$

Die Zustandsgleichung idealer Gase liefert:

$$\frac{p}{p_*} = \frac{T}{T_*} \cdot \frac{\rho}{\rho_*} = \left(\frac{T}{Ma^2 \cdot T_*}\right)^{1/2} \tag{8.26}$$

Gleichung 8.24 in Gl. 8.26 eingesetzt, ergibt:

$$\frac{p}{p_*} = \frac{1}{Ma}\left(\frac{1 + \kappa}{2 + (\kappa - 1) \cdot Ma^2}\right)^{1/2} \tag{8.27}$$

Mit Gl. 8.22 bestimmt man die Änderung der *Mach*zahl in Abhängigkeit der Rohrlänge. Mit den errechneten *Mach*zahlen können die Änderungen des Druckes, der Temperatur, Dichte und Geschwindigkeit ermittelt werden.

Abb. 8.5 *Fanno*-Linie im *T-s*-Diagramm

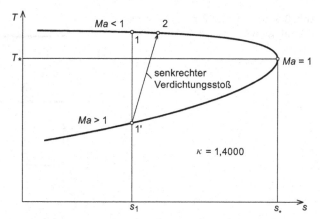

Die bisherigen Betrachtungen geben keine Auskunft darüber, in welche Richtung die Änderungen verlaufen können. Dazu muss die Änderung der Entropie untersucht werden. Für ideale Gase gilt:

$$s - s_* = R \cdot \left[\frac{\kappa}{\kappa - 1} \cdot \ln\left(\frac{T}{T_*}\right) - \ln\left(\frac{p}{p_*}\right) \right] \tag{8.28}$$

Mit Gl. 8.28 errechnete Entropien sind in Abb. 8.5 in einem *T-s*-Diagramm dargestellt. Die so ermittelte Kurve wird *Fanno*-Linie oder *Fanno*-Kurve genannt.

Das Diagramm zeigt, dass die Zustandsänderung, da sie adiabat ist, nur nach rechts erfolgen kann. Dies bedeutet, dass beim Anfangszustand 1 in der Unterschallströmung ($Ma < 1$) die Geschwindigkeit der kompressiblen Strömung in einer Leitung konstanten Querschnitts beschleunigt wird und höchstens Schallgeschwindigkeit erreicht. Sie kann in der Leitung selbst nicht erreicht werden, weil dann nach der *Fanno*-Linie eine negative Entropieänderung erfolgen würde, was nach dem zweiten Hauptsatz der Thermodynamik unmöglich ist.

▸   Bei gegebener Druckdifferenz zwischen dem Ein- und Austritt einer Leitung konstanten Querschnitts kann am Austritt höchstens Schallgeschwindigkeit erreicht werden.

Am Anfangszustand $1'$ ist die Strömungsgeschwindigkeit größer als Schallgeschwindigkeit. Nach dem zweiten Hauptsatz der Thermodynamik muss die Geschwindigkeit abnehmen, was nur bis zur Schallgeschwindigkeit möglich ist. Der Druck erhöht sich bei reibungsbehafteter, adiabater Überschallströmung in einer Leitung konstanten Querschnitts. Bei Überschallströmung können senkrechte *Verdichtungsstöße* auftreten (Abb. 8.6), in denen sich innerhalb der freien Weglänge der Moleküle Druck und entsprechende Zustandsgrößen schlagartig verändern. Im Diagramm (Abb. 8.5) erfolgt die Zustandsänderung von Punkt $1'$ zu Punkt 2. Sie ist mit Dissipation verbunden. Die Geschwindigkeit wird dabei kleiner als die Schallgeschwindigkeit, der Druck erhöht sich. Mit Hilfe der *Raleigh*-Linien

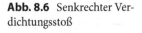

Abb. 8.6 Senkrechter Verdichtungsstoß

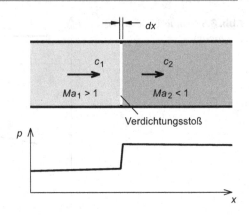

[1,2], auf die hier allerdings nicht eingegangen wird, kann gezeigt werden, dass ein Verdichtungsstoß nur aus der Überschall- zur Unterschallströmung möglich ist.

Wichtige Unterschiede bei der Änderung der Zustandsgrößen adiabater Unter- und
Überschallströmung in einer Leitung konstanten Querschnitts sind:

	Unterschall	Überschall
Druck	abnehmend	zunehmend
Temperatur	abnehmend	zunehmend
Geschwindigkeit	zunehmend	abnehmend
Entropie	zunehmend	zunehmend

Beispiel 8.3: Untersuchung des Druckverlustes in einem geraden Rohr
In einem geraden, 4 m langen Stahlrohr mit 50 mm Innendurchmesser und der Rauigkeitshöhe von 0,1 mm strömt Luft. Sie wird aus einem Behälter mit dem Druck von
2 bar bis zum Rohreintritt isentrop beschleunigt. Zu bestimmen sind:

a) der Druckverlust im Rohr für die Eintritts-*Mach*zahlen von 0,05; 0,1; 0,2; 0,3 und
   0,4
b) der Reibungsdruckverlust inkompressibler Strömung mit mittleren Stoffwerten
c) der Massenstrom, wenn der Druck am Ende des Rohrs 0,98 bar beträgt.

Lösung

- Schema

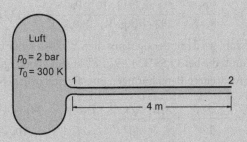

- Annahme
  - Der Isentropenexponent wird als konstant $\kappa = 1{,}4$ angenommen.
  - Die Strömungsvorgänge sind stationär.
  - Nur die Temperaturabhängigkeit der Viskosität wird berücksichtigt.
- Analyse
  a) Hier wird der Rechnungsweg bei der *Mach*zahl 0,4 ausführlich beschrieben, die Rechenergebnisse mit anderen *Mach*zahlen werden tabellarisch angegeben. Zunächst ermittelt man für die gegebene *Mach*zahl Ma_1 die Temperatur, den Druck und die Dichte am Punkt 1. Die Temperatur kann mit Gl. 8.12 berechnet werden.

$$T_1 = \frac{T_0}{1 + \frac{\kappa-1}{2} \cdot Ma_1^2}$$

Da die Zustandsänderung isentrop ist, gelten für den Druck und die Dichte:

$$p_1 = p_0 \cdot (T_1/T_0)^{\kappa/(\kappa-1)}$$

$$\rho_1 = \frac{p_1}{R \cdot T_1}$$

Mit der Geschwindigkeit am Rohreintritt werden die *Reynolds*- und Rohrreibungszahl bestimmt. Mit Gl. 8.22 kann die Länge l_*, bei der die Schallgeschwindigkeit erreicht wird, ermittelt werden. Gleichung 8.22 ist nicht nach l_* auflösbar, deshalb ist die *Mach*zahl Ma_2 für die Länge $l_{*2} = l_{*1} - l$ iterativ zu bestimmen. Mit der *Mach*zahl kann man Temperatur, Druck und Dichte an Stelle 2 berechnen. Die mittleren Werte für Geschwindigkeit, Temperatur, *Reynolds*zahl, Rohrreibungszahl und *Mach*zahl Ma_2 müssen neu bestimmt werden. Die Rechnung wird wiederholt, bis die erforderliche Genauigkeit erreicht ist.

Hier wird nur die Berechnung für $Ma_1 = 0{,}4$ gezeigt, die Werte für andere *Mach*zahlen folgen später tabellarisch.

$$T_1 = \frac{T_0}{1 + \frac{\kappa-1}{2} \cdot Ma_1^2} = \frac{300 \text{ K}}{1 + 0{,}2 \cdot 0{,}4^2} - 290{,}7 \text{ K}$$

$$p_1 = (T_1/T_0)^{\kappa/(\kappa-1)} \cdot p_0 = (290{,}7/300)^{1{,}4/0{,}4} \cdot 2\,\text{bar} = 1{,}7912\,\text{bar}$$

$$\rho_1 = \frac{p_1}{R \cdot T_1} = \frac{1{,}7912 \cdot 10^5 \cdot \text{Pa}}{287 \cdot \text{J/(kg} \cdot \text{K)} \cdot 290{,}7 \cdot \text{K}} = 2{,}147\,\text{kg/m}^3$$

Die *Reynolds*zahl wird mit der dynamischen Viskosität der Luft am Eintritt des Rohrs bestimmt, die bei 17,55 °C 17,9 · 10^{-6} kg/(m s) beträgt. Die *Reynolds*zahl wird in eine für weitere Berechnungen günstigere Form gebracht.

$$Re_1 = \frac{c_1 \cdot d \cdot \rho_1}{\eta_1} = \frac{Ma_1 \cdot \sqrt{\kappa \cdot R \cdot T_1} d \cdot p_1}{\eta_1 \cdot R \cdot T_1} = \frac{Ma_1 \cdot \sqrt{\kappa} \cdot d \cdot p_1}{\eta_1 \cdot \sqrt{R \cdot T_1}} =$$

$$= \frac{0{,}4 \cdot \sqrt{1{,}4} \cdot 1{,}7912 \cdot 10^5 \cdot \text{Pa} \cdot 0{,}05 \cdot \text{m}}{17{,}9 \cdot 10^{-6} \cdot \text{Pa} \cdot \text{s} \cdot \sqrt{287 \cdot 290{,}7} \cdot \text{J/kg}} = 821.122$$

Da $Re \cdot k/d = 1640$ ist, wird die Rohrreibungszahl von der *Reynolds*zahl unabhängig und mit Gl. 6.35 bestimmt.

$$\lambda = [2 \cdot \log(3{,}715 \cdot d/k)]^{-2} = [2 \cdot \log(3{,}715 \cdot 50/0{,}1)]^{-2} = 0{,}0234$$

Aus Gl. 8.22 erhalten wir für die Länge l_{*1}:

$$l_{*1} = \frac{d}{\lambda} \cdot \left\{ \frac{1 - Ma^2}{\kappa \cdot Ma^2} + \frac{\kappa + 1}{2 \cdot \kappa} \cdot \ln\left[\frac{(\kappa + 1) \cdot Ma^2}{2 + (\kappa - 1) \cdot Ma^2} \right] \right\} =$$

$$= \frac{0{,}05 \cdot \text{m}}{0{,}0234} \cdot \left[\frac{0{,}84}{0{,}224} + \frac{2{,}4}{2{,}8} \cdot \ln\left(\frac{2{,}4 \cdot 0{,}4^2}{2 + 0{,}4 \cdot 0{,}4^2} \right) \right] = \mathbf{4{,}934\,m}$$

Jetzt muss die *Mach*zahl Ma_2 ermittelt werden, bei der bei 0,933 m die Schallgeschwindigkeit erreicht wird. Mit *Mathcad* errechnet man für Ma_2 den Wert von 0,614. Die Temperatur T_2 kann mit Gl. 8.12 bestimmt werden.

$$T_2 = \frac{T_0}{1 + \frac{\kappa-1}{2} \cdot Ma_2^2} = \frac{300\,\text{K}}{1 + 0{,}2 \cdot 0{,}614^2} = 278{,}95\,\text{K}$$

Die Geschwindigkeit ist an Stelle 2:

$$c_2 = Ma_2 \cdot \sqrt{\kappa \cdot R \cdot T_2} = 205{,}6\,\text{m/s}$$

Der Druck an Stelle 2 berechnet man mit Gl. 8.27.

$$p_2 = \frac{Ma_1}{Ma_2} \cdot \left(\frac{2 + (\kappa - 1) \cdot Ma_1^2}{2 + (\kappa - 1) \cdot Ma_2^2} \right)^{1/2} \cdot p_1 =$$

$$= \frac{0{,}4}{0{,}614} \cdot \left(\frac{2 + 0{,}4 \cdot 0{,}4^2}{2 + 0{,}4 \cdot 0{,}614^2} \right)^{1/2} \cdot 1{,}7912\,\text{bar} = \mathbf{1{,}1431\,bar}$$

Jetzt müssen die *Reynolds*zahl an Stelle 2 und die Rohrreibungszahl neu berechnet werden. Bei 279 K beträgt die dynamische Viskosität $17{,}4 \cdot 10^{-6}$ Pa · s.

$$Re_2 = \frac{Ma_2 \cdot \sqrt{\kappa} \cdot d \cdot p_2}{\eta_2 \cdot \sqrt{R \cdot T_2}} = \frac{0{,}614 \cdot \sqrt{1{,}4} \cdot 1{,}1431 \cdot 10^5 \cdot \text{Pa} \cdot 0{,}05 \cdot \text{m}}{17{,}4 \cdot 10^{-6} \cdot \text{Pa} \cdot \text{s} \cdot \sqrt{287 \cdot 278{,}97 \cdot \text{J/kg}}} = 843.369$$

Damit ist die Rohrreibungszahl von der *Reynolds*zahl unabhängig und bleibt unverändert. Der Druckverlust beträgt $p_1 - p_2 = $ **0,649 bar**.

Zum Vergleich ist jetzt noch der Reibungsdruckverlust für die Luft als inkompressibles Medium mit den mittleren Werten der Dichte und Geschwindigkeit zu berechnen. Dabei wird die relativ kleine Änderung der Temperatur nicht berücksichtigt, d. h., $T_1 = T_2$.

$$\rho_m = \frac{\rho_1 + \rho_2}{2} = \frac{1}{2 \cdot R} \cdot \left(\frac{p_1}{T_1} + \frac{p_2}{T_2} \right) \approx \frac{p_2 + p_1}{2 \cdot R \cdot T_1} \qquad c_m = c_1 \cdot \frac{\rho_1}{\rho_m} = c_1 \cdot \frac{2 \cdot p_1}{p_2 + p_1}$$

Die inkompressible Druckänderung ist:

$$p_1 - p_2 = \lambda \cdot \frac{l}{d} \cdot \frac{c_m^2 \cdot \rho_m}{2} = \lambda \cdot \frac{l}{d} \cdot \frac{p_1^2 \cdot c_1^2}{(p_1 + p_2) \cdot R \cdot T_1}$$

$$p_1^2 - p_2^2 = \lambda \cdot \frac{l}{d} \cdot \frac{c_1^2}{R \cdot T_1} = \lambda \cdot \frac{l}{d} \cdot \kappa \cdot p_1^2 \cdot Ma_1^2$$

$$p_1 - p_2 = \left(1 - \sqrt{1 - \lambda \cdot \frac{l}{d} \cdot \kappa \cdot Ma_1^2} \right) \cdot p_1 =$$

$$= \left(1 - \sqrt{1 - 0{,}0234 \cdot \frac{4}{0{,}05} \cdot 1{,}4 \cdot 0{,}16} \right) \cdot 1{,}7912 \, \text{bar} = \textbf{0{,}426 bar}$$

Die Druckdifferenz zwischen den Stellen 1 und 2 beträgt 0,649 bar, sie ist also wesentlich größer als der als inkompressibel errechnete Reibungsdruckverlust.

Ma_1	T_1	p_1	ρ_1	l_{*1}	Ma_2	T_2	p_2	ρ_2	Δp	Δp_v
	K	bar	kg/m³	m		K	bar	kg/m³	Pa	Pa
0,05	299,9	1,997	2,320	561,4	0,0502	299,8	1,989	2,312	657	677
0,10	299,4	1,986	2,311	138,2	0,1014	299,4	1,959	2,279	2657	2665
0,20	297,6	1,945	2,277	30,5	0,2123	297,3	1,832	2,146	11.360	10.599
0,30	294,7	1,879	2,222	11,2	0,3517	292,8	1,597	1,901	27.757	24.278
0,40	290,7	1,791	2,147	4,9	0,6143	278,9	1,143	1,427	64.865	48.996

b) Zur Berechnung des Massenstroms bei einem Austrittsdruck von 0,98 bar muss die *Mach*zahl am Eintritt so lange variiert werden, bis der Druck an Stelle 2 den

Wert von 0,98 bar erreicht. Solche Berechnungen werden sinnvollerweise mit Programmen wie *Mathcad*, *Maple* oder *Excel* durchgeführt. Nachstehend folgt die Berechnung mit *Mathcad*. An Stelle 1 erhalten wir die Werte:

$$Ma_1 = 0,41655 \qquad T_1 = 289,9\,\text{K} \qquad \rho_1 = 2,133\,\text{kg/m}^3$$

Die Geschwindigkeit c_1 ist damit:

$$c_1 = Ma_1 \cdot \sqrt{\kappa \cdot R \cdot T_1} = 0,41655 \cdot \sqrt{1,4 \cdot 287 \cdot 289,9} = 142,17\,\text{m/s}$$

Der Massenstrom beträgt:

$$\dot{m} = c_1 \cdot \rho_1 \cdot A_1 = 142,17 \cdot \text{m/s} \cdot 2,133 \cdot \text{kg/m}^3 \cdot 0,25 \cdot \pi \cdot 0,05^2 \cdot \text{m}^2 = \mathbf{0,595\,kg/s}$$

- Diskussion
Bei der Berechnung des Druckverlustes ist der Einfluss der Kompressibilität bei *Mach*zahlen, die kleiner als 0,2 sind, vernachlässigbar. Bei größeren *Mach*zahlen wird der Einfluss immer stärker. Die hergeleiteten Gleichungen erlauben die Berechnung der kompressiblen Strömung unter den Annahmen, dass das Fluid ein ideales Gas und der Isentropenexponent konstant sind. Die Änderung des Isentropenexponenten mit der Temperatur kann iterativ berücksichtigt werden. Mit der errechneten Temperatur bestimmt man die mittlere spezifische Wärmekapazität und den Isentropenexponenten. Die Berechnung ist bis zum Erreichen der gewünschten Genauigkeit zu wiederholen. Bei realen Gasen sind nur numerische Lösungen mit Computerprogrammen möglich.

8.3 Strömung in Kanälen veränderlichen Querschnitts

8.3.1 Einfluss der *Mach*zahl

Aus der Kontinuitätsgleichung erhalten wir:

$$\frac{d\dot{m}}{dx} = \frac{d(c \cdot \rho \cdot A)}{dx} = 0$$

Dies kann in folgender Form geschrieben werden:

$$\frac{1}{\rho} \cdot \frac{d\rho}{dx} + \frac{1}{A} \cdot \frac{dA}{dx} + \frac{1}{c} \cdot \frac{dc}{dx} = 0 \tag{8.29}$$

Für die isentrope Strömung liefert die *Bernoulli*-Gleichung:

$$\rho \cdot c \cdot \frac{dc}{dx} = -\frac{dp}{dx}$$

Unter Berücksichtigung, dass $a^2 = dp/d\rho$ ist, erhalten wir:

$$\frac{c}{a^2} \cdot \frac{dc}{dx} = -\frac{1}{\rho} \cdot \frac{d\rho}{dx}$$

Damit kann $d\rho/\rho$ in Gl. 8.29 ersetzt werden.

$$\frac{1}{c} \cdot \frac{dc}{dx} = \frac{1}{Ma^2 - 1} \cdot \frac{1}{A} \cdot \frac{dA}{dx} \qquad (8.30)$$

Aus Gl. 8.30 und Abb. 8.7 ist ersichtlich, dass die Geschwindigkeit bei der Unterschall-strömung mit zunehmendem Strömungsquerschnitt abnimmt. Dies stimmt mit unseren bisherigen Erfahrungen mit inkompressiblen Fluiden überein. Bei Überschallströmung nimmt die Geschwindigkeit mit zunehmendem Strömungsquerschnitt zu.

▸ Bei kompressibler Unterschallströmung nimmt die Geschwindigkeit in einem Strömungskanal mit zunehmendem Strömungsquerschnitt ab, bei abnehmendem Querschnitt zu.

▸ Bei kompressibler Überschallströmung nimmt die Geschwindigkeit in einem Strömungskanal mit abnehmendem Strömungsquerschnitt ab, bei zunehmendem Querschnitt zu.

In einem konvergent-divergenten Kanal kann eine Unterschallströmung an der engsten Stelle bis zur Schallgeschwindigkeit beschleunigt und anschließend weiter auf Überschall-geschwindigkeit gebracht werden. Wird an der engsten Stelle keine Schallgeschwindig-keit erreicht, erfolgt danach ein Abbremsen der Strömungsgeschwindigkeit. Hat die Strö-mung am Eintritt Überschallgeschwindigkeit, sinkt sie bis zur engsten Stelle auf Schallge-schwindigkeit und wird dann je nach Druckverhältnis beschleunigt oder abgebremst (siehe Abschn. 8.4.1). Dieses Verhalten wird mit Gl. 8.30 beschrieben. Erreicht die *Mach*zahl den Wert 1, muss die Querschnittsänderung dA/dx null werden, da sonst der Geschwindig-keitsgradient unendlich wird, was physikalisch unmöglich ist.

Ist in einem divergent-konvergenten Kanal die Strömungsgeschwindigkeit am Eintritt kleiner als Schallgeschwindigkeit, kann später nur eine Unterschallströmung auftreten. Ist die Strömung am Eintritt im Unterschallbereich, wird sie zunächst abgebremst. Bei nach-folgender Beschleunigung im konvergenten Kanal kann bei entsprechendem Druckver-hältnis Schallgeschwindigkeit erreicht werden, wenn die Querschnittsänderung wieder zu null wird. Ist die Strömung am Eintritt im Überschallbereich, wird die Geschwindigkeit erhöht und die *Mach*zahl erreicht an der breitesten Stelle einen maximalen Wert.

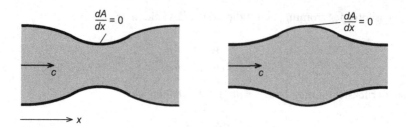

Abb. 8.7 Kompressible Strömung in Kanälen veränderlichen Strömungsquerschnitts

Abb. 8.8 Ausströmung aus
einem Behälter

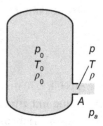

8.3.2 Ausströmung aus einem Behälter

Bei der Ausströmung aus einem Behälter wird im betrachteten Fall (Abb. 8.8) ein großer Behälter angenommen, in dem die Geschwindigkeit gleich null ist. Damit entsprechen die Zustandsgrößen im Behälter den Stagnationswerten p_0, T_0, r_0 und h_0. Der Behälter hat eine Öffnung mit dem Querschnitt A. Außerhalb des Behälters herrscht der Umgebungsdruck p_a. Die Zustände am Austritt des Behälters werden ohne Indizes angegeben. Das kompressible ideale Gas strömt aus dem Behälter in die Umgebung. Die Änderung der potentiellen Energie wird vernachlässigt.

In den folgenden Abschnitten werden Ausströmgeschwindigkeit, austretender Massenstrom und kritische Strömung behandelt.

8.3.2.1 Ausströmgeschwindigkeit

Als Erstes wird die Ausströmgeschwindigkeit c am Austritt berechnet. Da bei diesem Strömungsvorgang keine Arbeit ins System transferiert wird, lautet die Energiebilanzgleichung:

$$0 = h - h_0 + 0{,}5 \cdot \bar{c}^2 \tag{8.31}$$

Bezeichnen wir die ideale Ausströmgeschwindigkeit, die bei isentroper Expansion entsteht, mit c_s, erhalten wir für die reibungsbehaftete Austrittsgeschwindigkeit c mit der Geschwindigkeitsziffer φ:

$$\bar{c} = \varphi \cdot \bar{c}_s = \varphi \cdot \sqrt{2 \cdot (h_0 - h_s)} = \varphi \cdot \sqrt{2 \cdot \Delta h_s} = \sqrt{2 \cdot (h_0 - h)} \tag{8.32}$$

Bei idealen Gasen kann die Änderung der Enthalpie aus der Temperaturänderung bestimmt werden.

$$\bar{c} = \varphi \cdot \sqrt{\frac{2 \cdot \kappa}{\kappa - 1} \cdot R \cdot (T_0 - T_s)} = \sqrt{\frac{2 \cdot \kappa}{\kappa - 1} \cdot R \cdot (T_0 - T)} \qquad (8.33)$$

Die Temperatur T_s bei isentroper Zustandsänderung ergibt sich aus der Druckänderung.

$$T_s = T_0 \cdot \left(\frac{p}{p_0}\right)^{\frac{\kappa-1}{\kappa}} \qquad (8.34)$$

Damit ist die Ausströmgeschwindigkeit:

$$\bar{c} = \varphi \cdot \sqrt{\frac{2 \cdot \kappa}{\kappa - 1} \cdot R \cdot T_0 \cdot \left[1 - \left(\frac{p}{p_0}\right)^{\frac{\kappa-1}{\kappa}}\right]} \qquad (8.35)$$

8.3.2.2 Austretender Massenstrom

Der aus dem Behälter austretende Massenstrom ist:

$$\dot{m} = A \cdot \bar{c} \cdot \rho \qquad (8.36)$$

Die Dichte in Gl. 8.36 ist die Dichte am Austritt. Sie kann aus der Zustandsgleichung idealer Gase ermittelt und eingesetzt werden.

$$\dot{m} = A \cdot \bar{c} \cdot \frac{p}{R \cdot T} \qquad (8.37)$$

Durch Einsetzen der Geschwindigkeit c aus Gl. 8.33 erhält man nach Umformungen:

$$\dot{m} = \frac{A \cdot p}{R \cdot T} \cdot \sqrt{\frac{2 \cdot \kappa}{\kappa - 1} \cdot R \cdot (T_0 - T)} = \frac{A \cdot p_0}{\sqrt{R \cdot T_0}} \cdot \sqrt{\frac{2 \cdot \kappa}{\kappa - 1} \cdot \left(\frac{p}{p_0}\right)^2 \cdot \frac{T_0}{T} \cdot \left(\frac{T_0}{T} - 1\right)} \qquad (8.38)$$

In dieser Gleichung ist das Temperaturverhältnis T_0/T noch unbekannt, kann jedoch aus der Definition der Geschwindigkeitsziffer ϕ ermittelt werden. Aus Gl. 8.33 erhält man:

$$\frac{T_0}{T} = \frac{1}{1 - \phi^2 \cdot (1 - T_s/T_0)} \qquad (8.39)$$

Das Temperaturverhältnis T_s/T_0 kann aus Gl. 8.34 eingesetzt werden und ergibt:

$$\frac{T_0}{T} = \frac{1}{1 - \phi^2 \cdot \left[1 - (p/p_0)^{(\kappa-1)/\kappa}\right]} \qquad (8.40)$$

Für das Druckverhältnis wird vereinfachend $\pi = p/p_0$ eingeführt und Gl. 8.40 in Gl. 8.38 eingesetzt.

$$\dot{m} = A \cdot \frac{p_0 \cdot \sqrt{2}}{\sqrt{R \cdot T_0}} \cdot \left[\frac{\varphi \cdot \pi}{1 - \varphi^2 \cdot \left(1 - \pi^{(\kappa-1)/\kappa}\right)} \sqrt{\frac{\kappa}{\kappa-1} \cdot \left(1 - \pi^{(\kappa-1)/\kappa}\right)} \right] \qquad (8.41)$$

Wie aus Gl. 8.41 zu sehen ist, hängt der Massenstrom nur vom Zustand des Gases im Behälter, vom Isentropenexponenten und vom Druckverhältnis ab. Der Ausdruck in den eckigen Klammern in Gl. 8.41 wird als *Ausflussfunktion Ψ* bezeichnet.

$$\Psi = \frac{\pi \cdot \varphi}{1 - \varphi^2 \cdot \left(1 - \pi^{(\kappa-1)/\kappa}\right)} \sqrt{\frac{\kappa}{\kappa-1} \cdot \left(1 - \pi^{(\kappa-1)/\kappa}\right)} \qquad (8.42)$$

Für die isentrope Strömung erhält man einen vereinfachten Ausdruck:

$$\Psi_s = \sqrt{\frac{\kappa}{\kappa-1} \cdot \left(\pi^{\frac{2}{\kappa}} - \pi^{\frac{\kappa+1}{\kappa}}\right)} \qquad (8.43)$$

Der Massenstrom lässt sich durch folgende einfache Gleichung beschreiben:

$$\dot{m} = \frac{A \cdot p_0 \cdot \sqrt{2}}{\sqrt{R \cdot T_0}} \cdot \Psi = A \cdot \sqrt{2 \cdot \rho_0 \cdot p_0} \cdot \Psi \qquad (8.44)$$

Bei der Bestimmung des Massenstroms müssen außer der Reibung auch noch die Strahleinschnürung durch die *Kontraktionszahl α* berücksichtigt werden. Sie gibt an, welche Querschnittsfläche für die Strömung wirklich zur Verfügung steht.

$$\dot{m} = \frac{A \cdot \alpha \cdot p_0 \cdot \sqrt{2}}{\sqrt{R \cdot T_0}} \cdot \Psi = A \cdot \alpha \cdot \sqrt{2 \cdot \rho_0 \cdot p_0} \cdot \Psi \qquad (8.45)$$

8.3.2.3 Kritisches Druckverhältnis

Abbildung 8.9 zeigt die Ausflussfunktion. Wie zu sehen ist, nehmen mit abnehmendem Druckverhältnis die Ausflussfunktion und damit der Massenstrom zunächst zu und dann wieder ab. Dieses Verhalten ist unverständlich, da zu erwarten wäre, dass mit abnehmendem Austrittsdruck der Massenstrom zunimmt. In Wirklichkeit steigt der Massenstrom mit abnehmendem Druckverhältnis bis zu einem Maximum der Ausflussfunktion an und bleibt dann konstant.

▶ Der Massenstrom aus einem Druckbehälter konstanten Innendruckes nimmt mit abnehmendem Austrittsdruck zunächst zu und bleibt dann ab einem bestimmten Austrittsdruck konstant.

Abb. 8.9 Ausflussfunktion für
$\varkappa = 1{,}4$

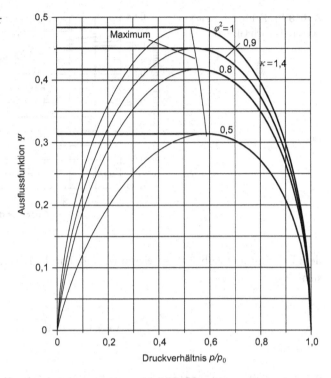

Dieser Druck wird *kritischer Druck* bzw. das Druckverhältnis *kritisches Druckverhältnis* genannt. Das Maximum der Ausflussfunktion bestimmt das kritische Druckverhältnis.

$$\frac{d\Psi^2}{d\pi} = \frac{2 \cdot \varphi^2 \cdot (1 - \pi^{\frac{\kappa-1}{\kappa}})}{1 - \varphi^2 \cdot (1 - \pi^{\frac{\kappa-1}{\kappa}})} - \frac{\pi^{\frac{\kappa-1}{\kappa}} \cdot \varphi^2 \cdot \frac{\kappa-1}{\kappa}}{1 - \varphi^2 \cdot (1 - \pi^{\frac{\kappa-1}{\kappa}})} \cdot \left[\frac{1 + \varphi^2 \cdot (1 - \pi^{\frac{\kappa-1}{\kappa}})}{1 - \varphi^2 \cdot (1 - \pi^{\frac{\kappa-1}{\kappa}})} \right] - 0 \qquad (8.46)$$

Für das kritische Druckverhältnis erhalten wir:

$$\left(\frac{p}{p_0} \right)_{krit} = \left[\frac{\varphi^2 + 1 - 3 \cdot \kappa \cdot (1 - \varphi^2)}{2 \cdot \varphi^2 \cdot (\kappa + 1)} + \sqrt{\left(\frac{\varphi^2 + 1 - 3 \cdot \kappa \cdot (1 - \varphi^2)}{2 \cdot \varphi^2 \cdot (\kappa + 1)} \right)^2 + \frac{2 \cdot \kappa \cdot (1 - \varphi^2)}{\varphi^2 \cdot (\kappa + 1)}} \right]^{\frac{\kappa}{\kappa-1}} \qquad (8.47)$$

Für die isentrope Ausströmung mit $\varphi = 1$ erhält man einen einfacheren Ausdruck:

$$\left(\frac{p}{p_0} \right)_{krit,s} = \left(\frac{2}{\kappa + 1} \right)^{\frac{\kappa}{\kappa-1}} \qquad (8.48)$$

Wird das kritische Druckverhältnis in Gl. 8.41 eingesetzt, erhalten wir das Maximum der Ausflussfunktion. Das kritische Druckverhältnis kann mit Gl. 8.47 berechnet oder aus

Abb. 8.10 Kritisches Druckverhältnis nach Gl. 8.47

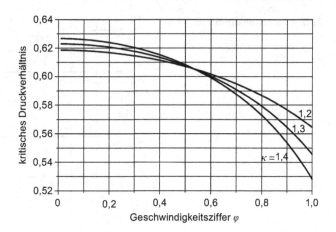

dem Diagramm in Abb. 8.10 abgelesen werden. Für die isentrope Ausflussfunktion ergibt
sich:

$$\Psi_{krit,\,s} = \left(\frac{2}{\kappa + 1}\right)^{\frac{1}{\kappa - 1}} \cdot \sqrt{\frac{\kappa}{\kappa + 1}} \tag{8.49}$$

8.3.2.4 Kritischer Massenstrom und kritische Geschwindigkeit

Der *kritische Massenstrom* kann aus Gl. 8.41 direkt bestimmt werden, indem dort der Wert
der kritischen Ausflussfunktion eingesetzt wird.

$$\dot{m}_{krit} = \alpha \cdot A \cdot \sqrt{2 \cdot \rho_0 \cdot p_0} \cdot \Psi_{krit} \tag{8.50}$$

Für die allgemeine Berechnung von Ψ_{krit} wird hier keine geschlossene Funktion ange-
geben, weil die Gleichung sehr groß und unübersichtlich ist. Es ist besser, das kritische
Druckverhältnis aus Gl. 8.47 zu berechnen und den Zahlenwert in Gl. 8.42 einzusetzen.
Für die isentrope Zustandsänderung erhalten wir:

$$\dot{m}_{krit,\,s} = A \cdot \sqrt{2 \cdot \rho_0 \cdot p_0} \cdot \Psi_{krit,\,s} = A \cdot \sqrt{2 \cdot \rho_0 \cdot p_0} \cdot \left(\frac{2}{\kappa + 1}\right)^{\frac{1}{\kappa - 1}} \cdot \sqrt{\frac{\kappa}{\kappa + 1}} \tag{8.51}$$

Der kritische Massenstrom kann mit der *Ausflussziffer* $\mu = \alpha \cdot \phi$ und mit der isentropen
kritischen Ausflussfunktion vereinfacht berechnet werden.

$$\dot{m}_{krit} = \mu \cdot A \cdot \sqrt{2 \cdot \rho_0 \cdot p_0} \cdot \Psi_{krit,\,s} = \mu \cdot A \cdot \sqrt{2 \cdot \rho_0 \cdot p_0} \cdot \left(\frac{2}{\kappa + 1}\right)^{\frac{1}{\kappa - 1}} \cdot \sqrt{\frac{\kappa}{\kappa + 1}} \tag{8.52}$$

Diese einfachere Berechnung berücksichtigt jedoch nicht die korrekte reibungsbehaftete Änderung der Dichte.

Abb. 8.11 Strömungsbild und
Druckverlauf

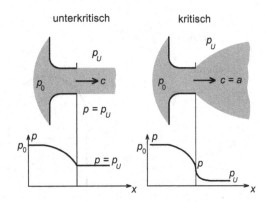

▸ Die kritische Ausströmgeschwindigkeit ist gleich der Schallgeschwindigkeit, bezogen auf den Zustand des Gases am Austritt.

Aus einer Austrittsöffnung mit plötzlicher Querschnittserweiterung kann ein Gas
höchstens mit Schallgeschwindigkeit strömen.

8.3.2.5 Strömungsvorgänge bei kritischer Strömung

Bei der Strömung inkompressibler Fluide ist der Druck am Austritt aus einer plötzlichen
Querschnittserweiterung gleich dem Druck der Umgebung. Direkt am Austritt bleibt der
Querschnitt des Strahls konstant. Ebenso verhält sich die unterkritische Strömung kompressibler Fluide. Bei kritischer Strömung ist der Druck am Austritt größer als der der
Umgebung und der Strahl platzt auf. Dieses Aufplatzen wird durch den Druck im Strahl,
der höher ist als der der Umgebung, bewirkt. Abbildung 8.11 zeigt den Strömungsvorgang
und Druckverlauf bei unterkritischer und kritischer Strömung.

> **Beispiel 8.4: Kritische Ausströmung aus einem Behälter**
> In einem Behälter befindet sich Luft mit dem Druck von 4 bar und einer Temperatur
> von 300 K. Der Druck der Umgebung ist 1 bar. Aus einer Öffnung mit 0,1 cm² Quer-
> schnitt strömt die Luft aus. Die Geschwindigkeitsziffer ist 0,95, die Kontraktionszahl
> 0,9.
>
> a) Bestimmen Sie den Druck am Austritt und den austretenden Massenstrom.
> b) Bestimmen Sie den Massenstrom mit Gl. 8.52.

Lösung

• Schema

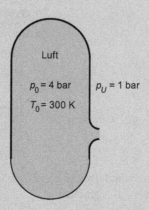

Luft

$p_0 = 4$ bar $p_U = 1$ bar
$T_0 = 300$ K

• Annahmen
  – Der Isentropenexponent wird als konstant $\varkappa = 1{,}4$ angenommen.
  – Die Strömungsvorgänge sind stationär, d. h., im Behälter ist der Druck konstant.
• Analyse
  a) Um festzustellen, ob die Strömung kritisch oder unterkritisch ist, wird zunächst das kritische Druckverhältnis mit Gl. 8.47 bestimmt.

$$\left(\frac{p}{p_0}\right)_{krit} = \left[\frac{\frac{0{,}95^2+1-4{,}2\cdot(1-0{,}95^2)}{2\cdot0{,}95^2\cdot2{,}4} +}{+\sqrt{\left(\frac{0{,}95^2+1-4{,}2\cdot(1-0{,}95^2)}{2\cdot0{,}95^2\cdot2{,}4}\right)^2 + \frac{2{,}8\cdot(1-0{,}95^2)}{0{,}95^2\cdot2{,}4}}} \right]^{\frac{1{,}4}{0{,}4}} = 0{,}5419$$

Der Druck am Austritt wird damit $0{,}5419 \cdot p_0 = 2{,}168$ bar. Er überschreitet den Wert des Außendruckes, d. h., die Strömung ist kritisch.
Die Ausflussfunktion berechnet sich mit Gl. 8.42, indem dort das kritische Druckverhältnis eingesetzt wird.
Den Massenstrom erhalten wir aus Gl. 8.50.

$$\dot{m}_{krit} = \alpha \cdot A \cdot \sqrt{2 \cdot p_0 \cdot \rho_0} \cdot \Psi_{krit} = \frac{\alpha \cdot A \cdot p_0 \cdot \sqrt{2}}{\sqrt{R \cdot T_0}} \cdot \Psi_{krit} =$$

$$= \frac{0{,}9 \cdot 10^{-5} \cdot m^2 \cdot 4 \cdot 10^5 \cdot Pa \cdot \sqrt{2}}{\sqrt{287 \cdot J/(kg \cdot K) \cdot 300 \cdot K}} \cdot 0{,}4514 = \mathbf{0{,}00783 \frac{kg}{s}}$$

b) Die Berechnung des Massenstroms mit Gl. 8.52 ergibt:

$$\dot{m}_{krit} = \frac{\mu \cdot A \cdot p_0 \cdot \sqrt{2}}{\sqrt{R \cdot T_0}} \cdot \left(\frac{2}{\kappa+1}\right)^{\frac{1}{\kappa-1}} \cdot \sqrt{\frac{\kappa}{\kappa+1}} = \mathbf{0{,}00798 \frac{kg}{s}}$$

- Diskussion

Der Massenstrom und Druck am Austritt können sehr einfach bestimmt werden. In unserem Fall liefert die Näherungsgleichung einen zu großen Wert von ca. 2 %. Die Abweichungen werden mit zunehmender Reibung größer, die Ursache liegt in der durch Reibung verursachten höheren Temperatur.

Beispiel 8.5: Unterkritische Ausströmung aus einem Behälter

Der im Beispiel 8.4 berechnete Fall ist für einen Behälterdruck von 1,3 bar neu zu bestimmen.

Lösung

Annahmen und Schema sind gleich wie im Beispiel 8.4.

- Analyse

a) Um festzustellen, ob die Strömung kritisch oder unterkritisch ist, wird zunächst das kritische Druckverhältnis mit Gl. 8.47 wie in Beispiel 8.4 bestimmt.

$$\left(\frac{p}{p_0}\right)_{krit} = 0,5419$$

Der Druck am Austritt hat einen kleineren Wert als $0,5419 \cdot p_0 = 0,704$ bar, d. h., die Strömung ist unterkritisch. Der Druck am Austritt ist gleich dem Außendruck von **1 bar**.

Die Ausflussfunktion wird mit Gl. 8.42 berechnet, indem man dort das Druckverhältnis von $1 : 1,3 = 0,7692$ einsetzt.

$$\Psi = \sqrt{\frac{1,4}{0,4} \cdot \frac{0,7692^2}{1 - 0,95^2 \cdot \left(1 - 0,7692^{0,4/1,4}\right)} \cdot \left(\frac{1}{1 - 0,95^2 \cdot \left(1 - 0,7692^{0,4/1,4}\right)} - 1\right)}$$

$$= 0,3930$$

Der Massenstrom kann mit Gl. 8.45 berechnet werden.

$$\dot{m} = \frac{A \cdot \alpha \cdot p_0 \cdot \sqrt{2}}{\sqrt{R \cdot T_0}} \cdot \Psi = \frac{10^{-5} \cdot m^2 \cdot 0,9 \cdot 1,3 \cdot 10^5 \cdot Pa \cdot \sqrt{2}}{\sqrt{287 \cdot J/(kg \cdot K) \cdot 300 \cdot K}} \cdot 0,3930 = \mathbf{0,00222\,kg/s}$$

b) Für die isentrope Ausflussfunktion erhalten wir aus Gl. 8.43:

$$\Psi_s = \sqrt{\frac{\kappa}{\kappa - 1} \cdot \left(\pi^{\frac{2}{\kappa}} - \pi^{\frac{\kappa+1}{\kappa}}\right)} = \sqrt{\frac{1,4}{0,4} \cdot \left(0,7692^{2/1,4} - 0,7692^{2,4/1,4}\right)} = 0,4168$$

- Diskussion

  Multipliziert man die Ausflussfunktion mit der Geschwindigkeitsziffer, erhält man 0,396. Der so berechnete Massenstrom ist um 0,7 % größer als der mit Gl. 8.42 exakt berechnete Wert.

8.3.3 Entleeren eines Behälters

Das Entleeren eines mit Gas gefüllten Behälters ist ein instationärer Vorgang. Während des Entleerungsvorgangs verändert sich der Druck p_0 im Behälter. Erfolgt die Entleerung adiabat und ohne Dissipation, also isentrop, verringert sich der Druck entsprechend der isentropen Zustandsänderung. Eine schnelle Entleerung des Behälters kann angenähert mit der isentropen Druckänderung im Behälter behandelt werden. Erfolgt die Entleerung sehr langsam und der Behälter ist nicht isoliert, wird sich die Temperatur des Gases im Behälter nicht verändern, d. h. isotherm ablaufen. Die Wirklichkeit liegt zwischen diesen beiden Vorgängen. Der Massenstrom kann nach Gl. 8.45 bestimmt werden. Der Ausfluss erfolgt je nachdem, ob die Strömung kritisch oder unterkritisch ist, nach unterschiedlichen Gesetzmäßigkeiten. Wird für die Ausflussfunktion Ψ Gl. 8.42 verwendet, erhält man sehr komplexe Gleichungen. Dann empfiehlt es sich, die Berechnung mit Computerprogrammen durchzuführen. Hier wird die isotherme und isentrope Druckänderung beim Entleeren eines Behälters mit der isentropen Ausflussfunktion Gl. 8.43 behandelt.

8.3.3.1 Isothermes Entleeren eines Behälters

Die zeitliche Massenänderung im Behälter entspricht dem Massenstrom. Die Masse im Behälter ist durch die thermische Zustandsgleichung idealer Gase gegeben.

$$-\frac{dm}{dt} = -\frac{d}{dt}\left(\frac{p \cdot V}{R \cdot T_0}\right) = \dot{m} \tag{8.53}$$

Da die Temperatur und das Volumen des Behälters konstant sind, ändert sich mit der Zeit nur der Druck p_0.

$$\dot{m} = -\frac{V}{R \cdot T_0} \cdot \frac{dp_0}{dt} \tag{8.54}$$

Der Massenstrom kann aus Gl. 8.44 eingesetzt werden.

$$-\frac{V}{R \cdot T_0} \cdot \frac{dp_0}{dt} = A \cdot \frac{\mu \cdot p_0 \cdot \sqrt{2}}{\sqrt{R \cdot T_0}} \cdot \sqrt{\frac{\kappa}{\kappa - 1} \cdot \left((p/p_0)^{\frac{2}{\kappa}} - (p/p_0)^{\frac{\kappa+1}{\kappa}}\right)} \tag{8.55}$$

Nach Separation der Variablen erhalten wir folgende Differentialgleichung:

$$-\frac{dp_0}{p_0 \cdot \sqrt{\frac{\kappa}{\kappa-1} \cdot \left((p/p_0)^{\frac{2}{\kappa}} - (p/p_0)^{\frac{\kappa+1}{\kappa}}\right)}} = \frac{A \cdot \mu \cdot \sqrt{2} \cdot \sqrt{R \cdot T_0}}{V} \cdot dt \qquad (8.56)$$

Zur Lösung muss unterschieden werden, ob die Strömung kritisch oder unterkritisch ist. Ist das Druckverhältnis p_U/p_0 kleiner als das kritische Druckverhältnis, dann ist es konstant und kann aus Gl. 8.48 eingesetzt werden.

Damit erhalten wir für die kritische Ausströmung:

$$-\frac{dp_0}{p_0} = \frac{A \cdot \mu \cdot \sqrt{2} \cdot \sqrt{R \cdot T_0}}{V} \cdot \left(\frac{2}{\kappa+1}\right)^{\frac{1}{\kappa-1}} \cdot \sqrt{\frac{\kappa}{\kappa+1}} \cdot dt \qquad (8.57)$$

Ist der Druck im Behälter zur Zeit $t = 0$ gleich p_{00}, wird die zeitliche Änderung des Druckes p_0:

$$p_0 = p_{00} \cdot \exp\left(-\frac{A \cdot \mu \cdot \sqrt{2} \cdot \sqrt{R \cdot T_0}}{V} \cdot \left(\frac{2}{\kappa+1}\right)^{\frac{1}{\kappa-1}} \cdot \sqrt{\frac{\kappa}{\kappa+1}} \cdot t\right) \qquad (8.58)$$

Gleichung 8.58 gilt, bis p_0 den Wert $p_0 = p_U \cdot \left(\frac{2}{\kappa+1}\right)^{-\frac{\kappa}{\kappa-1}}$ erreicht.

Wird das kritische Druckverhältnis unterschritten, ist der Austrittsdruck gleich groß wie der Umgebungsdruck p_a und muss deshalb in Gl. 8.56 eingesetzt werden.

$$-\frac{dp_0}{p_0 \cdot \sqrt{\frac{\kappa}{\kappa-1} \cdot \left((p_a/p_0)^{\frac{2}{\kappa}} - (p_a/p_0)^{\frac{\kappa+1}{\kappa}}\right)}} = \frac{A \cdot \mu \cdot \sqrt{2} \cdot \sqrt{R \cdot T_0}}{V} \cdot dt \qquad (8.59)$$

Zum Integrieren ersetzen wir das Druckverhältnis durch den dimensionslosen Druck $\pi = p_U/p_0$. Für dp_0 erhalten wir dann:

$$\pi = \frac{p_U}{p_0} \qquad \frac{d\pi}{dp_0} = -\frac{p_U}{p_0^2} \qquad dp_0 = -\frac{p_0^2}{p_U} \cdot d\pi$$

In Gl. 8.59 eingesetzt, ergibt es:

$$\frac{d\pi}{\sqrt{\pi^{\frac{2\cdot\kappa+2}{\kappa}} - \pi^{\frac{3\cdot\kappa+1}{\kappa}}}} = \sqrt{\frac{2}{\kappa-1}} \cdot \frac{A \cdot \mu \cdot \sqrt{\kappa \cdot R \cdot T_0}}{V} \cdot dt \qquad (8.60)$$

Die linke Seite der Gl. 8.60 kann nur numerisch integriert werden. Auf der rechten Seite wird für den Bruch eine Zeitkonstante t_0 gebildet, so dass die rechte Seite eine dimensionslose Zeit darstellt.

$$\sqrt{\frac{2}{\kappa-1}} \cdot \frac{A \cdot \mu \cdot \sqrt{\kappa \cdot R \cdot T_0}}{V} \cdot dt = \frac{dt}{t_0} = d\tau \qquad (8.61)$$

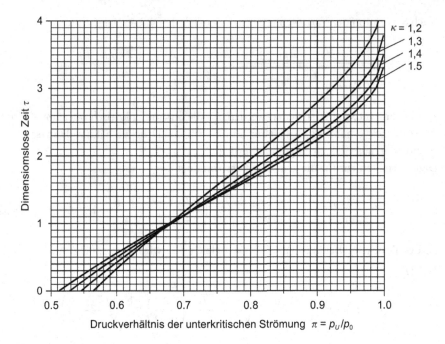

Abb. 8.12 Diagramm der isothermen Ausströmzeit bei unterkritischer Strömung

Die Zeit t_0 ist das $\sqrt{(\kappa-1)/2}$-fache der Zeit, die bei der Temperatur T_0 zum Entleeren des Volumens V mit Schallgeschwindigkeit benötigt wird. Gleichung 8.60 integriert, ergibt:

$$\int_{\pi_1}^{\pi_2} \frac{d\pi}{\sqrt{\pi^{\frac{2\cdot\kappa+2}{\kappa}}-\pi^{\frac{3\cdot\kappa+1}{\kappa}}}} = \tau_2 - \tau_1 \tag{8.62}$$

Abbildung 8.12 zeigt ein Diagramm mit numerisch ermittelten Integralen für verschiedene Werte des Isentropenexponenten. Bei der dimensionslosen Zeit null entspricht das Druckverhältnis dem kritischen Druckverhältnis. Kleinere Werte dürfen hier nicht verwendet werden, weil die Strömung dann kritisch ist und Gl. 8.58 gilt.

Mit den dimensionslosen Zeiten, die aus dem Diagramm bei den Druckverhältnissen zu Beginn und am Ende der Ausströmung abgelesen werden, kann die Ausströmzeit bestimmt werden. Sie ergibt sich als Differenz beider dimensionsloser Zeiten, multipliziert mit der Zeit t_0.

Beim Druckverhältnis 1 gehen die Werte der dimensionslosen Zeiten gegen unendlich.

Beginnt die Entleerung mit der kritischen Strömung, muss die Ausströmzeit zunächst bis zum Erreichen des kritischen Druckverhältnisses mit Gl. 8.58 ermittelt werden, anschließend die unterkritische Ausströmzeit bis zum Erreichen des Enddruckes.

Beispiel 8.6: Entleeren einer Druckluftflasche

Das Ventil einer Druckluftflasche mit 20 l Volumen wird versehentlich nicht vollständig geschlossen. Der Querschnitt der Ventilöffnung beträgt 0,1 mm². Die Geschwindigkeitsziffer der Öffnung ist 0,3, die Kontraktionszahl 1. Der ursprüngliche Druck in der Flasche war 150 bar. Die Temperatur der Luft und die der Flasche sind 20 °C. Der Außendruck beträgt 0,98 bar. Die Temperatur in der Druckluftflasche ist konstant.

a) Bestimmen Sie den Druck nach zwei Stunden.
b) Bestimmen Sie, nach welcher Zeit der Druck auf 1,2 bar absinkt.

Lösung

- Annahmen
  - Der Isentropenexponent wird als konstant $\varkappa = 1,4$ angenommen.
  - Die Temperatur ist in der Druckluftflasche konstant.
- Analyse
  a) Die Strömung ist zunächst sicher kritisch. Mit Gl. 8.58 kann der Druck nach zwei Stunden bestimmt werden, wenn er größer als der kritische Druck ist.

$$p_0 = p_{00} \cdot \exp\left(-\frac{A \cdot \mu \cdot \sqrt{2} \cdot \sqrt{R \cdot T_0}}{V} \cdot \left(\frac{2}{\kappa+1}\right)^{\frac{1}{\kappa-1}} \cdot \sqrt{\frac{\kappa}{\kappa+1}} \cdot t\right) = 17,56\,\mathrm{bar}$$

Der mit kritischem Druckverhältnis berechnete Druck beträgt:

$$p_0 = p_U \cdot \left(\frac{2}{\kappa+1}\right)^{-\frac{\kappa}{\kappa-1}} = 1,8551\,\mathrm{bar}$$

Damit ist der berechnete Druck richtig.
  b) Zur Berechnung der Zeit, die bis zum Absinken des Druckes auf das kritische Druckverhältnis notwendig ist, kann Gl. 8.58 umgeformt und nach der Zeit aufgelöst werden.

$$t = \frac{\ln\left(p_{00}/p_0\right)}{\frac{A \cdot \mu \cdot \sqrt{2} \cdot \sqrt{R \cdot T_0}}{V} \cdot \left(\frac{2}{\kappa+1}\right)^{\frac{1}{\kappa-1}} \cdot \sqrt{\frac{\kappa}{\kappa+1}}} = \frac{\ln\left(150/1,8551\right)}{0,2482 \cdot 10^{-3}/\mathrm{s}} = 14.745\,\mathrm{s}$$

Zur Bestimmung der Zeit während der unterkritischen Ausströmung beginnen wir mit der Zeit null beim kritischen Druckverhältnis. Die dimensionslose Zeit, die beim Druckverhältnis $0,98/1,2 = 0,817$ erreicht wird, ist nach dem Diagramm in Abb. 8.12 **1,80**. Die Zeitkonstante beträgt:

$$t_0 = \sqrt{\frac{\kappa-1}{2}} \cdot \frac{V}{A \cdot \mu \cdot \sqrt{\kappa \cdot R \cdot T_0}} = \frac{0,02 \cdot \mathrm{m}^3}{10^{-7} \cdot \mathrm{m}^2 \cdot 0,3} \sqrt{\frac{0,4}{2 \cdot 1,4 \cdot 287 \cdot 293 \cdot \mathrm{m}^2/\mathrm{s}^2}}$$

$$= 869\,\mathrm{s}$$

Damit ist die Zeit, die benötigt wird, um den Druck von 1,8551 bar auf 1,2 bar zu senken, **1564 s**. Die totale Zeit, in der der Druck von 140 bar auf 1,2 bar absinkt, wird: **16.308 s = 4 h 32 min**.

- Diskussion

  Mit den angegebenen Formeln und dem Diagramm kann die Ausströmzeit einfach bestimmt werden. Voraussetzung ist jedoch, dass die Temperatur im Behälter konstant bleibt.

8.3.3.2 Isentropes Entleeren eines Behälters

Für das isentrope Entleeren eines Behälters gilt auch Gl. 8.55, nur dass die Temperatur dort nicht mehr konstant ist. Die Änderung der Stagnationstemperatur T_0 mit dem Stagnationsdruck p_0 entspricht jener der isentropen Zustandsänderung. Sie ist:

$$T_0 = T_{00} \cdot (p_0/p_{00})^{\frac{\kappa-1}{\kappa}} \tag{8.63}$$

Damit und mit den Druckverhältnissen $p/p_0 = \pi$ erhalten wir aus Gl. 8.55:

$$-\frac{dp_0}{dt} = \frac{A \cdot \mu \cdot p_0 \cdot \sqrt{2 \cdot R \cdot T_{00} \cdot (p_0/p_{00})^{\frac{\kappa-1}{\kappa}}}}{V} \cdot \sqrt{\frac{\kappa}{\kappa-1} \cdot \left(\pi^{\frac{2}{\kappa}} - \pi^{\frac{\kappa+1}{\kappa}}\right)} \tag{8.64}$$

Für die kritische Strömung gilt:

$$-\frac{dp_0}{p_0^{\frac{3\cdot\kappa+1}{2\cdot\kappa}}} = A \cdot \frac{\mu \cdot \sqrt{2 \cdot R \cdot T_{00}}}{V \cdot p_{00}^{\frac{\kappa-1}{2\cdot\kappa}}} \cdot \left(\frac{2}{\kappa+1}\right)^{\frac{\kappa}{\kappa-1}} \cdot \sqrt{\frac{\kappa}{\kappa+1}} \cdot dt \tag{8.65}$$

Gleichung 8.65 kann nach Separation der Variablen integriert werden und ergibt:

$$\left(\frac{p_{00}}{p_0}\right)^{\frac{\kappa-1}{2\cdot\kappa}} = 1 + A \cdot \frac{(\kappa-1) \cdot \mu \cdot \sqrt{2 \cdot R \cdot T_{00}}}{2 \cdot \kappa \cdot V} \cdot \left(\frac{2}{\kappa+1}\right)^{\frac{1}{\kappa-1}} \cdot \sqrt{\frac{\kappa}{\kappa+1}} \cdot t \tag{8.66}$$

Je nachdem, ob die Zeit oder der Druck gesucht wird, kann Gl. 8.66 entsprechend aufgelöst werden.

Für die unterkritische Strömung wird das Druckverhältnis $p_0/p_a = \pi$ in Gl. 8.64 eingesetzt.

$$-\frac{dp_0}{dt} = \frac{A \cdot \mu \cdot p_0 \cdot \sqrt{2 \cdot R \cdot T_{00} \cdot \pi^{\frac{1-\kappa}{\kappa}} \cdot (p_a/p_{00})^{\frac{\kappa-1}{\kappa}}}}{V} \cdot \sqrt{\frac{\kappa}{\kappa-1} \cdot \left(\pi^{\frac{2}{\kappa}} - \pi^{\frac{\kappa+1}{\kappa}}\right)}$$

Für das dimensionslose Druckverhältnis $\pi = p_U/p_0$ erhalten wir:

$$\frac{d\pi}{\sqrt{\frac{\kappa}{\kappa-1} \cdot \left(\pi^{\frac{\kappa+3}{\kappa}} - \pi^{\frac{2\cdot\kappa+2}{\kappa}}\right)}} = \frac{A \cdot \mu \cdot \sqrt{2 \cdot R \cdot T_{00} \cdot (p_a/p_{00})^{\frac{\kappa-1}{\kappa}}}}{V} \cdot dt \tag{8.67}$$

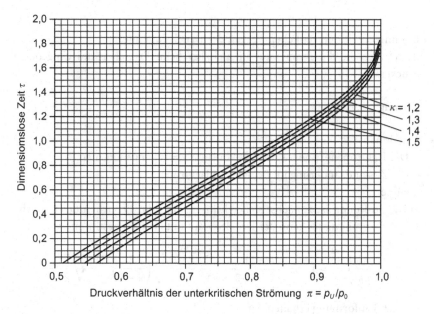

Abb. 8.13 Diagramm der isentropen Ausströmzeit bei unterkritischer Strömung

Gleichung 8.67 ist nicht geschlossen integrierbar. Ähnlich wie bei isothermer Ausströmung kann eine numerische Integration vorgenommen werden. Mit der dimensionslosen Zeit τ erhält man folgende Lösung:

$$\tau = \frac{t}{t_0} = \frac{A \cdot \mu \cdot \sqrt{2 \cdot R \cdot T_{00} \cdot \left(p_a/p_{00}\right)^{\frac{\kappa-1}{\kappa}}}}{V} \cdot t \tag{8.68}$$

$$\int_{\pi_2}^{\pi_1} \frac{d\pi}{\sqrt{\frac{\kappa}{\kappa-1} \cdot \left(1 - \pi^{\frac{\kappa-1}{\kappa}}\right) \cdot \pi^{\frac{\kappa+3}{\kappa}}}} = \tau_2 - \tau_1 \tag{8.69}$$

Die numerische Lösung ist in Abb. 8.13 dargestellt.

Beispiel 8.7: Schnelles Entleeren eines Druckbehälters

Ein Druckbehälter für Luft mit 3 m³ Volumen wird über ein Ventil mit einer Querschnittsfläche von 0,001 m² entleert. Die Geschwindigkeitsziffer ist 0,6 und die Kontraktionszahl 1. Der ursprüngliche Druck im Behälter war 2 bar und die Temperatur betrug 50 °C. Der Außendruck ist 0,98 bar, die Zustandsänderung im Behälter isentrop.

a) Bestimmen Sie den zeitlichen Verlauf der Druckabnahme.
b) Bestimmen Sie die Temperatur im Behälter beim Erreichen des Umgebungs-
   druckes.

Lösung

- Annahmen
  - Der Isentropenexponent wird als konstant $\varkappa = 1{,}4$ angenommen.
  - Die Zustandsänderung im Behälter ist isentrop.
- Analyse
  a) Die Strömung ist zunächst sicher kritisch. Bis zum Erreichen des kritischen
     Druckverhältnisses kann der Druckverlauf mit Gl. 8.66 bestimmt werden.

$$\left(\frac{p_{00}}{p_0}\right)^{\frac{\kappa-1}{2\cdot\kappa}} = 1 + A \cdot \frac{(\kappa-1)\cdot\mu\cdot\sqrt{2\cdot R\cdot T_{00}}}{2\cdot\kappa\cdot V} \cdot \left(\frac{2}{\kappa+1}\right)^{\frac{1}{\kappa-1}} \cdot \sqrt{\frac{\kappa}{\kappa+1}} \cdot t$$

Nach Umformung erhalten wir:

$$\left(\frac{p_{00}}{p_0}\right)^{\frac{\kappa-1}{2\cdot\kappa}} = 1 + A \cdot \frac{(\kappa-1)\cdot\mu\cdot\sqrt{2\cdot R\cdot T_{00}}}{2\cdot\kappa\cdot V} \cdot \left(\frac{2}{\kappa+1}\right)^{\frac{1}{\kappa-1}} \cdot \sqrt{\frac{\kappa}{\kappa+1}} \cdot t$$

$$p_0 = p_{00} \cdot \left[1 + \frac{0{,}4\cdot 0{,}001\cdot 0{,}6\cdot\sqrt{2\cdot 287\cdot 323}}{2{,}8\cdot 3} \cdot \left(\frac{2}{2{,}4}\right)^{3{,}5} \cdot \sqrt{\frac{1{,}4}{2{,}4}\cdot t}\right]^{-\frac{2{,}8}{0{,}4}}$$

$$= p_{00} \cdot \left(1 + \frac{t}{167{,}84\cdot\text{s}}\right)^{-7}$$

Der Druck im Behälter, bei dem das kritische Druckverhältnis erreicht wird,
ist:

$$p_{0,\,krit} = p_U \cdot \left(\frac{\kappa+1}{2}\right)^{\frac{\kappa}{\kappa-1}} = \frac{0{,}98\cdot\text{bar}}{0{,}52828} = 1{,}855\,\text{bar}$$

Dieser Druck wird nach 1,831 s erreicht. Anschließend erfolgt die Entleerung
unterkritisch. Aus dem Diagramm in Abb. 8.13 kann die dimensionslose Zeit
für ein gegebenes Druckverhältnis abgelesen werden. Dort werden für die weiteren Berechnungen die dimensionslosen Zeiten bei den Druckverhältnissen
von 0,6 bis 0,99 in Schritten von 0,05 entnommen. In nachstehender Tabelle sind die berechneten Werte für die kritische und unterkritische Strömung
aufgelistet.
Zur Berechnung der Zeit t_0 muss in Gl. 8.68 für den Druck p_{00} der Wert beim
Erreichen des kritischen Druckes, also bei 1,855 bar, eingesetzt werden. Die
Temperatur ist mit der isentropen Zustandsänderung zu berechnen.

Zeit t	Druck p_0	p_U/p_0	τ	$\tau \cdot t_0$
s	bar	–	–	s
0,000	2,000			
0,485	1,960			
0,962	1,922			
1,431	1,885			
1,800	1,856			
1,813	1,855	0,5282	ab hier kritisch	
4,418	1,633	0,60	0,243	2,604
6,110	1,508	0,65	0,401	4,296
7,740	1,400	0,70	0,553	5,927
9,343	1,307	0,75	0,703	7,530
10,958	1,225	0,80	0,854	9,144
12,636	1,153	0,85	1,010	10,823
14,469	1,089	0,90	1,182	12,656
16,878	1,032	0,95	1,388	14,864
19,431	0,990	0,99	1,645	17,681

Der Druckverlauf ist grafisch dargestellt.

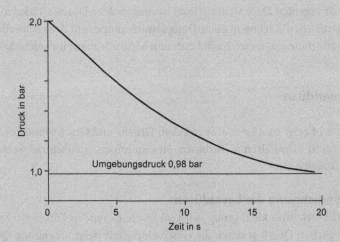

b) Der Umgebungsdruck wird erst nach unendlich langer Zeit erreicht. Die Temperatur nähert sich damit dem Wert:

$$T = T_{00} \cdot (p_U/p_{00})^{(\kappa-1)/\kappa} = (0{,}98/2)^{0{,}4/1{,}4} \cdot 323\,\text{K} - \mathbf{263{,}4\,K}$$

- Diskussion
  Die Berechnungen der Ausströmzeit und des Behälterdruckes sind sehr einfach
  möglich. Die isentrope Druckänderung im Behälter tritt nur bei kurzzeitiger Ausströmung auf.

8.4   Überschallströmung

In den vorgehenden Kapiteln wurde gezeigt, dass sich der Druck bei kompressibler Unterschallströmung in einer Querschnittsverengung am Austritt höchstens bis auf den kritischen Druck absenkt. Dabei kann die Geschwindigkeit dort Schallgeschwindigkeit erreichen. In einer nachgeschalteten, entsprechenden Düse kann die Geschwindigkeit auf
eine höhere als Schallgeschwindigkeit gebracht werden. Wie zu erwarten ist, muss die Düse nicht konvergent, sondern divergent sein.

Bei der Strömung mit Geschwindigkeiten, die über der Schallgeschwindigkeit liegen,
erfolgen in einer allmählichen Querschnittserweiterung Druck- und Dichteänderung so,
dass die Geschwindigkeit erhöht, der Druck verringert wird. In einer Querschnittsverengung sinkt dagegen die Geschwindigkeit und der Druck steigt.

Wenn also die Geschwindigkeit in einer zunächst konvergenten Düse im engsten Querschnitt auf Schallgeschwindigkeit gebracht wird, kann die Geschwindigkeit in einer darauf
folgenden divergenten Düse weiter erhöht werden. Solche Düsen wurden zum ersten Mal
von dem Deutschen *Körting* in einer Dampfstrahlpumpe und dem Schweden *de Laval* in
einer Dampfturbine eingesetzt. Nach Letzterem benannte man eine solche Düse *Lavaldüse*.

8.4.1   *Laval*düse

Abbildung 8.14 zeigt eine *Laval*düse mit dem Druck- und Geschwindigkeitsverlauf in der
Düse. Man setzt *Laval*düsen in Turbinen, Strahlpumpen, Raketentriebwerken und Über-
schallwindkanälen ein.

8.4.1.1   Berechnung der Lavaldüsen

Ist das Druckverhältnis klein genug, wird im konvergierenden Düsenabschnitt der Druck
auf den kritischen Druck gesenkt, die Geschwindigkeit steigt im engsten Querschnitt auf
Schallgeschwindigkeit an. Im divergierenden Düsenabschnitt wird der Druck weiter gesenkt, die Geschwindigkeit steigt an. Eine *Laval*düse ist für einen bestimmten Massenstrom
und ein bestimmtes Druckverhältnis p_a/p_0 ausgelegt. Der für den isentropen Massenstrom

Abb. 8.14 *Laval*düse mit
Druck- und Geschwindig-
keitsverlauf

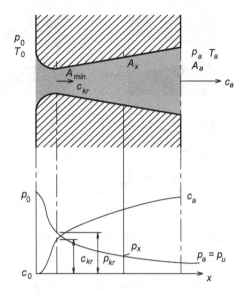

notwendige kleinste Düsenquerschnitt kann mit Gl. 8.50 ermittelt werden.

$$A_{min} = \frac{\dot{m}}{\mu \cdot \sqrt{2 \cdot p_0 \cdot \rho_0} \cdot \Psi_{krit}} = \frac{\dot{m}}{\mu \cdot \sqrt{2 \cdot p_0 \cdot \rho_0}} \cdot \left(\frac{\kappa+1}{2}\right)^{\frac{1}{\kappa-1}} \cdot \sqrt{\frac{\kappa+1}{\kappa}} \qquad (8.70)$$

Der Druck am engsten Querschnitt wird mit Gl. 8.47 berechnet. Die Geschwindigkeit am Austritt der Düse ist durch Gl. 8.35 gegeben.

Der für den Massenstrom und das Druckverhältnis notwendige Austrittsquerschnitt kann mit der Ausflussfunktion bestimmt werden.

$$A_a = \frac{\dot{m}}{\mu \cdot \sqrt{2 \cdot p_0 \cdot \rho_0} \cdot \Psi} \qquad (8.71)$$

Hat man ein *h-s*-Diagramm für das entsprechende Gas, kann das Enthalpiegefälle direkt abgelesen und die Geschwindigkeit am Austritt mit Gl. 8.18 berechnet werden.

Die größte erreichbare Geschwindigkeit in einer *Laval*düse lässt sich aus Gl. 8.35 bestimmen. Man erhält sie, indem man das Druckverhältnis zu null setzt.

Damit diese Geschwindigkeit erreicht wird, muss der Druck am Austritt gleich null werden. Dann hätte aber auch die Austrittstemperatur den Wert null und eine unendlich große Austrittsfläche wäre notwendig.

Ist der Druckverlauf entlang der Düse vorgegeben, kann mit Gl. 8.72 der Strömungsquerschnitt der Düse bestimmt werden, indem dort in die Ausflussfunktion an Stelle *x* das entsprechende Druckverhältnis eingegeben wird.

$$A_x = \frac{\dot{m}}{\mu \cdot \sqrt{2 \cdot p_0 \cdot \rho_0} \cdot \Psi} \qquad (8.72)$$

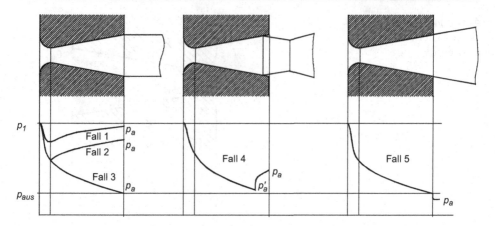

Abb. 8.15 Betriebszustände der *Laval*düse

Bei einer nach diesen Kriterien ausgelegten *Laval*düse wird am Düsenaustritt gerade der Umgebungsdruck erreicht und die Geschwindigkeit entspricht der Auslegungsgeschwindigkeit.

8.4.1.2 Betriebsverhalten bei veränderlichem Gegendruck

Weicht der Ein- oder Austrittsdruck vom Auslegungswert ab, können Betriebsfälle auftreten, die für die Düse nicht optimal sind. Der Eintrittsdruck, das Druckverhältnis und der Massenstrom bestimmen die notwendige Geometrie der Düse. Verändert sich bei konstantem Austrittsdruck der Eintrittsdruck, verändern sich auch der Massenstrom und das Druckverhältnis. Wird bei konstantem Eintrittsdruck der Austrittsdruck verändert, bleibt der Massenstrom bei der kritischen Strömung konstant, das Druckverhältnis ändert sich, die Auslegung stimmt nicht mehr. Hier werden fünf Fälle gezeigt, die bei verschiedenen Austrittsdrücken auftreten können. Den für die Auslegung verwendeten Austrittsdruck bezeichnen wir mit p_{aus} (Abb. 8.15).

Fall 1: $p_a > p_{krit}$

Der Austrittsdruck ist höher als der kritische Druck. In der gesamten Düse ist die Strömungsgeschwindigkeit im Unterschallbereich. Sie verhält sich wie eine *Venturi*düse. Im engsten Strömungsquerschnitt wird der niedrigste Druck erreicht. Im divergierenden Teil der Düse verringert sich die Geschwindigkeit, der Druck wird erhöht. Der Massenstrom ist kleiner als der kritische Massenstrom.

Fall 2: $p_a > p_{krit} > p_{aus}$

Der Austrittsdruck ist größer als jener bei der Auslegung und auch größer als der kritische Druck. Im engsten Düsenquerschnitt wird gerade die Schallgeschwindigkeit erreicht, im nachfolgenden divergenten Teil der Düse erfolgt jedoch eine Verdichtung. Der Massenstrom ist wie in allen folgenden Fällen der kritische Massenstrom.

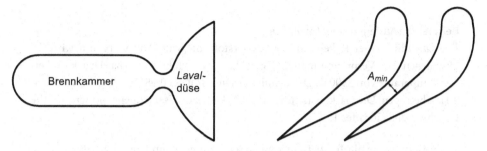

Abb. 8.16 *Laval*düse eines Raketentriebwerks und einer Dampfturbine

Fall 3: $p_a = p_{aus} < p_{krit}$

Der Druck am Austritt entspricht dem Druck, für den die Düse ausgelegt ist. Im engsten Querschnitt wird Schallgeschwindigkeit erreicht. Im divergenten Teil erfolgt eine Entspannung auf den Auslegungsdruck. Die Düse ist „angepasst". Dieser Strahl tritt mit konstantem Querschnitt aus der Düse.

Fall 4: $p_{krit} > p_a > p_{aus}$

Der Gegendruck $p'_a > p_{aus}$ wird vor dem Ende der Düse erreicht. Sie ist „unangepasst". In der Reststrecke der Düse erfolgt ein Verdichtungsstoß auf den Austrittsdruck. Hinter dem Verdichtungsstoß ist die Strömung im Unterschallbereich.

Fall 5: $p_{krit} > p_{aus} > p_a$

Der Austrittsdruck ist tiefer als der Auslegungsdruck der Düse, er wird an deren Ende erreicht. Die Strömung innerhalb der Düse ist wie bei der Auslegung. Nach dem Austritt erfolgt eine Nachexpansion mit Strahlausbreitung.

Die durch unangepassten Gegendruck auftretenden Verdichtungsstöße verursachen Schwingungen des Gasstrahls und erhebliche Strömungsverluste.

8.4.1.3 Konstruktive Gestaltung der Lavaldüsen

Der Verwendungszweck bestimmt den Verlauf des Strömungsquerschnitts einer *La-val*düse. Bei Strahlapparaten und Strahltriebwerken nimmt man bevorzugt kreisförmige Querschnitte. Damit sich die Strömung nicht ablöst, wählt man meist den Öffnungswinkel des divergenten Düsenteils unter 10°. Damit keine Strahleinschnürung eintritt und der Geschwindigkeitsbeiwert groß gehalten werden kann, wählt man den Abrundungsradius des konvergenten Teils möglichst groß. Bei Raketentriebwerken und sehr schnellen Überschallflugzeugen hat der divergente Teil oft eine etwas glockenförmige Gestalt.

Bei den Regelstufen der Dampfturbinen wird durch geeignete Konturen der Turbinenschaufeln eine *Laval*düse gebildet. Abbildung 8.16 zeigt die Düsenformen von Raketentriebwerken und Dampfturbinen.

Beispiel 8.8: Auslegen einer *Laval*düse

Die *Laval*düse einer Rakete, in der Wasserstoff mit Sauerstoff verbrannt wird, ist auszulegen. Die Verbrennung in der Brennkammer erfolgt bei 30 bar Druck und einer Temperatur von 2500 K. Der Schub der Düse soll bei 0,98 bar Umgebungsdruck 10 kN betragen. Die Gaskonstante ist 461,5 J/(kg K), der Isentropenexponent 1,3, die Geschwindigkeitsziffer 1.

a) Bestimmen Sie die Temperatur und Geschwindigkeit am Düsenaustritt.
b) Bestimmen Sie den Durchmesser der Düse an der engsten Stelle und am Austritt.

Lösung

- Annahmen
  - Der Isentropenexponent ist konstant $\varkappa = 1{,}3$.
  - Da die Geschwindigkeitsziffer 1 ist, erfolgt die Zustandsänderung in der Düse isentrop.
  - Der angegebene Zustand in der Brennkammer ist der Stagnationszustand.
- Analyse
  a) Die Geschwindigkeit am Austritt kann mit Gl. 8.33 berechnet werden. Sie ist:

$$\bar{c}_a = \sqrt{\frac{2 \cdot \varkappa}{\varkappa - 1} \cdot R \cdot T_0 \cdot \left[1 - \left(\frac{p}{p_0} \right)^{\frac{\varkappa-1}{\varkappa}} \right]} = \mathbf{2336{,}4\,m/s}$$

Die Temperatur am Austritt wird mit Gl. 8.33 bestimmt.

$$T_a = T_0 - \frac{\bar{c}_a^2 \cdot (\varkappa - 1)}{2 \cdot \varkappa \cdot R} = 2500\,K - \frac{0{,}3 \cdot 2336{,}4^2 \cdot m^2/s^2}{2 \cdot 1{,}3 \cdot 461{,}5 \cdot J/(kg \cdot K)} = \mathbf{1135\,K}$$

  b) Um die Strömungsquerschnitte berechnen zu können, muss der Massenstrom, der für die Erzeugung von 10 kN Schub notwendig ist, mit Gl. 5.15 bestimmt werden.

$$\dot{m} = \frac{F}{c_a} = \frac{10.000 \cdot N}{2336{,}4 \cdot m/s} = 4{,}28\,kg/s$$

Der Düsenquerschnitt an der engsten Stelle kann mit Gl. 8.70 berechnet werden.

$$A_{min} = \frac{\dot{m} \cdot \sqrt{R \cdot T_0}}{\sqrt{2} \cdot p_0} \cdot \left(\frac{\varkappa + 1}{2} \right)^{\frac{\varkappa}{\varkappa-1}} \cdot \sqrt{\frac{\varkappa + 1}{\varkappa}} =$$

$$= \frac{4{,}28 \cdot kg/s \cdot \sqrt{461{,}5 \cdot 2500 \cdot m^2/s^2}}{\sqrt{2} \cdot 30 \cdot 10^5 \cdot Pa} \cdot \left(\frac{2{,}3}{2} \right)^{\frac{1{,}3}{0{,}3}} \cdot \sqrt{\frac{2{,}3}{1{,}3}} = 0{,}00264\,m^2$$

Der Durchmesser ist an der engsten Stelle: $d_{min} = \sqrt{\frac{4 \cdot A_{min}}{\pi}} = 0{,}0580\,\text{m}$

Aus der Kontinuitätsgleichung erhalten wir den Düsenquerschnitt am Austritt.

$$A_a = \frac{\dot{m}}{\rho_a \cdot c_a} = \frac{\dot{m} \cdot R \cdot T_a}{p_a \cdot c_a} = \frac{4{,}28\,\text{kg/s} \cdot 461{,}5 \cdot \text{J/(kg} \cdot \text{K)} \cdot 1135 \cdot \text{K}}{0{,}98 \cdot 10^5 \cdot \text{Pa} \cdot 2236{,}4 \cdot \text{m/s}} = 0{,}01023\,\text{m}^2$$

Damit wird der Durchmesser am Austritt: $d_a = \sqrt{\frac{4 \cdot A_a}{\pi}} = 0{,}112\,\text{m}$

- Diskussion

  Bei isentroper Zustandsänderung mit konstantem Isentropenexponenten ist die Berechnung einer *Laval*düse sehr einfach. Bei reibungsbehafteter Strömung und unter Berücksichtigung der Änderung des Isentropenexponenten wird die Berechnung komplex und muss mit entsprechenden Programmen durchgeführt werden.

8.4.2 Verdichtungsströmung

Zur Verdichtung von Gasen und zur Rückgewinnung kinetischer Energie von Fluiden hoher Strömungsgeschwindigkeiten werden Diffusoren verwendet. Wie bei der *Laval*düse gezeigt wurde, treten bei Überschallströmung in einer Erweiterung des Strömungsquerschnitts eine Geschwindigkeitserhöhung und Druckabnahme, also Expansion, auf. Bei Verengung des Strömungsquerschnitts treten bei Überschallströmung eine Absenkung der Geschwindigkeit und Erhöhung des Druckes, somit eine Verdichtung auf. Der Konfusor wird daher in der Literatur oft *Überschalldiffusor* genannt, obwohl er, geometrisch gesehen, ein Konfusor ist. Hier werden Gesetzmäßigkeiten für Verdichtungsströmungen in Unterschalldiffusoren und Überschallkonfusoren hergeleitet.

8.4.2.1 Unterschalldiffusor

Abbildung 8.17 stellt den Verdichtungsvorgang in einem Unterschalldiffusor dar.

Die Geschwindigkeit am Austritt des Diffusors beträgt:

$$\bar{c}_a = \phi \cdot \sqrt{\bar{c}_1^2 - 2 \cdot c_{pm} \cdot (T_2 - T_1)} \tag{8.73}$$

Der Wirkungsgrad des Diffusors ist gegeben als:

$$\eta_{Diff} = \frac{\Delta h_s}{\Delta h} \tag{8.74}$$

Abb. 8.17 Verdichtung in einem Unterschalldiffusor

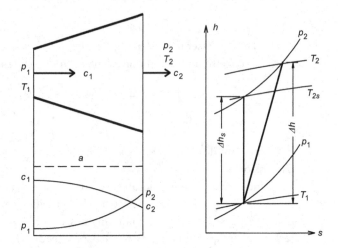

Für die Temperatur am Austritt des Diffusors erhält man:

$$T_2 = T_1 + \frac{T_1}{\eta_{Diff}} \cdot \left[\left(\frac{p_2}{p_1} \right)^{\frac{\kappa-1}{\kappa}} - 1 \right] \qquad (8.75)$$

In Gl. 8.73 eingesetzt, ist die Geschwindigkeit am Austritt des Diffusors:

$$\bar{c}_2 = \sqrt{ \bar{c}_1^2 - \frac{2 \cdot \kappa \cdot R \cdot T_1}{(\kappa-1) \cdot \eta_{Diff}} \cdot \left[\left(\frac{p_2}{p_1} \right)^{\frac{\kappa-1}{\kappa}} - 1 \right] } \qquad (8.76)$$

Das größte Druckverhältnis lässt sich mit einem Unterschalldiffusor erzielen, wenn am Eintritt die Geschwindigkeit am größten, also höchstens Schallgeschwindigkeit und am Austritt gleich null ist. Für das maximale Druckverhältnis erhält man damit:

$$\left(\frac{p_2}{p_1} \right)_{max} = \left[\frac{\kappa-1}{2} \cdot \eta_{Diff} + 1 \right]^{\frac{\kappa}{\kappa-1}} \qquad (8.77)$$

Bei idealem Diffusorwirkungsgrad hat man das kritische Druckverhältnis.

$$\left(\frac{p_2}{p_1} \right)_{max,s} = \left[\frac{\kappa-1}{2} + 1 \right]^{\frac{\kappa}{\kappa-1}} = \left(\frac{\kappa+1}{2} \right)^{\frac{\kappa}{\kappa-1}} \qquad (8.78)$$

Mit der Kontinuitätsgleichung lässt sich die erforderliche Austrittsfläche bei vorgegebenem Druck am Austritt des Diffusors bestimmen.

$$A_2 = \frac{\dot{m} \cdot R \cdot T_2}{p_2 \cdot \bar{c}_2} \qquad (8.79)$$

Abb. 8.18 Verdichtung in einem Überschallkonfusor

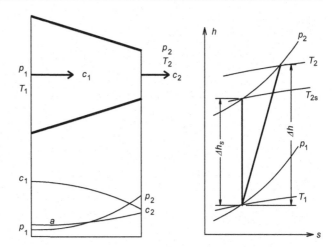

8.4.2.2 Überschallkonfusor

Im Überschallkonfusor findet ebenfalls eine Verdichtung statt. Die Geschwindigkeit am Eintritt ist größer als jene am Austritt. Beide Geschwindigkeiten liegen im Überschallbereich. Da im Gegensatz zur Unterschallströmung die Geschwindigkeit prozentual stärker ab- als die Dichte zunimmt, muss sich der Strömungsquerschnitt in Strömungsrichtung verengen. Abbildung 8.18 zeigt einen Überschallkonfusor.

Die Berechnungen der Geschwindigkeiten, Temperaturen und Strömungsquerschnitte erfolgen wie in bei dem Unterschalldiffusor. Das Druckverhältnis kann aus Gl. 8.76 bestimmt werden.

$$\frac{p_2}{p_1} = \left[(Ma_1^2 - Ma_2^2) \cdot \eta_{Konf} \cdot \frac{\kappa - 1}{2} + 1 \right]^{\frac{\kappa}{\kappa - 1}} \tag{8.80}$$

Nach Gl. 8.80 wäre theoretisch ein unendliches Verdichtungsverhältnis erzielbar. Mit wachsender *Mach*zahl nimmt aber der Wirkungsgrad des Diffusors ab, damit ist die wirkliche Verdichtung begrenzt. In Überschallkonfusoren wurden Verdichtungsverhältnisse bis zu sechs erreicht. Bei Gl. 8.80 ist zu beachten, dass die *Mach*zahl Ma_2 auf die Schallgeschwindigkeit im Zustand 1 bezogen ist.

Literatur

[1] Roberson J A, Crowe C T (1997) Engineering Fluid Mechanics, 6. Edition, John Wiley & Sons, Inc., New York

[2] Fox R W, McDonald A T (1994) Introduction to Fluid Mechanics, 4. Edition, John Wiley & Sons, Inc., New York

[3] Shapiro A H (1953) Compressible Fluid Flow. Vol. 1, John Wiley & Sons, Inc., New York

[4] Zierep J (1990) Grundzüge der Strömungslehre. 5. Auflage, Springer Verlag, Berlin

[5] Houghton E L, Carpenter P W (1993) Aerodynamics for Engineering Studensts. Edward Arnold, London

Strömung von Gas-Flüssigkeitsgemischen 9

9.1 Einleitung

In technischen Apparaten, in denen Verdampfung oder Kondensation stattfindet, strömen Dampf und Flüssigkeit gemeinsam in einer Leitung. Man spricht bei diesen Strömungen von Zweiphasenströmung. Für die Auslegung von Apparaten oder ganzer Anlagen ist die Berechnung des Druckverlustes und der Druckänderung wichtig. Erst in den 70er Jahren erfolgte die systematische Erforschung der Strömungsvorgänge in der *Zweiphasenströmung*.

Die Parameter, die zur Bestimmung des Reibungsdruckverlustes notwendig sind, erhöhen sich wesentlich gegenüber einer Strömung, in der nur ein Fluid als Gas oder Flüssigkeit strömt. Die Stoffwerte verdoppeln sich und als zusätzliche Parameter kommen die Oberflächenspannung, der Massen- und Volumenanteil des Dampfes und das Verhältnis der Geschwindigkeiten beider Phasen dazu. Wenn also aus Messungen die Gesetzmäßigkeit des Druckverlustes bestimmt werden soll, sind im Vergleich zur einphasigen Strömung wesentlich mehr Messungen notwendig. Modellvorstellungen ermöglichten, Gesetzmäßigkeiten so herzuleiten, dass diese mit einem vernünftigen Messaufwand zu bewerkstelligen waren. Nachfolgende Gesetzmäßigkeiten gelten nicht nur für Dampf-Kondensatströmungen, sondern auch allgemein für *Gas-Flüssigkeitsströmungen* wie z. B. Wasser-Luftströmung.

9.1.1 Grundlagen

Im Folgenden werden die dampfförmige Phase mit dem Index g, die flüssige mit dem Index l versehen. Für die Beschreibung der Gesetzmäßigkeiten benötigt man den Dampfgehalt (quality, steam quality) und den Dampfvolumenanteil (void fraction, steam volume fraction) als zusätzliche Größen. Beide Größen werden aus der Kontinuitätsgleichung für die Zweiphasenströmung hergeleitet.

P. von Böckh und C. Saumweber, *Fluidmechanik*, DOI 10.1007/978-3-642-33892-2_9,
© Springer-Verlag Berlin Heidelberg 2013

9.1.1.1 Dampfgehalt und Dampfvolumenanteil

Der *Dampfgehalt x*, oft auch als Dampfqualität bezeichnet, ist definiert als das Verhältnis des Dampfmassenstroms zum Gesamtmassenstrom des Zweiphasengemisches, wobei der Gesamtmassenstrom die Summe des Dampf- und Flüssigkeitsmassenstroms ist Gl. 9.1.

$$x = \frac{\dot{m}_g}{\dot{m}_g + \dot{m}_l} \qquad (9.1)$$

Entsprechend wäre es auch möglich, einen Flüssigkeitsgehalt einzuführen, der definitionsgemäß eins minus Dampfgehalt ist.

Der *Dampfvolumenanteil α* ist definiert als das Verhältnis des vom Dampf eingenommenen Strömungsquerschnitts zum Gesamtströmungsquerschnitt.

$$\alpha = \frac{A_g}{A_g + A_l} \qquad (9.2)$$

In englischsprachiger Literatur wird der Flüssigkeitsvolumenanteil häufig als „hold up" angegeben.

9.1.1.2 Kontinuitätsgleichung

Bei der stationären Strömung von Dampf-Flüssigkeitsgemischen kann sich durch Verdampfung oder Kondensation der Massenstrom einzelner Phasen verändern, der Gesamtmassenstrom aber bleibt konstant.

$$\dot{m} = \dot{m}_g + \dot{m}_l = \text{konst.} \qquad (9.3)$$

Für die einzelnen Phasen gilt:

$$\dot{m}_g = \dot{m} \cdot x = c_g \cdot \rho_g \cdot A_g = c_g \cdot \rho_g \cdot A \cdot \alpha \qquad (9.4)$$

$$\dot{m}_l = \dot{m} \cdot (1 - x) = c_l \cdot \rho_l \cdot A_l = c_l \cdot \rho_l \cdot A \cdot (1 - \alpha) \qquad (9.5)$$

Aus diesen Gleichungen können Zusammenhänge zwischen Dampfgehalt und Dampfvolumenanteil hergeleitet werden.

$$\frac{1 - x}{x} = \frac{c_l \cdot \rho_l}{c_g \cdot \rho_g} \cdot \frac{1 - \alpha}{\alpha} \qquad (9.6)$$

Die Bestimmung des Dampfvolumenanteils aus dem Dampfgehalt ist nur dann möglich, wenn das Geschwindigkeits- und Dichteverhältnis beider Phasen bekannt ist. Das Dichteverhältnis ist eine Stoffeigenschaft und kann aus der Temperatur und dem Druck bestimmt werden. Das Geschwindigkeitsverhältnis ist unbekannt und nur sehr schwer messbar. Der Dampfvolumenanteil muss mit Hilfe von Kennzahlen berechnet werden.

9.1.1.3 Dichte

Die Dichte eines Zweiphasengemisches wird bestimmt, indem die Masse des Gemisches mit dem von ihm eingenommenen Volumen geteilt wird. Betrachtet man ein Gemisch, das sich in einem Kanal mit dem Strömungsquerschnitt A von der Länge dl befindet, ist dort die Masse des Gemisches:

$$dm = dm_g + dm_l = \rho_g \cdot A \cdot \alpha \cdot dl + \rho_l \cdot A \cdot (1 - \alpha) \cdot dl \tag{9.7}$$

Durch das Volumen dividiert, erhält man die Dichte:

$$\rho_L = \frac{dm}{dV} = \frac{dm}{A \cdot dl} = \rho_g \cdot \alpha + \rho_l \cdot (1 - \alpha) \tag{9.8}$$

Diese Dichte wird als *lokale Dichte* des Gemisches bezeichnet.

Betrachtet man ein Zweiphasengemisch, in dem beide Phasen homogen miteinander vermengt sind, so dass Dampf und Flüssigkeit mit gleicher Geschwindigkeit strömen (z. B. Nebel oder feine Bläschen), kann die Dichte direkt aus dem Dampfgehalt bestimmt werden. Hierzu wird in Gl. 9.6 die Geschwindigkeit der beiden Phasen gleich gesetzt und damit kann in Gl. 9.8 der Dampfvolumenanteil durch den Dampfgehalt ersetzt werden. Die Dichte ist in diesem Fall:

$$\frac{1}{\rho_H} = \frac{x}{\rho_g} + \frac{1 - x}{\rho_l} \tag{9.9}$$

Sie wird als *homogene Dichte* bezeichnet und ist physikalisch nur dann korrekt, wenn beide Phasen die gleiche Geschwindigkeit haben.

Wie aus diesen beiden Dichtedefinitionen und aus dem Zusammenhang zwischen Dampfgehalt und Dampfvolumenanteil zu sehen ist, spielt bei diesen Größen das Geschwindigkeitsverhältnis eine wichtige Rolle. Es hängt von vielen Faktoren ab, vor allem davon, wie die beiden Phasen bei der Strömung verteilt sind. Bevor die quantitativen Zusammenhänge zwischen Dampfgehalt und Dampfvolumenanteil bestimmt werden, sollten die Strömungsvorgänge und die dadurch verursachten Strömungsformen näher betrachtet werden.

9.2 Strömungsformen

Bei der Strömung von Gas-Flüssigkeitsgemischen können je nach Dampfgehalt und Massenstrom verschiedene Strömungsformen auftreten. Dies kann am Beispiel der Strömung von Luft und Wasser in einem waagerechten Rohr gezeigt werden.

Das Rohr ist am Eintritt mit einem Wasserbehälter verbunden, so dass es bis zur Rohrachse mit Wasser gefüllt ist. Oberhalb des Flüssigkeitsspiegels befindet sich Luft. Langsam wird das Wasser aus dem Rohr abfließen, wobei sich der Flüssigkeitsspiegel zum Rohrende hin senkt. Das Wasser wird geringe Mengen von Luft mitreißen. Man spricht in diesem Fall von *ebener Strömung* oder *Schichtenströmung* (stratified flow).

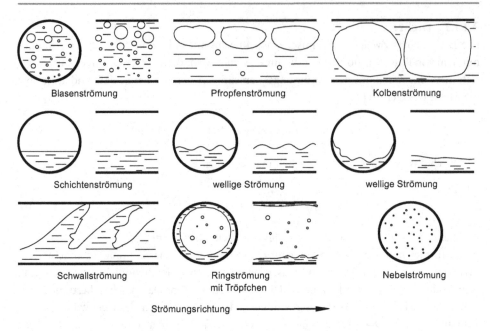

Abb. 9.1 Strömungsformen in einem waagerechten Rohr [1]

Der Druck der Luft wird allmählich erhöht, damit vergrößert sich der Massenstrom der Luft. Zunächst bleibt die Strömungsform gleich. Durch die Luftströmung wird jetzt Wasser mitgerissen, der Wassermassenstrom erhöht sich ebenfalls. Mit zunehmendem Luftmassenstrom entstehen Wellen auf der Wasseroberfläche, man spricht von *welliger Strömung* (wavy flow).

Bei weiterer Steigerung des Luftmassenstroms werden die Wellen immer höher und versperren den gesamten Strömungsquerschnitt. Je nachdem, wie groß der Dampfgehalt ist, sind die versperrten Sektionen kürzer oder länger. Die *Schwall-* oder *Pfropfenströmung* (slug flow, plug flow) beginnt.

Bei weiterer Steigerung des Massenstroms bildet die Flüssigkeit einen Ring an der Wand, in der die Luft strömt. Die Flüssigkeitsoberfläche ist wellig und in der Luftströmung befinden sich Tröpfchen. Man spricht von *Ringströmung* (annular flow) und Ringströmung mit Tropfenströmung (annular flow with entrainment).

Bei der weiteren Steigerung des Massenstroms wird der Wasserring immer dünner. Die Flüssigkeit strömt hauptsächlich in Form von Tröpfchen in der Luftströmung. Dies nennt man *Spritzer-* oder *Nebelströmung* (spray flow).

Ist der Dampfgehalt sehr klein, können auch winzige Luftbläschen in der Flüssigkeit mitströmen. Diese Strömungsform wird als *Blasenströmung* (bubbly flow) bezeichnet. In Abb. 9.1 sind die verschiedenen Strömungsformen dargestellt.

Mit dem *Baker*-Diagramm in Abb. 9.2 bestimmt man die Strömungsform.

Abb. 9.2 *Baker*-Diagramm zur Bestimmung der Strömungsformen in einem waagerechten Rohr: *a* Blasenströmung, *b* Spritzerströmung, *c* Ringströmung, *d* Schwallströmung, *e* Pfropfenströmung, *f* wellige Strömung, *g* Schichtenströmung [1]

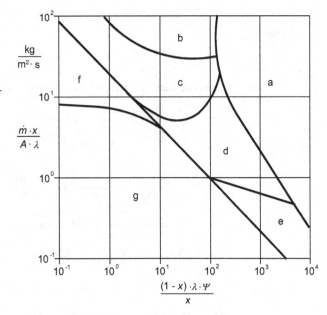

λ ist dabei der Dichteparameter und Ψ der Viskositätsparameter:

$$\lambda = \sqrt{\frac{1000 \cdot \rho_g}{1,2 \cdot \rho_l}} \qquad \Psi = \frac{7,3 \cdot \text{N/m}}{\sigma} \cdot \sqrt{\frac{\eta_l \cdot \text{kg/m}^3}{\rho_l \cdot \text{kg/(m} \cdot \text{s)}}}$$

Dieses Diagramm wird nicht für die Berechnung des Druckverlustes benötigt, es dient lediglich zur Abschätzung der Strömungsformen. Das kann wichtig sein, weil einige Strömungsformen Instabilitäten in der Strömung verursachen und so zu Störungen von Prozessen und Anlagen führen. Die Störungen können sich in der Abschaltung von Anlagen und Beschädigungen bzw. Zerstörung von Apparaten und Anlageteilen auswirken. Störungen werden meistens durch Schwall-, Pfropfen- und Kolbenströmung verursacht. Ring-, Blasen- und Nebelströmung sind dagegen sehr stabile Strömungsformen.

Beispiel 9.1: Strömungsformen einer Wasser-Dampfströmung

Wasser und Wasserdampf strömen bei 10 bar Druck in einer Rohrleitung mit einem Durchmesser von 0,1 m. Der Dampfgehalt ist 0,01. Stoffwerte des Wassers und Dampfes: $\rho_g = 5{,}145\,\text{kg/m}^3$, $\rho_l = 887{,}134\,\text{kg/m}^3$, $\eta_l = 150 \cdot 10^{-6}\,\text{kg/(m} \cdot \text{s)}$, $\sigma = 0{,}042\,\text{N/m}$

Bestimmen Sie die Strömungsform für die Massenströme von 1, 10, 100 kg/s.

Lösung

• Analyse
Zunächst müssen die Parameter λ und Ψ bestimmt werden.

$$\lambda = \sqrt{\frac{1000 \cdot \rho_g}{1,2 \cdot \rho_l}} = \sqrt{\frac{1000 \cdot 5,145}{1,2 \cdot 887,1}} = 2,20$$

$$\Psi = \frac{7,3}{\sigma} \cdot \sqrt{\frac{\eta_l}{\rho_l}} = \frac{7,3}{0,042} \cdot \sqrt{\frac{150 \cdot 10^{-6}}{887,1}} = 0,071$$

Die Werte für die Koordinatenachsen sind damit:

$$\frac{(1-x) \cdot \lambda \cdot \Psi}{x} = \frac{0,99 \cdot 2,20 \cdot 0,071}{0,01} = 15,55$$

$$\frac{\dot{m} \cdot x}{A \cdot \lambda} = \dot{m} \cdot \frac{4 \cdot 0,01}{\pi \cdot 0,1^2 \cdot 2,20} = 0,58 \cdot \dot{m} = 0,58, \quad 5,80, \quad 58,0$$

In das *Baker*-Diagramm eingetragen, erhalten wir:

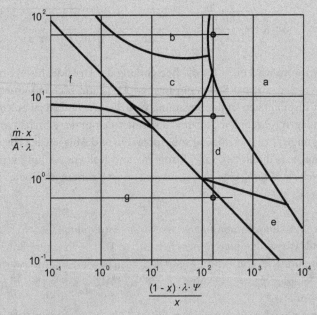

Mit zunehmendem Massenstrom geht die Strömung von der Schichtenströmung g) in die Ringströmung c) und schließlich in die Spritzerströmung b) über.

- Diskussion
  Mit dem *Baker*-Diagramm können die Strömungsformen in einem horizontalen Rohr sehr einfach bestimmt werden. Es ist darauf zu achten, dass man die richtigen Einheiten einsetzt.

9.3 Druckverluste

Die Bestimmung der Druckänderung bei der Strömung von nur einer Phase erfolgt aus der Energiebilanzgleichung. Die Druckänderung wird von der Änderung des hydrostatischen Druckes, von der Änderung der Geschwindigkeit und vom Reibungsdruckverlust verursacht. Dies ist auch der Fall bei der Strömung von Gas-Flüssigkeitsgemischen. Da aber die Geschwindigkeiten der gasförmigen und flüssigen Phase berücksichtigt werden müssen, kann die Energiegleichung nicht in einfacher Form wie bei der Strömung von nur einer Phase angegeben werden. Die einzelnen Verursacher der Druckänderung werden getrennt behandelt. Die Änderung des Druckes ist damit:

$$p_1 - p_2 = \Delta p = \Delta p_B + \Delta p_{St} + \Delta p_R \tag{9.10}$$

Δp_B ist die Druckänderung infolge der Geschwindigkeitsänderung und wird als *Beschleunigungsdruckverlust* (dynamic pressure drop) bezeichnet. Δp_{St} ist die Druckänderung infolge der Änderung des hydrostatischen Druckes und wird als *statischer Druckverlust* bezeichnet. Δp_R ist der *Reibungsdruckverlust*. Der Beschleunigungsdruckverlust und der statische Druckverlust können positiv oder negativ sein. Der Reibungsdruckverlust ist immer positiv.

9.3.1 Reibungsdruckverlust

Der Reibungsdruckverlust kommt durch den Impulsaustausch der strömenden Flüssigkeit mit dem strömenden Gas, mit der Wand sowie durch den Impulsaustausch zwischen den Phasen zustande. Der Impulsaustausch hängt hauptsächlich davon ab, ob der Dampf als disperse oder zusammenhängende Phase strömt [1,2]. Für die Unterscheidung wird die *Froude*zahl, die folgendermaßen definiert ist, verwendet:

$$Fr = \frac{\dot{m} \cdot x}{A \cdot \rho_l} \cdot \sqrt{\frac{\rho_l}{\rho_g \cdot g \cdot d}} \tag{9.11}$$

Für den Bereich, in dem der Dampf als disperse Phase auftritt, gilt:

$$\beta = \frac{(1 - x) \cdot \rho_g}{x \cdot \rho_l} > \frac{1 + Fr/7}{12 \cdot Fr} \tag{9.12}$$

Hier strömt der Dampf mit annähernd gleicher Geschwindigkeit wie die Flüssigkeit. Der Reibungsdruckverlust ist gegeben als:

$$\frac{\Delta p_R}{\Delta l} = \frac{\lambda}{d} \cdot \frac{\dot{m}^2}{2 \cdot A^2 \cdot \rho_l} \cdot \left[1 + x \cdot \left(\frac{\rho_l}{\rho_g} - 1 \right) \right] \cdot \left[1 - x \cdot \left(\frac{\rho_l}{\rho_g} - 1 \right) \cdot (K_2 - 1) \right] \qquad (9.13)$$

Der Widerstandsbeiwert λ ist:

$$\lambda = \left[2 \cdot \log \left(\frac{2{,}51}{Re_{ZP} \cdot \sqrt{\lambda}} + 0{,}269 \cdot \frac{k}{d} \right) \right]^{-2} \qquad (9.14)$$

Dabei wird eine für die Zweiphasenströmung angepasste *Reynolds*zahl verwendet.

$$Re_{ZP} = \frac{\dot{m} \cdot d}{A \cdot \eta_l \cdot \left[1 - x \cdot (1 - \eta_g / \eta_l) \right]} \qquad (9.15)$$

Für die Größe K_2 gilt:

$$\frac{1}{K_2} = \begin{cases} 1 + 0{,}09 \cdot \beta & \text{wenn } \beta \le 0{,}4 \\ 1 - \frac{2{,}97 \cdot \beta^{-2/3} + 1}{6 \cdot (1{,}83 \cdot \beta^{-2/3} + 1) \cdot (3{,}43 \cdot \beta^{-2/3} + 1)} & \text{wenn } \beta > 0{,}4 \end{cases} \qquad (9.16)$$

In dem Bereich, in dem der Dampf als zusammenhängende Phase strömt, wird der Reibungsdruckverlust wesentlich vom Impulsaustausch zwischen den Phasen bestimmt. Die mittlere Dampfgeschwindigkeit ist hier größer als die der Flüssigkeit. Der Reibungsdruckverlust wird als Reibungsdruckverlust des Dampfes berechnet und mit dem Zweiphasendruckverlustfaktor φ multipliziert.

$$\frac{\Delta p_R}{\Delta l} = \frac{\lambda}{d} \cdot \frac{\dot{m}^2 \cdot x^2}{2 \cdot A^2 \cdot \rho_g} \cdot \phi \qquad (9.17)$$

Der Reibungsbeiwert λ für glatte Rohre wird hier nach Gl. 6.35 bestimmt. Im Zweiphasendruckverlustfaktor φ wird der Einfluss der Rohrrauigkeit berücksichtigt.

$$\lambda = \left[\log(Re_{ZP}^2 \cdot \lambda) - 0{,}8 \right]^{-2} \qquad (9.18)$$

Die *Reynolds*zahl wird so bestimmt, als strömte der Dampf allein im Rohr.

$$Re_{ZP} = \frac{\dot{m} \cdot x \cdot d}{A \cdot \eta_g} \qquad (9.19)$$

ϕ ist definiert als:

$$\phi = \left[1 - (1 - E) \cdot \gamma_F - E \cdot \gamma_E \right]^{-2} \qquad (9.20)$$

E, γ_F und γ_E sind gegeben als:

$$E = 1{,}875 + 0{,}815 \cdot \log\left[\left(\frac{\dot{m} \cdot x}{A \cdot \rho_g \cdot a}\right)^2 \cdot \left(1 + \frac{4575 \cdot \rho_g^2}{\rho_l^2}\right)\right] \quad f\ddot{u}r \; 0 \leq E \leq 1 \tag{9.21}$$

$$E = 0 \; \text{für} \; E < 0 \; \text{und} \; E = 1 \; \text{für} \; E > 1$$

$$\gamma_F = 1 - (1 + \beta/\varepsilon)^{-1{,}19} \tag{9.22}$$

$$\frac{1}{\gamma_E} = 1 + \frac{6{,}6\bar{6}}{[(1-x)/x]^{0{,}45} \cdot (1 + 3 \cdot x^4) \cdot (\eta_l/\eta_g - 1)^{0{,}25}} \tag{9.23}$$

Die Größe ε wurde nach *Chawla* [1] als Zweiphasenströmungsparameter benannt und berechnet sich folgendermaßen:

$$Re_l = \frac{\dot{m} \cdot (1-x) \cdot d}{A \cdot \eta_l} \quad Fr_l = \frac{\dot{m}^2 \cdot (1-x)^2}{A^2 \cdot \rho_l^2 \cdot g \cdot d}$$

$$\Psi = (Re_l \cdot Fr_l)^{-1/6} \cdot \left(\frac{\rho_g}{\rho_l}\right)^{0{,}9} \cdot \left(\frac{\eta_g}{\eta_l}\right)^{0{,}5} \cdot \frac{1-x}{x}$$

$$\varepsilon_2 = 9{,}1 \cdot \Psi$$

$$\varepsilon_1 = 1{,}71 \cdot \Psi^{0{,}2} \cdot \left(\frac{1-x}{x}\right)^{0{,}15} \cdot \left(\frac{\rho_g}{\rho_l}\right)^{0{,}5} \cdot \left(\frac{\eta_g}{\eta_l}\right)^{0{,}1} \cdot f_1$$

$$f_1 = \begin{cases} 1 & \text{wenn } k/d < 5 \cdot 10^{-4} \\ (5 \cdot 10^{-4} \cdot d/k)^{0{,}13} & \text{wenn } k/d \geq 5 \cdot 10^{-4} \end{cases}$$

$$\varepsilon^{-3} = \varepsilon_1^{-3} + \varepsilon_2^{-3} \tag{9.24}$$

Beide Gleichungen für den Reibungsdruckverlust gelten für $Re_{ZP} > 2300$.

Die angegebenen Beziehungen geben den lokalen Wert an einer Stelle des Rohrs bei den dort vorherrschenden Stoffwerten und dem Dampfgehalt an. Da sich die Stoffwerte und der Dampfgehalt in einer Rohrleitung verändern können, muss entweder schrittweise mit den geänderten Stoffwerten und dem Dampfgehalt oder bei kleinen Druckänderungen mit den mittleren Stoffwerten gerechnet werden. Diese bestimmt man mit der mittleren Temperatur und dem Druck. Da der Druck am Ende der zu berechnenden Rohrstrecke unbekannt ist, muss zunächst mit den Stoffwerten am Eintritt gerechnet werden. Nach Berechnung des Druckverlustes wird mit den neu bestimmten Stoffwerten iteriert.

Der Dampfgehalt ist entsprechend der Wärmezu- oder Wärmeabfuhr beziehungsweise der Druckänderung zu berechnen. Bei der Strömung von Gas-Flüssigkeitsgemischen, in denen kein Phasenübergang stattfindet, bleibt der Dampfgehalt konstant. Bei der Strömung reiner Stoffe können Verdampfung und Kondensation auftreten. Die Änderung des Dampfgehalts bestimmt man folgendermaßen:

$$x_2 = \left(\frac{\dot{Q}}{\dot{m}} + x_1 \cdot r_1 - h_{l2} + h_{l1} \right) \cdot \frac{1}{r_2} \qquad (9.25)$$

Wird keine Wärme zu- oder abgeführt, bestimmt die Flüssigkeitsenthalpie die Änderung des Dampfgehalts. Diese nimmt wegen der Senkung der Sättigungstemperatur mit abnehmendem Druck ab. Bei Druckabnahme tritt Verdampfung, bei Druckzunahme Kondensation auf.

Beispiel 9.2: Reibungsdruckverlust einer Wasser-Wasserdampfströmung

Wasser und Wasserdampf strömen bei 10 bar Druck in einer Rohrleitung von 0,1 m Innendurchmesser. Der Dampfgehalt ist 0,01. Die Stoffwerte des Wassers und Dampfes sind:

$\rho_g = 5{,}145 \ kg/m^3$, $\rho_l = 887{,}134 \ kg/m^3$, $\eta_l = 150 \cdot 10^{-6} \ kg/(m \ s)$

$\eta_g = 15 \cdot 10^{-6} \ kg/(m \ s)$, Schallgeschwindigkeit des Dampfes $a_g = 500{,}1 \ m/s$

Bestimmen Sie den Reibungsdruckverlust pro Meter Rohrlänge für die Massenströme von 1, 10, 100 kg/s.

Lösung

- Analyse
  Zunächst werden die *Froude*zahlen für die drei Massenströme mit Gl. 9.11 und die Größe β mit Gl. 9.12 bestimmt.

$$Fr = \frac{\dot{m} \cdot x}{A \cdot \rho_l} \cdot \sqrt{\frac{\rho_l}{\rho_g \cdot g \cdot d}} = \frac{4 \cdot \dot{m} \cdot 0{,}01}{\pi \cdot 0{,}1^2 \cdot 887{,}1} \cdot \sqrt{\frac{887{,}1}{5{,}145 \cdot 9{,}81 \cdot 0{,}1}} = 0{,}019; \quad 0{,}19; \quad 1{,}9$$

$$\beta = \frac{(1-x) \cdot \rho_g}{x \cdot \rho_l} = \frac{0{,}99 \cdot 5{,}145}{0{,}01 \cdot 887{,}1} = 0{,}574$$

Für die drei Massenströme liefert die Hilfsgröße in Gl. 9.12 folgende Werte:

$$\frac{1 + Fr/7}{12 \cdot Fr} = 4{,}40; \quad 0{,}45; \quad 0{,}056$$

Damit strömt der Dampf beim Massenstrom von 1 kg/s als zusammenhängende, bei den beiden größeren Massenströmen als disperse Phase. Wir beginnen hier mit der Berechnung der beiden größeren Massenströme. Um den Reibungsdruckverlust mit Gl. 9.13 zu bestimmen, müssen zunächst die Größen Re_{ZP}, λ und K_2

ermittelt werden.

$$Re_{ZP} = \frac{\dot{m} \cdot d}{A \cdot \eta_l \cdot \left[1 - x \cdot (1 - \eta_g/\eta_l)\right]} = \frac{4 \cdot \dot{m} \cdot 0,1}{\pi \cdot 0,1^2 \cdot 150 \cdot 10^{-6} \cdot \left[1 - 0,01 \cdot (1 - 15/150)\right]} =$$

$$= 856.535; \quad 8.556.351$$

$$\lambda = \left[2 \cdot \log\left(\frac{2,51}{Re_{ZP} \cdot \sqrt{\lambda}} + 0,269 \cdot \frac{k}{d}\right)\right]^{-2} = 0,012; \quad 0,0083$$

Da β größer als 0,4 ist, gilt für K_2 nach Gl. 9.16:

$$K_2 = \left[1 - \frac{2,97 \cdot \beta^{-2/3} + 1}{6 \cdot (1,83 \cdot \beta^{-2/3} + 1) \cdot (3,43 \cdot \beta^{-2/3} + 1)}\right]^{-1} =$$

$$= \left[1 - \frac{2,97 \cdot 0,574^{-2/3} + 1}{6 \cdot (1,83 \cdot 0,574^{-2/3} + 1) \cdot (3,43 \cdot 0,574^{-2/3} + 1)}\right]^{-1} = 1,042$$

Der Reibungsdruckverlust pro Meter Rohr ist damit:

$$\frac{\Delta p_R}{\Delta l} = \frac{\lambda}{d} \cdot \frac{\dot{m}^2}{2 \cdot A^2 \cdot \rho_l} \cdot \left[1 + x \cdot \left(\frac{\rho_l}{\rho_g} - 1\right)\right] \cdot \left[1 - x \cdot \left(\frac{\rho_l}{\rho_g} - 1\right) \cdot (K_2 - 1)\right] =$$

$$= \frac{\lambda}{0,1} \cdot \frac{16 \cdot \dot{m}^2}{2 \cdot \pi^2 \cdot 0,1^4 \cdot 887,1}$$

$$\cdot \left[1 + 0,01 \cdot \left(\frac{887,1}{5,145} - 1\right)\right] \cdot \left[1 - 0,01 \cdot \left(\frac{887,1}{5,145} - 1\right) \cdot (1,042 - 1)\right] =$$

$$= 275 \quad 19.063 \, \text{Pa/m}$$

Der Reibungsdruckverlust für den Massenstrom von 1 kg/s wird mit Gl. 9.17 bestimmt. Zunächst müssen hier λ und φ berechnet werden.

$$Re_{ZP} = \frac{\dot{m} \cdot x \cdot d}{A \cdot \eta_g} = \frac{4 \cdot 1 \cdot 0,01 \cdot 0,1}{\pi \cdot 0,1^2 \cdot 15 \cdot 10^{-6}} = 8487$$

$$\lambda = \left[\log(Re_{ZP}^2 \cdot \lambda) - 0,8\right]^{-2} = 0,0323$$

Die Größe E ist nach Gl. 9.21:

$$E = 1,875 + 0,815 \cdot \log\left[\left(\frac{\dot{m} \cdot x}{A \cdot \rho_g \cdot a}\right)^2 \cdot \left(1 - \frac{4575 \cdot \rho_g^2}{\rho_l^2}\right)\right] =$$

$$= 1,875 + 0,815 \cdot \log\left[\left(\frac{4 \cdot 1 \cdot 0,01}{\pi \cdot 0,1^2 \cdot 5,145 \cdot 500,1}\right)^2 \cdot \left(1 - \frac{4575 \cdot 5,145^2}{887,1^2}\right)\right] = -3,57$$

Da E negativ ist, muss es nach Gl. 9.21 zu null gesetzt werden. Zur Bestimmung von φ wird also nur die Größe γ_F benötigt. Größe ε wird mit Gl. 9.24 bestimmt:

$$Re_l = \frac{\dot{m} \cdot (1-x) \cdot d}{A \cdot \eta_l} = 84.034 \quad Fr_l = \frac{\dot{m}^2 \cdot (1-x)^2}{A^2 \cdot \rho_l^2 \cdot g \cdot d} = 0{,}021$$

$$\Psi = (Re_l \cdot Fr_l)^{-1/6} \cdot \left(\frac{\rho_g}{\rho_l}\right)^{0,9} \cdot \left(\frac{\eta_g}{\eta_l}\right)^{0,5} \cdot \frac{1-x}{x} = 0{,}0877$$

$$\varepsilon_2 = 9{,}1 \cdot \Psi = 0{,}798$$

$$\varepsilon_1 = 1{,}71 \cdot \Psi^{0,2} \cdot \left(\frac{1-x}{x}\right)^{0,15} \cdot \left(\frac{\rho_g}{\rho_l}\right)^{0,5} \cdot \left(\frac{\eta_g}{\eta_l}\right)^{0,1} = 0{,}1267$$

$$\varepsilon = \left(\varepsilon_1^{-3} + \varepsilon_2^{-3}\right)^{-1/3} = 0{,}1267$$

γ_F und φ können mit den Gln. 9.22 und 9.20 berechnet werden.

$$\gamma_F = 1 - (1 + \beta/\varepsilon)^{-1,19} = 1 - (1 + 0{,}574/0{,}1265)^{-1,19} = 0{,}8696$$

$$\varphi = \left[1 - (1 - E) \cdot \gamma_F - E \cdot \gamma_E\right]^{-2} = (1 - \gamma_F)^{-2} = 58{,}8$$

Damit ist bei einem Massenstrom von 1 kg/s der Reibungsdruckverlust pro Meter Rohr:

$$\frac{\Delta p_R}{\Delta l} = \frac{\lambda}{d} \cdot \frac{\dot{m}^2 \cdot x^2}{2 \cdot A^2 \cdot \rho_g} \cdot \phi = \frac{0{,}0323}{0{,}1} \cdot \frac{16 \cdot 1^2 \cdot x^2}{2 \cdot \pi^2 \cdot 0{,}1^4 \cdot 5{,}145} \cdot 58{,}8 = \mathbf{2{,}99\,Pa/m}$$

Für den Massenstrom 10 kg/s steigt der Wert auf **275 Pa/m** und bei 100 kg/s auf **19.036 Pa/m** an.

- Diskussion

Die Bestimmung des Reibungsdruckverlustes in einem Zweiphasengemisch ist relativ rechenintensiv. Der Reibungsdruckverlust der reinen Flüssigkeitsströmung für die beiden größeren Massenströme entspricht dem Wert des Ausdrucks in Gl. 9.13 vor der eckigen Klammer. Er wird bei der Zweiphasenströmung mit dem Wert der eckigen Klammer multipliziert. Hier kann man sehen, dass der Dampfmassenanteil von 1 % den Druckverlust auf das 2,5 f.ache erhöht. Dies wird durch die Geschwindigkeitserhöhung des Dampfes, der eine wesentlich geringere Dichte hat, bewirkt.

9.3.2 Dampfvolumenanteil

Für die Bestimmung des Beschleunigungsdruckverlustes und statischen Druckverlustes benötigt man den Dampfvolumenanteil. Wie beim Reibungsdruckverlust muss unterschieden werden, ob der Dampf als disperse oder zusammenhängende Phase auftritt. Die Unterscheidung erfolgt wie zuvor mit Gl. 9.12. Ist die Bedingung in Gl. 9.12 erfüllt, berechnet man den Dampfvolumenanteil als:

$$\alpha = \left(1 - \frac{30{,}4 \cdot \beta^{-2/3} + 11}{60 \cdot (1{,}6 \cdot \beta^{-2/3} + 1) \cdot (3{,}2 \cdot \beta^{-2/3} + 1)}\right) \cdot \frac{1}{1 + \beta} \qquad (9.26)$$

Im Bereich

$$0{,}002 \le \beta \le (1 + Fr/7)/(12 \cdot Fr) \qquad (9.27)$$

gilt für den Dampfvolumenanteil:

$$H_1 = \exp\left[2 - 0{,}1335 \cdot \ln\frac{\eta_l}{\eta_g} + \left(1{,}1 - 0{,}08534 \cdot \ln\frac{\eta_l}{\eta_g}\right) \cdot \ln(\varepsilon)\right]$$

$$H_2 = \left[\left(\frac{x}{1-x}\right)^{7/8} \cdot \left(\frac{\eta_g}{\eta_l}\right)^{1/8} \cdot \left(\frac{\rho_g}{\rho_l}\right)^{1/2} + 1\right] \qquad (9.28)$$

$$H^{-3} = H_1^{-3} + H_2^{-3} \qquad (9.29)$$

Für $10^{-4} < \beta < 0{,}002$ gilt:

$$H = 464 \cdot \beta^{5/3} \qquad (9.30)$$

und für $\beta < 10^{-4}$:

$$H = \frac{\beta}{1 + \beta} \qquad (9.31)$$

$$\alpha = 1 - H \qquad (9.32)$$

9.3.3 Statischer Druckverlust

Wie bei der Strömung einphasiger Fluide verursacht die Änderung der Höhe eine hydrostatische Druckänderung. Diese wird mit der lokalen Dichte des Zweiphasengemisches berechnet.

$$\Delta p_{St} = \left[\alpha \cdot \rho_g + (1 - \alpha) \cdot \rho_g\right] \cdot g \cdot (z_2 - z_1) \qquad (9.33)$$

Hier müssen wieder wie beim Reibungsdruckverlust die Änderungen der Stoffwerte und des Dampfgehalts beachtet werden.

9.3.4 Beschleunigungsdruckverlust

Bei der Strömung von Dampf-Flüssigkeitsgemischen in einem Rohr kann sich die Geschwindigkeit der einzelnen Phasen wesentlich verändern. In einem Verdampferrohr strömt z. B. die reine Flüssigkeit mit kleiner Geschwindigkeit in das Rohr hinein und verlässt es mit sehr hoher Geschwindigkeit als reiner Dampf. Diese Geschwindigkeitsänderung kann eine sehr hohe Druckänderung verursachen, die dann positiv ist und wie der Reibungsdruckverlust zu einer Absenkung des Druckes führt. In einem Kondensatorrohr kondensiert der eintretende Dampf und verringert so die Strömungsgeschwindigkeit. Dies führt zu einer Druckerhöhung, die größer als der Reibungsdruckverlust sein kann. Beide erwähnten Druckänderungen sind mit Zu- oder Abfuhr von Wärme verbunden. Auch in Rohren ohne Wärmezu- oder Wärmeabfuhr kann eine Geschwindigkeitsänderung auftreten. Infolge des Reibungsdruckverlustes und statischen Druckverlustes verändert sich vor allem die Dichte der Dampfphase. Dabei kann die Dampfphase eine große Geschwindigkeitsänderung erfahren. Die Änderung der Dampfgeschwindigkeit bewirkt auch eine Änderung der Flüssigkeitsgeschwindigkeit, was bei der Bestimmung des Druckverlustes zu berücksichtigen ist.

Die Änderung des Druckes infolge der Geschwindigkeitsänderung beider Phasen erhalten wir aus der Energiebilanzgleichung.

$$dp_B = \frac{\dot{m}^2}{A^2} \cdot d \left(\frac{x^2}{\alpha \cdot \rho_g} + \frac{(1-x)^2}{(1-\alpha) \cdot \rho_l} \right) \tag{9.34}$$

Berechnet man den Zustand am Ein- und Austritt des entsprechenden Rohrabschnitts, kann die Druckänderung infolge Geschwindigkeitsänderung bestimmt werden.

$$\Delta p_B = \frac{\dot{m}^2}{A^2} \cdot \left(\frac{x_2^2}{\alpha_2 \cdot \rho_{g2}} + \frac{(1-x_2)^2}{(1-\alpha_2) \cdot \rho_{l2}} - \frac{x_1^2}{\alpha_1 \cdot \rho_{g1}} - \frac{(1-x_1)^2}{(1-\alpha_1) \cdot \rho_{l1}} \right) \tag{9.35}$$

Bei der Berechnung des Beschleunigungsdruckverlustes werden zunächst der Reibungsdruckverlust und statische Druckverlust bestimmt. Mit dem so errechneten Druckverlust werden die Änderung des Dampfgehalts, des Dampfvolumenanteils und die der Dichten berechnet, danach der Beschleunigungsdruckverlust bestimmt. Dieser wird zu den anderen beiden Druckverlusten addiert und, falls notwendig, die Berechnung mit neuen Stoffwerten wiederholt.

9.3.5 Reibungsdruckverluste in Rohrleitungselementen

Genauere Berechnungsmethoden zur Bestimmung des Druckverlustes an Drosselorganen und anderen Rohrleitungselementen sind in der Literatur (z. B. VDI-Wärmeatlas) gegeben.

Für eine überschlägige Berechnung können die doppelten Werte der Widerstandszahlen, die für die Einphasenströmung gelten, genommen werden [1]. Strömt der Dampf als disperse Phase, werden nicht die Geschwindigkeit und Dichte der Flüssigkeit, sondern die des Dampfes verwendet. Die Geschwindigkeiten werden so bestimmt, als strömte die Flüssigkeit oder der Dampf alleine im Rohr.

Beispiel 9.3: Bestimmung des Massenstroms einer Kaffeemaschine

Die Strömung in einer Kaffeemaschine wird dadurch erzeugt, dass das Wasser mittels elektrischer Heizung zum Teil verdampft und dadurch im Steigrohr die Dichte des Zweiphasengemisches verringert wird. Im Steigrohr steigt das Niveau so stark an, dass Wasser und Dampf aus dem Rohr strömen. Der Innendurchmesser der Rohre beträgt 6 mm. Durch die Heizung wird 0,5 % des Wassers verdampft. Die Rohrbögen dürfen als gerade Leitungen mit der gleichwertigen Länge von 10 Durchmessern angenommen werden. Die Reibungszahl der Einströmung aus dem Behälter in das Rohr ist 0,2. Die Druckänderung durch die Geschwindigkeitsänderung in der Zweiphasenströmung kann vernachlässigt werden. Bis zum Beginn der Zweiphasenströmung sind die Stoffwerte des Wassers:

$\rho_W = 998{,}0\,\text{kg/m}^3$, $\eta_W = 1 \cdot 10^{-3}\,\text{kg/(m s)}$

Stoffwerte des Wassers und des Dampfes im Steigrohr:

$\rho_g = 0{,}579\,\text{kg/m}^3$, $\rho_l = 959\,\text{kg/m}^3$, $\eta_l = 285 \cdot 10^{-6}\,\text{kg/(m s)}$,

$\eta_g = 12{,}24 \cdot 10^{-6}\,\text{kg/(m s)}$, $a_g = 471{,}8\,\text{m/s}$

Bestimmen Sie den Massenstrom des Wassers.

Lösung

- Schema

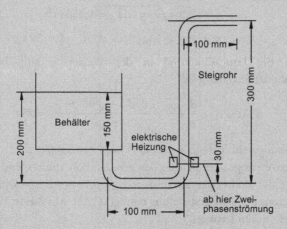

- Annahmen
  - Die Druckänderung durch Geschwindigkeitsänderung in der Zweiphasenströmung kann vernachlässigt werden.
  - Die Zweiphasenströmung wird mit einem mittleren Dampfgehalt von 0,005 berechnet.

- Analyse

Die Druckverluste hängen vom gesuchten Massenstrom ab. Da die Beziehungen recht komplex sind, muss der Massenstrom iterativ bestimmt werden.

Die Änderung des Druckes vom Druckniveau im Behälter bis zum Beginn der Zweiphasenströmung muss gleich groß sein wie die Druckänderung ab Beginn der Zweiphasenströmung im Steigrohr. Die Änderung des Druckes im Wasser bis zum Beginn der Zweiphasenströmung ist:

$$\Delta p_W = g \cdot \rho_W \cdot \Delta z_w - (1 + \zeta_{Ein} + \lambda \cdot l/d) \cdot \frac{\bar{c}^2 \cdot \rho_W}{2} =$$

$$= g \cdot \rho_W \cdot \Delta z_w - (1 + \zeta_{Ein} + \lambda \cdot l/d) \cdot \frac{\dot{m}^2}{2 \cdot \rho_W \cdot A^2}$$

Die Druckänderung der Zweiphasenströmung berechnet man als:

$$\Delta p_{ZP} = g \cdot \rho_L \cdot \Delta z_{ZP} + \Delta p_R = g \cdot [\alpha \cdot \rho_g + (1 - \alpha) \cdot \rho_l] \cdot \Delta z_{ZP} + \Delta p_R$$

Der Reibungsdruckverlust und Dampfvolumenanteil der Zweiphasenströmung sind beide vom Massenstrom abhängig und müssen je nachdem, ob der Dampf als zusammenhängende oder disperse Phase strömt, entsprechend bestimmt werden. Als Schätzwert wird für den Massenstrom zunächst angenommen, dass die Geschwindigkeit des Wassers aus dem Behälter so groß wie ein Viertel der Geschwindigkeit wäre, die ohne Reibung durch die Höhendifferenz entstünde. Damit wäre der Massenstrom:

$$\bar{c} = 0{,}25 \cdot \sqrt{2 \cdot g \cdot \Delta z_W} = 0{,}456\,\text{m/s}$$

$$\dot{m} = \bar{c} \cdot \rho_W \cdot A = \bar{c} \cdot \rho_W \cdot 0{,}25 \cdot \pi \cdot d^2 = 0{,}0129\,\text{kg/s}$$

Jetzt wird die Druckänderung in der Wasserströmung berechnet. Die *Reynolds*zahl der Strömung ist:

$$Re_W = \frac{\bar{c} \cdot d \cdot \rho_W}{\eta_W} = \frac{0{,}456 \cdot 0{,}006 \cdot 998}{1 \cdot 10^{-3}} = 2734$$

Die Rohrreibungszahl beträgt: $\lambda = 0{,}3164 \cdot Re_W^{-0{,}25} = 0{,}0438$

Die Gesamtrohrlänge setzt sich aus den geraden Rohrstücken und der gleichwertigen Länge der Rohrbögen zusammen: $l_{ges} = 0{,}18\,\text{m} + 2 \cdot 10 \cdot 6\,\text{mm} = 0{,}3\,\text{m}$. Die Höhendifferenz der Wasserströmung beträgt 0,17 m. Mit diesen Werten erhalten wir für die Druckänderung:

$$\Delta p_W = g \cdot \rho_W \cdot \Delta z_w - (1 + \zeta_{Ein} + \lambda \cdot l/d) \cdot \frac{\bar{c}^2 \cdot \rho_W}{2} =$$

$$= 9{,}81 \cdot 998 \cdot 0{,}17 - (1 + 0{,}2 + 0{,}0438 \cdot 0{,}3/0{,}006) \cdot \frac{0{,}456^2 \cdot 998}{2} = (1664 - 352)\,\text{Pa}$$

$$= \mathbf{1311\,Pa} \,.$$

Für die Zweiphasenströmung muss zunächst bestimmt werden, ob der Dampf dispers oder zusammenhängend ist. Dazu wird die *Froude*zahl mit Gl. 9.11 bestimmt.

$$Fr = \frac{\dot{m} \cdot x}{A \cdot \rho_l} \cdot \sqrt{\frac{\rho_l}{\rho_g \cdot g \cdot d}} = \frac{0{,}0129 \cdot 0{,}005}{0{,}25 \cdot \pi \cdot 0{,}006^2 \cdot 959} \cdot \sqrt{\frac{959}{0{,}579 \cdot 9{,}81 \cdot 0{,}06}} = 0{,}399$$

Für den Bereich, in dem der Dampf als disperse Phase auftritt, gilt nach Gl. 9.12:

$$\beta = \frac{(1-x) \cdot \rho_g}{x \cdot \rho_l} = \frac{0{,}995 \cdot 0{,}579}{0{,}005 \cdot 959} = 0{,}120 > \frac{1 + Fr/7}{12 \cdot Fr} = 0{,}221$$

Da die Bedingung nicht erfüllt ist, strömt der Dampf als zusammenhängende Phase und der Druckverlust wird mit Gl. 9.17, der Dampfvolumenanteil mit den Gln. 9.28 bis 9.32 bestimmt. Der Reibungsdruckverlust ist:

$$\Delta p_R = \lambda \cdot \frac{l_{ges}}{d} \cdot \frac{\dot{m}^2 \cdot x^2}{2 \cdot A^2 \cdot \rho_g} \cdot \phi$$

In den folgenden Berechnungen kommt die Größe (Massenstromdichte) oft vor. Deshalb wird sie hier bestimmt:

$$\dot{m}/A = 455{,}6 \, \text{kg}/(\text{m}^2 \cdot \text{s})$$

Nach Gl. 9.19 ist die *Reynolds*zahl der Zweiphasenströmung:

$$Re_{ZP} = \frac{\dot{m} \cdot x \cdot d}{A \cdot \eta_g} = \frac{494 \cdot 0{,}005 \cdot 0{,}006}{12{,}24 \cdot 10^{-6}} = 1117$$

Die Rohrreibungszahl wird nach Gl. 9.18 berechnet als:

$$\lambda = \left[\log(Re_{ZP}^2 \cdot \lambda) - 0{,}8 \right]^{-2} = 0{,}0444$$

Zunächst muss die Hilfsgröße E mit Gl. 9.21 bestimmt werden.

$$E = 1{,}875 + 0{,}815 \cdot \log \left[\left(\frac{\dot{m} \cdot x}{A \cdot \rho_g \cdot a} \right)^2 \cdot \left(1 - \frac{4575 \cdot \rho_g^2}{\rho_l^2} \right) \right] = -1{,}51$$

Da E negativ ist, muss es nach Gl. 9.21 zu null gesetzt werden. Zur Bestimmung von φ wird nur die Größe γ_F benötigt. Größe ε wird mit Gl. 9.24 bestimmt:

$$Re_l = \frac{\dot{m} \cdot (1-x) \cdot d}{A \cdot \eta_l} = 9543 \quad Fr_l = \frac{\dot{m}^2 \cdot (1-x)^2}{A^2 \cdot \rho_l^2 \cdot g \cdot d} = 3,80$$

$$\Psi = (Re_l \cdot Fr_l)^{-1/6} \cdot \left(\frac{\rho_g}{\rho_l}\right)^{0,9} \cdot \left(\frac{\eta_g}{\eta_l}\right)^{0,5} \cdot \frac{1-x}{x} = 0,00908$$

$$\varepsilon_2 = 9,1 \cdot \Psi = 0,085$$

$$\varepsilon_1 = 1,71 \cdot \Psi^{0,2} \cdot \left(\frac{1-x}{x}\right)^{0,15} \cdot \left(\frac{\rho_g}{\rho_l}\right)^{0,5} \cdot \left(\frac{\eta_g}{\eta_l}\right)^{0,1} = 0,0265$$

$$\varepsilon = \left(\varepsilon_1^{-3} + \varepsilon_2^{-3}\right)^{-1/3} = 0,0262 .$$

γ_F und φ können mit den Gln. 9.22 und 9.20 berechnet werden.

$$\gamma_F = 1 - (1+\beta/\varepsilon)^{-1,19} = 1 - (1+0,120/0,0262)^{-1,19} = 0,871$$

$$\phi = [1 - (1-E) \cdot \gamma_F - E \cdot \gamma_E]^{-2} = 59,933$$

Für den Druckverlust setzt sich die Gesamtlänge aus der geraden Länge von 0,37 m und einer gleichwertigen Länge des Bogens von $20\,d$ (Zweiphasenströmung) zusammen, sie beträgt also 0,49 m. Damit ist der Reibungsdruckverlust:

$$\Delta p_R = \lambda \frac{l_{ges}}{d} \cdot \frac{\dot{m}^2 \cdot x^2}{2 \cdot A^2 \cdot \rho_g} \cdot \phi = 0,0444 \cdot \frac{0,49}{0,006} \cdot \frac{455,6^2 \cdot 0,005^2}{2 \cdot 0,579} \cdot 59,933 = \mathbf{974,7\,Pa}$$

Jetzt wird der Dampfvolumenanteil mit Gln. 9.28 bis 9.32 bestimmt:

$$H_1 = \exp\left[2 - 0,1335 \cdot \ln\frac{\eta_l}{\eta_g} + \left(1,1 - 0,08534 \cdot \ln\frac{\eta_l}{\eta_g}\right) \cdot \ln(\varepsilon)\right] = 0,235$$

$$H_2 = \left[\left(\frac{x}{1-x}\right)^{7/8} \cdot \left(\frac{\eta_g}{\eta_l}\right)^{1/8} \cdot \left(\frac{\rho_g}{\rho_l}\right)^{1/2} + 1\right]^{-1} = 0,9998$$

$$H = \left(H_1^{-3} + H_2^{-3}\right)^{-1/3} = 0,234$$

$$\alpha = 1 - H = 0,766 .$$

Damit ist die Druckänderung im Steigrohr:

$$\Delta p_{ZP} = g \cdot [\alpha \cdot \rho_g + (1-\alpha) \cdot \rho_l] \cdot \Delta z_{ZP} + \Delta p_R = \mathbf{1570\,Pa}$$

Mit diesem Massenstrom erhalten wir einen zu großen Druckverlust des Zweiphasengemisches. Der Massenstrom wird variiert, bis beide Druckänderungen gleich
groß sind. Dies wird bei dem Massenstrom von **0,0114 kg/s** erreicht. Der Druckverlust beträgt dann **1380 Pa**.

- Diskussion
  Die hier durchgeführte Berechnung zeigt das Funktionsprinzip eines Naturum-
  laufverdampfers. Eine genaue Berechnung erfordert die Berücksichtigung der
  Wärmeübertragungsmechanismen und die Änderung des Flüssigkeitsniveaus im
  Behälter. Solche Berechnungen sind recht komplex und müssen mit Computer-
  programmen durchgeführt werden.

9.4 Kritischer Durchfluss

Beim kritischen Durchfluss von Dampf-Flüssigkeitsgemischen gilt wie bei kompressiblen
Fluiden, dass die größte Strömungsgeschwindigkeit am Austritt mit einer plötzlichen Querschnittserweiterung oder am engsten Strömungsquerschnitt gleich der Schallgeschwindigkeit ist [3].

$$\dot{m}_{krit} = a \cdot A \cdot \left[\alpha \cdot \rho_g + (1 - \alpha) \cdot \rho_l\right] \tag{9.36}$$

Die Schallgeschwindigkeit oder kritische Geschwindigkeit wird nach der *Laplace*'schen
Gleichung bestimmt.

$$\frac{1}{a^2} = \left(\frac{d\rho_L}{dp}\right)_s = \left(\frac{d\left[\alpha \cdot \rho_g + (1 - \alpha) \cdot \rho_l\right]}{dp}\right)_s \tag{9.37}$$

$$\frac{1}{a^2} = \alpha \cdot \left(\frac{d\rho_g}{dp}\right)_s + (\rho_g - \rho_l) \cdot \left(\frac{d\alpha}{dp}\right)_s + (1 - \alpha) \cdot \left(\frac{d\rho_l}{dp}\right)_s \tag{9.38}$$

Die Ableitung der Dichte einzelner Phasen ist definitionsgemäß gleich dem Kehrwert
des Quadrats der Schallgeschwindigkeit der jeweiligen Phasen. Für die Berechnung der
Ableitung des Dampfvolumenanteils nach dem Druck betrachten wir einen Kontrollraum,
in dem der Dampfvolumenanteil den Wert α hat.

In diesem Kontrollraum ist die Masse der einzelnen Phasen:

$$m_g = \alpha \cdot \rho_g \cdot V \quad m_l = (1 - \alpha) \cdot \rho_g \cdot V \tag{9.39}$$

Für den Dampfvolumenanteil erhält man damit:

$$\alpha = \frac{m_g/\rho_g}{m_g/\rho_g + m_l/\rho_l} \tag{9.40}$$

Bei einer isentropen Druckänderung bleiben die Massen der einzelnen Phasen unverändert. Damit ergibt die Ableitung von Gl. 9.40 nach dp:

$$\left(\frac{d\alpha}{dp}\right)_s = \frac{-m_g/\rho_g^2}{m_g/\rho_g + m_l/\rho_l} \cdot \left(\frac{d\rho_g}{dp}\right)_s +$$
$$+ \frac{m_g/\rho_g}{(m_g/\rho_g + m_l/\rho_l)^2} \cdot \left[\frac{m_g}{\rho_g^2} \cdot \left(\frac{d\rho_g}{dp}\right)_s + \frac{m_l}{\rho_l^2} \cdot \left(\frac{d\rho_l}{dp}\right)_s\right] \tag{9.41}$$

Unter Berücksichtigung von Gl. 9.40 und dass die Ableitung der Dichten den Kehrwert des Quadrats der Schallgeschwindigkeiten der Phasen ergibt, erhält man:

$$\left(\frac{d\alpha}{dp}\right)_s = \alpha \cdot (1 - \alpha) \cdot \left(\frac{1}{\rho_l \cdot a_l^2} - \frac{1}{\rho_g \cdot a_g^2}\right) \tag{9.42}$$

Damit ist die *Schallgeschwindigkeit in der Zweiphasenströmung*:

$$\frac{1}{a^2} = \frac{\alpha}{a_g^2} \cdot \left[1 + (1 - \alpha) \cdot \left(\frac{\rho_l}{\rho_g} - 1\right)\right] + \frac{1 - \alpha}{a_l^2} \cdot \left[1 + \alpha \cdot \left(\frac{\rho_g}{\rho_l} - 1\right)\right] \tag{9.43}$$

Abbildung 9.3 demonstriert die Schallgeschwindigkeit in einem Luft-Wassergemisch bei 1 bar Druck und 20 °C Temperatur als eine Funktion des Dampfvolumenanteils aufgetragen.

Wie man im Diagramm sieht, wird die Schallgeschwindigkeit des Zweiphasengemisches wesentlich kleiner als die der einzelnen Phasen. Dementsprechend ist der kritische Massenstrom ebenfalls kleiner. Eine exakte Berechnung der Ausströmung oder die Angabe eines kritischen Druckverhältnisses ist wie bei den idealen Gasen unmöglich. Für die Berechnung müssen die realen Druckverluste mit den Druckverlustgleichungen bestimmt werden. Mit den entsprechenden Werten für den Dampfvolumenanteil und die der Dichten können dann Schallgeschwindigkeit und kritischer Massenstrom berechnet werden. Wird der kritische Massenstrom kleiner als der für die Berechnung verwendete Massenstrom, ist die Strömung kritisch. Da dieser Massenstrom nicht durch die Rohrleitung strömen kann, muss so lange iteriert werden, bis der angenommene Massenstrom gleich groß wie der kritische ist.

Beispiel 9.4: Kritischer Massenstrom einer Wasserdampfströmung

Aus einem geplatzten Rohr mit 13 mm Innendurchmesser strömt ein Wasser-Wasserdampfgemisch. Der Druck am Ende des Rohrs ist 20 bar. Der Dampfgehalt der Strömung beträgt 0,01. Die Stoffwerte des Wassers und Dampfes sind:

$\rho_g = 10{,}04 \ \text{kg/m}^3$, $\rho_l = 849{,}8 \ \text{kg/m}^3$, $\eta_l = 126{,}1 \cdot 10^{-6} \ \text{kg/(m s)}$

$\eta_g = 16{,}15 \cdot 10^{-6} \ \text{kg/(m s)}$, $a_g = 504{,}7 \ \text{m/s}$, $a_l = 1291 \ \text{m/s}$

Bestimmen Sie die Schallgeschwindigkeit und den kritischen Massenstrom.

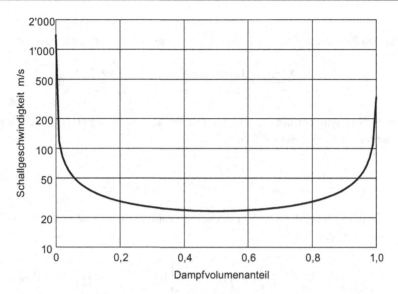

Abb. 9.3 Schallgeschwindigkeit in einem Luft-Wassergemisch bei 1 bar Druck und 20 °C Temperatur

Lösung

- Annahme
  – Am Rohraustritt ist der Zustand stationär.
- Analyse

Die Berechnung der Schallgeschwindigkeit mit Gl. 9.43 benötigt den Dampfvolumenanteil, der neben den Stoffwerten und dem Dampfgehalt auch vom Massenstrom abhängig ist. Deshalb müssen zunächst mit einem angenommenen Massenstrom der Dampfvolumenanteil, dann die Schallgeschwindigkeit und der Massenstrom bestimmt werden. Mit der Annahme, dass das Zweiphasengemisch mit einer Geschwindigkeit von 100 m/s aus dem Rohr strömt und die Dichte des Gemisches 500 kg/m³ ist, erhält man für den Massenstrom:

$$\dot{m} = 0{,}25 \cdot \pi \cdot d^2 \cdot \rho_L \cdot \bar{c} = 0{,}25 \cdot \pi \cdot 0{,}013^2 \cdot \mathrm{m}^2 \cdot 500 \cdot \mathrm{kg/m}^3 \cdot 100 \cdot \mathrm{m/s} = 6{,}637\,\mathrm{kg/s}$$

Die Massenstromdichte ist 50.000 kg/(m² · s). Zunächst müssen wir bestimmen, in welchem Bereich die Berechnungen durchzuführen sind.

$$Fr = \frac{\dot{m} \cdot x}{A \cdot \rho_l} \cdot \sqrt{\frac{\rho_l}{\rho_g \cdot g \cdot d}} = \frac{6{,}637 \cdot 0{,}01}{0{,}25 \cdot \pi \cdot 0{,}013^2 \cdot 849{,}8} \cdot \sqrt{\frac{849{,}8}{10{,}04 \cdot 9{,}81 \cdot 0{,}013}} = 15{,}16$$

Für den Bereich, in dem der Dampf als disperse Phase auftritt, gilt nach Gl. 9.12:

$$\beta = \frac{(1-x) \cdot \rho_g}{x \cdot \rho_l} = \frac{0,995 \cdot 0,579}{0,005 \cdot 959} = 1,17 > \frac{1 + Fr/7}{12 \cdot Fr} = 0,017$$

Da die Bedingung erfüllt ist, strömt der Dampf als disperse Phase und der Dampf-volumenanteil wird mit Gl. 9.26 bestimmt.

$$\alpha = \left(1 - \frac{30,4 \cdot \beta^{-2/3} + 11}{60 \cdot (1,6 \cdot \beta^{-2/3} + 1) \cdot (3,2 \cdot \beta^{-2/3} + 1)}\right) \cdot \frac{1}{1 + \beta} = 0,430$$

Die Schallgeschwindigkeit kann mit dem Dampfvolumenanteil nach Gl. 9.43 be-rechnet werden.

$$a = \left\{\frac{\alpha}{a_g^2} \cdot \left[1 + (1 - \alpha) \cdot \left(\frac{\rho_l}{\rho_g} - 1\right)\right] + \frac{1 - \alpha}{a_l^2} \cdot \left[1 + \alpha \cdot \left(\frac{\rho_g}{\rho_l} - 1\right)\right]\right\}^{-0,5} = \mathbf{110,2\,m/s}$$

Da in diesem Fall der Dampfvolumenanteil vom Massenstrom unabhängig ist, gilt es zu prüfen, ob die Dampfströmung mit dem wirklichen Massenstrom dispers bleibt. Die lokale Dichte ist:

$$\rho_L = \alpha \cdot \rho_g + (1 - \alpha) \cdot \rho_l = (0,43 \cdot 10,04 + 0,57 \cdot 849,8) \cdot kg/m^3 = \mathbf{488,9\,kg/m^3}$$

Der kritische Massenstrom beträgt:

$$\dot{m}_{kr} = 0,25 \cdot \pi \cdot d^2 \cdot \rho_L \cdot a =$$
$$= 0,25 \cdot \pi \cdot 0,013^2 \cdot m^2 \cdot 488,9 \cdot kg/m^3 \cdot 110,2 \cdot m/s = \mathbf{7,150\,kg/s}$$

Mit dem neuen Massenstrom verändern sich die *Froude*zahl und somit der Grenz-wert für die Berechnung. Die *Froude*zahl wird zu 16,33, die Hilfsgröße zu 0,017. Sie ist immer noch kleiner als die Größe β. Damit ist die Dampfströmung dispers und der Dampfvolumenanteil vom Massenstrom unabhängig.

- Diskussion

Wenn der Dampf als disperse Phase strömt, ist die Bestimmung des Dampfvo-lumenanteils und der Schallgeschwindigkeit vom Massenstrom unabhängig und kann ohne Iteration durchgeführt werden. Bei größeren Dampfgehalten und so lange die Größe ß den Wert von 0,002 nicht unterschreitet, muss der kritische Massenstrom zur Bestimmung des Dampfgehalts iterativ berechnet werden.

Das Beispiel zeigt anschaulich, dass die Schallgeschwindigkeit des Zweiphasenge-misches wesentlich kleiner als die des Dampfes ist, in unserem Fall fast um den Faktor fünf.

Literatur

[1] Chawla J M, Wiskot G (1992) Wärmeübertragung, Berechnungen mit dem PC, VDI Verlag, Düsseldorf

[2] VDI-Wärmeatlas (2002) 9. Auflage, VDI Verlag, Berlin, Heidelberg, New York

[3] Böckh P von (1975) Ausbreitungsgeschwindigkeit einer Druckstörung und kritischer Durchfluss in Flüsigkeits/Gas-Gemischen, Dissertation, Universität Karlsruhe

Umströmte Körper

10

10.1 Einführung

Bei der Strömung von Fluiden durch Rohre, Kanäle und Gerinnen berechnet und misst man Druckänderungen. Bei umströmten Körpern interessieren die Kräfte, die vom strömenden Fluid auf den Körper ausgeübt werden. Die in den folgenden Abschnitten angegebene Geschwindigkeit ist immer die relative Geschwindigkeit des Fluids zum Körper. Je nach Form des Körpers wirken die von der Strömung des Fluids erzeugten Kräfte nur in Richtung der Geschwindigkeit oder sie haben andere Komponenten. An den Tragflügeln eines Flugzeugs wirken zum Beispiel die Widerstandskraft in Richtung Fluggeschwindigkeit und senkrecht dazu die Auftriebskraft.

Die Kraft, die in Richtung der Geschwindigkeit wirkt, heißt *Widerstandskraft* (drag) oder *Flächenwiderstandskraft*. Jene, die gegen die Erdanziehung wirkt, *Auftriebskraft* (lift) und die, welche senkrecht zur Geschwindigkeit und zur Erdbeschleunigung wirkt, *Seitenwiderstandskraft*.

10.2 Strömungswiderstand umströmter Körper

Bei jedem umströmten Körper teilt sich die Strömung am *Staupunkt*. Die Geschwindigkeit ist dort gleich null. Dies bedeutet, dass auch bei noch so turbulenter Anströmung des Körpers die Turbulenz am Staupunkt aufhört und sich eine laminare Grenzschicht bildet. Ab dem Staupunkt nimmt die Strömungsgeschwindigkeit zu. Damit wird die durch Reibung verursachte Verzögerung kompensiert, es können keine Wirbel auftreten. Wenn die Geschwindigkeit auf dem weiteren Weg der Strömung wieder abnimmt und sich der Druck damit erhöht, entstehen an irgendeinem Punkt des Körpers *Strömungsablösungen*, begleitet von Wirbelbildungen (Abb. 10.1).

P. von Böckh und C. Saumweber, *Fluidmechanik*, DOI 10.1007/978-3-642-33892-2_10,
© Springer-Verlag Berlin Heidelberg 2013

Abb. 10.1 Grenzschicht am
angeströmten Körper

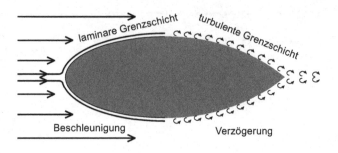

Ursachen für die Widerstandskraft, die bei der Umströmung von Körpern entsteht, sind:

- der *Reibungswiderstand* (skin friction drag) und
- der *Druck-* oder *Formwiderstand* (form drag).

Der Reibungswiderstand entsteht durch Schubspannungen im Fluid, die durch Reibung hervorgerufen werden. Verursacher des Druckwiderstands sind Druckunterschiede am Körper, die die Strömung erzeugt. Körper, die von einem reibungsfrei strömenden Fluid umströmt werden, setzen der Strömung keine Widerstandskraft entgegen, weil durch die Verzögerung an der angeströmten Seite die Beschleunigung wieder ausgeglichen wird. Die Reibung realer Fluide wirkt sich nur in der Grenzschicht aus. Sie führt aber zu deren Ablösung und bildet auf der Rückseite des umströmten Körpers ein verwirbeltes Gebiet, in dem der Druck am Staupunkt nicht wieder aufgebaut werden kann. Die Aufteilung der Widerstandskräfte in Reibungs- und Formwiderstand hängt von der Ausbildung der Strömung um den Körper ab. Eine längs angeströmte, dünne, ebene Platte setzt der Strömung fast ausschließlich Reibungswiderstand entgegen. Wird diese Platte aber senkrecht angeströmt, besteht der Strömungswiderstand fast nur aus dem Formwiderstand. Profilkörper haben sowohl einen Reibungs- als auch Druckwiderstand. In Abb. 10.2 sind einige umströmte Körper dargestellt.

> ▷   Die Widerstandskraft eines umströmten Körpers hängt von der Form des Körpers und Richtung der Anströmung ab.

Der gesamte Strömungswiderstand, auch *Körperwiderstand* genannt, setzt sich aus dem Reibungs- und Druckwiderstand zusammen.

In der Technik können unterschiedliche Widerstandskräfte von Interesse sein. Bei Fahrzeugen sind der Strömungswiderstand in Fahrtrichtung und die Auftriebskraft relevant. Bei Gebäuden, Brücken und sonstigen baulichen Konstruktionen haben die Kräfte Bedeutung, die durch Wind verursacht werden. Je nach Erfordernissen müssen die Kraftkomponenten bestimmt werden.

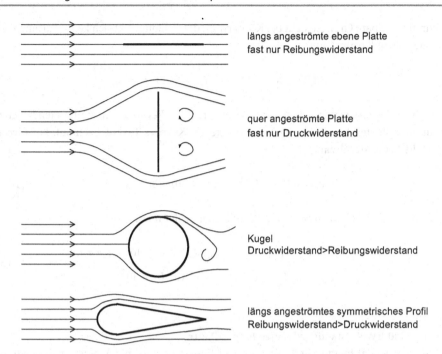

längs angeströmte ebene Platte
fast nur Reibungswiderstand

quer angeströmte Platte
fast nur Druckwiderstand

Kugel
Druckwiderstand>Reibungswiderstand

längs angeströmtes symmetrisches Profil
Reibungswiderstand>Druckwiderstand

Abb. 10.2 Formabhängiger Strömungswiderstand umströmter Körper

10.2.1 Reibungswiderstand

Der Reibungswiderstand, auch *Flächenwiderstand* genannt, ist eine reine Reibungskraft, die auf die umströmte Fläche des Körpers ausgeübt wird. Sie ist die Resultierende aller Reibungskräfte, welche auf die Oberfläche des Körpers wirken. Der Reibungswiderstand ist auf die Oberfläche des Körpers und den Staudruck am Staupunkt bezogen.

Die umströmte Oberfläche des Körpers ist O und c_f die *Widerstandszahl* (drag coefficient) für den Reibungswiderstand.

$$F_w = c_f \cdot \frac{c^2 \cdot \rho}{2} \cdot O \qquad (10.1)$$

Die umströmte Oberfläche des Körpers ist O und c_f die *Widerstandszahl* (drag coefficient) für den Reibungswiderstand.

Die Widerstandszahl hängt von der *Reynolds*zahl ab. Die charakteristische Länge des umströmten Körpers ist die *Körpertiefe t* (Länge des Körpers) in Strömungsrichtung. Für die Widerstandszahl wurden je nachdem, ob die Strömung laminar oder turbulent ist, unterschiedliche Gesetzmäßigkeiten ermittelt.

Für die laminare Grenzschicht bei Körpern, an deren Staupunkt sich keine Turbulenzen ausbilden (Profilkörper), gilt:

$$c_f = 1{,}328 \cdot Re^{-0.5} \quad \text{für} \quad Re < 5 \cdot 10^5 = Re_{krit} \qquad (10.2)$$

Auch bei *Reynolds*zahlen, die kleiner als die kritische *Reynolds*zahl sind, treten bei ebenen dünnen Platten bereits an der Vorderkante des Körpers Turbulenzen auf. Für diesen Fall ist die Widerstandszahl:

$$c_f = 0{,}074 \cdot Re^{-0.2} \quad \text{für dünne Platten} \qquad (10.3)$$

Für hydraulisch glatte, umströmte Profilkörper erhält man:

$$c_f = 0{,}445 \cdot [\log(Re)]^{-2{,}58} - 1700/Re \quad \text{für } 5 \cdot 10^5 < Re < 10^7$$
$$c_f = 0{,}445 \cdot [\log(Re)]^{-2{,}58} \quad \text{für } Re > 10^7 \, . \qquad (10.4)$$

Beispiel 10.1: Widerstandskraft einer dünnen Platte

Eine dünne Stahlplatte mit 2 m Länge und 1 m Breite wird mit Wasser parallel zur Länge mit einer Geschwindigkeit von 2 m/s umströmt. Die Stoffwerte des Wassers sind: $\rho = 998 \, \text{kg/m}^3$, $\nu = 10^{-6} \, \text{m}^2/\text{s}$.

   Bestimmen Sie die Widerstandszahl und Widerstandskraft.

   Lösung

- Analyse
  Die Widerstandszahl wird mit Gl. 10.4 bestimmt. In der *Reynolds*zahl ist die Länge der Platte die charakteristische Länge.

$$Re = \frac{\bar{c} \cdot l}{\nu} = \frac{2 \cdot \text{m/s} \cdot 2 \cdot \text{m}}{10^{-6} \cdot \text{m}^2/\text{s}} = 4 \cdot 10^6$$

$$c_f = 0{,}074 \cdot Re^{-0.2} = \mathbf{0{,}00354}$$

Die Widerstandskraft kann mit Gl. 10.1 berechnet werden. Da die Platte von beiden Seiten mit Wasser umströmt ist, beträgt die Oberfläche 2 m².

$$F_w = c_f \cdot \frac{c^2 \cdot \rho}{2} \cdot O = 0{,}00354 \cdot \frac{4 \cdot \text{m}^2/\text{s}^2 \cdot 998 \cdot \text{kg/m}^3}{2} \cdot 4 \cdot \text{m}^2 = \mathbf{28{,}3\,N}$$

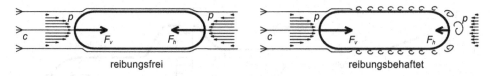

Abb. 10.3 Entstehung des Druckwiderstandes

10.2.2 Druck- oder Formwiderstand

Der Druckwiderstand ist die resultierende Kraft aller auf den umströmten Körper wirkenden Normaldruckkräfte. Es gibt ihn immer dann, wenn durch Ablösungen tote Strömungsgebiete auftreten und dadurch die bei einer reibungsfreien Strömung vorhandene Drucksymmetrie verloren geht (Abb. 10.3).

Am Staupunkt wirkt der dynamische Druck. Auf der Rückseite des Körpers entstehen Wirbel. Der damit verbundene Druckverlust verringert den Druck auf der Rückseite des Körpers, so dass dort ein tieferer Druck herrscht, der sogar kleiner als der statische Druck im Fluid werden kann. Der Druckwiderstand wird auf die Stirn- oder Schattenfläche, d. h. die in Strömungsrichtung projizierte Fläche und auf den Staudruck der Anströmgeschwindigkeit bezogen.

$$F_w = c \cdot \frac{c^2 \cdot \rho}{2} \cdot A_{St} \tag{10.5}$$

Der Druckwiderstand ist sehr stark von der Form des Körpers und der Anströmrichtung abhängig. Die Ermittlung der Druckwiderstandskraft ist durch Messung des Druckes direkt an der Oberfläche des Körpers möglich. Der Reibungswiderstand kann nur zusammen mit dem Druckwiderstand ermittelt werden.

▸ Bei turbulenter Grenzschicht ist der Druckwiderstand am kleinsten.

▸ Bei laminarer Grenzschicht ist der Reibungswiderstand am kleinsten.

10.2.3 Messung der Widerstandskräfte

Widerstandkräfte umströmter Körper ermittelt man in Windkanälen. Sie bestehen aus einem Ventilator, einem Gleichrichter und einer Messstrecke, in welcher der zu untersuchende Körper untergebracht wird. Je nach Ausführung kann der Windkanal einen offenen oder geschlossenen Kreislauf haben. Im geschlossenen Kreislauf wird das Fluid (meistens Luft) nach der Messstrecke zum Ventilator wieder zurückgeführt. Im offenen Kreislauf wird Luft von der Umgebung angesaugt und nach der Messstrecke wieder ausgeblasen. Im geschlossenen Kreislauf können ein anderer Druck als der Umgebungsdruck eingestellt und ein anderes Fluid als Luft verwendet werden. Um die Druckverluste gering zu halten, ist die

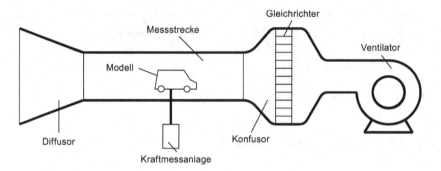

Abb. 10.4 Offener Windkanal

Geschwindigkeit im Gleichrichter meist klein, die Strömung wird in einem Konfusor zur Messstrecke beschleunigt. Nach der Messstrecke ist ein Diffusor installiert, um Druckenergie zurückzugewinnen. Abbildung 10.4 zeigt einen offenen Windkanal.

Je nach Größe des Windkanals und des zu untersuchenden Körpers kann entweder ein Körper in Originalgröße oder ein maßstabgerechtes Modell verwendet werden. Bei der Ermittlung an Modellen ist darauf zu achten, dass die *Reynolds*zahlen am Modell gleich groß wie am Original sind. Bei einem 1 : 10-Maßstab muss die Luftgeschwindigkeit in einem offenen Windkanal 10 mal größer sein als am Original, um die gleiche *Reynolds*zahl einzuhalten. Kann die Geschwindigkeit nicht eingehalten werden, muss die Messung in einem geschlossenen Windkanal mit höherem Druck durchgeführt werden. Windkanäle benötigen sehr große Leistungen. Daher wird heute meist der Simulation mit Computerprogrammen der Vorzug gegeben.

Körper- und Druckwiderstand sind im Windkanal messbar. Der Körperwiderstand wird aus der Messung der Kraft, die auf den Körper wirkt, direkt bestimmt. Der Druckwiderstand ist aus der Messung des Druckes an der Körperoberfläche zu ermitteln. Dazu muss man dort Druckbohrungen anbringen, an denen der Druck gemessen wird. Aus den Drücken kann die Druckkraft in Strömungsrichtung berechnet und so die resultierende Kraft bestimmt werden. Der Reibungswiderstand ist die Differenz des Körper- und Druckwiderstandes.

Bei Messungen ist zu beachten, auf welche Fläche die Widerstandskräfte bezogen werden. Beim Reibungswiderstand wurde sie auf die Oberfläche, beim Druckwiderstand auf die Stirnfläche bezogen. Der Körperwiderstand ist zwar die Summe des Reibungs- und Druckwiderstandes, bezieht sich aber auf die Stirnfläche des Körpers. Zur Ermittlung der Stirnfläche relativ komplizierter Körper wie z. B. Kraftfahrzeuge, Gebäude usw. kann ein Schattenriss des Körpers abgebildet werden. Die auf den Körper wirkende Kraft sollte man am Flächenschwerpunk der Stirnfläche messen.

Es treten auch Kräfte auf, die nicht parallel zur Strömungsrichtung verlaufen wie z. B. die Auftriebskraft an Fahrzeugen oder Tragflügeln. Natürlich können die Kraftkomponenten mit entsprechenden Einrichtungen getrennt gemessen werden.

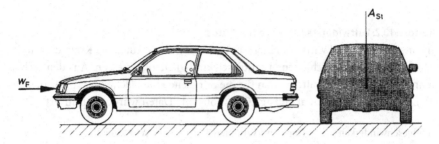

Abb. 10.5 Widerstand von Fahrzeugen

10.2.4   Luftwiderstand der Fahrzeuge

Der *Luftwiderstand* der Fahrzeuge setzt sich aus dem Reibungswiderstand und Druckwiderstand des Fahrzeugs und dem Reibungswiderstand bei der Durchströmung von Kühlern, Lüftern usw. zusammen. Der Druckwiderstand ist wesentlich größer als die Reibungswiderstände. Er ist auf die Stirnseite des Fahrzeugs in Fahrtrichtung bezogen (Abb. 10.5).

Bei einem Fahrzeug spielen nicht nur die gegen Fahrtrichtung wirkende Kraft (Luftwiderstand), sondern auch die Auftriebs- und Seitenwindkraft eine Rolle.

10.2.4.1   Luftwiderstand

Die Widerstandskraft gegen die Fahrtrichtung beeinflusst wesentlich den Leistungsbedarf und Kraftstoffverbrauch des Fahrzeugs. Sie ist gegeben als:

$$F_w = c_w \cdot \frac{c^2 \cdot \rho}{2} \cdot A_{St} \tag{10.6}$$

Die Widerstandszahl c_w hängt hauptsächlich von der Form des Fahrzeugs ab und wird fast nur vom Druckwiderstand bestimmt. Sie ist nur geringfügig von der *Reynolds*zahl abhängig. Besonders strömungsgünstige Fahrzeuge erreichen Werte von 0,2, Lastwagen mit Anhänger dagegen Werte von ca. 1,0. Die heutigen PKWs haben Werte um 0,3.

Die Geschwindigkeit c ist die relative Geschwindigkeit des Fahrzeugs zur Luft. Bei Windstille entspricht sie der Fahrzeuggeschwindigkeit. Die zur Überwindung des Luftwiderstandes notwendige Leistung P_w ist:

$$P_w = c \cdot F_w = c_w \cdot \frac{c^3 \cdot \rho}{2} \cdot A_{St} \tag{10.7}$$

Sie steigt mit der dritten Potenz der Geschwindigkeit an.

Beispiel 10.2: Luftwiderstandszahl eines Autos

In einem Windkanal wird mit einem 1 : 12-Modell eines Autos die Kraft, die auf das Modell wirkt, bei verschiedenen Luftgeschwindigkeiten gemessen. Aus dem Schattenriss des Modells ermittelte man für die Stirnseite eine Fläche von 161,3 cm². Die Temperatur im Windkanal betrug 20 °C. Folgende Daten wurden registriert:

| Luftgeschwindigkeit | Druck im Windkanal | Wirkkraft |
m/s	bar	N
20	0,978	1,19
40	0,977	4,61
60	0,975	10,05
80	0,972	17,98
100	0,969	27,63

a) Bestimmen Sie die Widerstandszahl c_w.

b) Das Original fährt beim Luftdruck von 0,98 bar und einer Temperatur von 20 °C mit der Geschwindigkeit von 150 km/h. Welche Leistung ist zur Überwindung des Luftwiderstandes notwendig?

Lösung

• Analyse

a) Die Widerstandszahl c_w kann mit Gl. 10.6 berechnet werden. Die Dichte der Luft wird mit der Zustandsgleichung idealer Gase bestimmt.

| c | p | F_w | $\rho = p/(R \cdot T)$ | $c_w = 2 \cdot F_w/(c^2 \cdot \rho \cdot A_{St})$ |
m/s	bar	N	kg/m³	–
20	0,978	1,19	1,163	**0,317**
40	0,977	4,61	1,162	**0,307**
60	0,975	10,05	1,159	**0,299**
80	0,972	17,98	1,156	**0,301**
100	0,969	27,63	1,152	**0,297**

Grafische Darstellung der Messergebnisse:

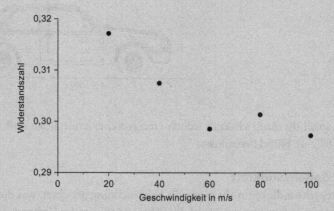

Man sieht, dass die Widerstandszahlen bei höheren Geschwindigkeiten, d. h.
größeren *Reynolds*zahlen, konstant bleiben, weil der Widerstand hauptsächlich
ein Formwiderstand ist.

b) Die notwendige Leistung des Originals kann bei 150 km/h mit Gl. 10.7 bestimmt werden. Die Stirnfläche des Originals ist 144 mal größer als die des
Modells, also 2,323 m².

• Diskussion
Die Übertragbarkeit vom Modell auf das Original verlangt identische *Reynolds*-
zahlen. Beim Modellmaßstab von 1 : 12 müsste die Geschwindigkeit im Windkanal 12 mal größer, also 500 m/s sein. Da sich die Widerstandszahl mit zunehmender *Reynolds*zahl nicht ändert, ist die Übertragbarkeit möglich.

10.2.4.2   Auftrieb

Die Auftriebskraft F_A wirkt gegen die Erdanziehungskraft (Abb. 10.6). Sie berechnet sich
ähnlich wie die Luftwiderstandskraft:

$$F_A = c_A \cdot \frac{c^2 \cdot \rho}{2} \cdot A_{St} \tag{10.8}$$

Die Widerstandszahlen c_A für die Auftriebskraft liegen zwischen 0,1 und 0,3. Durch
die Auftriebskraft wird das Gewicht des Fahrzeugs verringert oder erhöht, je nachdem, ob
c_A positiv oder negativ ist. Bei den Geschwindigkeiten, die im normalen Straßenverkehr
gefahren werden, ist die Auftriebskraft im Vergleich zum Fahrzeuggewicht relativ gering.
Ein PKW mit einer Stirnfläche von 2 m² und einem c_A-Wert von 0,2 hat bei einer Geschwindigkeit von 200 km/h eine Auftriebskraft von ca. 1250 N. Das entspricht etwa 8 %
der Gewichtskraft des Autos. Bei leichten und schnellen Fahrzeugen wie im Automobil-

Abb. 10.6 Auftriebskraft an
einem Fahrzeug

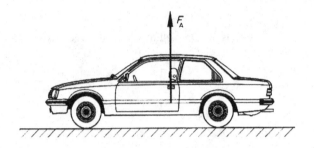

rennsport spielt die Auftriebskraft jedoch eine entscheidende Rolle und wird zusätzlich durch verstellbare Flügel beeinflusst.

10.2.4.3   Seitenwindkraft

Ist die Luftgeschwindigkeit nicht gegen die Fahrtrichtung gerichtet, was durch Seitenwind hervorgerufen werden kann, wirkt auf das Fahrzeug eine in der Horizontale senkrecht zur Fahrtrichtung gerichtete Seitenkraft. Sie wird als *Seitenwindkraft* F_S bezeichnet und ist gegeben als:

$$F_S = c_S \cdot \frac{c^2 \cdot \rho}{2} \cdot A_{St} \tag{10.9}$$

Die Widerstandszahl c_S hängt von der Form des Fahrzeugs ab und wird zusätzlich sehr stark vom Winkel der Luftgeschwindigkeit beeinflusst. Die Geschwindigkeit c_S in Gl. 10.9 erhält man aus der vektoriellen Addition der Fahrzeug- und Windgeschwindigkeit. Der Winkel für die Seitenwindkraft ist der Winkel zwischen der resultierenden Geschwindigkeit und der Geschwindigkeitskomponente in Fahrtrichtung. Hat ein Fahrzeug bei dem Winkel von 5° die Widerstandszahl 0,2, wächst sie bei einem Winkel von 30° auf 1,0 an.

10.2.5   Widerstandszahlen der Körper verschiedener Formen

Die Widerstandszahlen umströmter Körper hängen von der Körperform und Richtung der Anströmung ab, man kann sie analytisch nicht ermitteln. Entweder werden sie im Windkanal oder mit Computermodellrechnungen bestimmt. Für einige regelmäßige, geometrische Formen sind in Tab. 10.1 Widerstandszahlen gegeben. Sie gelten für den Körperwiderstand und sind auf die Stirnfläche und Anströmgeschwindigkeit bezogen.

Bei einer Kugel und einem unendlich langen Zylinder ist die Widerstandszahl von der *Reynolds*zahl abhängig. Bei *Reynolds*zahlen, die kleiner als 1 sind, spricht man von schleichender Umströmung, d. h., die Strömung löst sich nicht von der Oberfläche ab, die Grenzschicht bleibt erhalten und Stromlinien schließen sich nach der Umströmung. Der Druckwiderstand ist nicht vorhanden, der Körperwiderstand entspricht dem Reibungswiderstand. In einem Übergangsgebiet von $Re = 10^3$ bis $Re = 3 \cdot 10^5$ folgt die kritische Umströmung mit einem beinahe konstanten Wert für c_w. Bei $Re = 3$ bis $4 \cdot 10^5$ folgt der Übergang

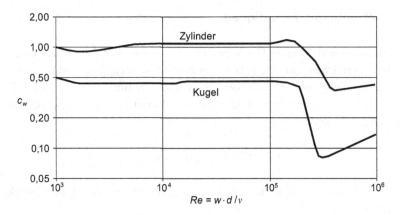

Abb. 10.7 Widerstandszahlen für Kugel und Zylinder

Tab. 10.1 Widerstandszahlen symmetrischer Körper [2]

Körper	Anströmung	Bemerkung	c_w	Re
ebene dünne Kreisplatte	senkrecht		1,10	
ebene dünne Rechteckplatte	senkrecht		1,10	
endlicher Kreiszylinder	senkrecht	$l/d = 1$	0,91	
		$l/d = 2$	0,68	
		$l/d = 10$	0,82	
Hohlkugel offen	offene Seite		1,33	
Hohlkugel offen	gewölbte Seite		0,34	
Hohlkugel geschlossen	gewölbte Seite		0,40	
Ellipsoid	senkrecht	$l/d = 5/9$	0,10	10^5
Ellipsoid	senkrecht	$l/d = 5/9$	0,50	10^5
Würfel	senkrecht		1,05	
Würfel	diagonal		0,8	
profilierte Strebe	senkrecht	$t/d = 5$	0,06	10^6
quadratisches Prisma	senkrecht	l unendl.	2,05	
quadratisches Prisma	diagonal	l unendl.	1,5	

zur überkritischen Strömung. In Abb. 10.7 sind die Widerstandszahlen als Funktion der *Reynolds*zahl dargestellt.

Auch bei den übrigen in nachfolgender Tab. 10.1 aufgeführten Körpern ist die Widerstandszahl von der *Reynolds*zahl abhängig.

10.2.6 Schwebegeschwindigkeit

Körper, die sich innerhalb eines Fluids im freien Fall bewegen, erfahren zunächst eine Beschleunigung, erreichen dann die Maximalgeschwindigkeit c_{max}, die nicht weiter ansteigt. Diese Geschwindigkeit ist die *Schwebegeschwindigkeit* (terminal velocity). Beim Erreichen der maximalen Geschwindigkeit ist die Widerstandskraft F_w gleich Gewichtskraft G abzüglich Auftriebskraft A.

$$F_W = G - A = V \cdot g \cdot (\rho_K - \rho_F) \tag{10.10}$$

Aus Gl. 10.6 kann die Widerstandskraft eingesetzt und nach der Geschwindigkeit aufgelöst werden.

$$c_{max} = \sqrt{\frac{2 \cdot V \cdot g \cdot (\rho_K - \rho_F)}{A_{St} \cdot \rho_F \cdot c_w}} \tag{10.11}$$

Für eine Kugel erhält man:

$$c_{max} = \sqrt{\frac{4 \cdot d \cdot g \cdot (\rho_K - \rho_F)}{3 \cdot \rho_F \cdot c_w}} \tag{10.12}$$

Beispiel 10.3: Fallgeschwindigkeit zweier Kugeln

Man lässt eine Kugel aus Styropor und eine aus Stahl mit je 10 mm Durchmesser fallen. Die Dichte des Styropors ist 70 kg/m^3, die des Stahl 8000 kg/m^3 und jene der Luft 1,18 kg/m^3. Die Widerstandszahl beider Kugeln beträgt 0,49. Berechnen Sie die Schwebegeschwindigkeiten.

Lösung

- Annahme
  - Die Widerstandszahl der Kugeln ist von der *Reynolds*zahl unabhängig.
- Analyse
  Die Fallgeschwindigkeit kann mit Gl. 10.12 bestimmt werden. Für beide Kugeln erhalten wir:

$$c_{Styropor} = \sqrt{\frac{4 \cdot d \cdot g \cdot (\rho_K - \rho_F)}{3 \cdot \rho_F \cdot c_w}} = \sqrt{\frac{4 \cdot 0{,}01 \cdot 9{,}81 \cdot (70 - 1{,}18)}{3 \cdot 1{,}18 \cdot 0{,}49}} = \mathbf{3{,}9\,m/s}$$

$$c_{Stahl} = \sqrt{\frac{4 \cdot d \cdot g \cdot (\rho_K - \rho_F)}{3 \cdot \rho_F \cdot c_w}} = \sqrt{\frac{4 \cdot 0{,}01 \cdot 9{,}81 \cdot (8\,000 - 1{,}18)}{3 \cdot 1{,}18 \cdot 0{,}49}} = \mathbf{42{,}1\,m/s}$$

- Diskussion
  Aufgrund größerer Dichte fällt die Stahlkugel mehr als 10 mal schneller als die Styroporkugel. Für die Stahlkugel erhalten wir eine *Reynolds*zahl von ca. 30.000. Entsprechend des Diagramms in Abb. 10.7 ist die Widerstandszahl bei diesen *Reynolds*zahlen konstant. Damit ist die angenommene konstante Widerstandszahl richtig.

10.3 Wirbelablösungen an zylindrischen Körpern

Bei der senkrechten Anströmung zylindrischer Körper entstehen bei *Reynolds*zahlen oberhalb von 50 *Wirbelablösungen* (vortex shadding). Am Zylinder bilden sich Wirbel, die sich ablösen und in der Strömung erhalten bleiben. Bildung und Ablösung der Wirbel erfolgen periodisch abwechselnd von der oberen und unteren Seite des Zylinders. Abbildung 10.8 zeigt den Wirbelbildungsvorgang. Bei der Ablösung entstehen auf der Rückseite des Zylinders Druckänderungen, die auf den Zylinder periodisch abwechselnde Kräfte ausüben.

Das Pfeifen von Drähten im Wind wird zum Beispiel durch Wirbelablösungen hervorgerufen. Dies ist für Ingenieure ein Phänomen, das bei der Auslegung von Apparaten, in denen Körper quer angeströmt werden, von Bedeutung ist. Durch Wirbelablösungen wurden z. B. Rohrbündel von Wärmeübertragern beschädigt und es traten akustische Probleme mit unzulässigen Lärmbelästigungen auf.

Versuche zeigen, dass die Frequenz der Wirbelablösungen durch die *Strouhal*zahl S angegeben werden kann, die wiederum von der *Reynolds*zahl abhängt. Die *Strouhal*zahl S ist definiert als:

$$S = \frac{n \cdot d}{c_0} \tag{10.13}$$

Dabei ist n die Frequenz der Wirbelablösungen, die *Strouhal*frequenz genannt wird, d der Durchmesser des angeströmten Körpers und c_0 die Anströmgeschwindigkeit. Bei *Reynolds*zahlen unterhalb von 10^5 hat die *Strouhal*zahl quer angeströmter zylindrischer Einzelkörper einen Wert von ca. 0,2. Darüber liegen die Werte zwischen 0,17 und 0,32. Die Geometrie, die Oberflächenbeschaffenheit und bei Rohrbündeln die Anordnung der Rohre sind weitere Einflussgrößen. In Rohrbündeln, in denen die Ablösung von einer Rohrreihe die Ablösefrequenz nachfolgender Reihen beeinflusst, wurden *Strouhal*zahlen von bis zu 1,6 gemessen.

Abb. 10.8 Wirbelablösungen am Zylinder

Ist die *Strouhal*frequenz, die durch die *Strouhal*zahl gegeben ist, in der Nähe der Eigenfrequenz des angeströmten Körpers, kann dieser durch Resonanz in so starke Schwingungen geraten, dass Schäden (Ermüdungsbruch, Kollision) auftreten. Die Tacuma-Narrows-
Hängebrücke, eine große Brücke mit einigen 100 m Spannweite im amerikanischen Staat
Washington, geriet 1940 bei Windgeschwindigkeiten von ca. 70 km/h in so starke Schwingungen, dass sie auseinander brach.

Zu jeder *Strouhal*frequenz gehört auch eine akustische Wellenlänge. Sind die Strömungsbegrenzungen gleicher Länge, können Resonanzen auftreten, die zwar keine Beschädigung von Bauteilen verursachen, jedoch unzulässige Lärmbelästigungen erzeugen.
Bei der Konstruktion und Auslegung von Apparaten, Bauten usw., die von einem Fluid
angeströmt werden, muss der Ingenieur untersuchen, ob die Wirbelablösungen nicht zu
unzulässigen Resonanzen führen.

Beispiel 10.4: Akustische Resonanz in einem Rohrbündel

In einem von Dampf angeströmten Rohrbündel wird eine *Strouhal*zahl von 1,04 ermittelt. Die Rohre des Rohrbündels haben den Durchmesser von 15 mm. Sie sind
oben und unten durch Leitbleche abgeschlossen, die einen Abstand von 0,450 m haben. Die Schallgeschwindigkeit des Dampfes ist 517 m/s.

Bestimmen Sie, bei welcher Anströmgeschwindigkeit die Wellenlänge, die zur
*Strouhal*frequenz gehört, so groß wie der Abstand der Leitbleche ist und dadurch
eine akustische Resonanz verursacht.

Lösung

- Schema

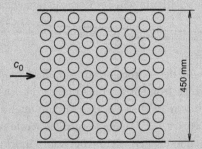

- Annahme
  - Die *Strouhal*zahl ist auf den Außendurchmesser der Rohre bezogen.
- Analyse
  Die Wellenlänge einer akustischen Schwingung beträgt:

$$\lambda_a = \frac{a}{n}$$

Die Frequenz n, die zu einer Wellenlänge von 0,45 m gehört, ist:

$$n = a/l_a = (517\,\text{m/s})\,/0,45\,\text{m} = 1149\,\text{Hz}\,.$$

Mit Gl. 10.13 erhalten wir für die Anströmgeschwindigkeit:

$$c_0 = \frac{n \cdot d}{S} = \frac{1\,149 \cdot \text{s}^{-1} \cdot 0,015 \cdot \text{m}}{1,04} = \mathbf{16,6\,m/s}$$

- Diskussion
  Wird dieses Rohrbündel mit der Geschwindigkeit von 16,6 m/s angeströmt, treten im Bündel Resonanzen auf, die bei einer Frequenz von 1149 Hz hörbare Schallwellen erzeugen. Je nach Größe des Bündels und Massenstroms kann der Schallpegel Werte erreichen, die eine unzulässige Lärmbelästigung zur Folge haben.

10.4   Druckverlust in quer angeströmten Rohrbündeln

Bei der Optimierung von Wärmeübertragern spielen die Reibungsdruckverluste in Rohrbündeln eine wichtige Rolle. Zu große Reibungswiderstände können zu beträchtlichen Energieverlusten oder bei Flüssigkeiten in der Nähe der Sättigungstemperatur zur Ausdampfung führen. Prinzipiell werden Widerstandszahlen ζ einzelner Rohrreihen (auch Hauptwiderstände genannt) angegeben. Damit berechnet sich der Reibungsdruckverlust des Bündels als:

$$\Delta p_v = \zeta \cdot n \cdot \frac{c_e^2 \cdot \rho}{2} \tag{10.14}$$

Die Anzahl der Rohrreihen quer zur Strömungsrichtung (Hauptwiderstände) ist n, c_e die Strömungsgeschwindigkeit an der engsten Stelle [1–4]. Die Widerstandszahlen, die Anzahl der Rohrreihen und die Geschwindigkeit an der engsten Stelle werden je nach Anordnung und Form der Rohre bestimmt. Wir beschränken uns hier auf zylindrische, unberippte (glatte) und berippte Rohre.

10.4.1   Zylindrische glatte Rohre

Abbildung 10.9 zeigt mögliche Anordnungen der Rohre.

Die folgenden dimensionslosen Längen a, b und c werden eingeführt:

$$a = s_1/d \quad b = s_2/d \quad c = s_3/d \tag{10.15}$$

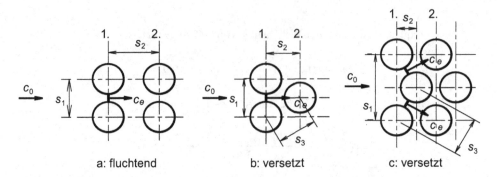

Abb. 10.9 Bestimmung des engsten Querschnitts und der Anzahl der Rohrreihen

Für die Geschwindigkeit am engsten Querschnitt erhalten wir:

$$
c_e = \begin{cases}
c_0 \cdot \dfrac{s_1}{s_1 - d} = c_0 \cdot \dfrac{a}{a - 1} & \text{für Anordnung a und b} \\[3mm]
c_0 \cdot \dfrac{s_1}{2 \cdot (s_3 - d)} = c_0 \cdot \dfrac{a}{2 \cdot (c - 1)} & \text{für Anordnung c .}
\end{cases}
\tag{10.16}
$$

Die Geschwindigkeit c_0 ist die freie Anströmgeschwindigkeit vor dem Eintritt ins Bündel. In Abb. 10.9 ist zu sehen, dass bei versetzter Anordnung c (engster Querschnitt in der Diagonale) die Rohre einer Rohrreihe nicht in einer Linie, sondern in der Reihe selbst versetzt angeordnet sind.

Für Rohrbündel mit mehr als 10 Rohrreihen wurden bei isothermer Strömung für fluchtend und versetzt angeordnete Rohre unterschiedliche Gesetzmäßigkeiten gefunden.

Für Bündel mit *fluchtender Rohranordnung* gilt:

$$
\zeta_f = \zeta_{l,f} + \zeta_{t,f} \cdot \left(1 - e^{-\frac{Re + 1\,000}{2\,000}}\right)
\tag{10.17}
$$

wobei ζ_l die laminare und ζ_t die turbulente Reibungszahl ist. Sie hängen von der Rohranordnung und *Reynolds*zahl ab.

$$
\zeta_{l,f} = \frac{280 \cdot \pi \cdot \left[\left(b^{0,5} - 0,6\right)^2 + 0,75\right]}{(4 \cdot a \cdot b - \pi) \cdot a^{1,6} \cdot Re}
\tag{10.18}
$$

$$
\zeta_{t,f} = \left\{\left[0,22 + \frac{1,2 \cdot (1 - 0,94/b)^{0,6}}{(a - 0,85)^{1,3}}\right] \cdot 10^{\frac{b - 1,5 \cdot a}{a}} + 0,03 \cdot (a - 1) \cdot (b - 1)\right\} \cdot Re^{\frac{-0,1 \cdot a}{b}}
\tag{10.19}
$$

Für Bündel mit *versetzter Rohranordnung* gilt:

$$
\zeta_v = \zeta_{l,v} + \zeta_{t,v} \cdot \left(1 - e^{-\frac{Re + 200}{2\,000}}\right)
\tag{10.20}
$$

$$\zeta_{l,v} = \begin{cases} \dfrac{280 \cdot \pi \cdot \left[\left(b^{0,5} - 0,6\right)^2 + 0,75\right]}{(4 \cdot a \cdot b - \pi) \cdot a^{1,6} \cdot Re} & \text{für } b \geq \dfrac{1}{2} \cdot \sqrt{2 \cdot a + 1} \\[4mm] \dfrac{280 \cdot \pi \cdot \left[\left(b^{0,5} - 0,6\right)^2 + 0,75\right]}{(4 \cdot a \cdot b - \pi) \cdot c^{1,6} \cdot Re} & \text{für } b < \dfrac{1}{2} \cdot \sqrt{2 \cdot a + 1} \end{cases} \tag{10.21}$$

$$\zeta_{t,v} = \frac{2,5 + 1,2 \cdot (a - 0,85)^{-1,08} + 0,4 \cdot (b/a - 1)^3 - 0,01 \cdot (a/b - 1)^3}{Re^{0,25}} \tag{10.22}$$

Die *Reynolds*zahl wird dabei mit der Geschwindigkeit c_e an der engsten Stelle, die Stoffwerte mit der mittleren Temperatur des Fluids berechnet.

Bei nicht isothermer Strömung und bei weniger als 10 Rohrreihen müssen noch der Einfluss der Temperatur und der Einfluss der Anzahl der Rohrreihen berücksichtigt werden. Hier folgen die Korrekturfaktoren für den laminaren und turbulenten Anteil:

$$f_l = \left(\frac{\eta w}{\eta}\right)^{\frac{0,57 \cdot n^{0,25}}{[(4 \cdot a \cdot b / \pi - 1) \cdot Re \cdot 10]^{0,25}}} \quad \text{mit } n = 10 \text{ für } n > 10 \tag{10.23}$$

$$f_t = \left(\frac{\eta w}{\eta}\right)^{0,14} \tag{10.24}$$

$$f_{t,n} = \zeta_0 \cdot \left(\frac{1}{n} - \frac{1}{10}\right) \quad \text{für } n \geq 5 \text{ und mit } n = 10 \text{ für } n > 10 \tag{10.25}$$

$$\zeta_0 = \begin{cases} 1/a^2 & \text{für Anordnung a und b} \\[2mm] \left(\dfrac{2 \cdot (c - 1)}{a \cdot (a - 1)}\right)^2 & \text{für Anordnung c} \end{cases}$$

Zusammenfassend können für fluchtende und versetzte Rohranordnungen folgende Formeln angegeben werden:

$$\zeta_f = \zeta_{l,f} \cdot f_l + (\zeta_{t,f} \cdot f_t + f_{t,n}) \cdot \left(1 - e^{-\frac{Re + 1\,000}{2\,000}}\right) \tag{10.26}$$

$$\zeta_v = \zeta_{l,v} \cdot f_l + (\zeta_{t,v} \cdot f_t + f_{t,n}) \cdot \left(1 - e^{-\frac{Re + 200}{2\,000}}\right) \tag{10.27}$$

Der Gültigkeitsbereich für die hier angegebenen Beziehungen ist:

$$1 \leq Re \leq 300.000 \quad n \geq 5 \quad 1,25 \leq a \leq 3 \quad 0,6 \leq b \leq 3$$

Weitere Angaben zu ovalen und kreuzweise angeordneten Rohren findet man in [1]. Werte für einzelne Rohre und Rohrreihen sind in [2] angegeben.

Beispiel 10.5: Druckverlust in einem Rohrbündel

Im Außenraum des skizzierten Kühlers mit 15 Rohrreihen strömen 30 m³/h Öl. Es wird von 85 °C auf 75 °C abgekühlt. Die mittlere Wandtemperatur ist 40 °C. Der Außendurchmesser der Rohre beträgt 15 mm, die Länge 0,35 m. Die Stoffwerte des Öls sind: $\rho = 820\,\text{kg/m}^3$, $h = 0,0165\,\text{kg/(m}\cdot\text{s)}$, $\eta_W = 0,086\,\text{kg/(m}\cdot\text{s)}$.

Bestimmen Sie den Reibungsdruckverlust.

Lösung

- Schema

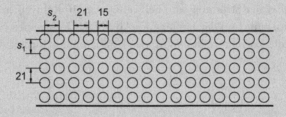

- Annahme
  - Die Strömung ist stationär.
- Analyse

Zunächst wird die freie Anströmgeschwindigkeit bestimmt. Die Höhe des Bündels mit 5 Rohren pro Reihe ist: $5 \cdot 21\,\text{mm} = 0,105\,\text{m}$. Damit wird die freie Anströmgeschwindigkeit:

$$c_0 = \frac{\dot{V}}{A} = \frac{\dot{V}}{H \cdot L} = \frac{0,3 \cdot \text{m}^3 \cdot \text{h}}{3'600 \cdot \text{s} \cdot \text{h} \cdot 0,105 \cdot \text{m} \cdot 0,35 \cdot \text{m}} = \mathbf{0,227\,m/s}$$

Die Strömungsgeschwindigkeit an der engsten Stelle wird nach Gl. 10.16 berechnet.

$$a = s_1/d = 1,4 \quad b = s_2/d = 1,4 \quad c_e = c_0 \cdot \frac{a}{a-1} = \mathbf{0,794\,m/s}$$

Die *Reynolds*zahl ist:

$$Re = \frac{c_e \cdot d \cdot \rho}{\eta} = \frac{0,794\,\text{m/s} \cdot 0,015 \cdot \text{mm} \cdot 820 \cdot \text{kg/m}^3}{0,0165 \cdot \text{kg/(m}\cdot\text{s)}} = 592$$

$$\zeta_{l,f} = \frac{280 \cdot \pi \cdot \left[(b^{0,5} - 0,6)^2 + 0,75\right]}{(4 \cdot a \cdot b - \pi) \cdot a^{1,6} \cdot Re} = 0,246$$

$$\zeta_{t,f} = \left\{\left[0,22 + \frac{1,2 \cdot (1 - 0,94/b)^{0,6}}{(a - 0,85)^{1,3}}\right] \cdot 10^{\frac{b-1,5\cdot a}{a}} + 0,03 \cdot (a-1) \cdot (b-1)\right\} \cdot Re^{\frac{-0,1 \cdot a}{b}}$$

$$= 0,263$$

$$f_l = \left(\frac{\eta_W}{\eta}\right)^{\frac{0{,}57 \cdot n^{0{,}25}}{[(4 \cdot a \cdot b/\pi - 1) \cdot Re \cdot 10]^{0{,}25}}} = 1{,}136$$

$$f_t = \left(\frac{\eta_W}{\eta}\right)^{0{,}14} = 1{,}26$$

$$\zeta_f = \zeta_{l,f} \cdot f_l + (\zeta_{t,f} \cdot f_t + f_{t,n}) \cdot \left(1 - e^{-\frac{Re+1\,000}{2\,000}}\right) = 0{,}462$$

Der Reibungsdruckverlust des Bündels ist nach Gl. 10.14:

$$\Delta p_v = \zeta \cdot n \cdot \frac{c_e^2 \cdot \rho}{2} = 0{,}461 \cdot 15 \cdot \frac{0{,}794^2 \cdot \mathrm{m}^2/\mathrm{s}^2 \cdot 820 \cdot \mathrm{kg/m}^3}{2} = \mathbf{1788\,Pa}$$

- Diskussion
  Die Berechnung des Druckverlustes ist aufwändig. Es empfiehlt sich, Programme zu erstellen bzw. die zum Buch abrufbare Software zu verwenden.

10.4.2   Zylindrische Rippenrohre

Bei Rohrbündeln mit *Rippenrohren* hat die Geometrie der Rippe einen starken Einfluss auf die Reibungszahl. Hier werden nur Rohrbündel mit Kreis- und Spiralrippen behandelt. Bei Bündeln mit sehr hohen Rippen sind diese meist noch mit Strukturen versehen. Es ist wichtig, die Reibungszahlen vom Hersteller zu erfragen bzw. garantieren zu lassen. Beziehungen für ovale Rippenrohre können in [1,5,6] gefunden werden.

Die *Reynolds*zahl ist hier wie bei Glattrohren auf die Strömung im engsten Querschnitt bezogen. Die Fläche des engsten Querschnitts ist definiert wie bei Glattrohren, die Versperrung durch die Rippen muss aber zusätzlich berücksichtigt werden. Die für die Geometrie der Rippen verwendeten Symbole sind in Abb. 10.10 dargestellt.

$$c_e = \begin{cases} c_0 \cdot \dfrac{a}{a - 1 - 2 \cdot s \cdot h/(t \cdot d)} & \text{für Anordnung a und b} \\[2mm] c_0 \cdot \dfrac{a}{2 \cdot [c - 1 - 2 \cdot s \cdot h/(t \cdot d)]} & \text{für Anordnung c} \end{cases} \qquad (10.28)$$

Für *versetzte Rohranordnung* gelten folgende Beziehungen:

$$\zeta_v = \zeta_{0,v}(Re) \cdot a^{-0{,}55} \cdot b^{-0{,}5} \cdot (1 - t/d)^{1{,}8} \cdot (1 - h/d)^{-1{,}4} \qquad (10.29)$$

$$\zeta_{0,v}(Re) = \begin{cases} 290 \cdot Re^{-0.7} & \text{für } 10^2 < Re < 10^3 \\ 13 \cdot Re^{-0.25} & \text{für } 10^3 \leq Re \leq 10^5 \\ 0{,}74 & \text{für } 0^5 < Re < 1{,}4 \cdot 10^6 \end{cases} \qquad (10.30)$$

Abb. 10.10 Geometrie eines
Rippenrohrs mit Kreisrippen

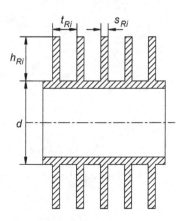

Tab. 10.2 Korrekturfaktoren f_n für Bündel mit weniger als 5 Rohrreihen

n	versetzt	fluchtend
1	1,50	2,200
2	1,25	1,500
3	1,10	1,150
4	1,02	1,025

Für *fluchtende Rohranordnung* gilt:

$$\zeta_f = \zeta_{0,f}(Re) \cdot a^{-0,5} \cdot b^{-0,5} \cdot (t/d)^{0,7} \cdot (h/d)^{0,5} \tag{10.31}$$

$$\zeta_{0,f}(Re) = \begin{cases} 5,5 \cdot Re^{-0.3} & \text{für } 3 \cdot 10^3 < Re \leq 4 \cdot 10^4 \\ 0,23 & \text{für } 4 \cdot 10^4 < Re < 1,4 \cdot 10^6 \end{cases} . \tag{10.32}$$

Die angegebenen Beziehungen gelten für Bündel mit 5 oder mehr Rohrreihen. Für Bündel mit weniger als 5 Rohrreihen ist ein Korrekturfaktror f_n gegeben, mit dem die Reibungszahl multipliziert wird.

In Tab. 10.2 sind die Korrekturfaktoren für versetzte und fluchtende Anordnung aufgeführt.

Beispiel 10.6: Druckverlust in einem Rohrbündel mit Rippenrohren
Die Rippenrohre des Zwischenüberhitzers einer Nuklearanlage mit 25 Rohrreihen werden von Dampf mit einer Geschwindigkeit von 10 m/s angeströmt. Der Außendurchmesser der Rippen ist 5/8", die Höhe der Rippen 0,05", die Rippendicke 0,01". Pro 1" Rohrlänge befinden sich 25 Rippen. Die Skizze zeigt die Anordnung der Rohre.

Die Stoffwerte des Dampfes sind: $\rho = 4{,}854\,\text{kg/m}^3$, $\eta = 15{,}89 \cdot 10^{-6}\,\text{kg/(m} \cdot \text{s)}$, $\eta_W = 22{,}78 \cdot 10^{-6}\,\text{kg/(m s)}$

Bestimmen Sie den Reibungsdruckverlust im Bündel.

Lösung

- Schema

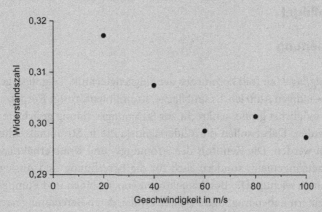

- Annahme
  – Die Strömung ist stationär.
- Analyse

Zunächst werden die in Zoll angegebenen Größen in metrische Einheiten umgerechnet.

$D = 15{,}875\,\text{mm}$, $h = 1{,}27\,\text{mm}$, $s = 0{,}254\,\text{mm}$, $s_2 = 10{,}3188\,\text{mm}$, $s_3 = 20{,}6375\,\text{mm}$

Die Geschwindigkeit an der engsten Stelle wird nach Gl. 10.28 bestimmt.

$$c_e = \frac{a \cdot c_0}{2 \cdot [c - 1 - 2 \cdot s \cdot h/(t \cdot d)]} = \frac{2{,}681 \cdot 6 \cdot \text{m/s}}{2 \cdot [1{,}548 - 1 - 2 \cdot 0{,}254 \cdot 1{,}27/(1{,}016 \cdot 13{,}335)]}$$
$$= \mathbf{26{,}81\,\text{m/s}}$$

Die *Reynolds*- und Widerstandszahl berechnen sich als:

$$Re = \frac{c_e \cdot d \cdot \rho}{\eta} = \frac{26{,}81 \cdot \text{m/s} \cdot 0{,}013335 \cdot \text{m} \cdot 4{,}854 \cdot \text{kg/m}^3}{15{,}89 \cdot 10^{-6} \cdot \text{kg/(m} \cdot \text{s)}} = 109.193$$

Da $Re > 10^5$ ist, erhalten wir aus Gl. 10.30 für $\zeta_{0,v}$ den konstanten Wert von 0,74.

$$\zeta_v = 0{,}74 \cdot a^{-0{,}55} \cdot b^{-0{,}5} \cdot (1 - t/d)^{1{,}8} \cdot (1 - h/d)^{-1{,}4} = 0{,}488$$

Damit ist der Druckverlust:

$$\Delta p_v = \zeta_v \cdot n \cdot \frac{c_e^2 \cdot \rho}{2} = 0{,}488 \cdot 25 \cdot \frac{26{,}81^2 \cdot \text{m}^2/\text{s}^2 \cdot 4{,}854 \cdot \text{kg/m}^3}{2} = \mathbf{21.269\,\text{Pa}}$$

- Diskussion
  In diesem Fall nicht notwendig.

10.5   Tragflügel

10.5.1   Einleitung

Der Name *Tragflügel* (air foil) kommt aus der Flugzeugtechnik. Tragflügel geben dem Flugzeug den notwendigen Auftrieb. Es sind flache, stromlinienförmige Körper, an denen durch Anströmung möglichst große, senkrecht zur Strömungsrichtung gerichtete Auftriebskräfte erzeugt werden. Dabei sollen die Widerstandskräfte in Strömungsrichtung möglichst klein gehalten werden. Die Kenntnis der Strömungs- und Kraftverhältnisse ist nicht nur für den Flugzeugingenieur, sondern auch für die Berechnung und Auslegung von Strömungsmaschinen wichtig. Die Beschaufelungen von Turbinen und Pumpen, Stellklappen und Umlenkgittern haben tragflügelähnliche Profile, deren Berechnung nach den gleichen Gesetzen wie beim Flugzeugtragflügel erfolgt.

Die Auftriebskraft wird dadurch erzeugt, dass die Geschwindigkeit oben am Tragflügel größer als unten ist. Nach dem Energiesatz ist der Druck damit auf der oberen Seite des Tragflügels kleiner als auf der unteren. Die Strömungsvorgänge am Tragflügel sind recht komplex, so dass die Bestimmung der Geschwindigkeiten nicht ohne weiteres möglich ist. Im Folgenden werden theoretische Ansätze zur Beschreibung der Strömung an einem Tragflügel beschrieben.

10.5.2   Tragflügeltheorie

Auftriebskraft entsteht durch die Impulsänderung der abgelenkten Strömungsmasse. Diese Erscheinung kann an einem umströmten rotierenden Zylinder beobachtet werden. Bei folgenden Überlegungen bleiben die Reibungskräfte unberücksichtigt, da sie für die Beschreibung der Auftriebskräfte irrelevant sind.

Bringt man einen Zylinder (Abb. 10.11a) in eine parallele Strömung, die ihn senkrecht zur Zylinderachse anströmt, entsteht keine Auftriebskraft. Lässt man den Zylinder in einem ruhenden Fluid um seine Achse rotieren (Abb. 10.11b), wirkt auf ihn ebenfalls keine Auftriebskraft. Um den Zylinder entsteht eine Zirkulationsströmung, die als *Potentialwirbel* bezeichnet wird.

Lässt man den Zylinder in einer Parallelströmung um seine Achse rotieren, überlagert sich die Parallel- mit der Zirkulationsströmung, es entsteht eine Auftriebskraft, die auf ihn wirkt (Abb. 10.11c). Die Geschwindigkeit wird auf der oberen Seite des Zylinders durch die Rotation vergrößert und auf der unteren verringert. Nach dem Energiesatz sind die

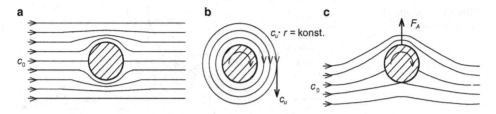

Abb. 10.11 Rotierender Zylinder in einer Parallelströmung

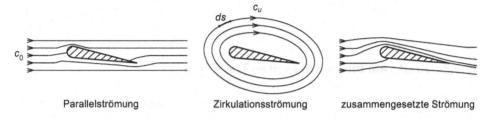

Abb. 10.12 Strömung um einen Tragflügel

Geschwindigkeitserhöhung mit Druckabsenkung und die Verringerung mit Druckerhöhung verbunden. Durch die Rotation wird die Strömung um den Zylinder asymmetrisch. Diese Erscheinung wurde nach ihrem Entdecker *Magnus-Effekt* benannt.

Die Umströmung eines Tragflügels kann man sich ebenfalls als eine Überlagerung von Parallel- und Zirkulationsströmung vorstellen (Abb. 10.12).

Die Stärke der Zirkulationsströmung um den Tragflügel wird mit Zirkulation Γ bezeichnet und mathematisch folgendermaßen ausgedrückt:

$$\Gamma = \int c_u \cdot ds \tag{10.33}$$

Nach dem Satz von *Kutta* und *Joukowosky* ist die Auftriebskraft in einer reibungsfreien Strömung gegeben als:

$$F_a = \rho \cdot c_0 \cdot b \cdot \Gamma \tag{10.34}$$

Die Breite des Tragflügels ist b.

Da die Strömung um den Tragflügel nicht einfach berechnet werden kann, eignet sich Gl. 10.34 auch nicht für eine Berechnung der am Tragflügel wirkenden Auftriebskraft. Heute kann man die Strömung um den Tragflügel und die Auftriebskraft mit Computerprogrammen analysieren. Hier werden einige Methoden gezeigt, die für überschlägige Berechnungen geeignet sind.

Abb. 10.13 Kräfte, die auf den
Tragflügel wirken

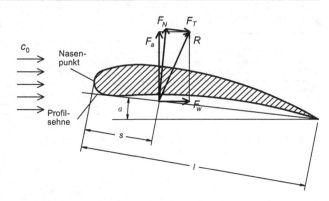

10.5.3   Kräfte am unendlich breiten Tragflügel

Zunächst werden die Begriffe, welche die Geometrie eines Tragflügels beschreiben, erklärt
(Abb. 10.13). Bei den auf der unteren Seite konkaven Profilen ist die *Profilsehne* die Tan-
gente an der Profilunterseite zur Hinterkante. Bei beidseitig konvexen oder symmetrischen
Profilen wird die Verbindungslinie zwischen dem vorderen Nasenpunkt und der Hinterkante als Profilsehne bezeichnet. Der *Anstellwinkel* α ist der Winkel zwischen Profilsehne
und Anströmgeschwindigkeit. *Profillänge l* bezeichnet den Abstand zwischen Nasenpunkt
und Hinterkante, *Profilbreite b* oder *Spannweite* die Länge des Profils.

Kräfte, die auf einen Tragflügel wirken, werden auf die Tragflügelfläche A_T und den
Staudruck der Anströmgeschwindigkeit bezogen. Die Tragfläche ist das Produkt aus Pro-
filbreite b und Profillänge l. Die Auftriebskraft F_a und Widerstandskraft F_w werden mit den
Widerstandszahlen c_a und c_w berechnet.

$$F_a = c_a \cdot \frac{c_0^2 \cdot \rho}{2} \cdot b \cdot l = c_a \cdot \frac{c_0^2 \cdot \rho}{2} \cdot A_T \qquad (10.35)$$

$$F_W = c_W \cdot \frac{c_0^2 \cdot \rho}{2} \cdot b \cdot l = c_W \cdot \frac{c_0^2 \cdot \rho}{2} \cdot A_T \qquad (10.36)$$

Aus der Auftriebs- und Widerstandskraft erhält man die resultierende Kraft R. Die Normalkraft F_N ist die senkrecht auf die Profilsehne wirkende Kraft.

$$F_N = F_a \cdot \cos\alpha + F_W \cdot \sin\alpha \qquad (10.37)$$

Die Tangentialkraft F_T ist die auf die Profilsehne tangential wirkende Kraft.

$$F_T = F_a \cdot \cos\alpha - F_W \cdot \sin\alpha \qquad (10.38)$$

Diese Kräfte werden benötigt, um den Angriffspunkt auf dem Tragflügel zu finden. Das
Moment M, das auf den Tragflügel im Angriffspunkt ausgeübt wird, ist:

$$M = s \cdot F_N$$

An der Flügelkante wirkt dann beim gleichen Moment die Kraft F_m. Diese Kraft kann aber mit einer auf den Angriffspunkt bezogenen Widerstandzahl, die als Momentenbeiwert c_m bezeichnet wird, errechnet werden.

$$F_m = \frac{M}{l} = c_m \cdot \frac{c_0^2 \cdot \rho}{2} \cdot A_T \qquad (10.39)$$

Damit erhält man für die Lage des Angriffspunktes die Strecke s:

$$s = \frac{M}{F_N} = \frac{c_m \cdot l}{c_a \cdot \cos \alpha + c_W \cdot \sin \alpha} \qquad (10.40)$$

Da der Anstellwinkel meist sehr klein ist, gilt näherungsweise:

$$s = \frac{c_m \cdot l}{c_a} \qquad (10.41)$$

Das Verhältnis der Widerstandzahlen für den Strömungswiderstand und Auftrieb wird als *Gleitzahl* $\varepsilon = c_W / c_A$ bezeichnet. Je kleiner die Gleitzahl ist, desto kleiner ist der auf den Auftrieb bezogene Strömungswiderstand. Widerstandzahlen hängen von der Formgebung des Profils und vom Anstellwinkel ab.

Unter den verschiedenen grafischen Darstellungen für die Kräfteverhältnisse am Tragflügel ist das *Polardiagramm* nach *Lilienthal* am brauchbarsten. Es stellt die Auftriebswiderstandzahl als eine Funktion der Strömungswiderstandzahl und des Anstellwinkels dar. Abbildung 10.14 zeigt ein typisches Diagramm für ein Tragflügelprofil. Da sich die Widerstandzahlen mit der *Reynolds*zahl verändern, müssen für verschiedene *Reynolds*zahlen entsprechende Diagramme erstellt werden. Sie stammen meist aus Versuchen in Windkanälen.

Aus dem Diagramm kann man verschiedene Eigenschaften des Tragflügelprofils ablesen.

Ein schnelles Profil muss einen geringen Strömungswiderstand haben. Seine Kurve sollte also möglichst nahe an der senkrechten Achse liegen.

Ein steigfähiges Profil hat möglichst große Auftriebszahlen aufzuweisen.

Außerdem hat die Oberflächenrauigkeit eines Profils einen großen Einfluss auf sein Polardiagramm.

10.5.4 Induzierter Widerstand

Bei Tragflügeln endlicher Breite findet an deren Enden ein Druckausgleich zwischen Unter- und Oberseite statt. Dieser Druckverlust führt zu einer Minderung der Auftriebskraft. Am Flügelende werden Wirbel erzeugt, die eine vom Tragflügel weggerichtete Strömung verursachen. Die kinetische Energie dieser Strömung geht verloren.

Abb. 10.14 Polardiagramm
nach *Lilienthal*

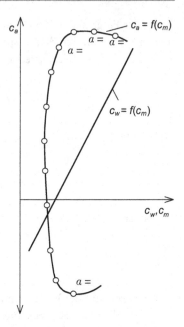

Ein zusätzlicher Verlust an Auftriebskraft ist der induzierte Widerstand. Diese Widerstandskraft wird mit der Widerstandszahl c_{wi} berechnet.

$$F_{wi} = c_{wi} \cdot \frac{c_0^2 \cdot \rho}{2} \cdot A_T \qquad (10.42)$$

Prandtl leitete für die Widerstandszahl des *induzierten Widerstandes* folgende Beziehung her:

$$c_{wi} = \frac{c_a^2 \cdot l}{\pi \cdot b} \qquad (10.43)$$

Aus Gl. 10.43 sieht man, dass mit zunehmender Länge und abnehmender Breite der
Tragfläche der induzierte Widerstand abnimmt. Dies ist insbesondere bei Segelflugzeugen
wichtig. Moderne Verkehrsflugzeuge haben an den Flügelenden seitliche Leiteinrichtun-
gen, um den induzierten Widerstand zu verringern.

10.6 Umströmung im Überschallbereich

Überschreitet die Geschwindigkeit bei der Umströmung eines Körpers an irgendeiner
Stelle die lokale Schallgeschwindigkeit, treten dort Verdichtungsstöße auf, die das Strö-
mungsbild wesentlich verändern. Hier hängt der Strömungswiderstand zusätzlich von der
*Mach*zahl ab. Abbildung 10.15 zeigt die Strömungsbilder einiger umströmter Körper.

Bei der Platte entsteht an der Oberseite der Vorderkante eine Verdünnungswelle, an der
Unterseite ein Verdichtungsstoß. An der Hinterkante treten umgekehrte Verhältnisse auf,

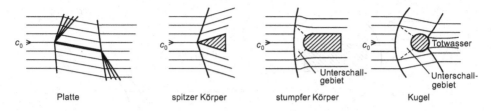

Platte   spitzer Körper   stumpfer Körper   Kugel

Abb. 10.15 Strömungsbilder der mit Überschall umströmten Körper

um die ursprüngliche Strömungsrichtung wieder herzustellen. Bei einem spitzen Körper entstehen an der Spitze zwei schiefe Stoßfronten, an denen die Stromlinien geknickt werden. Bei stumpfen Körpern liegt der Verdichtungsstoß vor dem Körper, um den Staupunkt bildet sich ein Gebiet mit Unterschallströmung aus. Vor einer Kugel entsteht ebenfalls ein Unterschallgebiet, nach der Kugel bildet sich ein Totwassergebiet aus.

Überschreitet die *Mach*zahl den Wert 5, erfolgt im Hyperschallbereich eine weitere Veränderung der Strömungsbilder.

Auch bei der Umströmung im Unterschallbereich verursacht die Kompressibilität des umströmenden Fluids verändernde Strömungsbedingungen, die zu berücksichtigen sind. Hier muss man zur Bestimmung der Widerstandszahlen die Abhängigkeit von der *Mach*zahl beachten.

Wegen der Verdichtungsstöße im Überschallgebiet verändern sich die Eigenschaften des Fluids vor und hinter der Stoßfront, es kommt zu Druck- und Temperaturerhöhungen am Staupunkt.

10.6.1 Druck und Temperatur am Staupunkt

Bei der Umströmung im Überschallbereich entsteht vor dem Staupunkt des Körpers eine Stoßfront. Die Umströmungsgeschwindigkeit sinkt von der Stoßfront zum Staupunkt auf null ab. Entsprechend der Energiegleichung erhöhen sich Druck und Temperatur (Abb. 10.16). Bei isentroper Verdichtung gilt:

$$T_s = T_0 \cdot \left(1 + \frac{\kappa - 1}{2} \cdot Ma_0^2 \right) \qquad (10.44)$$

$$p_s = p_0 \cdot \left(\frac{T_s}{T_0} \right)^{\frac{\kappa}{\kappa-1}} = p_0 \cdot \left(1 + \frac{\kappa - 1}{2} \cdot Ma_0^2 \right)^{\frac{\kappa}{\kappa-1}} \qquad (10.45)$$

Der Verdichtungsstoß erfolgt nicht reibungsfrei. Da die Änderung der kinetischen Energie nur durch die Geschwindigkeitsänderung von c_0 auf null bestimmt ist, sind Enthalpie- und Temperaturänderung unabhängig von der Reibung. Die Temperatur am Staupunkt entspricht der Temperatur bei der isentropen Zustandsänderung. Der Druck

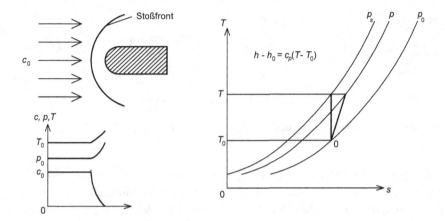

Abb. 10.16 Zustandsänderung an einer Stoßfront

Abb. 10.17 Druckverlustfaktor k

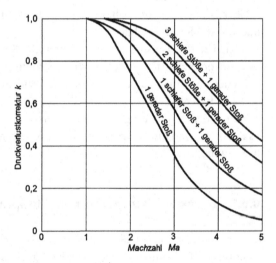

p wird am Staupunkt kleiner als der Druck bei der isentropen Zustandsänderung sein (Abb. 10.16). Der Druck muss nach Gl. 10.45 zusätzlich noch mit dem Faktor k multipliziert werden. In Abb. 10.17 ist ein Diagramm für den Faktor k in Abhängigkeit von der *Mach*zahl und Art und Anzahl der Verdichtungsstöße gegeben.

10.6.2   Widerstand umströmter Körper

Der Widerstand eines in Schallnähe oder im Überschallbereich umströmten Körpers setzt sich aus Reibungswiderstand, Druckwiderstand und Kräften, die durch Verdichtungsstöße erzeugt werden, zusammen. Eine exakte Berechnung des Gesamtwiderstandes ist ma-

Abb. 10.18 Korrekturfaktor K

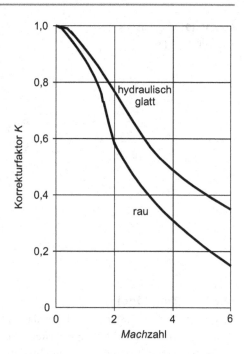

thematisch sehr aufwändig. In Abb. 10.19 werden die Widerstandszahlen einiger Körper angegeben.

10.6.2.1 Ebene, parallel angeströmte dünne Platte
Der Widerstand einer ebenen, parallel angeströmten dünnen Platte besteht fast ausschließlich aus dem Reibungswiderstand. Für inkompressible Strömungen wurden Formeln der Widerstandszahlen angegeben. In der kompressiblen Strömung nimmt die Widerstandszahl mit der *Reynolds*zahl stärker ab als in der inkompressiblen Strömung. Diese stärkere Abnahme wird durch einen von der *Mach*zahl abhängigen Korrekturfaktor K, der im Diagramm in Abb. 10.18 dargestellt ist, berücksichtigt. Die in Abschn. 10.1 ermittelte Widerstandszahl wird mit dem Korrekturfaktor K multipliziert.

10.6.2.2 Widerstand räumlicher Körper
Bei räumlich ausgedehnten Körpern setzt sich der Widerstand aus dem Druckwiderstand und durch Verdichtungsstöße und Verdichtungswellen entstehendem *Wellenwiderstand* zusammen. Die Widerstandszahlen einiger Körper sind im Diagramm in Abb. 10.19 in Abhängigkeit von der *Mach*zahl angegeben. Es ist ersichtlich, dass der Widerstand mit der *Mach*zahl zunächst zunimmt.

Abb. 10.19 Widerstandszahlen einiger Körper

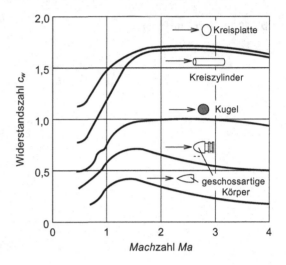

10.6.2.3   Tragflügel

Das in Abschn. 10.5.3 gezeigte Polardiagramm gilt für ein Tragflügelprofil bei einer bestimmten Anströmgeschwindigkeit (*Reynolds*zahl). Die Widerstands- und Auftriebszahlen verändern sich mit der Anströmgeschwindigkeit. Die *Mach*zahl hat einen weiteren Einfluss sowohl auf die Widerstands- als auch auf die Auftriebszahl. Da am Tragflügelprofil unterschiedliche Geschwindigkeiten existieren, kann auch schon bei der Anströmung im Unterschallbereich Überschallströmung auf der oberen Seite des Tragflügels auftreten. Bei Tragflügeln werden folgende Bereiche unterschieden: reine Unterschallströmung, örtliche Überschallgeschwindigkeit oder reine Überschallströmung. Bei Unterschallströmung nimmt die Auftriebszahl nach folgender Gesetzmäßigkeit zu:

$$c_{a,kompr} = \frac{c_{a,inkompr}}{\sqrt{1 - Ma_0^2}} \tag{10.46}$$

Die Auftriebszahl wird mit zunehmender Geschwindigkeit größer. Dies gilt jedoch nur bis zu *Mach*zahlen von 0,7 bis 0,8. Wird die *Mach*zahl größer, treten örtlich Überschallgeschwindigkeiten und Stoßfronten auf, wodurch die Auftriebszahl verringert wird. Die Widerstandszahl kann mit einer solch einfachen Gesetzmäßigkeit nicht beschrieben werden. Sie hängt stark von der Form des Profils und Rauigkeit der Oberfläche ab und kann mit der *Mach*zahl zu- oder abnehmen. In Abb. 10.20 sind die Widerstands- und Auftriebszahlen für ein Tragflügelprofil aufgetragen. Man sieht, dass bei diesem Profil im Unterschallbereich die Auftriebszahl zunächst zu-, die Widerstandszahl abnimmt. Dann verringert sich die Auftriebszahl bei etwa $Ma = 0,75$ stark. Bei $Ma = 0,9$ vergrößern sich dann sowohl die Auftriebs- als auch die Widerstandszahl. Bei höheren *Mach*zahlen nehmen dann die Widerstands- und Auftriebszahl ab. Für dieses Profil ist $Ma = 0,9$ die kritische *Mach*zahl, bei der an der oberen Seite des Profils die ersten Bereiche mit Überschallströmung und

Abb. 10.20 Widerstands- und
Auftriebszahl eines Tragflügels

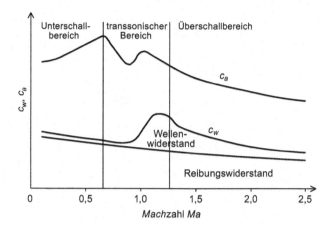

Verdichtungsfronten auftreten. Der Reibungswiderstand des Profils wird um einen so genannten Wellenwiderstand vergrößert.

Bei Überschallströmung haben Profile mit spitzer Vorderkante eine wesentlich kleinere
Widerstandszahl als solche mit dicker Profilnase. Schlanke Profile weisen bei etwa gleicher
Auftriebszahl eine wesentlich kleinere Widerstandszahl auf.

Literatur

[1] VDI-Wärmeatlas (2002) 9. Auflage, VDI Verlag, Berlin, Heidelberg, New York

[2] Bohl W (1991) Technische Strömungslehre, 9. Auflage, Vogel Verlag, Würzburg

[3] Wagner W (1990) Strömung und Druckverlust, 3. Auflage, Vogel Verlag, Würzburg

[4] Gaddis E S, Gnielinski V (1983) Druckverlust in querdurchströmten Rohrbündeln, vt 17/7,
S. 410–418

[5] Zukaukas A A (1989) High-performance single-phase heat exchangers, Hemisphere Publ. Corp.,
Washington

[6] Brauer H (1961) Wärme- und strömungstechnische Untersuchungen an querangeströmten Rip-
penrohrbündeln, CIT 33-327/35 und 431/8

[7] Houghton E L, Carpenter P W (1993) Aerodynamics for Engineering Studensts. Edward Arnold,
London

Bei der Behandlung fluidmechanischer Probleme kommen zunehmend Simulationsprogramme zum Einsatz, um die Strömungen detailliert zu analysieren. Das dahinter stehende Arbeitsfeld, die CFD (Computational Fluid Dynamics), hat sich in den letzten Jahrzehnten zu einem eigenen Teilgebiet der Fluidmechanik weiterentwickelt. Es bezieht seine zunehmende Bedeutung insbesondere in der industriellen Praxis aus den drei nachfolgend genannten Vorteilen:

- CFD-Simulationen liefern oftmals schneller Ergebnisse als experimentelle Untersuchungen
- CFD-Simulationen sind häufig kostengünstiger als experimentelle Untersuchungen
- CFD-Simulationen liefern Informationen zu Strömungs- und Temperaturfeldern in einem Umfang und einer Detaillierung, welche den aus Experimenten gewonnenen Datensätzen weit überlegen sind.

Trotz zahlreicher Erfolge auf dem Gebiet der numerischen Strömungsberechnung kann dennoch auf experimentelle Untersuchungen nicht gänzlich verzichtet werden. Immer wieder zeigen die Erfahrungen des in der Praxis tätigen Ingenieurs Diskrepanzen zwischen Simulations- und Messergebnissen. Insbesondere turbulente Strömungen mit Wärmeübergang, Zweiphasen-Strömungen mit Verdampfung oder Kondensation sowie Strömungen mit chemischer Reaktion (z. B. Verbrennungsvorgänge) können derzeit häufig nicht ohne Abgleich mit experimentellen Daten mit zufriedenstellender Genauigkeit berechnet werden. In anderen Fällen hat es der Berechnungsingenieur mit experimentell geprägten Kollegen zu tun, die – aufgrund entsprechender Negativerlebnisse aus der Vergangenheit – die Richtigkeit von Simulationen grundsätzlich anzweifeln. Mit anderen Worten: Ingenieure haben häufig das Problem, die Aussagekraft einer Simulation nicht adäquat bewerten zu können. Der vorliegende Abschnitt soll hier eine Hilfestellung bieten. Denn zur Beurteilung der Belastbarkeit von Ergebnissen aus CFD-Simulationen ist neben soliden Kenntnissen der Fluidmechanik vor allem auch Grundlagenwissen über den Aufbau von numerischen Simulationsprogrammen erforderlich. Anhand des derzeit in der industriellen

P. von Böckh und C. Saumweber, *Fluidmechanik*, DOI 10.1007/978-3-642-33892-2_11,   267
© Springer-Verlag Berlin Heidelberg 2013

und wissenschaftlichen Praxis am häufigsten zur dreidimensionalen Strömungssimulati-
on eingesetzten Verfahrens – der Methode der finiten Volumen – sollen diese Grundlagen
im vorliegenden Kapitel kompakt vorgestellt werden. Ausgehend von den auf eine allgemeine Transportgleichung zurückgeführten Erhaltungsgleichungen für Masse, Impuls und
Energie wird zunächst die Überführung in algebraische Differenzengleichungen erklärt.
Exemplarisch werden Ansätze zur Diskretisierung der in diesen Gleichungen auftretenden
Terme vorgestellt und damit verbundene Fragen zur Genauigkeit der jeweiligen Ansätze
diskutiert. Abschließend werden verfügbare Rechenverfahren sowie einige grundlegende
Aspekte der räumlichen Diskretisierung, die für die Erstellung von Rechengittern wesent-
lich sind, erläutert. Die Begriffe „Gitter" und „Netz" bzw. „Rechennetz" werden in diesem
Kapitel synonym zueinander verwendet. Das Ziel dieses Kapitels ist es, dem Leser eine
Vorstellung vom Aufbau und der Anwendung numerischer Simulationsprogramme zu ver-
mitteln, die einen Einstieg in die Diskussion von Rechenergebnissen erleichtern soll. Für
zukünftige Anwender und Entwickler von Simulationsprogrammen werden die hier dargestellten Inhalte nicht ausreichen, weshalb bereits an dieser Stelle der Hinweis auf weiter-
führende Literatur gegeben werden soll (z. B. [1–3]).

11.1 Allgemeine Form der Erhaltungsgleichungen

In Abschn. 6.5 wurden die *Navier-Stokes*-Gleichungen für inkompressible Fluide aus einer
Impulsbilanz an einem ortsfesten Kontrollvolumen für stationäre Strömungen hergeleitet.
Im allgemeinen, instationären und kompressiblen Fall lauten diese Gleichungen für ein
kartesisches Koordinatensystem:

$$\rho \cdot \left(\frac{\partial c_x}{\partial t} + c_x \cdot \frac{\partial c_x}{\partial x} + c_y \cdot \frac{\partial c_x}{\partial y} + c_z \cdot \frac{\partial c_x}{\partial z} \right) = \rho \cdot g_x - \frac{\partial p}{\partial x} +$$
$$+ \frac{\partial}{\partial x} \left[\eta \cdot \left(2 \cdot \frac{\partial c_x}{\partial x} - \frac{2}{3} \cdot \left(\frac{\partial c_x}{\partial x} + \frac{\partial c_y}{\partial y} + \frac{\partial c_z}{\partial z} \right) \right) \right] + \tag{11.1}$$
$$+ \frac{\partial}{\partial y} \left[\eta \cdot \left(\frac{\partial c_x}{\partial y} + \frac{\partial c_y}{\partial x} \right) \right] + \frac{\partial}{\partial z} \left[\eta \cdot \left(\frac{\partial c_z}{\partial y} + \frac{\partial c_x}{\partial z} \right) \right]$$

$$\rho \cdot \left(\frac{\partial c_y}{\partial t} + c_x \cdot \frac{\partial c_y}{\partial x} + c_y \cdot \frac{\partial c_y}{\partial y} + c_z \cdot \frac{\partial c_y}{\partial z} \right) = \rho \cdot g_y - \frac{\partial p}{\partial y} +$$
$$+ \frac{\partial}{\partial y} \left[\eta \cdot \left(2 \cdot \frac{\partial c_y}{\partial y} - \frac{2}{3} \cdot \left(\frac{\partial c_x}{\partial x} + \frac{\partial c_y}{\partial y} + \frac{\partial c_z}{\partial z} \right) \right) \right] + \tag{11.2}$$
$$+ \frac{\partial}{\partial z} \left[\eta \cdot \left(\frac{\partial c_y}{\partial z} + \frac{\partial c_z}{\partial y} \right) \right] + \frac{\partial}{\partial x} \left[\eta \cdot \left(\frac{\partial c_x}{\partial y} + \frac{\partial c_y}{\partial x} \right) \right]$$

$$\rho \cdot \left(\frac{\partial c_z}{\partial t} + c_x \cdot \frac{\partial c_z}{\partial x} + c_y \cdot \frac{\partial c_z}{\partial y} + c_z \cdot \frac{\partial c_z}{\partial z} \right) = \rho \cdot g_z - \frac{\partial p}{\partial z} +$$
$$+ \frac{\partial}{\partial z} \left[\eta \cdot \left(2 \cdot \frac{\partial c_z}{\partial z} - \frac{2}{3} \cdot \left(\frac{\partial c_x}{\partial x} + \frac{\partial c_y}{\partial y} + \frac{\partial c_z}{\partial z} \right) \right) \right] + \tag{11.3}$$
$$+ \frac{\partial}{\partial x} \left[\eta \cdot \left(\frac{\partial c_z}{\partial x} + \frac{\partial c_x}{\partial z} \right) \right] + \frac{\partial}{\partial y} \left[\eta \cdot \left(\frac{\partial c_y}{\partial z} + \frac{\partial c_z}{\partial y} \right) \right]$$

Neben dem Impuls lassen sich noch die Masse und die Energie an einem ortsfesten Kontrollvolumen bilanzieren. Aus der Massenbilanz folgt die Kontinuitätsgleichung für dreidimensionale kompressible Strömungen:

$$\frac{\partial \rho}{\partial t} + \frac{\partial \left(\rho \cdot c_x \right)}{\partial x} + \frac{\partial \left(\rho \cdot c_y \right)}{\partial y} + \frac{\partial \left(\rho \cdot c_z \right)}{\partial z} = 0 \tag{11.4}$$

Aus der Energiebilanz am ortsfesten Kontrollvolumen lässt sich folgende Gleichung herleiten:

$$\rho \cdot \left[\frac{\partial u}{\partial t} + c_x \cdot \frac{\partial u}{\partial x} + c_y \cdot \frac{\partial u}{\partial y} + c_z \cdot \frac{\partial u}{\partial z} \right] =$$
$$\left[\frac{\partial}{\partial x} \left(\lambda \cdot \frac{\partial T}{\partial x} \right) + \frac{\partial}{\partial y} \left(\lambda \cdot \frac{\partial T}{\partial y} \right) + \frac{\partial}{\partial z} \left(\lambda \cdot \frac{\partial T}{\partial z} \right) \right] - \tag{11.5}$$
$$- p \cdot \left(\frac{\partial c_x}{\partial x} + \frac{\partial c_y}{\partial y} + \frac{\partial c_z}{\partial z} \right) + \rho \cdot \left(g_x \cdot c_x + g_y \cdot c_y + g_z \cdot c_z \right) + \rho \cdot \dot{q}_S + \eta \cdot \Phi .$$

Dabei ist die Dissipationsfunktion Φ, auf deren Bedeutung hier nicht im Detail eingegangen werden soll, durch folgende Gleichung festgelegt:

$$\Phi = 2 \cdot \left[\left(\frac{\partial c_x}{\partial x} \right)^2 + \left(\frac{\partial c_y}{\partial y} \right)^2 + \left(\frac{\partial c_z}{\partial z} \right)^2 \right] + \left(\frac{\partial c_y}{\partial x} + \frac{\partial c_x}{\partial y} \right)^2 + \left(\frac{\partial c_z}{\partial y} + \frac{\partial c_y}{\partial z} \right)^2 +$$
$$+ \left(\frac{\partial c_x}{\partial z} + \frac{\partial c_z}{\partial x} \right)^2 - \frac{2}{3} \cdot \left(\frac{\partial c_x}{\partial x} + \frac{\partial c_y}{\partial y} + \frac{\partial c_z}{\partial z} \right)^2 .$$

Weiterhin werden eine thermische Zustandsgleichung zur Verknüpfung von Druck, Dichte und Temperatur (z. B. die ideale Gasgleichung) und eine kalorische Zustandsgleichung für das Fluid benötigt, welche die spezifische innere Energie mit der Temperatur in Beziehung setzt.

Mit den bis hierher angeführten Gleichungen ist das dreidimensionale Strömungsfeld prinzipiell festgelegt. Da die Zahl der Gleichungen mit der Zahl der Unbekannten übereinstimmt, handelt es sich um ein geschlossenes System gekoppelter, nichtlinearer partieller Differentialgleichungen. Dieses ist allerdings nur in Ausnahmefällen mit gewissen vereinfachenden Annahmen analytisch lösbar. Im Regelfall bedarf es einer numerischen Lösung des Differentialgleichungssystems.

Eine wichtige Eigenschaft der Erhaltungsgleichungen (Gln. 11.1 bis 11.5) ist deren formale Ähnlichkeit. Diese Ähnlichkeit resultiert aus der Tatsache, dass für den Transport einer beliebigen Strömungsgröße ϕ (ϕ kann z. B. die Dichte oder eine der drei Geschwindigkeitskomponenten c_x, c_y, c_z sein) stets die gleichen Mechanismen wirksam sind. Stimmen in den Bilanzen an ortsfesten Kontrollvolumina die *Flüsse* der betrachteten Strömungsgröße ϕ über die Ränder des Kontrollvolumens nicht mit der Summe der Quellen oder Senken der Größe ϕ im Kontrollvolumen überein, so kommt es zu einer lokalen zeitlichen Änderung der Größe ϕ. Bei den Flüssen der Größe ϕ über die Kontrollvolumengrenzen muss zwischen zwei Arten unterschieden werden. Die sogenannten *konvektiven Flüsse* entstehen durch die „Verschiebung" des Fluids mit der makroskopischen Strömungsgeschwindigkeit. Der zugeordnete Transportmechanismus wird als *Konvektion* bezeichnet. Dieser makroskopischen Bewegung sind molekulare Schwankungen überlagert, die von den lokalen Gradienten der Größe ϕ abhängen. Letztere führen ebenfalls zu einem Transport der Größe ϕ über die Kontrollraumgrenzen, den sogenannten *diffusiven Flüssen*. Entsprechend wird der dazu gehörende Transportmechanismus *Diffusion* genannt. Die Ähnlichkeit der beschriebenen Transportmechanismen führt letztlich dazu, dass sich die Erhaltungsgleichungen für Masse, Impuls und Energie immer auf die gleiche Form bringen lassen:

$$\underbrace{\frac{\partial (\rho \cdot \phi)}{\partial t}}_{\text{lokale zeitl. Änderung}} + \underbrace{\frac{\partial (\rho \cdot c_x \cdot \phi)}{\partial x} + \frac{\partial (\rho \cdot c_y \cdot \phi)}{\partial y} + \frac{\partial (\rho \cdot c_z \cdot \phi)}{\partial z}}_{\text{Konvektion}} =$$

$$= \underbrace{\frac{\partial}{\partial x}\left(\Gamma_\varphi \cdot \frac{\partial \phi}{\partial x}\right) + \frac{\partial}{\partial y}\left(\Gamma_\phi \cdot \frac{\partial \phi}{\partial y}\right) + \frac{\partial}{\partial z}\left(\Gamma_\phi \cdot \frac{\partial \phi}{\partial z}\right)}_{\text{Diffusion}} + \underbrace{S_\varphi}_{\text{Quellterm}} \ . \tag{11.6}$$

Dabei ist ϕ die jeweils interessierende Strömungsgröße, welche im Allgemeinen von Ort (x, y, z) und Zeit (t) abhängt. Γ_ϕ bezeichnet den zugehörigen Diffusionskoeffizienten. Der erste Term auf der linken Seite von Gl. 11.6 beschreibt die lokale zeitliche Änderung der Größe ϕ. Mit den drei folgenden Termen wird die Konvektion der Größe ϕ erfasst. Die ersten drei Terme auf der rechten Seite der Gl. 11.6 repräsentieren den diffusiven Transport der Größe ϕ. In S_ϕ sind schließlich sämtliche Quellen und Senken von ϕ im Kontrollvolumen zusammengefasst. Gleichung 11.6 wird im Folgenden als allgemeine Form der Erhaltungsgleichungen bezeichnet. Sie bietet den Vorteil, dass sich sämtliche Ansätze zur Überführung der partiellen Differentialgleichungen in algebraische und damit numerisch lösbare Beziehungen, die *Diskretisierung*, verallgemeinern lassen. In der Praxis resultieren daraus Vereinfachungen bei der Erstellung der Simulationsprogramme. Für das vorliegende Buch kann die Erklärung des Vorgehens bei der Diskretisierung auf die allgemeine Form der Erhaltungsgleichungen begrenzt werden. Dabei ist zu beachten, dass nicht für jede Transportgleichung sämtliche Terme in Gl. 11.6 vorhanden sein müssen. Beispielsweise verschwinden bei der Kontinuitätsgleichung der Diffusions- und der Quellterm (vgl. Gl. 11.4 mit Gl. 11.6 für $\phi = 1$). Vereinfachend lässt sich die Überführung einer beliebigen Transportgleichung in die Form von Gl. 11.6 so erreichen, dass sämtliche Terme, die nicht der lokalen zeitlichen Änderung, der Konvektion oder der Diffusion von ϕ zugeordnet werden können, im Quellterm enthalten sind. Letzterer kann daher vergleichsweise komplex werden. In vektorieller Schreibweise lautet Gl. 11.6:

$$\underbrace{\frac{\partial (\rho \cdot \phi)}{\partial t}}_{\text{lokale zeitl. Änderung}} + \underbrace{\text{div}(\rho \cdot \vec{c} \cdot \phi)}_{\text{Konvektion}} = \underbrace{\text{div}(\Gamma_\varphi \cdot \text{grad}(\phi))}_{\text{Diffusion}} + \underbrace{S_\phi}_{\text{Quellterm}} \tag{11.7}$$

Darin steht

$$\text{grad}(\phi) = \left(\frac{\partial \phi}{\partial x}, \frac{\partial \phi}{\partial y}, \frac{\partial \phi}{\partial z} \right)$$

für den Gradienten der Größe ϕ und

$$\text{div}(\rho \cdot \vec{c} \cdot \phi) = \frac{\partial (\rho \cdot c_x \cdot \phi)}{\partial x} + \frac{\partial (\rho \cdot c_y \cdot \phi)}{\partial y} + \frac{\partial (\rho \cdot c_z \cdot \phi)}{\partial z}$$

für die Divergenz des Vektors $\rho \cdot \vec{c} \cdot \phi$. Entsprechend ergibt sich für den Ausdruck $\text{div}(\Gamma_\phi \cdot \text{grad}(\phi))$:

$$\text{div}(\Gamma_\phi \cdot \text{grad}(\phi)) = \frac{\partial}{\partial x}\left(\Gamma_\phi \cdot \frac{\partial \phi}{\partial x} \right) + \frac{\partial}{\partial y}\left(\Gamma_\phi \cdot \frac{\partial \phi}{\partial y} \right) + \frac{\partial}{\partial z}\left(\Gamma_\phi \cdot \frac{\partial \phi}{\partial z} \right)$$

11.2   Diskretisierung der Erhaltungsgleichungen mit der Finiten-Volumen-Methode

Unter dem Begriff der Diskretisierung wird die Überführung des Systems gekoppelter, partieller, nichtlinearer Differentialgleichungen in algebraische Differenzengleichungen verstanden. Hierbei werden die in den Erhaltungsgleichungen auftretenden partiellen Ableitungen mit Hilfe unterschiedlicher sog. *Diskretisierungsansätze* durch Differenzenquotienten ersetzt. Ausgangspunkt dieses Prozesses ist die Erzeugung eines sog. *Rechennetzes*, welches in das interessierende Strömungsgebiet gelegt wird (vgl. Abb. 11.1). Dieses definiert die Lage der sogenannten *Rechenpunkte*, an denen die interessierende Größe ϕ bestimmt wird. In einer analytischen Lösung der Erhaltungsgleichungen ist das Ergebnis eine *Funktion* der gesuchten Größe ϕ in Abhängigkeit der Variablen x, y, z und t. Die numerische Lösung der diskretisierten Erhaltungsgleichungen liefert eine Sammlung von Rechenpunkten, definiert durch die Koordinaten x, y und z, mit den zugehörigen Werten von ϕ zum betrachteten Zeitpunkt t. Mit anderen Worten: Die kontinuierliche Verteilung von ϕ in Raum und Zeit wird durch die Einzelwerte von ϕ an diskreten Stellen zu diskreten Zeitpunkten ersetzt.

Bei der *Methode der Finiten Volumen* wird das Strömungsgebiet durch das Rechennetz zunächst in eine Vielzahl mehr oder weniger kleiner, nicht überlappender Kontrollvolumina unterteilt, die im allgemeinen Fall unterschiedlich groß sind. Abbildung 11.1 zeigt

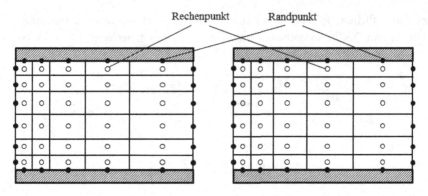

Abb. 11.1 Rechennetze zur räumlichen Diskretisierung mittels Finite-Volumen-Methode; *links* Rechenpunkte im Zentrum des Kontrollvolumens, *rechts* Kontrollvolumengrenzen mittig zwischen zwei Rechenpunkten

eine vereinfachte zweidimensionale Darstellung möglicher Rechennetze. Dabei sind hauptsächlich zwei Alternativen gebräuchlich. In der ersten Variante definieren die Linien des Rechennetzes die Grenzen der Kontrollvolumina. Die Rechenpunkte werden dann in das Zentrum der so erhaltenen Kontrollvolumina gelegt. Der Vorteil dieser Variante ist, dass der Wert der Größe ϕ im Rechenpunkt den über das Kontrollvolumen gemittelten Wert von ϕ bereits mit einer *Genauigkeit zweiter Ordnung* repräsentiert (Genauigkeit zweiter Ordnung s. Abschn. 11.3). In der zweiten Variante, welche für *strukturierte Gitter* (vgl. Abschn. 11.5) zum Einsatz kommt, wird zunächst die Lage der Rechenpunkte festgelegt, um die dann die Kontrollvolumengrenzen so gezogen werden, dass eine Grenzfläche immer genau in der Mitte zwischen zwei Rechenpunkten zu liegen kommt. Der Vorteil dieser Vorgehensweise ist, dass eine bestimmte Klasse von *Diskretisierungsansätzen* (Abschn. 11.2.1 bis 11.2.4), die sog. Zentraldifferenzen-Ansätze, in diesem Fall genauere Ergebnisse liefern. Das Vorgehen gemäß der ersten Variante ist gebräuchlicher, weshalb hier auf weitere Details verzichtet wird.

Ein für die Erklärung der Finite-Volumen-Methode wichtiger Aspekt ist die Einführung der *Kompassnotation*, die in Abb. 11.2 dargestellt ist. Ein quaderförmiges Kontrollvolumen enthält im Innern den Rechenpunkt P, er hat an allen 6 Seiten des Kontrollvolumens einen benachbarten Rechenpunkt, der mit geeigneten Großbuchstaben gekennzeichnet ist. In x-Richtung erhalten diese Rechenpunkte die Bezeichnung E (East) bzw. W (West), in y-Richtung S (South) bzw. N (North), und in z-Richtung H (High) bzw. L (Low). Die zwischen dem Rechenpunkt P und seinen jeweiligen Nachbarn liegenden Kontrollvolumenoberflächen werden mit den entsprechenden Kleinbuchstaben versehen (vgl. Abb. 11.2).

Die Erhaltungsgleichungen werden bei der Finiten-Volumen-Methode im ersten Schritt über die Kontrollvolumina integriert. Ausgangspunkt ist die vektorielle Form der Erhaltungsgleichung (Gl. 11.7), die zur Vereinfachung der Darstellung für ein stationäres Pro-

Abb. 11.2 Kontrollvolumen
mit Kompassnotation

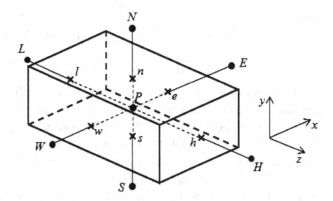

blem formuliert wurde:

$$div\left(\rho \cdot \vec{c} \cdot \phi\right) = div\left(\Gamma_\phi \cdot \text{grad}\left(\phi\right)\right) + S_\phi \tag{11.8}$$

Nach Integration von Gl. 11.8 über ein Kontrollvolumen erhält man:

$$\int\limits_V div\left(\rho \cdot \vec{c} \cdot \phi\right) \cdot dV = \int\limits_V div\left(\Gamma_\varphi \cdot \text{grad}\left(\phi\right)\right) \cdot dV + \int\limits_V S_\phi \cdot dV \tag{11.9}$$

Unter Zuhilfenahme des *Gauß*'schen Integralsatzes

$$\int\limits_V div\left(\vec{f}\right) \cdot dV = \int\limits_A \left(\vec{f} \cdot \vec{n}\right) \cdot dA \tag{11.10}$$

lassen sich die beiden ersten Volumenintegrale in Integrale über die Kontrollvolumen-oberfläche A überführen. $\vec{f}$ steht in Gl. 11.10 für einen beliebigen Vektor und $\vec{n}$ für den Einheitsvektor jeweils normal zur Oberfläche dA. Anwendung von Gl. 11.10 auf Gl. 11.9 ergibt:

$$\int\limits_A \rho \cdot \phi \cdot \left(\vec{c} \cdot \vec{n}\right) \cdot dA = \int\limits_A \Gamma_\phi \cdot \left(\text{grad}\left(\phi\right) \cdot \vec{n}\right) \cdot dA + \int\limits_V S_\phi \cdot dV \tag{11.11}$$

Das Ergebnis ist also eine Beziehung, welche im Konvektions- und im Diffusionsterm nur Ableitungen erster Ordnung enthält.

Im nächsten Schritt werden die Oberflächenintegrale aus Gl. 11.11 ausgewertet. Dazu ist es erforderlich, eine Verteilung der Größen ρ, ϕ, $\vec{c}$ und Γ_ϕ auf den einzelnen Teilflächen anzunehmen. Die einfachste und gleichzeitig gebräuchlichste Annahme ist die einer ho-mogenen Verteilung, d. h., jeder Teilfläche des Kontrollvolumens wird für die Größen ρ, ϕ, $\vec{c}$ und Γ_ϕ jeweils nur ein Wert zugeordnet. Dadurch lassen sich die Oberflächenintegrale in Summen über die Teiloberflächen des Kontrollvolumens umwandeln. Aus Gl. 11.11 folgt dann:

$$\sum_i (\rho \cdot \phi)_i \, (c_i \cdot A_i) = \underbrace{\sum_i \Gamma_{\phi,i} \cdot (\text{grad}\,(\phi))_i \cdot A_i}_{\text{Diffusion}} + \underbrace{\bar{S}_\phi \cdot V}_{\text{Quellterm}} \qquad (11.12)$$

$$\underbrace{}_{\text{Konvektion}}$$

Der Index i nummeriert die Teilflächen des Kontrollvolumens. Bei dem quaderförmigen Kontrollvolumen aus Abb. 11.2 hat i den Wert von 1 bis 6. Der Term $(\rho \cdot \phi)_i$ steht für das der Teilfläche A_i zugeordnete Produkt aus Dichte und Strömungsgröße ϕ. Aus dem Skalarprodukt $(\vec{c} \cdot \vec{n})$ der Gl. 11.11 ergibt sich c_i als die auf der Teilfläche A_i senkrecht stehende Komponente der Geschwindigkeit. Entsprechend verkörpert $(\text{grad}(\phi))_i$ die auf A_i senkrecht stehende Komponente des Vektors grad(ϕ). Das Volumenintegral des Quellterms aus Gl. 11.11 wurde durch das Produkt aus der Größe des Kontrollvolumens V und einem repräsentativen Mittelwert des Quellterms im Kontrollvolumen ersetzt. Für Letzteren muss im Fall einer *konservativen Diskretisierung* gelten:

$$\bar{S}_\phi = \frac{1}{V} \cdot \int_V S_\phi \cdot dV$$

Eine Diskretisierung wird als *konservativ* bezeichnet, wenn die aus der Diskretisierung resultierenden algebraischen Gleichungen die integralen Bilanzen der betrachteten Strömungsgrößen erfüllen. So muss zum Beispiel das aus den diskretisierten Gleichungen berechnete Geschwindigkeitsfeld zusammen mit der berechneten Dichteverteilung einen aus dem Rechengebiet austretenden Massenstrom ergeben, der mit dem in das Rechengebiet einströmenden Massenstrom übereinstimmt.

In Gl. 11.12 lassen sich wieder wie in der Ausgangsgleichung (Gl. 11.8) der Konvektionsterm (linke Seite), der Diffusionsterm (erster Term der rechten Seite) sowie der Quellterm (zweiter Term der rechten Seite) identifizieren. Um Gl. 11.12 in einem numerischen Simulationsprogramm zur Berechnung des Strömungsfeldes zu nutzen, bedarf es zweier weiterer Modifikationen, die insbesondere auf den Diffusions- und den Konvektionsterm angewandt werden müssen. Zum einen müssen die im Diffusionsterm enthaltenen Ableitungen in Differenzenquotienten überführt werden. Zum anderen ist Gl. 11.12 eine Beziehung zwischen den Größen des Strömungsfeldes auf den Oberflächen der Kontrollvolumina. Wie bereits erwähnt, ist das Ziel der numerischen Berechnung jedoch, die Strömungsgrößen an den *Rechenpunkten* zu bestimmen. Nur dort werden die Werte der jeweiligen Strömungsgröße während der (in der Regel iterativen) Berechnung gespeichert. Es muss also für den Diffusions- und den Konvektionsterm eine Verknüpfung zwischen den Strömungsgrößen auf den Oberflächen der Kontrollvolumina und den Rechenpunkten gefunden werden. Hierzu existiert eine Vielzahl von Möglichkeiten, die unter dem Oberbegriff *Diskretisierungsansätze* zusammengefasst sind. Auf einige dieser Ansätze wird im nächsten Abschnitt eingegangen. Die Zahl möglicher Diskretisierungsansätze würde den Rahmen des vorliegenden Kapitels bei weitem überschreiten. In diesem Buch können deshalb nur einige grundlegende Aspekte zu diesem Themengebiet besprochen werden.

11.2.1 Diskretisierung des Diffusionsterms

Es wird eine dreidimensionale Problemstellung unter Zugrundelegung des in Abb. 11.2 gezeigten Kontrollvolumens betrachtet. Wird die in Abb. 11.2 dargestellte Kompassnotation berücksichtigt, so lässt sich der Diffusionsterm aus Gl. 11.12 wie folgt schreiben:

$$\sum_i \Gamma_{\phi,i} \cdot (\text{grad}\,(\phi))_i \cdot A_i = \Gamma_{\phi,e} \cdot \left(\frac{\partial \phi}{\partial x}\right)_e \cdot A_e - \Gamma_{\phi,w} \cdot \left(\frac{\partial \phi}{\partial x}\right)_w \cdot A_w +$$

$$+\Gamma_{\phi,n} \cdot \left(\frac{\partial \phi}{\partial y}\right)_n \cdot A_n - \Gamma_{\phi,s} \cdot \left(\frac{\partial \phi}{\partial y}\right)_s \cdot A_s + \Gamma_{\phi,h} \cdot \left(\frac{\partial \phi}{\partial z}\right)_h \cdot A_h - \Gamma_{\phi,l} \cdot \left(\frac{\partial \phi}{\partial z}\right)_l \cdot A_l$$

$$(11.13)$$

Die Indizes kennzeichnen jeweils die Position, an der die jeweilige Größe zu bestimmen ist. So steht beispielsweise A_e für die Oberfläche des Kontrollvolumens zwischen den Punkten P und E (vgl. Abb. 11.2). Die in Gl. 11.13 enthaltenen partiellen Ableitungen sind für die Berechnung mittels eines numerischen Simulationsprogrammes ungeeignet. Darüber hinaus beinhalten sämtliche Terme nur Größen auf den Kontrollvolumenoberflächen e, w, n, s, h, l. Ziel der Berechnung ist, die gesuchten Größen für alle Kontrollvolumina in den Rechenpunkten P, E, W, N, S, H und L zu kennen. Nur dort werden die gesuchten Größen während des (in der Regel iterativen) Rechenganges auch gespeichert. Es muss nun also eine Interpolationsvorschrift gefunden werden, welche die Werte in den Kontrollvolumenoberflächen auf jene in den Rechenpunkten zurückführt. Naheliegend ist beispielsweise die Annahme eines abschnittsweise linearen Verlaufs der Strömungsgröße ϕ. Damit lassen sich die partiellen Ableitungen aus Gl. 11.13 wie folgt durch Differenzenquotienten ersetzen:

$$\sum_i \Gamma_{\phi,i} \cdot (\text{grad}\,(\phi))_i \cdot A_i = \Gamma_{\phi,e} \cdot \frac{\phi_E - \phi_P}{\Delta x_e} \cdot A_e - \Gamma_{\phi,w} \cdot \frac{\phi_P - \phi_W}{\Delta x_w} \cdot A_w +$$

$$+\Gamma_{\phi,n} \frac{\phi_N - \phi_P}{\Delta y_n} \cdot A_n - \Gamma_{\phi,s} \cdot \frac{\phi_P - \phi_S}{\Delta y_s} \cdot A_s + \Gamma_{\phi,h} \cdot \frac{\phi_H - \phi_P}{\Delta z_h} \cdot A_h - \Gamma_{\phi,l} \cdot \frac{\phi_P - \phi_L}{\Delta z_l} \cdot A_l$$

$$(11.14)$$

In dieser Gleichung können die Teilflächen $A_e, A_w, A_n, A_s, A_h, A_l$ wie auch die Abstände zwischen den Rechenpunkten $\Delta x_e, \Delta x_w, \Delta y_n, \Delta y_s, \Delta z_h, \Delta z_l$ als bekannte geometrische Größen vorausgesetzt werden, die sich aus der Erstellung des Rechennetzes ergeben. Der zur gesuchten Größe ϕ gehörende Diffusionskoeffizient Γ_ϕ wird in Abhängigkeit der betrachteten Erhaltungsgleichung unterschiedlich aus den zugehörigen Werten an den Rechenpunkten bestimmt. Beispielsweise kann hierfür eine arithmetische Mittelung geeignet sein, die nachfolgend exemplarisch für den Diffusionskoeffizienten in der Fläche e dargestellt ist:

$$\Gamma_{\phi,e} = \frac{\Gamma_{\phi,E} + \Gamma_{\phi,P}}{2}$$

Der in Gl. 11.14 dargestellte Diffusionsterm enthält dann nur noch vom Simulationsprogramm handhabbare *Differenzenquotienten* (keine Ableitungen), die aus Werten an den Rechenpunkten sowie bekannten Geometriedaten zusammengesetzt sind.

11.2.2   Diskretisierung des Quellterms

Im Quellterm (letzter Term auf der rechten Seite von Gl. 11.12) wird häufig der repräsentative Mittelwert S_ϕ durch S_P, d. h. den Wert des Quellterms im Punkt P ersetzt. Dieses Vorgehen führt nur bei linearen Quelltermen zu einer konservativen Diskretisierung. Mit einem gewissen mathematischen Mehraufwand lässt sich jedoch auch für den Quellterm eine konservative Diskretisierung erreichen. Da der Anwender eines numerischen Simulationsprogramms häufig keinen Einfluss auf die für den Quellterm gewählte Diskretisierung hat, soll im Rahmen dieses Buches nicht weiter darauf eingegangen werden. Ganz anders stellt sich die Situation beim Konvektionsterm dar. Hier kann der Berechner in aller Regel zwischen mehreren Diskretisierungsansätzen wählen und somit Einfluss auf Berechnungsfortschritt und insbesondere auch Berechnungsergebnis nehmen.

11.2.3   Diskretisierung des Konvektionsterms

Abermals wird eine dreidimensionale Problemstellung unter Zugrundelegung des in Abb. 11.2 gezeigten Kontrollvolumens betrachtet. Unter Berücksichtigung der Kompassnotation ergibt sich für den Konvektionsterm aus Gl. 11.12:

$$\sum_i (\rho \cdot \phi)_i (c_i \cdot A_i) = \rho_e \cdot c_{x,e} \cdot A_e \cdot \phi_e - \rho_w \cdot c_{x,w} \cdot A_w \cdot \phi_w +$$

$$+ \rho_n \cdot c_{y,n} \cdot A_n \cdot \phi_n - \rho_s \cdot c_{y,s} \cdot A_s \cdot \phi_s + \rho_h \cdot c_{z,h} \cdot A_h \cdot \phi_h - \rho_l \cdot c_{z,l} \cdot A_l \cdot \phi_l$$

$$(11.15)$$

Die Annahme eines abschnittsweise linearen Verlaufs und die daraus resultierende lineare Interpolation an den Kontrollvolumenoberflächen sind für die Dichte und die Geschwindigkeitskomponenten im Allgemeinen unkritisch. Dagegen führt die lineare Interpolation für die Größe ϕ im Konvektionsterm mitunter zu Schwierigkeiten während der iterativen Berechnung. Aus diesem Grund wurde in der Vergangenheit insbesondere für den Konvektionsterm eine Reihe von Diskretisierungsansätzen entwickelt, von denen zwei exemplarisch vorgestellt werden sollen.

11.2.3.1   Upwind-Ansatz

Die Idee hinter dem „Upwind-Ansatz" (in deutschsprachiger Literatur auch als „Aufwind-Ansatz" bezeichnet) ist, den Wert einer Größe ϕ in einer Kontrollvolumenoberfläche durch den Wert derselben Größe im nächsten stromauf gelegenen Rechenpunkt zu ersetzen. Dar-

Abb. 11.3 Schematische Darstellung des QUICK-Ansatzes

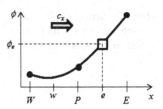

aus ergibt sich folgende Verknüpfungsvorschrift (vgl. auch Abb. 11.2):

$$\phi_e = \begin{cases} \phi_P \text{ für } c_{x,e} > 0 \\ \phi_E \text{ für } c_{x,e} < 0 \end{cases} \quad \phi_w = \begin{cases} \phi_W \text{ für } c_{x,w} > 0 \\ \phi_P \text{ für } c_{x,w} < 0 \end{cases}$$

$$\phi_n = \begin{cases} \phi_P \text{ für } c_{y,n} > 0 \\ \phi_N \text{ für } c_{y,n} < 0 \end{cases} \quad \phi_s = \begin{cases} \phi_S \text{ für } c_{y,s} > 0 \\ \phi_P \text{ für } c_{y,e} < 0 \end{cases} \quad (11.16)$$

$$\phi_h = \begin{cases} \phi_P \text{ für } c_{z,h} > 0 \\ \phi_H \text{ für } c_{z,h} < 0 \end{cases} \quad \phi_l = \begin{cases} \phi_L \text{ für } c_{z,l} > 0 \\ \phi_P \text{ für } c_{z,l} < 0 \end{cases} \quad .$$

Die Stärke des Upwind-Ansatzes ist seine numerische Stabilität, durch die Über- und Unterschwinger bei iterativen Rechnungen vermieden werden, was häufig vergleichsweise schnell zu einer Lösung führt. Seine Schwäche ist die relativ geringe Diskretisierungs-Genauigkeit erster Ordnung und *Anfälligkeit für numerische Diffusion* (s. Abschn. 11.3).

11.2.3.2 QUICK-Ansatz

Der Grundgedanke beim QUICK-Ansatz (Quadratic Upstream Interpolation for Convection Kinematics) (vgl. [4]) ist, die Werte an den Kontrollvolumenoberflächen mit Hilfe dreier Stützstellen zu berechnen, welche auf einer Parabel liegen. Dabei werden zwei Stützstellen stromauf und eine stromab der betrachteten Kontrollvolumenoberfläche gewählt. Schematisch ist dies in Abb. 11.3 für die Kontrollvolumenoberfläche e unter Annahme einer in x-Richtung positiven Geschwindigkeitskomponente dargestellt.

Die sich für den QUICK-Ansatz ergebende Interpolationsvorschrift ist etwas umfangreicher als jene des Upwind-Ansatzes. Sie soll daher im Folgenden nur exemplarisch für die in Abb. 11.3 dargestellte Situation an der Kontrollvolumenoberfläche e angegeben werden. Für die anderen Kontrollvolumenoberflächen ergeben sich analoge Ausdrücke.

$$\phi_e = \frac{(x_e - x_P) \cdot (x_e - x_E)}{(x_W - x_P) \cdot (x_W - x_E)} \cdot \phi_W +$$

$$+ \frac{(x_e - x_W) \cdot (x_e - x_E)}{(x_P - x_W) \cdot (x_P - x_E)} \cdot \phi_P + \frac{(x_e - x_W) \cdot (x_e - x_P)}{(x_E - x_W) \cdot (x_E - x_P)} \cdot \phi_E \quad (11.17)$$

Der QUICK-Ansatz führt zu einer Diskretisierung, die zweiter Ordnung genau ist und daher numerische Diffusion vermeidet (s. Abschn. 11.3). Sein Nachteil ist eine größere Anfälligkeit für Über- und Unterschwinger während der iterativen Berechnung des Strömungsfeldes.

Abb. 11.4 Schematische Darstellung der Annäherung des zeitlichen Verlaufs einer Größe ϕ

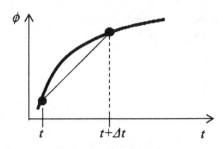

11.2.4   Diskretisierung des Zeitterms

Bisher wurden ausschließlich stationäre Problemstellungen betrachtet. Die Koordinate „Zeit" spielte keine Rolle. Von Bedeutung waren lediglich die Ortskoordinaten x, y, z. Sämtliche bisher vorgestellten Diskretisierungsansätze lassen sich deshalb unter dem Oberbegriff *räumliche Diskretisierung* zusammenfassen. Für instationäre Strömungsfälle muss Gl. 11.8 noch um die lokale zeitliche Änderung ergänzt werden (s. Gl. 11.7), welche ebenfalls über das Kontrollvolumen zu integrieren ist. Die sich daraus ergebende *zeitliche Diskretisierung* führt analog zur räumlichen Diskretisierung dazu, dass der in der Zeit kontinuierliche Verlauf der Größe ϕ durch die Werte von ϕ zu diskreten Zeitpunkten ersetzt wird. Aus partiellen Ableitungen nach der Zeit müssen Differenzenquotienten gewonnen werden, welche im Nenner Zeitintervalle enthalten. Ein mögliches Vorgehen wird nachfolgend vorgestellt:

$$\int_V \frac{\partial\,(\rho\cdot\phi)}{\partial t}\cdot dV = \overline{\frac{\partial\,(\rho\cdot\phi)}{\partial t}}\cdot V \approx \frac{\partial\,(\rho_P\cdot\phi_P)}{\partial t}\cdot V \qquad (11.18)$$

In Gl. 11.18 wurden nach der Integration der lokalen zeitlichen Änderung über das Kontrollvolumen zwei weitere Operationen vorgenommen. Zum einen wurde das Volumenintegral durch ein Produkt aus Größe des Kontrollvolumens und einem repräsentativen Mittelwert der Zeitableitungen im Kontrollvolumen ersetzt. Zum anderen wurde die (gängige) Annahme getroffen, dass sich der repräsentative Mittelwert der Zeitableitungen im Kontrollvolumen durch die Zeitableitung im Rechenpunkt P annähern lässt. Zur Überführung dieser Zeitableitung in einen Differenzenquotienten existiert in der Literatur wiederum eine Vielzahl von Ansätzen. Der einfachste ist die Annahme eines stückweise linearen Verlaufs der Größe ϕ in Abhängigkeit von der Zeit, wie in Abb. 11.4 schematisch dargestellt. Die Zeitableitung im Rechenpunkt P lässt sich dann beispielsweise wie folgt approximieren:

$$\frac{\partial\,(\rho_P\cdot\phi_P)}{\partial t} = \frac{\rho_P\,(t+\Delta t)\cdot\phi_P\,(t+\Delta t) - \rho_P\,(t)\cdot\phi_P\,(t)}{\Delta t} \qquad (11.19)$$

In Gl. 11.19 werden also zwei Zeitpunkte zur Festlegung der zeitlichen Änderung von ϕ herangezogen. Genauere Ansätze nutzen die Werte von ϕ an mehr als zwei Zeitpunkten, um die zeitliche Änderung von ϕ zu approximieren. Es ist jedoch zu beachten, dass damit auch der Speicherplatzbedarf des Programms deutlich vergrößert wird. Eine andere Alternative zur Steigerung der Genauigkeit ist die Verkürzung des Zeitintervalls Δt. Hieraus resultiert jedoch eine Vergrößerung der Anzahl der Zeitpunkte, für die eine Berechnung der Verteilung von ϕ vorgenommen werden muss. Die Wahl des Zeitintervalls Δt, auch Zeitschritt genannt, wird nicht nur vom Strömungsfeld, sondern auch vom Abstand der Rechenpunkte beeinflusst. Es existiert ein maximal möglicher Zeitschritt, der bei kleiner werdenden Abständen ebenfalls verkleinert werden muss. Details hierzu sind beispielsweise in [1] zu finden.

Insgesamt ergibt sich also für die hier vorgestellte Möglichkeit zur Diskretisierung des Zeitterms:

$$\int_V \frac{\partial (\rho \cdot \phi)}{\partial t} \cdot dV = \frac{\rho_P (t + \Delta t) \cdot \phi_P (t + \Delta t) - \rho_P (t) \cdot \phi_P (t)}{\Delta t} \cdot V \qquad (11.20)$$

Die lokale zeitliche Änderung lässt sich also aus der bekannten Größe des Kontrollvolumens und einem Differenzenquotienten bestimmen, der lediglich Werte an den Rechenpunkten zu vorgegebenen zeitlichen Abständen enthält.

11.3   Diskretisierungsfehler und numerische Diffusion

Die aus der Diskretisierung der Erhaltungsgleichungen folgenden algebraischen Differenzengleichungen sind zunächst einmal nur Annäherungen an die ursprünglichen Differentialgleichungen. Aus den Annäherungen resultieren *Diskretisierungsfehler*, welche die Abweichung zwischen den auf dem Rechengitter ermittelten Werten zur exakten Lösung der Differentialgleichung erfassen. Diskretisierungsfehler sind abhängig von

- den Abständen zwischen den Rechenpunkten
- der Orientierung der Kontrollvolumina zur Anströmung
- dem *formalen Abbruchfehler*.

Von besonderer Bedeutung ist hierbei der formale Abbruchfehler, welcher sich für die unterschiedlichen Diskretisierungsansätze a priori bestimmen lässt. Anhand eines einfachen Beispiels soll dies für zwei Diskretisierungsansätze exemplarisch diskutiert werden.

Beispiel 11.1: Diskretisierungsfehler beim Upwind-Ansatz
Betrachtet wird ein stationärer Strömungsfall, der sich eindimensional beschreiben lässt. Das zugeordnete Rechengitter hat konstante Abstände Δx zwischen den Re-

chenpunkten, wie das nachfolgende Schema zeigt. Es spielen nur die Transportmechanismen „Konvektion" und „Diffusion" eine Rolle. Außerdem wird vorausgesetzt,
dass der Diffusionskoeffizient der Größe ϕ sowie Geschwindigkeit und Dichte konstant sind. Der Konvektionsterm soll mit dem Upwind-Ansatz diskretisiert werden.
Zu bestimmen ist die führende Ordnung der daraus resultierenden Fehler.

- **Schema**

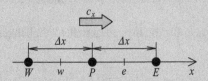

Gitter mit konstanten Abständen für einen eindimensionalen Strömungsfall

Lösung

Nach Anwendung der Finite-Volumen-Methode ergibt sich folgende Beziehung:

$$\rho \cdot c_x \cdot (\phi_e - \phi_w) = \Gamma_\varphi \cdot \left(\left(\frac{\partial \phi}{\partial x} \right)_e - \left(\frac{\partial \phi}{\partial x} \right)_w \right) \tag{a}$$

Unter Verwendung des Upwind-Ansatzes auf den Konvektionsterm (linke Seite
der obigen Gleichung) folgt:

$$\rho \cdot c_x \cdot (\phi_e - \phi_w) = \rho \cdot c_x \cdot (\phi_P - \phi_W) \tag{b}$$

Die Werte der Größe ϕ an den Rechenpunkten P und W können durch *Tay-*
*lor*reihen ausgedrückt werden, die um die Stellen e und w entwickelt werden:

$$\phi_P = \phi_e - \frac{\Delta x}{2} \cdot \left(\frac{\partial \phi}{\partial x} \right)_e + \frac{\Delta x^2}{8} \cdot \left(\frac{\partial^2 \phi}{\partial x^2} \right)_e - \dots$$

$$\phi_W = \phi_w - \frac{\Delta x}{2} \cdot \left(\frac{\partial \phi}{\partial x} \right)_w + \frac{\Delta x^2}{8} \cdot \left(\frac{\partial^2 \phi}{\partial x^2} \right)_w - \dots$$

Werden diese beiden *Taylor*reihen zunächst in Gl. b und dann in Gl. a eingesetzt,
ergibt sich:

$$\rho \cdot c_x \cdot (\phi_e - \phi_w) - \underbrace{\rho \cdot c_x \cdot \frac{\Delta x}{2} \cdot \left[\left(\frac{\partial \phi}{\partial x} \right)_e - \left(\frac{\partial \phi}{\partial x} \right)_w + \dots \right]}_{\text{Fehlerterme}} = \underbrace{\Gamma_\phi \cdot \left(\left(\frac{\partial \phi}{\partial x} \right)_e - \left(\frac{\partial \phi}{\partial x} \right)_w \right)}_{\text{Diffusionsterm}}$$

- Diskussion
  Die Gegenüberstellung der Fehlerterme und des Diffusionsterms zeigt: Die Diskretisierung des Konvektionsterms mit dem Upwind-Ansatz ergibt Fehlerterme, deren führende Ordnung mit der Ordnung der Diffusionsterme auf der rechten Seite übereinstimmt.

Ansätze, bei denen wie in Beispiel 11.1 die führende Ordnung der Fehlerterme mit der Ordnung der Diffusionsterme übereinstimmt, werden als Ansätze mit einer *Genauigkeit erster Ordnung* bezeichnet. Für die zugeordneten Fehlerterme ist die Bezeichnung *numerische Diffusion* gebräuchlich (s. [5]). Numerische Diffusion kann in den Simulationsergebnissen zu einer Abflachung der Gradienten und damit zu falschen Ergebnissen führen. Analog zum Diffusionsterm kann für die numerische Diffusion ein „Diffusionskoeffizient", der zur Abgrenzung *Austauschkoeffizient* genannt wird, wie nachfolgend für die x-Richtung festgelegt werden (zu vergleichen sind die Fehlerterme auf der linken Seite mit dem Diffusionsterm auf der rechten Seite der letzten Gleichung in Beispiel 11.1):

$$\Gamma_{ND,x} = \rho \cdot c_x \cdot \frac{\Delta x}{2} \tag{11.21}$$

Bei dreidimensionalen Problemstellungen folgt für die anderen Raumrichtungen in analoger Weise für den Austauschkoeffizienten:

$$\Gamma_{ND,y} = \rho \cdot c_y \cdot \frac{\Delta y}{2}; \quad \Gamma_{ND,z} = \rho \cdot c_z \cdot \frac{\Delta z}{2} \tag{11.22}$$

Die die numerische Diffusion als Ganzes beschreibenden Terme lauten dann (vgl. letzte Gleichung in Beispiel 11.1):

$$ND_x = \rho \cdot c_x \cdot \frac{\Delta x}{2} \cdot \frac{\partial \phi}{\partial x}; \quad ND_y = \rho \cdot c_y \cdot \frac{\Delta y}{2} \cdot \frac{\partial \phi}{\partial y}; \quad ND_z = \rho \cdot c_z \cdot \frac{\Delta z}{2} \cdot \frac{\partial \phi}{\partial z} \tag{11.23}$$

Die Gleichungen in Gl. 11.23 lassen erkennen, welche Maßnahmen zur Verringerung der numerischen Diffusion führen:

- kleine Gitterabstände Δx, Δy, Δz
- kleine Geschwindigkeiten in der betrachteten Raumrichtung
- kleine Gradienten der Größe ϕ in der betrachteten Raumrichtung.

Die beiden letzten Punkte bedeuten implizit: Eine an das Strömungsfeld angepasste Orientierung und Geometrie der Kontrollvolumina minimieren die numerische Diffusion bei Verwendung des Upwind-Ansatzes. Eine andere Möglichkeit zur Vermeidung numerischer Diffusion ist die Verwendung genauerer Diskretisierungsansätze, wie das folgende Beispiel zeigt:

Beispiel 11.2: Diskretisierungsfehler bei Annahme eines abschnittsweise linearen Verlaufs

Es wird nochmal der Strömungsfall aus Beispiel 11.1 aufgegriffen. Sämtliche zuvor getroffenen Annahmen behalten ihre Gültigkeit. Der Konvektionsterm soll nun unter Annahme eines abschnittsweise linearen Verlaufs diskretisiert werden. Man bestimme abermals die führende Ordnung der daraus resultierenden Fehler und vergleiche diese mit dem Diffusionsterm.

Lösung

Nach Anwendung der Finite-Volumen-Methode und Annahme eines abschnittsweise linearen Verlaufs von ϕ mit konstanten Abständen Δx zwischen den Gitterpunkten ergibt sich für den Konvektionsterm:

$$\rho \cdot c_x \cdot (\phi_e - \phi_w) = \rho \cdot c_x \cdot \left[\frac{\phi_E + \phi_P}{2} - \frac{\phi_W + \phi_P}{2} \right] \tag{c}$$

Die Werte der Größe ϕ an den Rechenpunkten P, E und W können durch *Taylor*reihen ausgedrückt werden, die um die Stellen e und w entwickelt werden:

$$\phi_P = \phi_e + \frac{\Delta x}{2} \cdot \left(\frac{\partial \phi}{\partial x} \right)_e + \frac{\Delta x^2}{8} \cdot \left(\frac{\partial^2 \phi}{\partial x^2} \right)_e + \ldots$$

$$\phi_P = \phi_w + \frac{\Delta x}{2} \cdot \left(\frac{\partial \phi}{\partial x} \right)_w + \frac{\Delta x^2}{8} \cdot \left(\frac{\partial^2 \phi}{\partial x^2} \right)_w + \ldots$$

$$\phi_W = \phi_w - \frac{\Delta x}{2} \cdot \left(\frac{\partial \phi}{\partial x} \right)_w + \frac{\Delta x^2}{8} \cdot \left(\frac{\partial^2 \phi}{\partial x^2} \right)_w - \ldots \tag{d}$$

$$\phi_E = \phi_e + \frac{\Delta x}{2} \cdot \left(\frac{\partial \phi}{\partial x} \right)_e + \frac{\Delta x^2}{8} \cdot \left(\frac{\partial^2 \phi}{\partial x^2} \right)_e + \ldots$$

Werden die Beziehungen aus Gl. d in Gl. c und dann Gl. a in Beispiel 11.1 eingesetzt, so ergibt sich:

$$\rho \cdot c_x \cdot (\phi_e - \phi_w) + \rho \cdot c_x \cdot \underbrace{\left[\frac{\Delta x^2}{8} \cdot \left(\frac{\partial^2 \phi}{\partial x^2} \right)_e + \ldots + \frac{\Delta x^2}{8} \cdot \left(\frac{\partial^2 \phi}{\partial x^2} \right)_w - \ldots \right]}_{\text{Fehlerterme}}$$

$$= \Gamma_\varphi \cdot \underbrace{\left(\left(\frac{\partial \phi}{\partial x} \right)_e - \left(\frac{\partial \phi}{\partial x} \right)_w \right)}_{\text{Diffusionsterm}} \cdot$$

- Diskussion

Die Gegenüberstellung der Ergebnisse des Beispiels 11.1 mit diesem Beispiel zeigt: Die Diskretisierung des Konvektionsterms unter Annahme eines abschnittsweise linearen Verlaufs der Größe ϕ ergibt Fehlerterme, deren führende Ordnung um eins größer als die Ordnung der Diffusionsterme ist.

Ansätze, bei denen die führende Ordnung der Fehlerterme um eins größer als die Ordnung der Diffusionsterme ist, besitzen eine Genauigkeit zweiter Ordnung. Sie sind frei von numerischer Diffusion, neigen aber in manchen Fällen zu Über- bzw. Unterschwingern während der iterativen Berechnung des Strömungsfeldes.

11.4 Rechenverfahren

Mit dem in den vorangegangenen Abschnitten beschriebenen Vorgehen zur Diskretisierung der Erhaltungsgleichungen lässt sich ein Strömungsfeld prinzipiell numerisch berechnen. Für die Erhaltungsgleichungen selbst, d. h. die *Navier-Stokes*-Gleichungen, die Massenerhaltung und die Energieerhaltung, wurden bisher keinerlei besondere Anforderungen formuliert. Für laminare Strömungen ist dieser Weg praktikabel. Im Falle turbulenter Strömungen gilt es jedoch, einige Einschränkungen zu beachten, denen man durch unterschiedliche Rechenverfahren begegnen kann.

11.4.1 Direkte numerische Simulation (DNS)

Sollen die instationären *Navier-Stokes*-Gleichungen für turbulente Strömungen ohne weitere Modifikation numerisch berechnet werden, spricht man von einer *direkten numerischen Simulation* (DNS). Bei diesem Verfahren ist zur Erzielung belastbarer Ergebnisse die räumliche Auflösung der größten, aber insbesondere auch der kleinsten Wirbelelemente erforderlich. Dies erfordert zum einen eine Vielzahl von Rechenpunkten und damit enorm große Gitter und zum anderen eine große Zahl sehr kleiner Zeitschritte. Hieraus resultieren sehr hohe Anforderungen an die Speicherkapazität und die Rechenzeit bzw. Rechengeschwindigkeit. Es lässt sich zeigen, dass die Anzahl der erforderlichen Gitterpunkte mit der *Reynolds*zahl stark ansteigt. Aus diesem Grunde sind direkte numerische Simulationen für technische Problemstellungen und Auslegungsaufgaben bis heute noch ungeeignet. Sie werden vielmehr in der Forschung auf vergleichsweise einfache Strömungsfälle mit wenig komplexen Berandungen bei gleichzeitig begrenzten räumlichen Abmessungen und relativ kleinen *Reynolds*zahlen angewandt. Beispielsweise leisten sie nützliche Dienste bei der Entwicklung von *Turbulenzmodellen*, die für die im folgenden Abschnitt beschriebene Klasse von Rechenverfahren relevant sind.

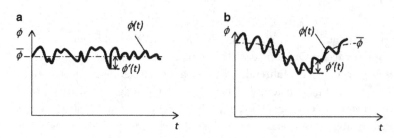

Abb. 11.5 Schematische Darstellung einer statistisch stationären (**a**) und einer statistisch instationären (**b**) Strömungssituation

11.4.2 RANS-Verfahren

Bei RANS-Verfahren (*Reynolds-Averaged-Navier-Stokes*) werden die Erhaltungsgleichungen einer zeitlichen Mittelung unterzogen, die zur Folge hat, dass aus der Turbulenz resultierende Wirbelelemente in der Simulation nicht mehr räumlich und zeitlich aufgelöst
werden müssen. Hierdurch lassen sich Rechenzeit und Speicherplatzbedarf enorm reduzieren, so dass auch technisch relevante Strömungsfälle mit höheren *Reynolds*zahlen numerisch berechnet werden können. Ausgangspunkt des RANS-Verfahrens ist die *Reynolds-
Zerlegung* einer Strömungsgröße in einen *Mittelwert* und eine *Fluktuation*. Dieser Schritt
soll anhand der Geschwindigkeitskomponente c_x erläutert werden. Misst man in einer turbulenten Strömung mit einem zeitlich hochauflösenden Verfahren, z. B. dem Hitzdraht-
Anemometer (s. Abschn. 12.4.2), die Geschwindigkeit an einem festen Ort in Abhängigkeit
der Zeit, so ergibt sich aufgrund der der Hauptströmungsrichtung überlagerten Wirbelbewegung qualitativ die in Abb. 11.5 gezeigte Darstellung. Im linken Diagramm der statistisch
stationären Strömung schwankt der Momentanwert der Geschwindigkeit $c_x(t)$ um den zeitlichen Mittelwert $\bar{c}_x$. Im rechten Bild ist die Situation ähnlich, allerdings ist der „Mittelwert"
der Geschwindigkeit seinerseits eine Funktion der Zeit und abhängig von der Größe des
Zeitintervalls, über welches die Mittelung vollzogen wird. Eine solche Strömungsform lässt
sich beispielsweise dann beobachten, wenn in einer bereits turbulenten Rohrströmung der
Durchsatz mittels eines Regelorgans allmählich verändert wird.

Die Differenz zwischen dem Geschwindigkeits-Mittelwert $\bar{c}_x$ und dem Momentanwert
$c_x(t)$ wird als Schwankung oder Fluktuation bezeichnet. Die Fluktuation ist eine Funktion
der Zeit. Da in einer turbulenten Strömung nicht nur die Geschwindigkeiten, sondern auch
die anderen Größen (Druck, Dichte, etc.) aufgrund der Wirbelbewegung an jedem Ort von
der Zeit abhängen, lässt sich jede dieser Größen in einen Mittelwert und eine Fluktuation
zerlegen:

$$\phi(x, y, z, t) = \tilde{\phi}(x, y, z) + \phi''(x, y, z, t) \tag{11.24}$$

In Gl. 11.24, welche die *Reynolds-Zerlegung* beschreibt, wurde die Aufteilung der Größe ϕ in Mittelwert und Fluktuation einer zusätzlichen Massegewichtung unterzogen, was
durch die Tilde (~) über dem Mittelwert und dem Doppelstrich bei der Fluktuation ge-

kennzeichnet wurde. Die konventionelle Zeitmittelung und die massengewichtete *Favre*-Mittelung sind in den folgenden Gleichungen einander gegenübergestellt.

$$\bar{\phi}\,(x,y,z) = \frac{1}{\Delta t}\cdot \int_0^{\Delta t} \phi\,(x,y,z,t)\cdot dt$$

$$\tilde{\phi}\,(x,y,z) = \frac{1}{\bar{\rho}}\cdot \frac{1}{\Delta t}\cdot \int_0^{\Delta t} \rho\,(x,y,z,t)\cdot \phi\,(x,y,z,t)\cdot dt$$

(11.25)

Die zugehörige *Favre*-Fluktuation ist wiederum die Differenz zwischen Momentanwert der Größe und ihrem *Favre*-Mittelwert. In Gl. 11.25 steht $\bar{\rho}$ für den Zeitmittelwert der Dichte. Der Vorteil der *Favre*-Mittelung wird nachfolgend erläutert. Zunächst wird die Herleitung der RANS-Gleichungen besprochen.

Bei den RANS-Verfahren wird zunächst die *Reynolds*-Zerlegung in die Erhaltungsgleichungen eingesetzt, bevor im nächsten Schritt die Erhaltungsgleichungen einer zeitlichen Mittelung unterzogen werden. Als Ergebnis dieser beiden Operationen ergeben sich Transportgleichungen, in denen sämtliche Terme der Ausgangsdifferentialgleichung, formuliert mit den zeitlichen Mittelwerten, enthalten sind. Außerdem beinhalten manche dieser Gleichungen zusätzliche Terme, die aus Korrelationen der Schwankungsgrößen bestehen. Die sich so ergebenden RANS-Gleichungen können dann abermals nach der Finite-Volumen-Methode diskretisiert werden. In der Gleichung für die Massenerhaltung kann die Bildung von Termen, welche Fluktuationen enthalten, durch die Zerlegung der Geschwindigkeitskomponenten in *Favre*-Mittelwert und *Favre*-Fluktuation vermieden werden, was letztlich den Einsatz der in Gl. 11.25 dargestellten *Favre*-Mittelung rechtfertigt. Dies gilt jedoch nicht mehr für die *Navier-Stokes*-Gleichungen. Exemplarisch zeigt Gl. 11.26 das Ergebnis der Anwendung von *Reynolds*-Zerlegung und Zeitmittelung auf die *Navier-Stokes*-Gleichung für die x-Richtung:

$$\frac{\partial\,(\bar{\rho}\cdot\tilde{c}_x)}{\partial t} + \frac{\partial\,(\bar{\rho}\cdot\tilde{c}_x^2)}{\partial x} + \frac{\partial\,(\bar{\rho}\cdot\tilde{c}_x\cdot\tilde{c}_y)}{\partial y} + \frac{\partial\,(\bar{\rho}\cdot\tilde{c}_x\cdot\tilde{c}_z)}{\partial z} = \bar{\rho}\cdot g_x - \frac{\partial\bar{p}}{\partial x}$$

$$+\frac{\partial\bar{\sigma}_{xx}}{\partial x} + \frac{\partial\bar{\tau}_{yx}}{\partial y} + \frac{\partial\bar{\tau}_{zx}}{\partial z} - \underbrace{\left(\frac{\partial\overline{(\rho\cdot c_x''^2)}}{\partial x} + \frac{\partial\overline{(\rho\cdot c_x''\cdot c_y'')}}{\partial y} + \frac{\partial\overline{(\rho\cdot c_x''\cdot c_z'')}}{\partial z}\right)}_{\text{turbulente Zusatzterme}}$$

(11.26)

Zur Verbesserung der Übersichtlichkeit wurde darauf verzichtet, die Normal- und Schubspannungen durch Terme zu ersetzen, welche den Druck und die Geschwindigkeiten enthalten (vgl. Abschn. 6.5). Die die Fluktuationen enthaltenden turbulenten Zusatzterme sind mathematisch gesehen zusätzliche Unbekannte, welche den Einfluss der Turbulenz beschreiben, ohne dass die turbulenten Strukturen (Wirbel unterschiedlichster Größe) aufgelöst werden. Das hat zur Folge, dass die Rechengitter deutlich gröber ausfallen können als bei einer direkten numerischen Simulation, was zu einer entsprechenden Reduzierung des Speicherplatzbedarfs und der Rechenzeit führt. Die Schwäche der RANS-Verfahren ist jedoch, dass auf Grund der turbulenten Zusatzterme das Gleichungssystem nicht mehr geschlossen ist: Es gibt mehr Unbekannte als Gleichungen, man spricht in diesem Zusammenhang vom *Schließungsproblem der Turbulenz*. Um Strömungsfelder trotzdem mit den RANS-Gleichungen berechnen zu können, bedarf es daher zusätzlicher Gleichungen für die Modellierung der turbulenten Zusatzterme. Diese Gleichungen werden mittels *Turbulenzmodellen* zur Verfügung gestellt. Im Laufe der letzten vier Jahrzehnte ist eine Vielzahl von Turbulenzmodellen entwickelt worden. Je nach Strömungsfall konnten mit einem der jeweiligen Problemstellung angepassten Turbulenzmodell zum Teil sehr gute Ergebnisse erzielt werden. Das universell gültige Turbulenzmodell gibt es jedoch bis heute nicht, in manchen Strömungsfällen konnten gar mit keinem Turbulenzmodell zufriedenstellende Ergebnisse erzielt werden. Der Anwender eines numerischen Simulationsprogrammes muss daher zu Beginn der Berechnung wissen, inwieweit das von ihm in Erwägung gezogene Turbulenzmodell für seinen Fall geeignet ist. Ein erster Überblick zu gängigen Turbulenzmodellen findet sich beispielsweise in [6], eine ausführliche Darstellung in [7]. Trotz aller in der Literatur verfügbarer Informationen ist es häufig die Erfahrung des Anwenders mit ähnlichen Strömungsfällen, die über den Erfolg bei der Berechnung des Strömungsfeldes mit einem RANS-Verfahren entscheidet.

11.4.3   Weitere Verfahren

In den letzten Jahren haben sich weitere Berechnungsverfahren etabliert, welche bezüglich erreichbarer Genauigkeit und Berechnungsaufwand zwischen der direkten numerischen Simulation und den RANS-Verfahren anzusiedeln sind. Zu nennen wären hier zunächst die Grobstruktur- bzw. die LES-Verfahren (Large Eddy Simulation). Dabei werden die großen turbulenten Strukturen wie in einer direkten numerischen Simulation räumlich und zeitlich aufgelöst, die kleinen Wirbel aber mit einem Turbulenzmodell behandelt. Mit Hilfe unterschiedlicher Filterfunktionen lässt sich die Grenze zwischen Grobstrukturturbulenz und modellierter Feinstrukturturbulenz festlegen. Eine andere Möglichkeit bietet die DES (Detached Eddy Simulation), bei der in Wandnähe die Turbulenz wie bei einem RANS-Verfahren mit einem Turbulenzmodell erfasst wird, wogegen im wandfernen Bereich die Grobstruktursimulation angewandt wird. Im Gegensatz zur reinen Grobstruktursimulation lassen sich dadurch im wandnahen Bereich Gitterpunkte und Rechenzeit einsparen. Trotz aller Fortschritte bei den genannten Verfahren sowie bei der verfügbaren Rechnerleistung in den letzten Jahren sind im Regelfall aktuell weder die LES noch die DES geeignet, um für Auslegungsrechnungen in der Technik mit komplexen Berandungen in akzeptabler Zeit Ergebnisse zu liefern.

11.5 Rechennetze

Die Erzeugung eines Rechennetzes erfolgt in der Regel mit einer eigens zu diesem Zweck entwickelten Software, die umgangssprachlich als *Gittergenerierer* bezeichnet wird. Diese Programme besitzen Schnittstellen zu gängigen CAD-Paketen, so dass sich die in der Konstruktion erzeugte Geometrie mehr oder weniger direkt vernetzen lässt. Bei den so erzeugten Rechennetzen lassen sich zunächst zwei große Gruppen unterscheiden. Die erste ist die der *strukturierten Netze*. Bei diesen lässt sich die Lage eines Gitterpunktes relativ zu seinen Nachbarpunkten durch ein Indextripel i, j, k eindeutig beschreiben. Jeder Gitterlinie ist ein Index zugeordnet: Linien mit $i =$ konst. kreuzen sich nicht, genauso wenig wie Linien mit $j =$ konst. bzw. bei dreidimensionalen Netzen Linien mit $k =$ konst. Über das Indextripel i, j, k ist also eindeutig festgelegt, welche Punkte zueinander benachbart liegen. Im zweidimensionalen Fall hat jeder Rechenpunkt genau 4, im dreidimensionalen Fall genau 6 nächste Nachbarn. Einerseits vermindert diese Struktur den Speicherplatzbedarf und verbessert die Effizienz der Lösungsalgorithmen zur iterativen Berechnung des Strömungsfeldes. Andererseits sind derartige Gitter bezüglich der zu vernetzenden Geometrie weniger „flexibel". Zum einen kann die Form der Kontrollvolumina in der Regel nur ein Rechteck für zweidimensionale Problemstellungen bzw. ein Quader für dreidimensionale Problemstellungen sein. Zum anderen ist die nachträgliche lokale Verdichtung derartiger Netze, d. h., die nachträgliche Einbringung zusätzlicher Rechenpunkte in Teilbereichen strukturierter Netze, nur in begrenztem Maße möglich. Außerdem hat eine Verdichtung des Netzes in Bereichen großer Gradienten häufig eine Verdichtung des Gitters in anderen Bereichen zur Folge, wo sie eigentlich nicht erforderlich wäre, was zu einer unnötigen Vergrößerung von Speicherplatzbedarf und Rechenzeit führt. Abbildung 11.6 zeigt ein Beispiel eines strukturierten Netzes um einen Tragflügel.

Bei komplexeren Geometrien lässt sich das gesamte Rechengebiet oftmals nicht mehr mit nur einem strukturierten Gitter vernetzen. Der betrachtete Strömungsraum wird dann in *Blöcke* unterteilt, welche separat aber wiederum strukturiert vernetzt werden können. Das Ergebnis ist dann ein *blockstrukturiertes Netz*.

Abb. 11.6 Strukturiertes Netz
um einen Tragflügel

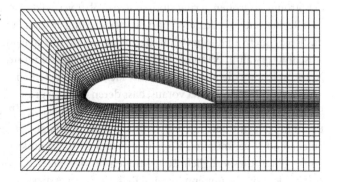

Abb. 11.7 Unstrukturiertes
Netz um einen Tragflügel

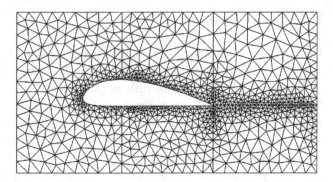

Die im Zusammenhang mit strukturierten Gittern genannten Schwächen lassen sich durch den Übergang zu unstrukturierten Netzen beseitigen. Bei diesen ist die Zahl der nächsten Nachbarn eines Rechenpunktes nicht von vornherein festgelegt. Auch gibt es bei der Form der Zellen grundsätzlich keine Restriktionen. Üblich sind Dreiecke und Rechtecke im zweidimensionalen sowie Tetraeder und Hexaeder im dreidimensionalen Fall. Die nachträgliche Verdichtung in Bereichen großer Gradienten ist in der Regel kein Problem. Insgesamt eignen sich unstrukturierte Netze daher deutlich besser zur Vernetzung komplexer Geometrien. Ihre Schwäche ist lediglich, dass die Informationen zu den nächsten Nachbarn eines Rechenpunktes explizit für jede Zelle abgespeichert werden müssen. Des Weiteren arbeiten die Lösungsalgorithmen zur iterativen Berechnung des Strömungsfeldes im Allgemeinen etwas langsamer als bei strukturierten Netzen. In Abb. 11.7 ist das Profil aus Abb. 11.6 nochmals gezeigt, allerdings wurde es diesmal unstrukturiert vernetzt.

Der Prozess der Gittergenerierung erfordert Vorkenntnisse über das zu berechnende Strömungsfeld. Beispielsweise müssen in Bereichen, in denen die betrachteten Größen starken Änderungen unterworfen sind, mehr Rechenpunkte als in anderen Teilen des Netzes vorhanden sein, um die zugehörigen Gradienten aufzulösen. In den Abb. 11.6 und 11.7 wurden deshalb viele Rechenzellen in die Nähe der Tragflügeloberfläche gelegt, da dort innerhalb der Grenzschicht die Geschwindigkeit vom Wert der Außenströmung sehr stark bis auf den Wert 0 m/s an der Wand abfällt. Andere Bereiche, in denen die Änderungen der Strömungsgrößen gering sind, sollten gröber vernetzt werden, um Speicherplatzbedarf und Rechenzeit zu reduzieren und die Berechnung effizienter zu machen. Des Weiteren ist das Rechennetz an das gewählte Rechenverfahren anzupassen. Wie im vorangegangenen Abschnitt erwähnt, erfordert beispielsweise die direkte numerische Simulation sehr feine Netze, welche an die Abmessungen der kleinsten turbulenten Strukturen im Strömungsfeld anzupassen sind. Dies setzt voraus, dass deren Größe a priori abgeschätzt werden kann. Bei RANS-Verfahren kommt den Abständen der wandnächsten Rechenpunkte von den festen Berandungen eine besondere Bedeutung zu. In Abhängigkeit der mit dem gewählten Turbulenzmodell verknüpften Kopplung zwischen Randpunkt und wandnächstem Rechenpunkt gibt es diesbezüglich Restriktionen für den Bereich möglicher Abstände. Es ließen sich in diesem Zusammenhang eine Reihe weiterer Aspekte anführen, die letztlich in Summe aufzeigen, dass der Prozess der Erstellung von Rechennetzen maßgeblich die Güte und die Effizienz einer numerischen Simulation beeinflussen. Es bedarf hierfür neben soliden fluidmechanischen Grundkenntnissen auch umfangreicher Kenntnisse über die gewählten Modellierungsansätze.

11.6 Abschließende Bemerkungen

Das vorliegende Kapitel sollte einen ersten Einblick in den Aufbau numerischer Berechnungsmethoden auf Basis der Finiten-Volumen-Methode bieten. Häufig betrachten Neulinge auf diesem Gebiet verfügbare, meist kommerzielle Rechenprogramme, als „Black Box", d. h., sie konzentrieren sich darauf, die Bedienung des Programms zu erlernen und befassen sich nicht mit den Details, die hinter der Modellierung stehen, weil sie voraussetzen, dass das Programm richtige Ergebnisse liefert. Nach einiger Zeit wird vielfach erkannt, dass bei den am häufigsten eingesetzten RANS-Verfahren die Turbulenzmodellierung problematisch sein kann. Abweichungen zwischen experimentellen und berechneten Daten werden oftmals auf ein ungeeignetes Turbulenzmodell zurückgeführt. Neben dem Turbulenzmodell sind jedoch auch andere Punkte zu hinterfragen, welche die Güte der Berechnungsergebnisse beeinflussen. Beispielsweise wird der Auswahl eines Diskretisierungsansatzes mitunter nicht die gebotene Aufmerksamkeit gewidmet. Rechennetze müssen insbesondere im Bereich fester Wände und großer Gradienten der Strömungsgrößen sehr sorgfältig gestaltet werden, um belastbare Ergebnisse zu erhalten. Bei RANS-Verfahren sind die Abstände der wandnächsten Gitterpunkte an die in Verbindung mit dem eingesetzten Turbulenzmodell gewählte Behandlung des wandnahen Bereiches anzupassen. Die genannten Punkte sollen exemplarisch verstanden werden und darauf hinweisen, dass ein numerisches Simulationsprogramm eben gerade keine „Black Box" ist, die ohne Wissen über ihren Aufbau vernünftige Ergebnisse liefert. Es wird jedem zukünftigen Benutzer einer solchen Software aber idealerweise auch dessen „Kunden" empfohlen, sich mit der zugehörigen Theorie mindestens in der in diesem Kapitel dargebotenen Detaillierung zu befassen, bevor die ersten Rechenergebnisse beurteilt werden.

Literatur

[1] Ferziger, J. H., Peric, M. (2001). Computational Methods for Fluid Dynamics, 3rd edition, Springer Verlag

[2] Laurien, E., Oertel, H. (2011). Numerische Strömungsmechanik, 4. Auflage, Vieweg+Teubner

[3] Lechler, S. (2011). Numerische Strömungsberechnung, 2. Auflage, Vieweg+Teubner

[4] Leonard, B.P. (1979). A stable and accurate convective modelling procedure based on quadratic upstream interpolation. Computer Methods in Applied Mechanics and Engineering.

[5] Patankar, S.V. (1980). Numerical Heat Transfer and Fluid Flow, Hemisphere Publishing.

[6] Oertel, H., Böhle, M., Reviol, T. (2011). Strömungsmechanik, Vieweg+Teubner

[7] Wilcox, D. C. (2006). Turbulence Modelling for CFD, 3rd edition, DCW Industries

[8] Roberson J A, Crowe C T (1997) Engineering Fluid Mechanics, 6. Edition, John Wiley & Sons, Inc., New York

Strömungsmesstechnik

12

12.1 Einleitung

Für wissenschaftliche Untersuchungen von Strömungen oder zur Regelung und Kontrolle strömungstechnischer Prozesse werden Messungen benötigt. Bei der Beurteilung einer Strömung sind Druck-, Geschwindigkeits- und Dichteverteilung in der zu untersuchenden Strömung maßgebend. Druck und Geschwindigkeit können direkt gemessen werden. Zur Bestimmung der Dichte werden üblicherweise Temperatur und Druck gemessen, die Dichte dann aus der Zustandsgleichung des Fluids ermittelt. Bei der Strömung in Leitungen benötigt man oft nur die mittlere Geschwindigkeit des Fluids, die aus der Messung des Massen- oder Volumenstroms berechnet werden kann. Zur Herleitung der Gesetzmäßigkeiten wird auch noch die Viskosität des Fluids gebraucht. Diese kann aber nicht direkt in der Strömung gemessen, sondern wie die Dichte des Fluids aus der Druck- und Temperaturmessung berechnet werden. Ferner wird der Strömungsmesstechnik auch die Messung des Füllstandes (Flüssigkeitsniveau) zugeordnet.

Hier werden die Druck-, Temperatur-, Geschwindigkeits-, Volumenstrom-, Massenstrom- und Füllstandshöhenmessungen behandelt.

12.2 Druckmessung

12.2.1 Druckmesssystem

In der Strömungsmesstechnik werden Drücke in bewegten und ruhenden Fluiden direkt im Fluid oder an den Wänden durchströmter Leitungen bzw. umströmter Körper gemessen.

Ein Druckmesssystem besteht aus einem Druckmessgerät (pressure transmitter, pressure gauge), einer *Druckmessleitung* (pressure line) und einer *Druckmessbohrung* (pressure tap) (Abb. 12.1).

P. von Böckh und C. Saumweber, *Fluidmechanik*, DOI 10.1007/978-3-642-33892-2_12,
© Springer-Verlag Berlin Heidelberg 2013

Abb. 12.1 Druckmesssystem

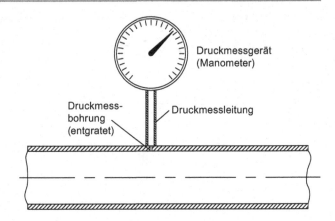

Der zu messende Druck wird durch die Druckmessbohrung über die Druckmessleitung zum Druckmessgerät geleitet. Durch die Druckmessbohrung und Druckmessleitung können zusätzlich zum Messfehler des Druckmessgeräts noch weitere Fehler durch das Messsystem entstehen. Diese Messfehler werden durch Anordnung der Druckmessbohrung, Ansprechzeit des Systems, Anordnung des Druckmessgeräts und Druckmessleitung verursacht.

Ist die Druckmessbohrung nicht senkrecht zur Strömungsrichtung oder nicht entgratet, können zum zu messenden statischen Druck zusätzlich noch dynamische Drücke der Strömung mitgemessen werden.

Die Ansprechzeit (response time) des Druckmessgeräts hängt vom Volumen der Druckmessleitung, des Druckmessgeräts und der Größe der Druckmessbohrung ab. Will man sich zeitlich stark verändernde Drücke messen, kann durch eine lange Ansprechzeit die zu messende Druckänderung nicht erfasst werden. Bei statischen Messungen, bei denen sich der Druck über die Zeit nicht oder nur sehr langsam verändert, ist die Ansprechzeit bedeutungslos. Die Anordnung der Druckmessleitung und des Druckmessgeräts kann ebenfalls den Messwert beeinflussen, weil eine Flüssigkeitssäule in der Messleitung einen zusätzlichen hydrostatischen Druck erzeugt. Kondensation und Verdampfung in den Messleitungen können zu Strömungen führen, die die Druckmessung durch Reibungsdruckverluste und durch dynamische Drücke verfälschen. Die Auswahl des Druckmesssystems hängt von den Anforderungen der Druckmessung ab. Bei dynamischen Strömungsvorgängen mit sich stark verändernden Drücken muss man ein System mit kurzer Ansprechzeit (kleine Messgeräte- und Messleitungsvolumina) auswählen. Die Druckmessbohrung sollte senkrecht zur Geschwindigkeit der Strömung angeordnet und sorgfältig entgratet sein, damit die Messung nicht durch dynamische Drücke verfälscht wird.

Die Ansprechzeit t_A (s. Abb. 12.2) ist die Zeit, in der das Druckmessgerät den Genauigkeitsanforderungen entsprechenden Wert des Druckes, der an der Messstelle anliegt, erreicht. Bei genauen Messungen ist dieser Wert 99,9 %. Die Ansprechzeit hängt von der Trägheit des Messgeräts, der Größe der Druckbohrung und vom Volumen der Messleitung ab. Ist die Druckmessbohrung zu klein, kann die Volumenänderung der Messleitung und

Abb. 12.2 Ansprechzeit eines
Druckmesssystems

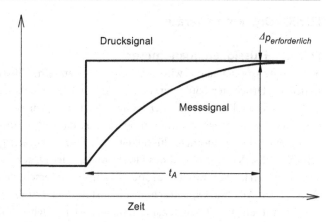

des Messgeräts nicht schnell genug erreicht werden. Bei zu großen Druckbohrungen und zu großer Messleitungsvolumina verzögert die Trägheit der Fluidsäule die Messung. Zu große Druckmessbohrungen können außerdem Störungen der Strömung und Beeinflussung der Messung durch dynamische Drücke verfälschen.

Bei der Wahl des Messsystems ist stets darauf zu achten, dass das für die Messung erforderliche Messgerät, die Messleitung und Druckmessbohrung adäquat sind.

12.2.2 Prinzip der Druckmessung

Die Druckmessung beruht auf der Messung der Kraft, die der Druck auf eine Fläche ausübt. Dabei wird die vom Druck ausgeübte Kraft mit einer gleich großen Gewichts- oder Federkraft verglichen. Die Gewichtskräfte können die einer Flüssigkeitssäule oder die eines festen Körpers, die Federkräfte die eines elastischen Körpers sein. Im Gleichgewichtsfall sind Druckkraft und Gewichts- oder Federkraft gleich groß. Aus der Messung der Gewichts- bzw. Federkraft bestimmt man den Druck.

Die Gewichtskraft kann aus der Messung der Höhe einer Flüssigkeitssäule oder aus der direkten Messung des Gewichts ermittelt werden. Die Federkraft wird aus der Wegänderung bestimmt.

Bei Flüssigkeitssäulen ist die Höhe meist direkt ablesbar, sie kann aber zur genaueren Ablesung durch zusätzliche Hilfsmittel wie z. B. Nonius oder Optik verbessert werden. Außerdem ist die Umwandlung der Flüssigkeitssäule in ein elektrisches Signal möglich.

Bei Federn ist die Wegänderung sehr klein. Daher ist eine direkte Ablesung oft unmöglich. Das Wegsignal kann durch mechanische oder elektrische Einrichtungen verstärkt und so angezeigt werden.

12.2.3 Druckmessgeräte

12.2.3.1 Flüssigkeitsmanometer

In *Flüssigkeitsmanometern* wird der Druck, der auf eine Flüssigkeitssäule wirkt, mit dem statischen Druck der Säule verglichen. Im Gleichgewichtsfall sind beide Drücke gleich groß. Durch die Bestimmung der Höhe z der Flüssigkeitssäule kann der Druck direkt als Höhe der Säule angegeben werden. Daraus ist dann die Umrechnung in andere Einheiten möglich. Die Manometerflüssigkeit wird *Sperrflüssigkeit* genannt. Je nach Größe des Messbereichs, der Eigenschaft des Fluids, in dem der Druck gemessen wird und der erforderlichen Genauigkeit wählt man Sperrflüssigkeiten verschiedener Dichte, wie z. B. Wasser, Quecksilber, Alkohol, Öl, Tetrachlorkohlenstoff oder Tetrabromoethan.

Der Aufbau des Flüssigkeitsmanometers ist je nach erforderlicher Genauigkeit und Messbereich stark unterschiedlich.

Das einfachste Flüssigkeitsmanometer ist das *beidseitig offene U-Rohr-Manometer* (differential manometer). Es besteht aus einem U-Rohr, das zum Teil mit Sperrflüssigkeit gefüllt ist (siehe Kap. 2). An der einen Öffnung des U-Rohrs wird das Fluid, dessen Druck p zu bestimmen ist, angeschlossen. An der anderen Öffnung wirkt ein zweites Fluid mit dem Referenzdruck p_0. Das U-Rohr kann mit einer Skala versehen oder die Höhendifferenz z der Sperrflüssigkeit mit einem Maßstab abgelesen werden. Der zu messende Druck p ist:

$$p = p_0 + \rho_s \cdot g \cdot z + \rho_0 \cdot g \cdot z_0 - \rho \cdot g \cdot z_1 \qquad (12.1)$$

Dabei ist ρ die Dichte des zu messenden Fluids, ρ_s die der Sperrflüssigkeit und ρ_0 die des Referenzfluids. Der atmosphärische Druck wird oft als Referenzdruck verwendet und damit ist die Luft das Referenzfluid. In der Regel kann die Dichte der Luft gegenüber jener der Sperrflüssigkeit vernachlässigt werden. Damit wird der zu messende Druck:

$$p = p_0 + \rho_s \cdot g \cdot z - \rho \cdot g \cdot z_1 \qquad (12.2)$$

Ist das zu messende Fluid ein Gas geringer Dichte, kann sie ebenfalls vernachlässigt werden und der Druck ist:

$$p = p_0 + \rho_s \cdot g \cdot z \qquad (12.3)$$

Wie die Gleichungen zeigen, wächst der Messbereich bei gegebener Höhe des U-Rohrs mit zunehmender Sperrflüssigkeitsdichte. Zur Bestimmung des Druckes muss der Referenzdruck bekannt sein oder gemessen werden.

Mit einem *einseitig geschlossenen Flüssigkeitsmanometer* (Abb. 12.3) kann der Absolutdruck direkt bestimmt werden. Bei diesem Manometer ist eine Seite des U-Rohrs geschlossen und wird mit der Sperrflüssigkeit gefüllt. Ist der zu messende Druck kleiner als der statische Druck der Flüssigkeitssäule, sinkt deren Höhe und im geschlossenen Schenkel ist der Druck gleich dem des Sättigungsdruckes der Flüssigkeit. Beim einseitig geschlossenen U-Rohrmanometer werden vorzugsweise Sperrflüssigkeiten verwendet, deren Dampfdruck

Abb. 12.3 Einseitig geschlossenes Flüssigkeitsmanometer

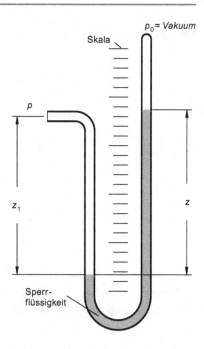

sehr klein ist. Ist er vernachlässigbar klein, kann der absolute Druck p direkt bestimmt werden.

$$p = \rho_s \cdot g \cdot z - \rho \cdot g \cdot z_1 \tag{12.4}$$

Die Höhe der Flüssigkeitssäule kann ohne zusätzliche Messeinrichtungen auf 1 mm genau abgelesen werden. Das Anbringen einer Skala mit einem Nonius und einer Lupe verbessert die Genauigkeit auf 0,1 mm.

Weist der zu messende Druck zeitliche Schwankungen auf, ist das Ablesen der Höhe sehr schwierig, weil die Höhendifferenz der Sperrflüssigkeitsmenisken gemessen wird. Das Auftreten dieses Problems kann auf zwei Arten vermieden werden:

- Erstens durch die Verwendung von Präzisionsrohren, deren Querschnitt auf beiden Seiten konstant ist. Damit ist die Änderung der Höhen in beiden Säulen gleich groß. Der Punkt, bei dem der zu messende Druck gleich dem Referenzdruck ist, wird als Nullpunkt definiert. Liest man die Höhe der einen Säule vom Nullpunkt ab, ist die Höhe z gleich dem doppelten Wert des abgelesenen Wertes.
- Zweitens kann man ein Gefäßmanometer verwenden. Bei ihm ist der eine Schenkel des U-Rohrs als ein Gefäß ausgebildet, dessen Querschnitt A_1 sehr viel größer als der des Rohrs A_2 ist, in dem die Höhe der Flüssigkeitssäule abgelesen wird (Abb. 12.4).

Abb. 12.4 Gefäßmanometer

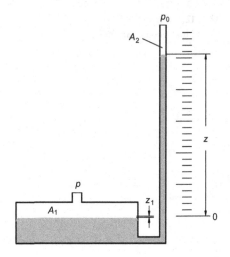

Unter der Annahme, dass die Dichte des zu messenden Fluids und Referenzfluids gegenüber der Sperrflüssigkeit vernachlässigbar sind, ist der Druck:

$$p = p_0 + \rho_s \cdot g \cdot (z + z_1) = p_0 + \rho_s \cdot g \cdot z \cdot \left(1 + \frac{A_2}{A_1}\right) \tag{12.5}$$

Der Nullpunkt für diese Berechnungen ist der Punkt, bei dem der zu messende Druck gleich dem Referenzdruck ist. Er ist direkt proportional zur abgelesenen Höhe der Flüssigkeitssäule. Durch rechnerische Berücksichtigung der Säulenquerschnitte oder entsprechend verzerrte Skalierung kann der Druck bestimmt werden. Der Ausdruck $(1 + A_2/A_1)$ wird als Gerätekonstante bezeichnet. Für eine genaue Messung müssen die Querschnitte konstant sein.

Zur Bestimmung des Luftdruckes verwendet man ein Quecksilberbarometer, das ein spezielles Gefäßmanometer ist. Die handelsüblichen Geräte haben die mit einem Nonius auf 0,05 mm genau ablesbare Skala. Zur Berücksichtigung des Temperatureinflusses und zur Ermittlung der Erdbeschleunigung als eine Funktion der geographischen Lage und Höhe werden Formeln mitgeliefert.

Vom Prinzip des Gefäßmanometers ausgehend wurden einige Präzisionsmanometer entwickelt, von denen hier das *Steilrohrmanometer nach Prandtl* (Abb. 12.5) und das *Projektionsmanometer von Betz* (Abb. 12.6) [1] vorgestellt werden.

Im *Prandtl*'schen Manometer verwendet man Alkohol oder Toluol als Sperrflüssigkeit. Zur Ablesung der Flüssigkeitssäulenhöhe wird in einer Messlupe, d. h. in einem mittels Zahnradantrieb verstellbaren Okular, das eigentliche Bild des Meniskus mit dem in einem Hohlspiegel erzeugten Spiegelbild des Meniskus in Berührung gebracht. Die Genauigkeit des *Prandtl*'schen Manometers ist 0,5 Pa, der Messbereich beträgt 4500 Pa.

Beim *Betz*-Manometer besteht die Sperrflüssigkeit aus destilliertem Wasser. Die Höhe der Flüssigkeitssäule wird mit einem Schwimmer erfasst, an dem ein Glasstab mit einer ein-

Abb. 12.5 Steilrohrmanometer nach *Prandtl*

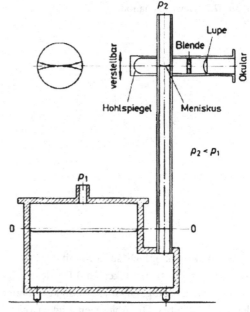

Abb. 12.6 *Betz-*
Projektionsmanometer

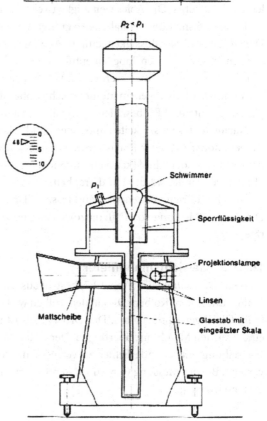

Abb. 12.7 Gewichtsmanometer

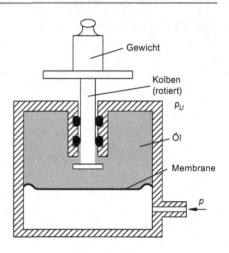

geätzten Skala hängt. Diese kann mit der Projektionslampe und dem Linsensystem abgelesen werden. Die Genauigkeit ist 0,1 % des Skalenwerts, der Messbereich liegt bei 8000 Pa.

Die Messgenauigkeit eines Flüssigkeitsmanometers erhöht sich durch schräges Aufstellen des Messrohrs. Die Ablesegenauigkeit vergrößert sich der Schräge entsprechend.

Flüssigkeitsmanometer haben den großen Vorteil, dass sie nicht geeicht werden müssen. Die Dichte der Sperrflüssigkeit kann in Abhängigkeit von der Temperatur und dem Druck aus den entsprechenden Tabellen entnommen und die genaue Erdbeschleunigung für den Ort der Messung ermittelt werden. Unter Berücksichtigung dieser beiden Größen erzielt man mit dem Flüssigkeitsmanometer sehr hohe Messgenauigkeit. Ist sie nicht gefordert, können Dichte und Erdbeschleunigung als konstante Größen eingegeben werden.

Nachteile des Flüssigkeitsmanometers sind relativ kleine Messbereiche, große Abmessungen, hoher Preis der Präzisionsmanometer, Unverträglichkeit der Sperrflüssigkeit mit dem zu messenden Fluid (kann nur mit nicht mischbaren und chemisch nicht reagierenden Fluiden verwendet werden) und Trägheit.

In Laboratorien verwendet man Flüssigkeitsmanometer zur genauen Messung kleiner Drücke, zur Messung von Differenzdrücken und zur Kalibrierung anderer Druckmessgeräte.

12.2.3.2   Gewichtsmanometer

Das *Gewichtsmanometer* (Abb. 12.7) besteht aus einem Druckbehälter mit einem Druckanschluss und einem Kolben. Die auf den Kolben wirkende Kraft wird durch geeichte Gewichte im Gleichgewicht gehalten. Das Druckgefäß ist mit Öl gefüllt und der Druck wird mit einer weichen Membrane übertragen. Der Kolben ist mit O-Ringen abgedichtet. Um durch Haftreibung entstehende Fehler zu vermeiden, wird der Kolben in eine Drehbewegung versetzt. Bei der Messung werden auf den Kolben Gewichte gelegt, bis ein Gleichgewichtszustand herrscht.

Da auf den Kolben von außen Umgebungsdruck wirkt, wird mit dem Gewichtsmanometer der Überdruck, bezogen auf den Umgebungsdruck, gemessen.

$$p = p_U + \frac{G + G_{Kolben}}{A_{Kolben}} \tag{12.6}$$

Das Gewichtsmanometer zeichnet sich zwar durch hohe Messgenauigkeit aus, ist aber nur für die Messung stationärer Drücke geeignet. Daher wird es lediglich für Präzisionsmessungen oder zur Kalibrierung anderer Druckmessgeräte verwendet.

12.2.3.3 Federmanometer

Das Messprinzip des *Federmanometers* beruht auf der Wegänderung einer elastischen Feder infolge der vom Druck ausgeübten Kraft. Die Wegänderung kann mechanisch oder elektrisch erfasst und angezeigt werden. Wegen des großen Messbereichs von 0,6 mbar bis zu 10.000 bar und der robusten Bauweise haben diese Manometer in industrieller Messtechnik sehr große Verbreitung. Das *Federmanometer mit mechanischer Messwertumformung* wurde nach § 1061 der Eichordnung (BRD) vom 1.6.1967 in folgende Gattungen eingeteilt:

a)	Rohrfeder	(Hauptgattung 310)
b)	Schnecken- oder Schraubenfeder	(Hauptgattung 320)
c)	Plattenfeder	(Hauptgattung 330)
d)	Kapselfeder	(Hauptgattung 340)
e)	Wellrohrfeder	(Hauptgattung 350)

Federmanometer werden nach ihrer Genauigkeit in sechs Klassen eingeteilt:

a)	Klasse 0,3	d)	Klasse 1,6
b)	Klasse 0,6	e)	Klasse 2,5
c)	Klasse 1,0	f)	Klasse 4,0

Die Klassenbezeichnung gibt die Genauigkeit des Manometers in Prozenten, bezogen auf den Skalenendwert, an.

Federmanometer eignen sich je nach ihrer Bauweise zur Messung von Über- und Unterdrücken.

Bei Federmanometern besteht die Feder aus Metall. Somit geht die Temperaturabhängigkeit des Elastizitätsmoduls in die Messung mit ein. Federmanometer werden bei 20 °C geeicht und eingestellt. Bei Betriebstemperaturen, die über- oder unterhalb dieser Temperatur liegen, können je nach Genauigkeitsklasse und Bauart große Messfehler auftreten. In Abb. 12.8 sind einige Federmanometer dargestellt.

a   b   c

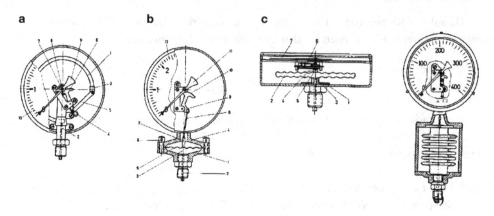

Abb. 12.8 Federmanometer (nach Fa. Alexander Wiegand, Klingenberg, BRD)

a)	Rohrfedermanometer, Messbereich: −1 bis 10.000 bar Überdruck	Genauigkeit 0,1 bis 4 % v. E.
b)	Plattenfedermanometer, Messbereich: −1 bis 25 bar Überdruck	Genauigkeit 1,6 % v. E.
c)	Kapselfedermanometer, Messbereich: −600 bis 600 mbar Überdruck (Aneroidbarometer)	Genauigkeit 1,6 % v. E.
d)	Wellrohrfedermanometer, Messbereich: −100 bis 100 mbar Überdruck	Genauigkeit 0,1 % v. E.

Federmanometer mit mechanischer Anzeige dienen in der Regel zur lokalen Anzeige des Druckes. Zur Fernübertragung des Drucksignals gibt es einige mechanische Federmanometer mit elektrischem Wandler. Diese Geräte haben aber heute keine Bedeutung mehr. Sie wurden weitgehend von elektrischen Druckmessgeräten, die wesentlich genauer und robuster sind, verdrängt.

Elektrische Druckmessgeräte (electric pressure transmitter) sind im Prinzip ebenfalls Federmanometer. Durch die elektrische Erfassung ist es möglich, sehr kleine Wegänderungen zu messen und somit recht robuste und betriebssichere Manometer zu bauen. Elektrische Manometer eignen sich zur Messung des Über-, Unter-, Absolut- und Differenzdruckes. Es gibt eine so große Zahl elektrischer Druckmessgeräte, dass ihre Beschreibung den Umfang dieses Buches sprengen würde.

Im Prinzip haben elektrische Manometer eine federelastische Membrane, deren Beschaffenheit vom gewünschten Messbereich und der Anwendung abhängt. Sie ist in ein Gehäuse eingebaut. Auf der einen Seite der Membrane wirkt der zu messende Druck, auf

Abb. 12.9 Drucktransmitter
mit induktiver Wegmessung

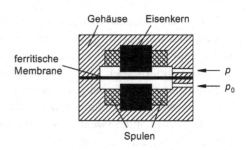

der anderen der Referenzdruck. Er ist bei der Messung des Unter- oder Überdruckes der Umgebungsdruck, bei der Messung des Absolutdruckes ein Vakuum und bei der Messung des Differenzdruckes der zweite Druck. Die Verformung der Membrane wird in elektrische Signale umgewandelt. Die Mitte der Membrane legt bei einer Druckeinwirkung, zumindest in einem kleinen Bereich, einen zum Druck proportionalen Weg zurück. Die Wegänderung kann kapazitiv, induktiv oder mit Dehnmessstreifen erfasst werden. In Abb. 12.9 ist die Funktion eines elektrischen Manometers mit induktiver Wegmessung dargestellt. Die Membrane besteht aus einem ferritischen Stahl. Durch Druckeinwirkung verursachte Lageänderung der Membrane verändert sich die Induktivität beider Spulen. In einem speziell für diese Anwendung angepassten Verstärker wird die Induktivitätsänderung in ein dem Druck proportionales Ausgangssignal umgewandelt.

Piezoelektrische Druckmessgeräte (piezo transmitter) sind ebenfalls elektrische Drucktransmitter. Diese Messgeräte nutzen die Eigenschaft piezoelektrischer Kristalle aus. Bei Krafteinwirkung baut sich elektrische Ladung auf, die teilweise durch die Messung abgeführt wird. Daher benötigt man spezielle Ladungsverstärker. Piezoelektrische Druckmessgeräte eignen sich zwar nicht sehr gut für die Messung stationärer Drücke, sind aber für rasche Druckänderungen ausgezeichnet. Sie können extrem kleine Abmessungen haben. So werden sie z. B. in Zündkerzen von Verbrennungsmotoren eingebaut, um dort im Zylinder die sehr schnellen Druckänderungen zu messen.

12.2.4 Anordnung der Druckmesssysteme

Wie schon erwähnt, kann der hydrostatische Druck der Fluidsäule in der Messleitung oder im Messgerät selbst die Messung verfälschen. Dies ist dann der Fall, wenn sich das Messgerät auf einer anderen geodätischen Höhe als die Druckmessbohrung befindet. Deshalb sollten Druckmessleitungen vorzugsweise waagerecht verlegt und so das Messgerät auf der gleichen geodätischen Höhe angebracht werden wie die Druckmessbohrung. Bei einer solchen Anordnung wird die Messung durch die Fluidsäule nicht gestört.

Ist die Führung der Messleitung in einer waagerechten Ebene nicht möglich, aber vollständig mit einem bekannten Fluid gefüllt, kann der Einfluss der Fluidsäule rechnerisch eliminiert werden, was bei der Messung kleiner Drücke oder Differenzdrücke sehr wichtig ist.

Damit die Fluidsäule berücksichtigt werden kann, muss die Messleitung so ausgelegt werden, dass sich nur ein Fluid in der Messleitung befindet, d. h., es dürfen keine Gas- oder Dampfblasen in einer Flüssigkeitssäule oder Flüssigkeitspfropfen in einer Gassäule vorhanden sein. Dieses kann durch entsprechende Anordnung des Messsystems und mit Einrichtungen zur Entfernung störender Gase oder Flüssigkeiten erreicht werden. Solche Einrichtungen werden Entlüftung und Entwässerung genannt, obwohl mit ihnen nicht nur Luft oder Wasser entfernt werden kann. Die Anordnung des Messsystems hängt vom Druck und der Temperatur des zu messenden Fluids und vom Druck und der Temperatur der Umgebung ab.

Ferner ist zu beachten, dass Druckmessgeräte nicht beliebigen Temperaturen ausgesetzt werden dürfen. Bei Temperaturen des zu messenden Fluids, die den erlaubten Temperaturbereich des Messgeräts überschreiten, sind Messleitungen so zu planen, dass sie ein unerlaubtes Aufheizen oder Abkühlen des Geräts unterbinden. Messleitungen haben in der Regel etwa Umgebungstemperatur.

12.2.4.1   Unterkühlte Flüssigkeiten und überhitzte Gase

Mit unterkühlten Flüssigkeiten und überhitzten Gasen sind Flüssigkeiten und Gase gemeint, welche sowohl gemäß ihres thermodynamischen Zustands unterkühlt oder überhitzt sind, als auch bei vorherrschender Umgebungstemperatur in der Messleitung oder im Messgerät nicht zu sieden oder zu kondensieren anfangen. Wasser z. B. ist bei einem Druck von 20 mbar und einer Temperatur von 5 °C unterkühlt, dampfte aber in einer Messleitung mit 25 °C Temperatur aus. Bei 1 bar Druck und derselben Temperatur tritt in der Messleitung dagegen keine Verdampfung auf. Wasserdampf von 5 bar Druck und 300 °C Temperatur ist zwar überhitzt, kondensierte aber in einer Messleitung mit 25 °C Temperatur. Wasserdampf mit 15 mbar Druck und 50 °C Temperatur kondensiert dagegen nicht in einer Messleitung mit 25 °C Temperatur.

Wie bei allen Messungen ist es am günstigsten, das Messgerät mit einer waagerechten Messleitung mit der Druckmessbohrung zu verbinden (Abb. 12.10a). Eine fremde Fluidsäule kann die Ansprechzeit der Messung beeinflussen. Deshalb ist es empfehlenswert, die Messleitung vor der Messung zu entlüften oder zu entwässern. Bei Fluiden, die einen Unterdruck haben oder nicht in die Umgebung abgeblasen werden dürfen, muss die Entlüftungs- bzw. Entwässerungsleitung zu einem Punkt tieferen Druckes zurückgeführt werden. Bei der Messung von Differenzdrücken genügt oft eine Bypassleitung, durch deren Öffnung das störende Gas oder die Flüssigkeit weggespült werden.

Befindet sich das Messgerät unterhalb der Druckmessbohrung (Abb. 12.10b), ist bei feuchten Gasen eine Entwässerung einzubauen, bei trockenen Gasen kann darauf verzichtet werden. Bei Flüssigkeiten benötigt man keine Entlüftung, wenn der Durchmesser der Messleitung genügend groß und immer ansteigend geführt ist. Andernfalls sollte man eine Entlüftung einbauen und vor jeder Messung betätigen.

Ist eine waagerechte Leitungsführung unmöglich, sind je nach Aufstellungsort folgende Anordnungen möglich: Wird das Messgerät oberhalb der Druckmessbohrung angebracht (Abb. 12.10c), sollte die Messleitung vor der Messung entlüftet oder entwässert werden. Bei

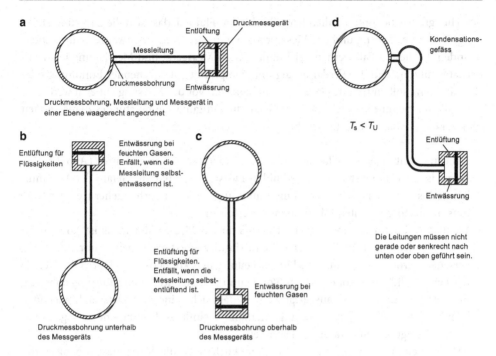

Abb. 12.10 Anordnung des Druckmesssystems

feuchten Gasen kann sich Feuchte in der Messleitung bilden. Hat die Messleitung einen genügend großen Durchmesser (>15 mm bei Leitungen, die länger als 1 m sind) und ist die Leitungsführung immer ansteigend, kann sie sich selbst entwässern. Andernfalls ist am Messgerät eine Entwässerung anzubringen. Diese ist vor jeder Messung zu betätigen. Bei Flüssigkeiten können Gase, die in der Flüssigkeit gebunden sind, die Messleitung füllen. Hier ist immer eine Entlüftung einzubauen und vor jeder Messung durchzuführen.

Bei selbst entlüftenden oder selbst entwässernden Leitungen müssen diese möglichst kurz sein und einen genügend großen Durchmesser haben.

Sind Entlüftungen oder Entwässerungen eingebaut, wählt man eher kleinere Leitungsdurchmesser, damit sichergestellt wird, dass bei der Entlüftung oder Entwässerung die Gase bzw. Flüssigkeiten durch Strömung weggespült werden.

Abbildung 12.10 zeigt die schematische Anordnung des Druckmesssystems für unterkühlte Flüssigkeiten und überhitzte Gase. Die Druckmessleitungen müssen dabei nicht wie in der Abbildung gerade geführt sein.

12.2.4.2 Gesättigte Fluide

sind Gase oder Flüssigkeiten, die sich im Sättigungszustand befinden oder in der Messleitung kondensieren bzw. ausdampfen können. Bei diesen Fluiden muss sichergestellt werden, dass sich während der Messung in der Messleitung nur Dampf oder Flüssigkeit befindet. Hier gilt wie bei unterkühlten bzw. überhitzten Fluiden, dass sich die Druckmessbohrung, Druckmessleitung und das Messgerät am günstigsten in einer waagerechten Ebene befinden. In diesem Fall werden bei Kondensation Messgerät und Messleitung mit Kondensat gefüllt, im Fall der Verdampfung mit Dampf. Mit entsprechender Entlüftung oder Entwässerung sollten fremde Gase oder Flüssigkeiten vor der Messung entfernt werden.

Ist die Temperatur der Messleitung tiefer als die Sättigungstemperatur des zu messenden Fluids, können folgende Leitungsführungen vorgesehen werden:

- Druckmessleitungen von Flüssigkeiten sind immer nach unten zu führen (Abb. 12.10c). Damit ist die Leitung stets mit unterkühlter Flüssigkeit gefüllt, die Gefahr der Ansammlung gelöster Gase besteht nicht. Eine Entlüftung eventuell vorhandener fremder Gase muss nach jeder erneuten Inbetriebnahme erfolgen.
- Wenn die Sättigungstemperatur des Dampfs für das Messgerät zulässig ist, können die Druckmessleitungen von Dämpfen mit einer immer direkt nach oben geführten Leitung versehen werden. Der Dampf wird in der Leitung stets kondensieren. Durch das Gefälle der Leitung fließt das Kondensat ab. Von Leitungslänge und Leitungsführung abhängig muss der Durchmesser so ausgelegt werden, dass sich keine Kondensatsäule ausbilden kann und die Strömung die Messung unerlaubt beeinflusst. Leitung und Messgerät haben die Sättigungstemperatur des Dampfes.
- Ist eine Leitungsführung nach oben unmöglich oder die Sättigungstemperatur des Dampfes übersteigt die vom Messgerät erlaubte Temperatur, muss direkt nach der Druckbohrung ein Gefäß oder eine Leitungsschleife angebracht werden, so dass sichergestellt wird, dass sich dort Kondensat befindet (Abb. 12.10d). Die Messleitung ist von hier immer nach unten zu führen. Messleitung und Messgerät sind mit entsprechender Entlüftung zu versehen, damit fremde Gase entfernt werden können.

Ist die Temperatur der Messleitung höher als die Sättigungstemperatur des zu messenden Fluids, können folgende Leitungsführungen vorgesehen werden:

- Flüssigkeitsleitungen sind immer nach oben zu führen (Abb. 12.10b), damit die Leitung und das Messgerät stets mit Dampf gefüllt sind. Bei Dämpfen können die Leitungen beliebig geführt werden, weil sich in der Leitung immer nur Dampf befindet.

Verändert das Fluid während einer Messung seine Sättigungstemperatur so, dass sie tiefer oder höher werden kann als die Temperatur der Messleitung oder die des Messgeräts, ist es unvermeidlich, dass in der Messleitung Kondensation und Verdampfung stattfinden. In diesem Fall sind die Länge der Messleitungen und das Messvolumen des Messgeräts möglichst klein zu halten, außerdem sollte die Leitung nur waagerecht geführt werden.

Beispiel 12.1: Messung des Druckes mit einem Schrägrohrmanometer

Der Druck im Kamin einer Heizung wird mit einem Schrägrohrmanometer gemessen. Das Manometer hat Wasser als Sperrflüssigkeit, die Neigung des Rohrs beträgt 12°. Auf der Skala liest man die Länge der Flüssigkeitssäule mit 120 mm ab. Der Durchmesser des Messrohrs ist 10 mm und der des Gefäßes 50 mm.

Die Dichte des Wassers beträgt 998 kg/m³. Das Quecksilberbarometer zeigt einen Luftdruck von 745,3 mmHg an.

Bestimmen Sie den Druck im Kamin.

Lösung

- Schema

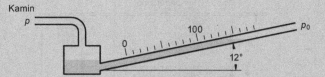

- Annahme
  - Die Dichte der Luft und des Rauchgases sind gegenüber der Dichte des Wassers vernachlässigbar.
- Analyse

Durch den Druck im Kamin wird das Niveau des Wassers im Gefäß verändert, so dass zur Berücksichtigung der Niveauänderung Gl. 12.5 verwendet wird. Da wir hier ein Schrägrohrmanometer haben, muss die Höhe der Flüssigkeitssäule aus der abgelesenen Länge von 120 mm bestimmt werden. Der Überdruck im Kamin ist:

$$p - p_0 = \rho_s \cdot g \cdot l \cdot \sin 12° \cdot \left(1 + \frac{d_2^2}{d_1^2}\right) =$$

$$= 998 \cdot \frac{\text{kg}}{\text{m}^3} \cdot 9,81 \cdot \frac{\text{m}}{\text{s}} \cdot 0,12 \cdot \text{m} \cdot \sin 12° \cdot \left(1 + \frac{10^2}{50^2}\right) = \mathbf{249,7 \, Pa} \, .$$

Der Luftdruck p_0 wird aus der Höhe der abgelesenen Quecksilbersäule bestimmt. Nach Tab. 1.2 entspricht 1 mm Quecksilbersäule oder 1 Torr gleich 133,32 Pa. Der Luftdruck berechnet sich damit zu 99.365 Pa.

Der Absolutdruck im Kamin beträgt **99.615 Pa** oder **0,99615 bar**.

- Diskussion

Mit einem Schrägrohrmanometer kann die Genauigkeit der Differenzdruckmessung erhöht werden. In unserem Fall entspricht 1 mm abgelesene Länge einer Flüssigkeitssäulenhöhe von 0,2 mm. Der gemessene Überdruck von 250 Pa ist sehr klein, er entspricht einer Wassersäule von 25,5 mm.

Beispiel 12.2: Messung des Wasserniveaus mit einem Differenzdrucktransmitter

Mit einem induktiven Transmitter wird das Wasserniveau im Hotwell eines Kondensators gemessen. Die Anordnung ist im Schema dargestellt. Der Transmitter liefert ein zur Druckdifferenz proportionales elektrisches Signal. Bei null Differenzdruck ist das Ausgangssignal 4 mA und bei 10^4 Pa 20 mA. Die Dichte des Wassers beträgt 997 kg/m³.

Geben Sie die Höhe des Kondensatniveaus als eine Funktion des Stromsignals an.

Lösung

• Schema

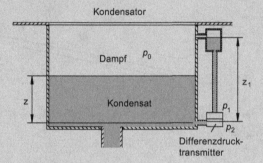

• Annahmen
  – Die Dichte des Dampfs ist gegenüber der Dichte des Kondensats vernachlässigbar.
  – Die Höhendifferenzen im Transmitter sind ebenfalls vernachlässigbar.
• Analyse
Die Drücke p_1 und p_2 setzen sich aus dem Druck p_0 und dem Druck der Flüssigkeitssäulen zusammen. Sie sind:

$$p_1 = p_0 + g \cdot \rho \cdot z_1 \qquad p_2 = p_0 + g \cdot \rho \cdot z$$

Der Differenzdruck, der mit dem Transmitter gemessen wird, ist:

$$\Delta p = p_1 - p_2 = g \cdot \rho \cdot (z_1 - z)$$

Die Höhe des Kondensatniveaus berechnet sich damit zu: $z = z_1 - \frac{\Delta p}{g \cdot \rho}$

Für die Funktion des Differenzdruckes Δp vom Stromsignal i erhält man:

$$\Delta p = (i - 4\,\text{mA}) \cdot 10.000\,\text{Pa}/16\,\text{mA}$$

Das Kondensatniveau als Funktion des Stromsignals lautet damit:

$$z = z_1 - \frac{(i - 4\,\text{mA})}{g \cdot \rho} \cdot \frac{10.000\,\text{Pa}}{16\,\text{mA}} = z_1 - \frac{(i - 4\,\text{mA})}{16\,\text{mA}} \cdot 1{,}022\,\text{m}$$

- Diskussion
  Im hier gezeigten Beispiel wird durch ein Gefäß sichergestellt, dass die Druckmessleitung stets mit Kondensat gefüllt ist. Es ist darauf zu achten, dass der
  Differenzdrucktransmitter auf der Dampfseite den höheren Druck erhält. Das
  Messsignal nimmt mit abnehmendem Kondensatniveau zu. Erreicht das Niveau
  die Höhe $z_1 = 0{,}1022\,\text{m}$, ist der Differenzdruck gleich null, das Signal $4\,\text{mA}$. Mit
  sinkendem Niveau steigt das Signal an und erreicht bei einem Niveau von null
  den Wert $20\,\text{mA}$.

12.3 Temperaturmessung

In der Strömungslehre ist die Temperaturmessung von eher untergeordneter Bedeutung.
Sie wird jedoch benötigt, um den Zustand eines Fluids und damit dessen Stoffwerte bestimmen zu können. Die Temperaturmessung wird direkt im Fluid durchgeführt. Temperatur-
messgeräte werden *Thermometer* genannt. Je nach Messprinzip ist zwischen *Berührungs-*
und *Strahlungsthermometern* zu unterscheiden.

Das Berührungsthermometer wird mit dem Körper, dessen Temperatur gemessen werden soll, in Kontakt gebracht. Dadurch kann das Temperaturfeld des Messmediums beeinflusst werden, da über das Thermometer dem Medium Wärme zu- oder abgeführt wird.
Das Thermometer muss außerdem den mechanischen und chemischen Bedingungen des
Messfluids entsprechen.

Bei Strahlungsthermometern wird die Temperatur des Messmediums über die vom Medium ausgesandte Strahlung ermittelt, ohne dass das Thermometer in unmittelbaren Kontakt mit dem Medium gebracht wird. Zwischen dem zu messenden Körper und Thermometer muss sich ein Vakuum oder ein Medium, das die Strahlung durchlässt, befinden.
Strahlungsmessung wird hier nicht weiter behandelt.

12.3.1 Prinzip der Temperaturmessung

Bei Berührungsthermometern beruht die Temperaturmessung auf dem Prinzip des Tem-
peraturausgleichs. Das Thermometer nimmt nach unendlich langer Zeit die Temperatur
des Messmediums an. Ein vollständiger Temperaturausgleich ist nie möglich, aber je nach
Ansprechzeit des Thermometers wird in einer gewissen Zeitspanne die für die Messgenauigkeit erforderliche Temperatur erreicht. Das Temperaturmesssystem besteht aus einem
Temperaturfühler und einem Messgerät, das ein der Temperatur entsprechendes eindeuti-
ges Ausgangssignal liefert. Bei der Auswahl des Messsystems ist darauf zu achten, dass die
richtigen Messgeräte eingesetzt werden.

Temperaturfühler nutzen die Änderung physikalischer Eigenschaften von Stoffen mit der Temperatur aus. Bei Flüssigkeits- und Bimetallthermometern ändern sich das spezifische Volumen, beim idealen Gasthermometer der Druck, bei Metallen und Halbleitern der elektrische Widerstand und bei Thermoelementen die Thermospannung.

12.3.2 Temperaturmessgeräte

Thermometer werden nach verwendetem Messverfahren unterschieden. Die wichtigsten Thermometer und ihre Messbereiche sind:

Flüssigkeitsglasthermometer	−200	bis	800 °C
Flüssigkeitsfederthermometer	−35	bis	500 °C
Dampfdruckfederthermometer	−200	bis	700 °C
Stabausdehnungsthermometer	0	bis	1000 °C
Bimetallthermometer	−50	bis	400 °C
Thermoelemente	−200	bis	2400 °C
Widerstandsthermometer	−270	bis	1000 °C

12.3.2.1 Flüssigkeitsthermometer

Flüssigkeitsglasthermometer (Abb. 12.11) sind weit verbreitete Temperaturmessgeräte. Sie bestehen aus einem Behälter, welcher der Fühler ist und einer damit verbundenen Glaskapillare konstanten Querschnitts. Als Füllung werden Flüssigkeiten verwendet, deren Wärmedehnungskoeffizient in dem zu benutzenden Temperaturbereich möglichst konstant ist. Häufig verwendete Flüssigkeiten sind Quecksilber, Toluol, Alkohol und Pentangemische. Durch Änderung der Temperatur dehnt sich die Flüssigkeit im Fühler aus und füllt so das Glasrohr. Die Volumenänderung der Flüssigkeit ist proportional zur Temperatur und damit zur Höhe der Flüssigkeitssäule (*Faden*) im Glasrohr, an dem eine Skala angebracht ist, auf der die Temperatur abgelesen werden kann. Das Glasrohr wird meistens unter Druck mit einem sauerstofffreien Gas wie Stickstoff oder Argon gefüllt. Für das Glas verwendet man spezielle Sorten, deren Ausdehnungskoeffizienten möglichst klein sind. Das Flüssigkeitsglasthermometer zeichnet sich durch gute Genauigkeit aus. Mit einem geeichten Thermometer kann die Temperatur bei entsprechender Skala mit 0,1 °C Genauigkeit abgelesen werden.

Für sehr präzise Messungen ist die Tatsache zu berücksichtigen, dass meist nur der Fühler in das Messmedium eintaucht und sich der Faden im Glasrohr in der Umgebung befindet. Ist die Temperatur am Fühler unterschiedlich zur Temperatur der Umgebung, verfälscht die Temperatur des Fadens das Messergebnis. Diese Verfälschung kann durch folgende Korrektur eliminiert werden:

$$\vartheta = \vartheta_a + \beta \cdot h \cdot (\vartheta_a - \vartheta_F) \tag{12.7}$$

Abb. 12.11 Flüssigkeitsglasthermometer

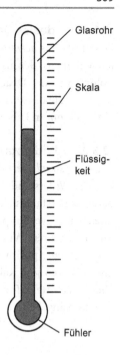

Glasrohr

Skala

Flüssig-
keit

Fühler

Dabei ist ϑ_a die abgelesene Temperatur, β der Ausdehnungskoeffizient des Fadens, h die Höhe des Fadens, der aus dem Messmedium herausragt, angegeben als Temperaturdifferenz, ϑ_F die mittlere Fadentemperatur außerhalb des Messmediums. Bei der Höhe h ist zu beachten, dass sie nicht in Metern, sondern in Skalenteilen, also in *Kelvin*, angegeben ist. Der Wärmedehnungskoeffizient gebräuchlicher Flüssigkeiten sind für Alkohol, Toluol und Pentangemische 0,001/K, für Quecksilber 0,00016/K. Die abweichende Fadentemperatur kann recht große Fehler verursachen (Beispiel 12.3).

Flüssigkeitsglasthermometer eignen sich nur für die lokale Temperaturanzeige, sie sind gegenüber mechanischen Beanspruchungen empfindlich und werden deshalb in der industriellen Messtechnik nicht verwendet. Außerdem haben sie eine relativ lange Ansprechzeit. Es gibt auch Flüssigkeitsthermometer, deren Fühler und Messleitungen aus Metall sind. Die Messleitung ist mit einem federelastischen Element verbunden, an dem sich die Temperatur als Wegänderung auswirkt, die in mechanische oder elektrische Anzeige umgewandelt werden kann.

12.3.2.2 Bimetallthermometer

bestehen aus zwei Metallstreifen unterschiedlicher Wärmedehnungskoeffizienten, die mechanisch miteinander verbunden sind. Bei Temperaturänderung dehnen sich die beiden Metallstreifen unterschiedlich aus, was zu einer Verbiegung führt. Diese kann entweder direkt mechanisch oder mit entsprechenden Wandlern elektrisch angezeigt werden. Bimetallthermometer haben keine hohe Genauigkeit. Wegen ihrer Robustheit eignen sie sich jedoch zur industriellen lokalen Temperaturanzeige.

12.3.2.3   Ideales Gasthermometer

Das *ideale Gasthermometer* besteht aus einem mit idealem Gas gefüllten Behälter konstanten Volumens, der als Messfühler dient und aus einem Druckmessgerät. Bei konstantem Volumen ist der Druck eines idealen Gases proportional zur absoluten Temperatur. Damit kann sie direkt aus dem Druck bestimmt werden. Das ideale Gasthermometer wird praktisch nur in Laboratorien eingesetzt.

12.3.2.4   Widerstandsthermometer

Bei *Widerstandsthermometern*, auch *Thermistoren* genannt, wird die Temperaturabhängigkeit des Widerstands von Metallen und Halbleitern ausgenutzt. Halbleiter-Thermistoren, deren Widerstand sich mit zunehmender Temperatur verringert, werden als *NTC-Thermistoren* (negative temperature coefficient thermistor) oder *Heißleiter* bezeichnet. Thermistoren, deren Widerstand sich mit zunehmender Temperatur erhöht, heißen *PTC-Thermistoren* (positive temperature coefficient thermistor) oder *Kaltleiter*. Metallische Thermistoren sind Kaltleiter. Sie werden meist aus reinen Metallen wie Platin, Kupfer und Nickel hergestellt. Ihr Widerstand R lässt sich in Abhängigkeit von der Temperatur als ein Polynom angeben.

$$R = R_0 \cdot \left(1 + \sum_{i=1}^{n} a_i \cdot \vartheta^i \right) \tag{12.8}$$

Dabei ist R_0 der Widerstand bei $0\,°C$. Beim meistverwendeten Platinwiderstandsthermometer hat man folgende Koeffizienten:

$$n = 2, \quad a_1 = 0{,}390784 \cdot 10^{-3}\,°C^{-1} \quad \text{und} \quad a_2 = -0{,}578408 \cdot 10^{-6}\,°C^{-2}$$

Der Widerstand besteht häufig aus einem dünnen Draht, der auf einen entsprechenden Träger aufgewickelt ist. Bei elektrisch nicht leitenden Fluiden kann das Widerstandsthermometer direkt in das Fluid eingesetzt werden. Für die meisten Anwendungen und vor allem in der industriellen Messtechnik verwendet man Platindrahtwiderstände, die in einem elektrischen Isolator (Aluminiumoxyd) eingebettet und in einer Metallhülse untergebracht sind. Es gibt handelsübliche Fühler, deren Widerstand bei $0\,°C$ 50, 100, 500 und 1000 Ω betragen. Sie werden entsprechend ihres Widerstands bei $0\,°C$ kurz Pt50, Pt100, Pt500 und Pt1000 genannt.

Früher maß man den Widerstand des Fühlers mit Messbrücken und bestimmte daraus entsprechend Gl. 12.8 die Temperatur. Heute gibt es Messgeräte, in denen die Widerstandsmessung direkt in eine Temperaturanzeige umgewandelt wird. Die Genauigkeit der Temperaturmessung mit Platinwiderständen ist ±2 K. Dies beinhaltet die Fabrikationstoleranzen der Fühler und die Fehler gebräuchlicher Messgeräte. Mit geeichten Platinwiderständen und genauen Widerstandsmessgeräten wird eine Genauigkeit von ±0,1 K erreicht. Platindrahtwiderstände können in einem Bereich von −270 °C bis zu 800 °C eingesetzt werden. Um den Widerstand zu messen, muss durch ihn Strom geschickt werden, wodurch sich der Widerstand aufheizt. Aus diesem Grund sollte der Strom so klein wie möglich gehalten

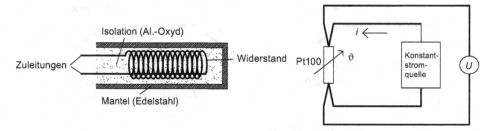

Abb. 12.12 Aufbau des ummantelten Pt100 Messwiderstands und Schema der Vierleiter-Messung

werden. Weitere Fehler können durch die Zuleitungen auftreten, da auch diese einen Widerstand haben. Für genaue Messungen nimmt man daher die Vierleiter-Messung. Durch zwei Leiter wird der Strom, der zur Widerstandsmessung benötigt wird, eingespeist, an den anderen beiden Leitern wird der Spannungsabfall praktisch stromlos über den Widerstand gemessen. Abbildung 12.12 zeigt ein typisches Platinwiderstandsthermometer in einem Stahlmantel, außerdem ein Schema der Vierleiter-Messung.

12.3.2.5 Thermoelemente

Temperaturmessung mit *Thermoelementen* (thermocouple) beruht auf dem Prinzip des thermoelektrischen Effektes. Bringt man zwei metallische Leiter unterschiedlichen Materials an beiden Enden miteinander in eine elektrisch leitende Verbindung, dann strömt, wenn beide Verbindungsstellen unterschiedliche Temperaturen haben, Strom durch den Leiter. Unterbricht man einen Leiter, entsteht an der Unterbrechung eine Spannung, die *Thermospannung* genannt wird, welche in erster Näherung proportional zur Temperaturdifferenz beider Verbindungsstellen ist. Bei der Messung der Thermospannung muss beachtet werden, dass die Anschlüsse des Spannungsmessgeräts ebenfalls aus Metall bestehen und auch dort Thermospannungen entstehen können. Abbildung 12.13 zeigt das Prinzip der Temperaturmessung mit Thermoelementen und die mögliche Messanordnung.

Die Größe der Thermospannung hängt von der gewählten Materialpaarung ab. Für Thermoelementdrähte werden reine Metalle und Legierungen verwendet. Je nach Wahl der Paarungen erhält man für die Thermospannung Kennlinien mit unterschiedlicher Steigung. Die Wahl der Materialien hängt weitgehend von der Höhe der zu messenden Temperatur ab. Häufig verwendete Paarungen sind: NiCr-Ni (Cromel-Alumel), Eisen-Konstantan, Kupfer-Konstantan und verschiedene Platin-Rhodiumlegierungen. Thermospannungen vieler Thermoelemente sind in Normen festgelegt. Im Anhang B1 findet man die Tabellen der Cromel-Alumel- und Eisen-Konstantan-Thermoelemente.

Mit einem Thermoelement, gefertigt aus zwei Drähten, kann die Temperatur in nicht leitenden Fluiden direkt gemessen werden. Heute werden sowohl für Flüssigkeiten als auch für Gase hauptsächlich Mantelthermoelemente verwendet. Hier sind beide Thermodrähte in einem Mantel aus Edelstahl elektrisch isoliert eingeschlossen und so vor äußeren mechanischen, elektrischen und chemischen Einflüssen geschützt. Die Drähte der Ther-

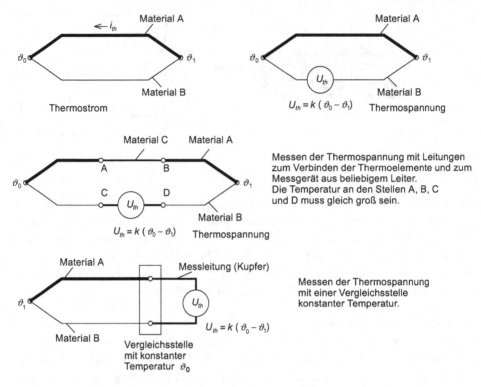

Abb. 12.13 Thermospannung und Temperaturmessung mit Thermoelementen

moelemente können sehr dünn gewählt und die Abmessungen der Ummantelung sehr klein gehalten werden. Damit ist ihre Ansprechzeit sehr gering, sie stören die Temperaturmessung kaum. Man bekommt Standard-Mantelthermoelemente mit nur 0,3 mm Außendurchmesser. Vorteil der Thermoelemente ist die gute Ansprechzeit und Unabhängigkeit der Messung von der Leitungslänge. Die Genauigkeit neuer Thermoelemente beträgt je nach Material und Temperaturbereich 0,25 bis 0,75 % der gemessenen Temperaturdifferenz zwischen Messstelle und Klemmentemperatur, jedoch mindestens 1 K. Durch Alterung können die Fehler auf über 8 K ansteigen. Mittels Eichung kann die Genauigkeit der Thermoelemente auf 0,1 K verbessert werden.

Für Messungen kleiner Temperaturdifferenzen sind Thermoelemente am besten geeignet. Bei Temperaturdifferenzen, die kleiner als 5 K sind, kann sogar mit ungeeichten Thermoelementen eine Genauigkeit von 0,01 K erreicht werden.

12.3.3   Anordnung des Temperaturmesssystems

Die Temperaturfühler müssen so ausgewählt werden, dass sie bezüglich Genauigkeit und Ansprechzeit den Anforderungen der Messung entsprechen. Will man z. B. sich schnell verändernde Temperaturen messen, muss man Temperaturfühler mit kleiner Masse nehmen. Die Auswahl hängt vom zu messenden Fluid ab. Bei schnell strömenden Flüssigkeiten kann man Fühler mit relativ großer Masse verwenden. Bei langsam strömenden Gasen müssen Fühler mit kleiner Masse (Thermoelemente) gewählt werden.

Oft ist es unmöglich, den Fühler direkt mit dem Fluid in Kontakt zu bringen. Dies ist dann der Fall, wenn die chemische Zusammensetzung des Fluids oder die mechanische Beanspruchung des Fühlers einen direkten Einbau nicht erlaubt oder dann, wenn die Fühler öfters entfernt werden müssen. In solchen Fällen baut man sie in Tauchhülsen ein. Diese sind fest installiert und der Temperaturfühler wird in sie gesteckt. Die Tauchhülse muss mit einem entsprechenden Stoff gefüllt sein, damit nicht durch Luftspalte ein zu schlechter thermischer Kontakt entsteht. Solche Stoffe können spezielle Wärmeleitpasten, destilliertes Wasser, Öle usw. sein.

Ferner ist zu beachten, dass durch die Temperaturfühler oder Tauchhülsen nicht unzulässig viel Wärme dem Messort zu- oder abgeführt wird. Notfalls sind die Stellen thermisch zu isolieren. Der Einfluss der Wärmestrahlung ist zu berücksichtigen und durch entsprechende Isolierung zu eliminieren. Bei Widerstandsthermometern ist darauf zu achten, dass durch den Strom der Messstelle nicht zu viel Wärme zugeführt wird.

Beispiel 12.3: Berücksichtigung der Fadentemperatur bei einem Quecksilberthermometer
Mittels Quecksilberthermometer wird die Temperatur heißen Wassers von 120 °C gemessen. Das Thermometer ist so angebracht, dass die Skala bis zu 20 °C in einem Tauchrohr ist und die Temperatur des Wassers hat. Oberhalb der 20 °C-Markierung hat das Thermometer die Temperatur der Umgebung von 20 °C.
Bestimmen Sie die wirkliche Temperatur des Wassers.

Lösung

- Schema

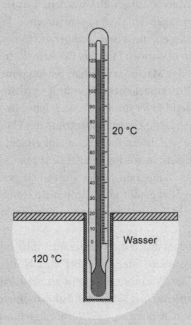

- Annahme
  - Durch die Tauchhülse ist die Messung unverfälscht.
- Analyse

Die wirkliche Temperatur kann mit Gl. 12.7 bestimmt werden. Für den thermischen Dehnungskoeffizienten des Fadens setzen wir 0,00016/K ein. Die maßgebliche Fadenhöhe liegt zwischen 120 °C und 20 °C. Somit kann sie als eine Temperaturdifferenz von 100 K angegeben werden.

$$\vartheta = \vartheta_a + \beta \cdot h \cdot (\vartheta_a - \vartheta_F) = 120\,°C + 0{,}00016 \cdot K^{-1} \cdot 100 \cdot K \cdot (120 - 20) \cdot K = \mathbf{121{,}6\,°C}$$

- Diskussion

Durch tiefere Fadentemperatur wird die Temperatur des Wassers um 1,6 K zu klein gemessen. Bei der Berechnung ist zu beachten, dass die Fadenhöhe h nicht in Metern, sondern als Temperaturdifferenz in K eingesetzt wird.

12.3.4 Infrarot-Thermographie

Die bisher vorgestellten Temperatur-Messgeräte sind dadurch gekennzeichnet, dass der das Signal liefernde Sensor mit dem Messobjekt in Berührung stehen muss. Des Weiteren liefern sie lediglich lokale Temperatur-Einzelwerte an diskreten Stellen. Im Gegensatz dazu lassen sich mit Infrarot-Thermokameras berührungslos Temperaturen messen. Sie liefern darüber hinaus flächige Temperatur-Informationen.

Jeder Körper emittiert in Abhängigkeit seiner Temperatur Strahlung im Infrarotbereich. Die Intensität der emittierten Infrarotstrahlung hängt an jeder Stelle des Messobjekts von der lokalen Oberflächentemperatur ab. Umgekehrt kann daher diese Strahlung dazu genutzt werden, die lokale Oberflächentemperatur zu bestimmen. Die dafür eingesetzten Thermographie-Kameras lassen sich grob in zwei Klassen unterteilen. Systeme mit ungekühlten Sensoren nutzen in der Regel die lokale Erwärmung kleiner Elemente und die daraus resultierende Widerstandsänderung als Messeffekt. Bei gekühlten Systemen wird der Sensor auf konstanter Temperatur gehalten. Mit Halbleiter-Materialen wird ähnlich einer Photo-Diode die einfallende Strahlung in ein Strom- oder Spannungssignal gewandelt.

Weiterhin lässt sich in Abhängigkeit des Empfindlichkeitsbereiches der Sensoren eine Unterteilung nach kurz- ($<3\,\mu m$), mittel- (3–$6\,\mu m$) und langwelligen (7–$14\,\mu m$) Systemen vornehmen. Schließlich führt der Sensoraufbau und die vorgeschaltete Optik zu einem weiteren Unterscheidungsmerkmal. Bei „Single-Sensor"-Kameras wird die Infrarotstrahlung nach dem Objektiv über einen Kippspiegel und einen rotierenden Polygonspiegel auf einen Einzelsensor gelenkt. Der gesamte Messbereich wird durch die Verstellung des Kippspiegels (Zeilenposition) und die Rotation des Polygonspiegels (Position eines Bildpunktes innerhalb einer Zeile) Punkt für Punkt und Zeile für Zeile abgetastet. Auf diese Weise lassen sich vergleichsweise kleine Bildwiederholraten in der Größenordnung von 15 Hz erreichen. Durch Reduzierung der räumlichen Auflösung, beispielsweise indem jede zweite Zeile durch doppelt so starke Verstellung des Kippspiegels ausgelassen wird, kann die Bildwiederholrate gesteigert werden. Demgegenüber wird bei den sog. „Focal Plane Arrays" jeder Bildpunkt durch ein Sensorelement erfasst. Die Temperaturinformation werden simultan an allen Bildpunkten aufgezeichnet. Auf diese Weise lassen sich die Bildwiederholraten bei gleichzeitig hoher räumlicher Auflösung deutlich steigern, bei gekühlten Systemen auf 100 Hz und mehr, bei ungekühlten Systemen sind Bildwiederholraten von typischerweise 50–60 Hz erreichbar.

Werden Thermokameras zur Temperaturmessung an geschlossenen Messstrecken, beispielsweise in Windkanälen, eingesetzt, so ist zunächst zu beachten, dass die zur Gewährleistung des optischen Zuganges eingesetzten Glasscheiben für die betrachtete Infrarotstrahlung durchlässig sein müssen (vgl. Abb. 12.14). Für Systeme, deren Sensoren im mittleren Infrarot (3–$5\,\mu m$) arbeiten, sind Saphirgläser geeignet. Für Kameras, deren Sensoren im langwelligen Infrarot (7–$14\,\mu m$) empfindlich sind, sind Glasscheiben aus Zink-Selenid mit reflexionsmindernder Beschichtung einsetzbar. Bei der Auswertung der Infrarotstrahlung muss berücksichtigt werden, dass die eingesetzten Glasscheiben aufgrund ihrer begrenzten Durchlässigkeit die Strahlungsintensität des Messobjektes zunächst ab-

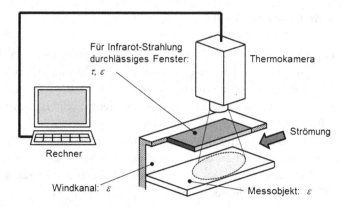

Abb. 12.14 Prinzipielle Anordnung eines Thermographie-Systems in einem Windkanal

schwächen. Gleichzeitig emittieren die Scheiben selbst infrarote Strahlung mit einer ihrer jeweiligen Oberflächentemperatur entsprechenden Intensität, die der Strahlung des Messobjektes überlagert wird. Schließlich ist zu beachten, dass auch die Wände des Windkanals eine ihrer Oberflächentemperatur entsprechende Infrarotstrahlung emittieren, die zum Teil vom Messobjekt reflektiert wird und dadurch die auf den Sensor der Thermokamera auftreffende Strahlung vergrößert. Zur Minimierung der genannten Effekte ist es zunächst sinnvoll, die Oberfläche des Messobjektes mit einer Farbe zu beschichten, die im betrachteten Wellenlängenbereich einen möglichst hohen Emissionskoeffizienten ε aufweist. Die Summe aus Emissionskoeffizient ε, Reflexionskoeffizient ρ und Transmissionskoeffizient τ ergibt für jede Wellenlänge den Wert 1. Bei schwarz lackierten Oberflächen wird die Transmission verschwinden und der Reflexionskoeffizient sehr klein werden, da der Emissionskoeffizient Werte zwischen 0,95 und 0,98 annehmen kann. Neben der Minimierung des reflektierten Strahlungsanteils hat die Lackierung den weiteren Vorteil, dass der Emissionskoeffizient des Messobjektes bekannt und in einem weiten Bereich nicht vom Betrachtungswinkel abhängig ist.

Des Weiteren sollten Glasscheiben mit einem Transmissionskoeffizienten verwendet werden, der im betrachteten Wellenlängenbereich möglichst groß ist. Auch unter Beachtung der zuvor genannten Hinweise ist die Messung der Oberflächentemperatur mit der in der Kamera implementierten Kalibrierung in Windkanälen häufig nicht genau genug. In der Literatur wurde daher in der Vergangenheit eine Reihe von „In-Situ-Kalibriermethoden" vorgeschlagen. Grundüberlegung bei all diesen Verfahren ist es, einen Abgleich zwischen der Temperatur der Thermokamera und einer begrenzten Anzahl an Temperaturstützstellen auf dem Messobjekt zu schaffen. Letztere können beispielsweise durch in die Messoberfläche wandbündig eingebaute Miniatur-Thermoelemente gewonnen werden. Die Software der Kameras ermöglicht es dem Anwender in der Regel, die Temperaturwerte z. B. durch Einstellung von Emissionskoeffizient und effektivem Transmissionskoeffizienten, welcher den gesamten Bereich zwischen Messobjekt und Objektiv erfasst, zu modifizieren. Auch kann in der Regel ein globaler Wert für die Temperatur der ebenfalls strahlenden Umgebung vorgeben werden, mit dem sich die von der Thermokamera ausgegebenen Temperaturwerte beeinflussen lassen. Auf diese Weise ist es möglich, die von der Thermokamera ermittelten Temperaturen lokal an die Werte der Stützstellen anzupassen und somit die Bilder abzugleichen. Andere Verfahren nutzen Daten für die Strahlungsintensitäten und gleichen diese auf die Temperaturen an den Stützstellen ab. Näheres z. B. in [7] und [8].

12.4 Geschwindigkeitsmessung

12.4.1 Prinzip der Geschwindigkeitsmessung

Bei Geschwindigkeitsmessgeräten (Anemometern) kommen verschiedene Prinzipien zur Anwendung. Bei mechanischen Geräten nutzt man unterschiedliche Strömungswiderstände an Körpern und die Kraftwirkung der Strömungsgeschwindigkeit, bei Staurohren den dynamischen Druck der Strömung, bei elektrischen Messgeräten die Änderung des Wärmeübergangs mit der Strömungsgeschwindigkeit und den *Doppler*-Effekt aus.

12.4.2 Geschwindigkeitsmessgeräte

12.4.2.1 Mechanische Messgeräte

Es gibt eine große Zahl mechanischer Messgeräte. Das *Schalenkreuzanemometer* (s. Abb. 12.15) wird hauptsächlich zur Messung der Windgeschwindigkeit eingesetzt. Es besteht aus vier Hohlkugeln, die an einem Kreuz angeordnet sind, das in der Mitte drehbar gelagert und mit einem Drehzahlmessgerät verbunden ist. Mit dem Schalenkreuzanemometer wird die Geschwindigkeit, die parallel zum Kreuz strömt, unabhängig von ihrer Richtung in dieser Ebene gemessen. Da der Strömungswiderstand auf der Innenseite einer Hohlkugel etwa dreimal so groß wie auf der Außenseite ist, wird das Kreuz mit den Halbkugelschalen in eine Drehbewegung versetzt. Die Drehfrequenz des Kreuzes kann durch Eichung der Strömungsgeschwindigkeit zugeordnet werden. Schalenkreuzanemometer setzt man in der Meteorologie und Seefahrt zur Messung der Windgeschwindigkeit ein.

Flügelradanemometer (Abb. 12.16) werden für Messungen in Gasen verwendet und bestehen aus einem offenen, kreiszylindrischen Gehäuse, in dem ein axiales Flügelrad, ähnlich dem eines Axiallüfters, angebracht ist. Mit dem Flügelradanemometer wird die Geschwindigkeitskomponente der Strömung, die parallel zur Geräteachse ist, bestimmt. Die in Umfangsrichtung wirkenden Strömungskräfte versetzen das Rad in Bewegung, die Drehfrequenz n des Rades wird gemessen. Theoretisch ist die Frequenz proportional zur Strömungsgeschwindigkeit. Da das Rad nicht reibungsfrei gelagert werden kann, ist der tatsächliche Zusammenhang nicht linear. Vom Hersteller werden Eichkurven oder Eichtabellen geliefert. Es gibt Flügelradanemometer mit sehr kleinen Abmessungen (10 mm

Abb. 12.15 Schalenkreuzanemometer

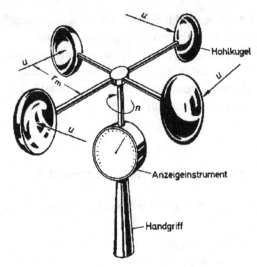

Abb. 12.16 Flügelradanemometer

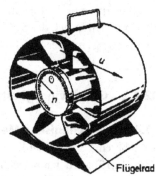

Durchmesser); da sie jedoch die Strömung stören, eignen sie sich nur zur Geschwindigkeitsmessung in größeren Kanälen.

Der *hydrometrische Flügel* (Abb. 12.17) arbeitet wie ein Flügelradanemometer. Er hat
kein Gehäuse und wird zur Messung der Strömungsgeschwindigkeit von Flüssigkeiten genommen. Diese Geräte sind gegenüber mechanischen Beanspruchungen und Verschmut-
zungen sehr empfindlich.

12.4.2.2 Staurohre

Das *Prandtl*-Rohr wurde bereits in Abschn. 4.2.1 (Abb. 4.4) besprochen. Mit ihm wird
senkrecht auf die Bohrung die in der Mitte der Sonde anfallende Geschwindigkeitskomponente der Strömung nach Gl. 4.7 bestimmt. Sie ist nur für Flüssigkeiten und bei Gasen
bis zu einer Strömungsgeschwindigkeit, die etwa 1/3 der Schallgeschwindigkeit beträgt,
gültig. Bei höheren Strömungsgeschwindigkeiten muss die Kompressibilität des Gases be-

Abb. 12.17 Hydrometrischer
Flügel

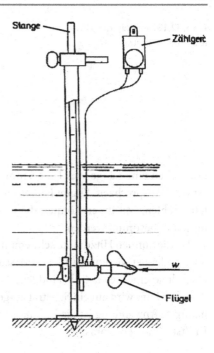

rücksichtigt werden, was durch die *Mach*zahl *Ma* erfolgt.

$$c = \sqrt{\frac{2 \cdot \Delta p_{dyn}}{(1 + 0,25 \cdot Ma^2) \cdot \rho}} \tag{12.9}$$

Es gibt eine große Zahl spezieller Sonden, mittels derer sich die verschiedenen Komponenten der Strömungsgeschwindigkeit erfassen lassen. *Prandtl*rohre werden mit Durchmessern ab ca. 1 mm Außendurchmesser gebaut, somit erfasst man die Strömungsgeschwindigkeit ohne große Störungen.

12.4.2.3 Hitzdraht- und Heißfilmanemometer

Das *Hitzdrahtanemometer* nutzt die physikalische Gesetzmäßigkeit aus, nach der die Wärmeübergangszahl an einem dünnen Draht proportional zur Quadratwurzel der Strömungsgeschwindigkeit ist. Durch den Draht wird elektrischer Strom geschickt und damit erhitzt (Abb. 12.18). Je größer die Wärmeübergangszahl ist, desto mehr Wärme wird vom Draht durch das Fluid wegtransportiert, die Temperatur des Drahtes sinkt. Da der Widerstand des Drahtes temperaturabhängig ist, kann aus der Messung des Spannungsabfalls über dem Draht direkt dessen Temperatur bestimmt werden. Die Messung der Geschwindigkeit erfolgt nach zwei Methoden: Entweder wird der Strom durch den Draht oder die Temperatur des Drahtes konstant gehalten. Es besteht ein eindeutiger Zusammenhang zwischen der Strömungsgeschwindigkeit senkrecht zum Draht und dem Wärmestrom. Die Drähte werden aus Platin oder Wolfram gefertigt. Sie sind sehr dünn (1,5 bis 15 mm)

Abb. 12.18 Prinzip des Hitz-
drahtanemometers

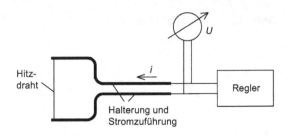

und haben eine Länge von 1 bis 5 mm. Dadurch haben Hitzdrahtanemometer eine sehr
schnelle Ansprechzeit. Es gibt Fühler mit zwei oder drei senkrecht zueinander aufgespann-
ten Drähten. Mit ihnen können die Geschwindigkeitskomponenten in einer Ebene bzw.
im Raum bestimmt werden.

Da die dünnen Hitzdrähte sehr empfindlich sind, setzt man sie praktisch nur in Laboratorien oder bei wissenschaftlichen Messungen ein. Nach dem selben Prinzip funktionieren
Heißfilmanemometer, die bei industriellen Messungen eingesetzt werden. Ein sehr dünner,
leitender Film wird auf ein Substrat aufgedampft und durch elektrischen Strom erhitzt. Die
häufigste Anwendung ist die Luftmassenstrommessung in Automobilen zur Regelung des
Kraftstoffmassenstroms.

12.4.2.4 Laser-Doppler-Anemometer

Beim *Laser-Doppler-Anemometer* (LDA) verändert sich die Frequenz eines rückgestreu-
ten Lichtstrahls, der auf einen Partikel in einer Strömung trifft. Zur Messung wird ein
Laserstrahl in zwei Strahlen aufgespalten und über eine Linse fokussiert. Der Schnitt beider Strahlen ist das Messvolumen. In ihm werden Interferenzstreifen erzeugt, die in der
Ebene beider fokussierter Strahlen liegen. Durchquert ein Partikel das Messvolumen, werden dort Strahlen rückgestreut und von einem Fotodetektor empfangen. Dessen Signal
wird in einem Spektrumanalysator untersucht (Abb. 12.19). Die Frequenz der rückgestreu-
ten Strahlen ist im Vergleich um die *Doppler*frequenz zur Laserquelle verschoben. Die
Änderung der Frequenz ist proportional zur Strömungsgeschwindigkeit, wobei nur die
Komponente der Strömungsgeschwindigkeit gemessen wird, die parallel zur Strahlebene
und senkrecht zur Achse der Fokussierlinse liegt. Mit dem LDA kann die Geschwindigkeit
nur dann gemessen werden, wenn im Fluid entsprechende Partikel vorhanden sind, die
das Licht rückstreuen. Sie müssen klein genug sein, um der Strömung schlupffrei zu folgen.
Idealerweise beträgt ihr Durchmesser weniger als 5 µm. Im Wasser sind meistens genügend
Partikel in Form von Schmutzteilchen oder kleinsten, vom bloßen Auge nicht erkennbaren
Luftbläschen. Bei Gasen müssen mittels Partikelgeneratoren Streuteilchen erzeugt werden.
Mit dem LDA erfolgt die Messung der Strömungsgeschwindigkeit ohne Störung der Strömung. Da das Messvolumen sehr klein ist, kann die Strömungsgeschwindigkeit auch sehr
nahe an der Wand (näher als 0,1 mm) gemessen werden. Das LDA erfasst außerdem Strömungsgeschwindigkeiten, die sich sehr rasch ändern.

Abb. 12.19 Anordnung eines
Laser-Doppler-Anemometers

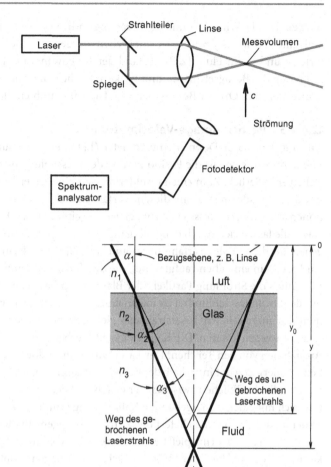

Abb. 12.20 Brechung des
Laserstrahls

Da die Messung der Strömungsgeschwindigkeit mit dem LDA meist über eine durch-
sichtige Wand erfolgt, muss zur Bestimmung des Messorts die Brechung an den Wänden
und im Fluid berücksichtigt werden. Abbildung 12.20 zeigt den Strahlengang durch Wand
und Fluide. Beim ungebrochenen Strahl wäre der Schnittpunkt der Strahlen um den Abstand y_0 von der Bezugsebene entfernt. Durch die Brechung ist der Abstand y. Nach den
Gesetzmäßigkeiten der geometrischen Optik wird die Verschiebung von y_0 nach y durch
folgende Gleichung gegeben:

$$y = \left[y_0 + d \cdot \left(1 - \frac{\cos \alpha_1}{\sqrt{(n_2/n_1)^2 - \sin^2 \alpha_1}} \right) \right] \cdot \frac{\sqrt{(n_3/n_1)^2 - \sin^2 \alpha_1}}{\cos \alpha_1} \qquad (12.10)$$

Dabei sind n_1 und n_3 die Brechungsindizes der Fluide, n_2 die der Wand, d ist die Dicke der durchsichtigen Wand. Auf die Berechnung des Schnittpunktorts kann verzichtet

werden. Da der Winkel α_1 und die Brechungsindizes konstant sind, kann Gl. 12.10 in vereinfachter Form als $y = a \cdot y_0 + b$ angegeben werden. Aus der Messung zweier bekannter Orte y_1 und y_2 im Fluid (z. B. Abstand der Innenwände) und den dazugehörigen äußeren Orten der Bezugsebene y_{01} und y_{02} können die Konstanten a und b bestimmt werden. Damit ist jedem Ort der Bezugsebene die Lage des Strahlenschnittpunkts zugeordnet.

12.4.2.5 Particle-Image-Velocimetry (PIV)

Um mit dem Laser-Doppler-Anemometer (LDA) ein Strömungsfeld zumindest in einer Ebene zu vermessen ist die Positionierung des Messvolumens an einer Vielzahl von Messstellen erforderlich. Zum einen resultiert daraus ein vergleichsweise großer zeitlicher Aufwand. Zum anderen ist es mit diesem Verfahren nicht möglich, Geschwindigkeitsinformationen an mehreren Messstellen zum gleichen Zeitpunkt zu erhalten. Die beiden genannten Nachteile lassen sich durch den Übergang zur sog. Particle Image Velocimetry (PIV) umgehen. Bei diesem Messverfahren wird mit Hilfe einer Optik ein Lichtstrahl – üblicherweise ein Laser – in eine Ebene aufgeweitet, die durch das Strömungsfeld gelegt wird. Wie beim LDA muss die Strömung Partikel oder Bläschen enthalten, die einerseits klein genug sind, um der Strömung schlupffrei zu folgen und andererseits groß genug, um beim Durchströmen des aufgeweiteten Laserstrahls so viel Licht zu streuen, dass sie von einer Kamera erkannt werden können. Die Kamera macht hierbei in hinreichend kurzem Abstand zwei Aufnahmen von den Teilchen. Der Laser wird währenddessen nicht kontinuierlich betrieben, sondern erzeugt innerhalb der beiden Aufnahmen jeweils einen kurzen Lichtpuls. Die Strecke, die das Teilchen zwischen der ersten und der zweiten Aufnahme zurückgelegt hat, lässt sich mit einer vorhergehenden Kalibrierung ermitteln. Zusammen mit der Reihenfolge der beiden Aufnahmen liefert diese Strecke bezogen auf die Zeitdifferenz zwischen den beiden Aufnahmen prinzipiell bereits die gesuchte Geschwindigkeit des Teilchens. Letztere kann – da die Teilchen der Strömung schlupffrei folgen – mit der lokalen Strömungsgeschwindigkeit gleichgesetzt werden. Üblicherweise arbeiten PIV-Systeme mit statistischen Verfahren, d. h. insbesondere, dass nicht jedem einzelnen Partikel in den jeweiligen Aufnahmen ein Geschwindigkeitsvektor zugeordnet wird. Vielmehr werden die Aufnahmen in eine Vielzahl von sog. Analysefenstern zerteilt, deren Abmessungen vom Anwender festgelegt werden können. Die innerhalb eines Analysefensters liegenden Partikel beider Aufnahmen werden unter Anwendung statistischer Verfahren (z. B. Kreuzkorrelationen) ausgewertet um schlussendlich jedem Analysefenster einen Geschwindigkeitsvektor zuordnen zu können. Je kleiner die Abmessungen der Analysefenster desto größer die örtliche Auflösung des Verfahrens. Andererseits müssen die Analysefenster noch hinreichend viele Partikel aus beiden Aufnahmen enthalten, um die zuvor erwähnten statistischen Verfahren anwenden zu können, weshalb deren Größe nicht beliebig klein werden darf. In diesem Zusammenhang spielen der zeitliche Abstand zwischen den beiden Belichtungen, die Partikeldichte und die vorherrschende Strömungsgeschwindigkeit eine wichtige Rolle. Größere Strömungsgeschwindigkeiten führen bei ansonsten unveränderten Randbedingungen zu größeren Analysefenstern, da schnelle Partikel, die in der ersten Aufnahme innerhalb des Fensters liegen, in der zweiten Aufnahme bereits außerhalb des Fensters liegen können.

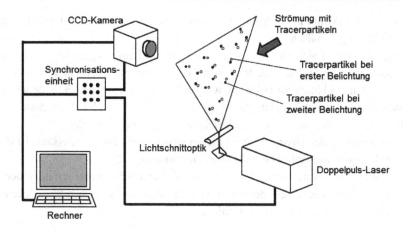

Abb. 12.21 Prinzipielle Anordnung eines PIV-Systems

Umgekehrt können die Analysefenster im Allgemeinen verkleinert werden, wenn der zeitliche Abstand zwischen den beiden Belichtungen verkürzt wird. Eine zu geringe Partikeldichte wiederum kann eine Vergrößerung des Analysefensters erzwingen.

Gängige PIV-Systeme bestehen aus vier Hauptkomponenten: dem Laser mit nachgeschalteter Optik zur Strahlaufweitung, einer Kamera zur Aufnahme des Streulichtes, einer Synchronisationseinheit zur Steuerung von Laserpulsen und Kamera, sowie einem Rechner zur Einstellung der Betriebsparameter und der Speicherung sowie Auswertung der Bilder. Abbildung 12.21 zeigt den prinzipiellen Aufbau eines solchen Systems.

12.5 Flüssigkeitsstandmessung

Bei der *Flüssigkeitsstandmessung*, auch *Niveaumessung* genannt, wird die Höhe der Flüssigkeitsoberfläche in Behältern, Kanälen usw. gemessen. Dies dient der Bestimmung des Inhalts von Behältern, zur Betätigung von Grenzschaltern und zur Regelung bzw. Steuerung von Ventilen. Bei der Messung des Flüssigkeitsstands kommen viele mechanische und elektrische Verfahren zur Anwendung.

Die einfachste Füllstandshöhenmessung kann mittels Schauglas durchgeführt werden. Es ist ein an beiden Enden mit einem Behälter verbundenes senkrechtes Glasrohr. Gemäß des Prinzips kommunizierender Röhren befindet sich das Flüssigkeitsniveau im Glasrohr auf gleicher Höhe wie das Flüssigkeitsniveau im Behälter. Bei gesättigten Flüssigkeiten, die vom Dampf abgeschlossen sind, muss beachtet werden, dass im Schauglas Verdampfung oder Kondensation stattfinden kann. Ist die Temperatur des Schauglases höher als die Sättigungstemperatur der Flüssigkeit, kann Verdampfung zu Fehlmessungen führen. Ist die Sättigungstemperatur größer als die Temperatur des Schauglases, kondensiert oberhalb des Flüssigkeitsniveaus Dampf. Das entstandene Kondensat fließt zwar nach unten ab, aber je nachdem, wie viel Dampf in das Schauglas strömt, kann der Druckverlust der Dampfströmung die Messung verfälschen.

Schaugläser eignen sich nur für lokale Anzeigen und sind gegenüber mechanischen Beanspruchungen empfindlich. Für Medien, bei denen ein Bruch des Schauglases ein unerlaubtes Austreten des Fluids zur Folge hat, werden Metallrohre verwendet, in denen auf der Flüssigkeitsoberfläche ein Magnet schwimmt. Dessen Lage kann lokal, mechanisch oder mit Hilfe eines Wandlers in ein elektrisches Signal umgewandelt werden.

Aus der Messung des Druckes bzw. Differenzdruckes der Flüssigkeitssäule ist die Bestimmung der Füllstandshöhe ebenfalls möglich (Beispiel 12.2).

Die Füllstandshöhe kann mit einem Peilstab auf einem Schwimmer auf der Oberfläche der Flüssigkeit direkt angezeigt oder mit entsprechenden mechanischen bzw. elektrischen Wandlern in ein Signal umgewandelt werden.

12.6 Volumenmessung

In der Strömungslehre versteht man unter Volumenmessung die Messung des Fluidvolumens, das durch fortlaufende Zählung des Volumenstroms von einem Gas oder einer Flüssigkeit bestimmt wird. Die einfachste Volumenmessung von Flüssigkeiten ist das Erfassen des Flüssigkeitsvolumens in einem Behälter, in dem aus der Füllstands- oder Gewichtsmessung das Volumen der Flüssigkeit bestimmt wird. Solche Messungen können sehr genau sein, werden aber wegen relativ umständlicher Handhabung nur in Laboratorien oder zur Eichung anderer Messgeräte verwendet. Für industrielle Messung nimmt man so genannte *Volumenzähler*.

12.6.1 Prinzip der Volumenmessung

Volumenzähler sind Messgeräte, in denen ein bestimmtes Volumen des Fluids erfasst und meist durch Drehung weitertransportiert wird. Die Anzahl der Umdrehungen gibt dann das Volumen des durchströmten Fluids an. Sie werden auf einen mechanischen oder elektrischen Zähler addiert. Die Genauigkeit der Messung hängt von der Dichtigkeit des Messvolumens ab. Hier eine Auswahl wichtigster Geräte:

12.6.2 Volumenzähler

12.6.2.1 Trommelzähler

Im *Trommelzähler* (Abb. 12.22) tritt die Flüssigkeit durch das die Trommelachse konzentrisch umgebende Zuführrohr (1) ein und füllt den unten liegenden Teil des Innenzylinders (2) bis zum Überlaufen des Messguts in den Außenteil (3) der Messtrommel. Beim Füllen der Messkammer im Außenteil werden der Schwerpunkt verschoben und die Trommel in

Abb. 12.22 Trommelzähler

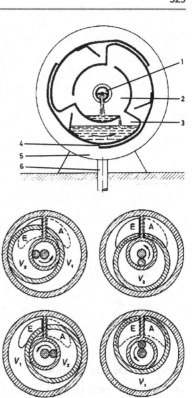

Abb. 12.23 Ringkolbenzähler

eine Drehung versetzt. Durch den Auslaufschlitz (4) läuft die Flüssigkeit in das Gehäuse (5) und verlässt es durch den Ausfluss (6). Trommelzähler eignen sich zur Messung von Flüssigkeiten, die mit einem niedrigen Druck zufließen und drucklos ins Freie auslaufen können. Sie arbeiten sehr genau und haben eine Messabweichung von nur 0,5 %.

12.6.2.2 Ringkolbenzähler

Der *Ringkolbenzähler* (Abb. 12.23) zerlegt den Flüssigkeitsstrom kontinuierlich in Messkammerfüllungen bestimmten Volumens. Die Flüssigkeit tritt durch Öffnung E ein und verlässt die Messkammer durch Öffnung A. Während einer oszillierenden Bewegung des Drehkolbens werden die Teilvolumina V_1 und V_2 von der Eintrittsöffnung E zur Austrittsöffnung A befördert. Während dieser oszillierenden Bewegung des Drehkolbens dreht sich die Kolbenachse 360° um die Kammerachse. Die Umdrehungen werden von einem Zählwerk registriert. Der Messbereich der Ringkolbenzähler ist sehr groß und liegt bei 1 : 20. Je nach Baugröße können Volumenströme bis zu 20.000 l/h gemessen werden. Die Genauigkeit ist besser als 1 %. Ringkolbenzähler eignen sich nur für die Messung sauberer Flüssigkeiten und werden als Hauswasserzähler, Zähler für Kraft- und Schmierstoffe und in der Getränkeindustrie eingesetzt.

Abb. 12.24 Ovalradzähler

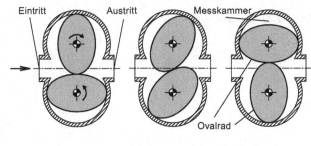

Abb. 12.25 Flügelradzähler

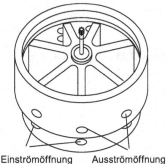

12.6.2.3 Ovalradzähler

Der *Ovalradzähler* (Abb. 12.24) hat zwei ständig miteinander in Eingriff stehende ovale Zahnräder. Die am Eintritt einströmende Flüssigkeit drückt auf die ovalen Zahnräder und versetzt sie in eine Drehbewegung. Die in einer Messkammer eingeschlossene Flüssigkeit wird durch sie transportiert. Ein Zähler registriert die Drehbewegung der Ovalräder. Die Genauigkeit ist wie die der Ringkolbenzähler. Ovalradzähler werden häufig industriell eingesetzt.

Ähnlich aufgebaute Ovalradzähler mit unverzahnten ovalen Drehkolben nimmt man für die Messung von Gasen.

12.6.2.4 Flügelradzähler

Der *Flügelradzähler* (Abb. 12.25) wird hauptsächlich als Hauswasserzähler eingesetzt. Die Flüssigkeit strömt durch unterhalb des Flügelrads liegende tangentiale Eintrittsöffnungen ein und verlässt den Zähler durch die in der Ebene des Flügelrads gelegenen, entgegengesetzt gerichteten Austrittsöffnungen. Dadurch wird das Flügelrad in Drehung versetzt, ein Zählwerk registriert die Umdrehungen. Flügelradzähler sind sehr genau (2 %) und weniger schmutzempfindlich als Ringkolbenzähler. Die Messbereiche liegen nach DIN 3260 zwischen 30 bis 3000 l/h und 200 bis 30.000 l/h.

12.6.2.5 Woltmanzähler

Der *Woltman*zähler (Abb. 12.26) unterscheidet sich vom Flügelradanemometer nur dadurch, dass er den gesamten Strömungsquerschnitt einnimmt. Die Drehzahl des Flügel-

Abb. 12.26 Woltmanzähler

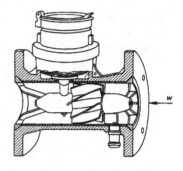

rades wird auf ein Zählwerk übertragen. Er eignet sich für die Messung von Flüssigkeiten mittlerer bis großer Massenströme. Je nach Ausführung liegt die Genauigkeit zwischen 1 und 5 %.

12.7 Durchflussmessung

Unter *Durchflussmessung* versteht man den momentan durch einen bestimmen Strömungsquerschnitt gehenden Volumen- oder Massenstrom eines Fluids. Durchflussmessungen kommen bei der Abnahme von Kraftwerken oder Chemieanlagen, zur Regelung und Steuerung von Prozessen und Produktionsverfahren sowie in Laboratorien zur Anwendung.

12.7.1 Prinzipien der Durchflussmessung

Die einfachste Art, den Durchfluss von Flüssigkeiten zu messen, ist die Messung des ausströmenden Volumens und der dafür benötigten Zeit. Das Volumen, geteilt durch die Zeit, ergibt den Volumenstrom. Die Messung des Volumens kann mit einem Volumenzähler erfolgen. Mit der Dichte des Fluids wird der Massenstrom berechnet. Dieses Verfahren verwendet man bei einzelnen Messungen und in Laboratorien. Es gibt Volumenzähler, in denen die Drehzahl mit interner elektronischer Zeitmessung direkt in ein Volumen- oder Massenstromsignal umgewandelt wird. Andere Geräte, bei denen der Volumen- oder Massenstrom direkt abgelesen wird, nutzen folgende physikalische Prinzipien: Den Druckverlust bei Drosselung, die Widerstandskraft umströmter Körper (Schwebekörperdurchflussmesser), die in elektrisch leitender Flüssigkeit induzierte Spannung (elektromagnetische Durchflussmesser) und die Laufzeit von Schallwellen (Ultraschall-Durchflussmesser). Bei sehr großen Massen- oder Volumenströmen misst man Strömungsgeschwindigkeit oder Verdünnung einer Spursubstanz (Tracer).

Abb. 12.27 Bestimmung des
Volumenstroms aus der Ge-
schwindigkeitsmessung

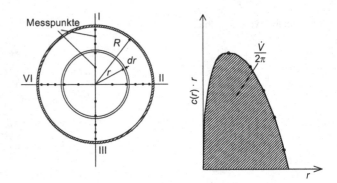

12.7.2 Durchflussmessmethoden und -geräte

12.7.2.1 Aus der Messung der Strömungsgeschwindigkeit

Wenn bei sehr großen Massen- oder Volumenströmen der Einbau eines Durchflussmessge-
rätes nicht möglich ist, kann der Durchfluss aus direkter Messung mittlerer Strömungsgeschwindigkeit mit der Kontinuitätsgleichung bestimmt werden. Diese Messmethode wen-
det man vorwiegend in offenen Kanälen oder in großen Rohrleitungen an. Hier wird nur
die Messung in Rohren kreisförmigen Querschnitts behandelt. Den Volumen- und Massenstrom bestimmt man nach den Gln. 3.3 und 3.4 aus der mittleren Strömungsgeschwindigkeit. Hier gilt, die mittlere Geschwindigkeit der Strömung aus Messungen der lokalen
Geschwindigkeiten an verschiedenen Orten zu bestimmen. Dazu könnte die Geschwindigkeit an vielen Orten im Rohr bestimmt, grafisch aufgetragen und integriert werden. Je mehr
Messpunkte man auswählt, desto genauer wird die Messung, der Messaufwand vergrößert
sich jedoch. Es hat sich als zweckmäßig erwiesen, das Geschwindigkeitsprofil an zwei or-
thogonalen Durchmessern zu messen. Die Anzahl der Messpunkte an einem Durchmesser
werden je nach geforderter Genauigkeit, Größe des Rohrs und Messeinrichtung festgelegt.
Die Auswahl der Messorte muss so sein, dass die Abstände zur Rohrwand kleiner werden.
Die am häufigsten verwendete Abstufung erfolgt nach der so genannten *Trapezregel*, die
folgende Messradien liefert:

$$r_i = \frac{2}{3} \cdot \frac{i^{3/2} - (i-1)^{3/2}}{\sqrt{n}} \cdot R \qquad (12.11)$$

Dabei ist r_i der Messradius, i die Ordnungszahl, n die Anzahl der Messstellen und R der
Innenradius des Rohrs. In ausgebildeten Strömungen genügt es, bei etwa 5 verschiedenen
Radien zu messen. Liegt der Messort nach einem Krümmer oder Einlauf, muss die Anzahl
der Messradien auf 10 bis 20 erweitert werden. Aus den bei einem Messradius gemessenen
vier Geschwindigkeiten wird die mittlere Geschwindigkeit $c_m(r_i)$ für diesen Radius gebildet.

$$c_m(r_i) = (c_{Ii} + c_{IIi} + c_{IIIi} + c_{IVi})/4 \qquad (12.12)$$

Zur Ermittlung des Volumenstroms muss die Geometrie des Rohrs berücksichtigt werden. Der Volumenstrom in einem zylindrischen Rohr ist gegeben als:

$$\dot{V} = \int\limits_{A} c_m \cdot dA = 2 \cdot \pi \cdot \int\limits_{0}^{R} c_m(r) \cdot r \cdot dr . \tag{12.13}$$

Zur Bestimmung des Volumenstroms wird das Produkt aus den mittleren Geschwindigkeiten und dem Radius $c_m(r) \cdot r$ über dem Radius r in ein Diagramm eingetragen. Die eingeschlossene Fläche entspricht dem Volumenstrom. Die Integration kann grafisch oder mit entsprechendem Programm erfolgen. Bei nicht zylindrischen Kanälen muss über die Fläche entsprechend integriert werden.

Beispiel 12.4: Bestimmung des Volumenstroms aus der Geschwindigkeitsmessung
Mit dem *Prandtl*rohr wird in einem luftdurchströmten Rohr mit 100 mm Innendurchmesser der Staudruck orthogonal der Trapezregel entsprechend an sieben Messstellen und in der Rohrmitte gemessen. Die Dichte der Luft ist 1,18 kg/m³. Die Ergebnisse der Messung sind in nachstehender Tabelle zusammengestellt.

Radius in mm	Staudruck in Pa			
r	I	II	III	IV
0,00	260	260	256	256
12,60	244	240	236	245
23,04	222	218	225	221
29,83	204	200	199	207
35,33	187	183	185	194
40,07	167	162	165	173
44,31	142	138	140	142
48,17	103	100	101	107

Berechnen Sie den Volumen- und Massenstrom.

Lösung

• Schema

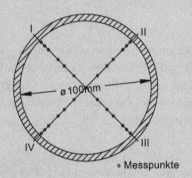

○ Messpunkte

• Analyse
Zunächst müssen die lokalen Geschwindigkeiten $c(r_i)$ bestimmt werden. Man berechnet sie mit Gl. 4.7 aus dem Staudruck. Die mittlere Geschwindigkeit für verschiedene Radien erhalten wir aus Gl. 12.12. Die Berechnungen sind in nachstehender Tabelle zusammengefasst.

Radius r	Geschwindigkeit in m/s				$c_m(r)$	$r \cdot c_m(r)$
mm	I	II	III	IV	m/s	m²/s
0,00	20,99	20,99	20,83	20,83	20,91	0,0000
12,60	20,34	20,17	20,00	20,38	20,22	0,2548
23,04	19,40	19,22	19,53	19,35	19,38	0,4464
29,83	18,59	18,41	18,37	18,73	18,53	0,5526
35,33	17,80	17,61	17,71	18,13	17,81	0,6294
40,07	16,82	16,57	16,72	17,12	16,81	0,6736
44,31	15,51	15,29	15,40	15,51	15,43	0,6838
48,17	13,21	13,02	13,08	13,47	13,20	0,6356

Die berechneten Werte wurden in das Programm *Origin* übertragen, die Funktion $r \cdot c_m(r)$ grafisch dargestellt und integriert.

Skizze 12.4

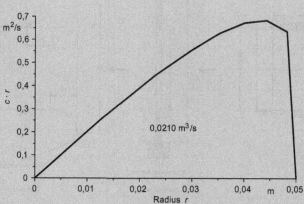

Die Integration ergab für die Fläche im Diagramm den Wert von 0,0210 m³/s. Mit 2π multipliziert, bekommt man für den Volumenstrom **0,132 m³/s**.
Den Massenstrom erhalten wir durch Multiplikation des Volumenstroms mit der Dichte als: **0,156 kg/s**.

- Diskussion
Die Bestimmung des Massenstroms aus der Geschwindigkeitsmessung ist vom Mess- und Rechenaufwand her sehr zeitintensiv. Sie wird nur dann durchgeführt, wenn keine anderen Messmethoden zur Verfügung stehen.

12.7.2.2 Drosselmessgeräte

In einem Drosselmessgerät wird der Strömungsquerschnitt verengt. Durch diese Verengung erhöht sich die Strömungsgeschwindigkeit, der Druck sinkt. Die Druckdifferenz, gemessen im Strömungsquerschnitt A_D vor der Verengung und im Strömungsquerschnitt A_d der Verengung wird als *Wirkdruck* bezeichnet. Er kann eindeutig dem Durchfluss zugeordnet werden. Prinzipiell ist jede beliebige Drosselung für die Durchflussmessung geeignet. Um die durch Reibung und Strahleinschnürung verursachten Druckverluste zu berücksichtigen, müssten für jedes Drosselmessgerät Eichungen mit dem Messmedium durchgeführt werden. Die von einer Eichung unabhängigen Drosselmessgeräte für kreisförmige Querschnitte sind in Normen festgelegt, in denen Geometrie und Fertigungstoleranzen vorgeschrieben sind. *Normdüsen*, *Normblenden* und *Normventuridüsen* sind nach EN ISO 5167-1 festgelegt, Abb. 12.28 zeigt sie auszugsweise.

In einem Drosselgerät ohne Berücksichtigung der Reibung und Strahleinschnürung sind Volumen- und Massenstrom nach den Gln. 4.11 und 4.12 gegeben. Führt man für das Verhältnis der Flächen A_D und A_d die Größe $m = A_d/A_D = (d/D)^2$ ein, ergibt Gl. 4.12

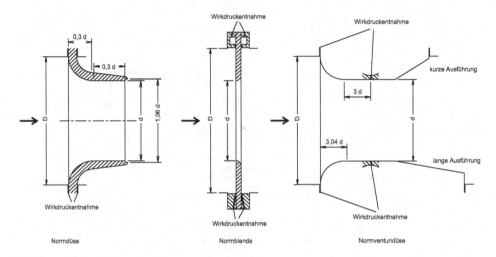

Abb. 12.28 Drosselmessgeräte nach EN ISO 5167-1

für den Massenstrom:

$$\dot{m}_{th} = A_d \cdot \sqrt{\frac{2 \cdot \Delta p \cdot \rho}{1 - m^2}} \qquad (12.14)$$

Um den Reibungsdruckverlust und die Dichteänderung bei Gasen zu berücksichtigen, sind in EN ISO 5167-1 *Durchflusszahlen* α und *Expansionszahlen* ε für Drosselgeräte angegeben.

Der Massen- und Volumenstrom werden folgendermaßen berechnet:

$$\dot{m} = \alpha \cdot \varepsilon \cdot A_d \cdot \sqrt{2 \cdot \Delta p \cdot \rho_1} = \alpha \cdot \varepsilon \cdot m \cdot A_D \cdot \sqrt{2 \cdot \Delta p \cdot \rho_1} \qquad (12.15)$$

$$\dot{V} = \alpha \cdot \varepsilon \cdot A_d \cdot \sqrt{2 \cdot \Delta p / \rho_1} = \alpha \cdot \varepsilon \cdot m \cdot A_D \cdot \sqrt{2 \cdot \Delta p / \rho_1} \qquad (12.16)$$

Index 1 bei der Dichte bezieht sich auf den Druck vor der Drosselung. Bei Flüssigkeiten ist die Expansionszahl gleich 1. Die Durchflusszahlen sind in Abhängigkeit des Öffnungsverhältnisses und der *Reynolds*zahl tabelliert. Die *Reynolds*zahl wird mit mittlerer Strömungsgeschwindigkeit und dem Durchmesser vor der Drosselung berechnet. Die Expansionszahlen sind als Funktion des Druckverhältnisses, des Öffnungsverhältnisses und des Isentropenexponenten gegeben. Durchfluss- und Expansionszahlen nach EN ISO 5167-1 sind im Anhang B2 bis B5 tabelliert oder können mit FMA1201 berechnet werden.

Der Gültigkeitsbereich von EN ISO 5167-1 für verschiedene Drosselgeräte folgt aufgelistet in Tab. 12.1.

Die Durchflussmessung mit dem Drosselgerät wird sehr stark von der Strömung vor und nach der Drosselstelle beeinflusst. Deshalb muss vor und nach der Drosselstelle eine gerade Rohrstrecke genügender Länge, wie in Tab. 12.2 aufgelistet, konstanten Strömungsquerschnitts vorhanden sein. Die Länge dieser *Ein- und Auslaufstrecke* ist von dem

Tab. 12.1 Gültigkeitsbereich EN ISO 5167-1

	D	m
Normdüsen	50 bis 500 mm	0,10 bis 0,64
Normblenden	50 bis 1000 mm	0,05 bis 0,64
Normventuridüsen	65 bis 500 mm	0,1 bis 0,60, jedoch $d > 50$ mm

Tab. 12.2 Ein- und Auslaufstrecken für Normdrosselorgane

	Störung durch	$m = 0{,}05$	0,1	0,3	0,4	0,5	0,6	0,64
Einlauf	einen oder mehrere 90°-Krümmer in einer Ebene	14	16	22	29	38	48	52
	dito in verschiedenen Ebenen	34	34	44	52	62	74	80
	offenen Schieber	12	12	14	16	20	26	30
	offenes Ventil	18	18	22	26	32	40	44
Auslauf	unabhängig	4	5	6	7	7	8	8

Öffnungsverhältnis m und den vor der Drosselstelle eingebauten Rohrleitungselementen abhängig. Nach EN ISO 5167-1 sind folgende Längen als ein Vielfaches des Rohrdurchmessers angegeben.

Für andere Rohrleitungselemente sind Angaben in EN ISO 5167-1 zu finden.

Vorteil der Normdrosselmessgeräte ist, dass sie keine zusätzliche Eichung brauchen. Normblenden können sehr einfach gefertigt und in eine Flanschverbindung eingesetzt werden. Sie haben aber im Vergleich zu Normdüsen und Normventuridüsen einen höheren bleibenden Reibungsdruckverlust (s. Abschn. 7.2.6). Bei genauen Messungen und wenn ein großer Druckverlust verboten ist, wählt man Normdüsen oder -venturidüsen. Die Genauigkeit der Durchflussmessung ohne Kalibration liegt bei 3 bis 4 %. Der Messbereich der Durchflussmessung mit Drosselmessgeräten ist relativ klein, da der Durchfluss proportional zur Quadratwurzel des Wirkdruckes ist. Bei Verwendung extrem genauer Differenzdruckmessgeräte kann der Bereich 1 : 6 betragen, sonst 1 : 3.

Beispiel 12.5: Messung des Volumenstroms mit einer Normdüse

In einem Rohr mit 51,4 mm Durchmesser strömt Luft. Der Volumenstrom soll mit einer 30 mm-Normdüse bestimmt werden. Die Temperatur der Luft beträgt 27 °C. Über der Blende wird eine Druckdifferenz von 127 mbar gemessen. Der Druck ist vor der Blende 45 mbar höher als der Umgebungsdruck p_U, der an einem Quecksilberbarometer mit 743,2 mmHg abgelesen wird. Die kinematische Viskosität der Luft beträgt $18 \cdot 10^{-6}$ m²/s.

Bestimmen Sie den Volumenstrom der Luft.

Lösung

• Schema

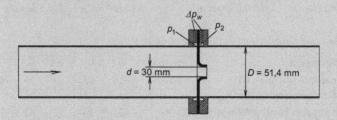

• Annahmen
  – Die Luft ist ein ideales Gas.
  – An- und Ablaufstrecken sind ausreichend lang.
• Analyse

Der Volumenstrom ist mit Gl. 12.16 zu berechnen. Die Dichte der Luft bestimmt man mit der Zustandsgleichung idealer Gase. Der dazu nötige Druck wird aus dem Umgebungsdruck p_U und gemessenen Differenzdruck Δp_U berechnet. Zur Umrechnung des Barometerdruckes setzt man für 1 mm Hg-Säule 133,32 Pa ein. Der Umgebungsdruck ist damit 743,2 mmHg · 133,32 Pa/mmHg = 99.083 Pa. Der Druck p_1 vor der Blende berechnet sich zu $p_U + \Delta p_U$ = 100.583 Pa.
Dichte der Luft ρ_1:

$$\rho_1 = \frac{p_1}{R \cdot T_1} = \frac{100.583 \cdot \text{Pa}}{287,1 \cdot \text{J}/(\text{kg} \cdot \text{K}) \cdot 300,15 \cdot \text{K}} = 1,202\,\text{kg/m}^3$$

Um den Volumenstrom aus Gl. 12.16 zu ermitteln, müssen Expansions- und Durchflusszahl bestimmt werden. Die Expansionszahl ist nach Anhang B2 eine Funktion des Öffnungsverhältnisses $m = d^2/D^2$, des Druckverhältnisses p_1/p_2 und des Isentropenexponenten $\varkappa$. Der Isentropenexponent der Luft beträgt 1,4. Da die Interpolation mit m^2 und p_1/p_2 erfolgt, müssen diese Größen berechnet werden.

$$m = d^2/D^2 = 30^2/51,4^2 = 0,3407 \quad m^2 = 0,1160$$

$$p_2/p_1 = (p_1 - \Delta p_w)/p_1 = (99.128 - 12.700)/99.128 = 0,872$$

Aus Tabelle B.4 kann die Expansionszahl interpoliert werden. Für $m^2 = 0,116$ erhalten wir folgende Werte:

$$e(m^2 = 0,116; p_1/p_2 = 0,90) = 0,9363 \quad e(m_2 = 0,3407; p_1/p_2 = 0,85) = 0,9038$$

Der Wert für $p_1/p_2 = 0,872$ ist daraus: $\varepsilon\,(m^2 = 0,116;\ p_1/p_2 = 0,872) = 0,9181$

Die Durchflusszahlen sind in Tabelle B.2 als eine Funktion von m^2 und Re gegeben. Die *Reynolds*zahl ist aber erst dann bekannt, wenn der Volumenstrom berechnet ist. Er muss iterativ bestimmt werden. Unter der Annahme, dass die *Reynolds*zahl 10^5 ist, erhalten wir eine Durchflusszahl von 1,0239. Der Volumenstrom nach Gl. 12.16 ist:

$$\dot{V} = \alpha \cdot \varepsilon \cdot A_d \cdot \sqrt{2 \cdot \Delta p / \rho_1} = 0{,}097 \, \mathrm{m^3/s}$$

Mit dem Volumenstrom können jetzt die Geschwindigkeit c_1 und *Reynolds*zahl berechnet werden.

$$c_1 = \dot{V} / A_D = 46{,}4 \, \mathrm{m/s} \quad Re = \frac{c_1 \cdot D}{\eta_1} = \frac{46{,}4 \cdot \mathrm{m/s} \cdot 0{,}0514 \cdot \mathrm{m}}{18 \cdot 10^{-6} \cdot \mathrm{m^2/s}} = 133.173$$

Die *Reynolds*zahl ist größer als angenommen. Für die errechnete *Reynolds*zahl ist die Durchflusszahl 1,0245. Damit wird der Volumenstrom **0,097 m³/s**, was innerhalb der Messgenauigkeit liegt und deshalb keine weitere Integration erfordert.

- Diskussion
  Der Volumenstrom kann mit der Normblende nach EN ISO 5167-1 bestimmt werden. Es ist zu beachten, dass zwischen den angegebenen Werten von m^2 (nicht von m) und von Re linear interpoliert werden muss.

12.7.2.3 Schwebekörper-Durchflussmesser

Beim *Schwebekörper-Durchflussmesser* wird ein Körper spezieller Form in einem senkrechten, nach unten zulaufenden konischen Rohr durch die Widerstandskraft in der Schwebe gehalten (Abb. 12.29). Mit zunehmendem Durchfluss erhöht sich die Widerstandskraft und der Schwebekörper wird nach oben bewegt. Gleichzeitig vergrößert sich aber der Strömungsquerschnitt, die Widerstandskraft verringert sich. Der Schwebekörper nimmt für jeden Volumenstrom eine andere Höhenlage ein, durch Eichung kann er eindeutig der Schwebehöhe zugeordnet werden. Die Ablesung erfolgt an der Messkante des Schwebekörpers mit geeichter Skala. Die Höhenlage des Schwebekörpers ist nicht nur vom Volumenstrom, sondern auch von der Dichte des Messfluids abhängig. Hersteller dieser Geräte liefern Korrekturfunktionen für die Fluiddichte. Der Messbereich ist ca. 1 : 10, die Messgenauigkeit liegt zwischen 1 und 3 %.

12.7.2.4 Elektromagnetische Durchflussmessgeräte

Diese Geräte arbeiten nach dem *Faraday*'schen Induktionsprinzip. Bewegt man einen Leiter senkrecht zu den Feldlinien eines Magnetfeldes, entsteht im Leiter eine induzierte Spannung, die proportional zur Geschwindigkeit des Leiters ist. Legt man senkrecht zur Strömungsrichtung eines elektrisch leitenden Fluids ein Magnetfeld an, wirkt das strömende

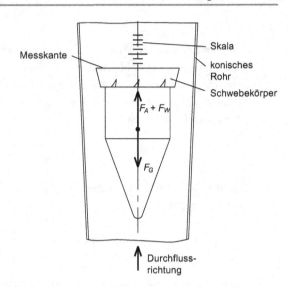

Abb. 12.29 Schwebekörper-
Durchflussmesser

Fluid wie ein Leiter (Abb. 12.30). Zwischen zwei an der Rohrwand angebrachten Elektroden kann eine induzierte Spannung abgelesen werden, die proportional zur mittleren Strömungsgeschwindigkeit ist. Entsprechend der elektromagnetischen Daten und Dimension des Gerätes wird vom Hersteller eine Gerätekonstante angegeben, mit der die mittlere Strömungsgeschwindigkeit bzw. der Volumenstrom bestimmt werden. Die induzierte Spannung ist unabhängig von Viskosität, Dichte, Temperatur und Druck des Fluids, dessen Leitfähigkeit aber größer als 1 µS/cm sein muss.

Die Geräte haben keine beweglichen Teile und sind gegenüber Verschmutzung und Einlaufstörungen unempfindlich. Der Druckverlust des Gerätes entspricht einem geraden Rohr derselben Länge und ist damit extrem klein.

Elektromagnetische Durchflussmessgeräte werden mit Innendurchmessern zwischen 2 und 2000 mm angeboten. Die Genauigkeit liegt bei 0,1 % des Messbereichs.

12.7.2.5 Ultraschall-Durchflussmessgerät

Das Messprinzip des Ultraschall-Durchflussmessgeräts beruht darauf, dass in einer Strömung die Fortpflanzungsgeschwindigkeit einer Schallwelle Schallgeschwindigkeit plus Strömungsgeschwindigkeit ist. Im Gerät senden zwei Sender Ultraschallwellen in das zu messende Fluid aus. Vom einen Sender werden Schallwellen in, vom anderen gegen die Strömungsrichtung geschickt. Damit ist die Durchlaufzeit der Schallwellen zu beiden Empfängern unterschiedlich groß. Das Messgerät bildet ein Signal, das der Differenz der Fortpflanzungsgeschwindigkeiten beider Schallwellen entspricht und damit proportional zur mittleren Strömungsgeschwindigkeit ist. Mit diesen Messgeräten kann der Volumenstrom bestimmt werden. Ultraschall-Durchflussmessgeräte weisen die gleichen Vorteile wie elektromagnetische Durchflussmesser auf. Man kann sie auch in elektrisch nicht leitenden Fluiden verwenden. Die Genauigkeit dieser Messgeräte liegt bei 0,2 %.

Abb. 12.30 Prinzip
elektromagnetischer Durchflussmessung

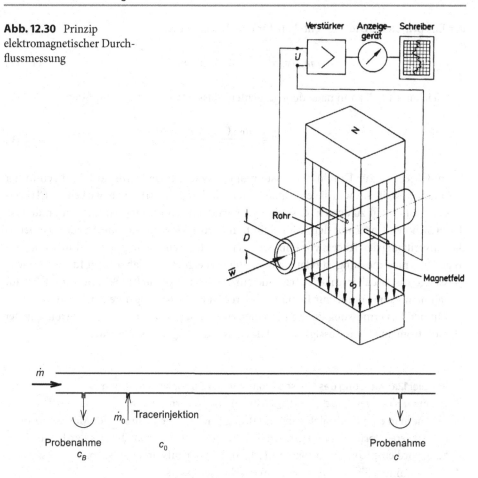

Abb. 12.31 Prinzip der Tracer-Durchflussmessung

12.7.2.6 Tracer-Durchflussmessung

In eine Strömung wird eine Spurensubstanz (Tracer) mit bekanntem, sehr kleinen Massenstrom injiziert. Sie vermischt sich nach einem bestimmten Strömungsweg mit dem strömenden Fluid. Aus der Konzentration des Tracers kann mit einer Massenbilanz der Massenstrom bestimmt werden. In Flüssigkeiten verwendet man als Tracer Salzlösungen oder
Farben, in Gasen vorzugsweise Edelgase (Helium). Abbildung 12.31 zeigt das Prinzip der
Tracer-Durchflussmessung.

Durch eine genaue Dosierpumpe wird der Tracer mit bekanntem Massenstrom und
bekannter Konzentration c_0 in die Strömung eingespritzt. Stromab und stromauf der Einspritzstelle entnimmt man jeweils eine Probe. In diesen Proben werden die Konzentratio-
nen des Tracers stromab c und stromauf c_B (B für back ground) bestimmt. Die Probenahme
stromauf dient zur Bestimmung des eventuell vorhandenen Tracers in der Strömung vor

der Einspritzstelle. Die Massenbilanz für den Tracer lautet:

$$\dot{m}_0 \cdot c_0 = (\dot{m} + \dot{m}_0) \cdot c - \dot{m} \cdot c_B \tag{12.17}$$

Gleichung 12.17 kann nach dem gesuchten Massenstrom aufgelöst werden.

$$\dot{m} = \frac{\dot{m}_0 \cdot (c_0 - c)}{c - c_B} \tag{12.18}$$

Im Gegensatz zur Durchflussmessung mit Drosselmessgeräten sind Störungen in der Strömung vorteilhaft, weil sie eine gute Durchmischung des Tracers bewirken. Bei Tracermessung ist darauf zu achten, dass eine genügend lange Strömungsstrecke vorhanden ist, damit sich der Tracer mit dem Messfluid homogen vermischt. Besonders gut geeignet ist die Einspritzung des Tracers vor Pumpen, weil durch sie eine sehr gute Durchmischung erfolgt. Die Tracermessung ist relativ aufwändig und eignet sich daher nicht für betriebliche Messungen. Sie ist aber je nach verwendetem Tracer sehr genau (0,1 %) und wird daher für Abnahmemessungen und zur Eichung anderer Durchflussmessgeräte eingesetzt.

Mit der Tracermessung können in einer zweiphasigen Gas-Flüssigkeits-Strömung der Massenstromanteil der Flüssigkeit und des Gases direkt gemessen werden.

Beispiel 12.6: Messung des Massenstromes in der Speisewasserleitung
In einem Kraftwerk wird der Massenstrom mit Tracermessung bestimmt. Als Tracer nimmt man eine Kochsalzlösung mit 0,1 kg NaCl pro kg Lösung. Der Massenstrom der Tracereinspritzung ist 1 g/s. An der Entnahmestelle stromabwärts der Einspritzung wird eine Konzentration von 124,5 ppb, stromaufwärts von 9,6 ppb gemessen.
   Bestimmen Sie den Massenstrom des Speisewassers.
   Lösung

- Annahmen
  - Bis zur Entnahmestelle ist die Durchmischung des Tracers vollständig.
  - Der Massenstrom der Injektion ist konstant.
- Analyse
  Der Massenstrom kann mit Gl. 12.18 bestimmt werden. Zu beachten ist die Verwendung richtiger Einheiten. Die Konzentration der Einspritzung gibt man in kg/kg an, die Konzentration der Entnahmen aber mit ppb, was aus dem Englischen stammt und parts per billion, d. h. Teile pro Milliarde bedeutet. Die Einheit ppb entspricht 10^{-9} kg/kg. Somit erhalten wir für den Massenstrom:

$$\dot{m} = \frac{\dot{m}_0 \cdot (c_0 - c)}{c - c_B} = \frac{10^{-3} \cdot \text{kg/s} \cdot (0,1 - 124,5 \cdot 10^{-9})}{124,5 \cdot 10^{-9} - 9,6 \cdot 10^{-9}} = \mathbf{870,3\,kg/s}$$

• Diskussion
Der Massenstrom der Tracereinspritzung ist beinahe 10^6 mal kleiner als der Massenstrom des Speisewassers. Für die Bestimmung der Konzentration benötigt man sehr genaue Messgeräte. Durch die Verwendung schwach radioaktiver Tracer wie z. B. Na^{24}-Isotopen, verbessert sich die Genauigkeit, weil die Messung der Konzentration exaktere Werte liefert.

12.8 Auswertung von Messungen

Die Auswertung der Messungen ergibt Größen, welche durch die Messung ermittelt werden sollten. Diese Größen können entweder aus *unmittelbaren Messungen* oder *vermittelnden Messungen* bestimmt werden. Beispiele für unmittelbar gemessene Größen sind Länge, Temperatur, Druck, Differenzdruck usw. Bei den meisten Messungen resultiert die gesuchte Größe nicht aus einer unmittelbar gemessenen Größe, sondern sie ist eine Funktion mehrerer unmittelbar gemessener Größen. So wird z. B. der Massenstrom mit einer Blende aus unmittelbar gemessenem Differenzdruck, der Dichte des Fluids bzw. dem Rohr- und Blendendurchmesser bestimmt.

▸   Alle unmittelbar gemessenen Größen sind grundsätzlich mit Fehlern behaftet.

Sie wirken sich entsprechend der funktionellen Abhängigkeit auf die zu bestimmende Größe aus. Bei einer Messanordnung, bestehend aus Versuchsobjekt und Messeinrichtungen, wird die *Genauigkeit* und der *Vertrauensbereich* der Messung durch die angewandten Messverfahren und die Genauigkeit der Messeinrichtungen bestimmt. Aufgabe der *Fehlerrechnung* ist die Bestimmung der Genauigkeit und des Vertrauensbereichs einer Messung. Fehler haben unterschiedliche Ursachen.

12.8.1 Fehlerarten

12.8.1.1 Systematische Fehler
entstehen durch Irrtum oder Wahl ungeeigneter Verfahren. Beispiele hierfür sind:

• falsches Ablesen der Messergebnisse (Parallaxenfehler, „Wunschwerte")
• ungeeignete Messgeräte (Messung schneller Vorgänge mit trägen Messgeräten, unberücksichtigte Kabelwiderstände)
• Einfluss des Messgeräts auf das Messobjekt (Aufheizen eines Widerstandsthermometers durch den Messstrom, Stören der Strömung durchs *Prandtl*rohr)
• Umwelteinflüsse (Temperatur, Druck, Magnetfelder, Luftfeuchtigkeit)
• fehlerhafte Messeinrichtungen (Eichfehler, Funktionsfehler).

Vermeidbare Fehler müssen durch geeignete Kontrollen eliminiert werden. Solche Kontrollen sind: Periodische Kalibrierung der Messeinrichtungen, Ablesen der Messwerte durch mehrere Personen oder Datenerfassungsanlagen, Prüfung der Messeinrichtungen vor der Messung durch Eichung und alternative Messverfahren bzw. rechnerische Korrektur der vom Hersteller angegebenen Umwelteinflüsse. Systematische Fehler werden durch die Fehlerrechnung nicht erfasst.

Deren Behebung ist prinzipiell immer möglich, sie sind aber in der Praxis entsprechend der geforderten Genauigkeit und dem vertretbaren Aufwand nicht vollständig eliminierbar, sie werden dann zu zufälligen Fehlern. Beispielsweise kann die Temperatur mit einem kalibrierten Thermoelement auf ±0,1 K genau gemessen werden. Ist das Thermometer nicht geeicht, liegt die Genauigkeit bei ±1,2 K.

12.8.1.2 Zufällige Fehler

Zufällige Messfehler entstehen durch nicht erkennbare und nicht beeinflussbare Änderungen des Messgeräts, des Messobjekts, durch Umwelteinflüsse und durch Unzulänglichkeit der menschlichen Sinnesorgane. Zufällige Fehler haben bei gleichen Messungen unter den gleichen Bedingungen unterschiedliche Größen und Vorzeichen. Damit können sie durch eine Anzahl wiederholter Messungen unter den gleichen Bedingungen vermindert werden. Zufällige Fehler werden durch die Fehlerrechnung mit statistischen Methoden erfasst.

12.8.2 Fehlerrechnung

Die Fehlerrechnung erfasst alle zufälligen Fehler. Ist der *Messwert* x_M und der *wahre Wert* der zu messenden Größe x_W, ist der *wahre Fehler*:

$$\varepsilon = x_M - x_W$$

Da ε unbekannt ist, wird er durch die *geschätzten Fehlerwerte* Δx aus den erfassbaren systematischen Fehlern und den statistischen Schwankungen der Messwerte ersetzt. Der wahre Wert liegt dann mit großer Wahrscheinlichkeit im Intervall $x_M - |\Delta x| < x_W < x_M + |\Delta x|$ und wird in der Form $x_W = x_M \pm |\Delta x|$ angegeben.

Bei Fehlern wird zwischen *absoluten* und *relativen Fehlern* unterschieden. Für die Angabe der Genauigkeit einer Messgröße ist der absolute Fehler verwendbar. Zum Vergleich der Genauigkeit von Messverfahren wird der relative Fehler verwendet. Der absolute Fehler ist der wahre Fehler oder näherungsweise der geschätzte Fehlerwert. Er hat die gleiche Dimension wie der wahre Wert. Der relative Fehler ist der Quotient aus dem wahren Fehler und wahren Wert.

$$\frac{\varepsilon}{x_W} \approx \frac{\Delta x}{x_M} = \left(\frac{\Delta x}{x_M}\right) \cdot 100 \quad \text{in \%}$$

Die Genauigkeit einer Messung wird durch die *Messunsicherheit* bestimmt. Zu deren Berechnung werden die zufälligen Fehler zusammengefasst. Mit Methoden der Ausgleichsrechnung und Statistik wird ihre Größe bestimmt. Die Messunsicherheit kann desto zuverlässiger geschätzt werden, je größer die Zahl der wiederholten Messungen ist.

12.8.2.1 Geschätzte Fehler einer Einzelmessung

Die Fehler einer Einzelmessung sind durch die *Genauigkeit des Messsystems* und *Ablesegenauigkeit* gegeben. Die Genauigkeit des Messsystems ist abhängig von der Genauigkeit des Messgeräts, die vom Hersteller als absolut oder relativ angegeben wird und von der Genauigkeit der Elemente, die im Messsystem verwendet werden. Bei der Temperaturmessung mit einem Thermoelement z. B. ist die Genauigkeit des Millivoltmeters und die Genauigkeit des Thermoelements inklusive der Anschlüsse und Zuleitungen maßgebend. Meist wird die Genauigkeit solcher Messketten direkt angegeben oder durch Eichungen bestimmt.

Die Ablesegenauigkeit hängt von den verwendeten Anzeigen ab.

▸   Bei digitalen Anzeigen ist die Ablesegenauigkeit ±1 Digit.

▸   Bei Analoganzeigen ist die Ablesegenauigkeit von der Skalenteilung abhängig.
    Als grober Richtwert können bei enger Skalenteilung ±1 Skalenteil, bei normaler
    Skalenteilung ±0,5 Skalenteile angegeben werden.

Der geschätzte Fehler der Einzelmessung ist die Summe der Ablesegenauigkeit und die der Genauigkeit des Messsystems.

12.8.2.2 Fehler einer Messreihe

Wird eine Größe unter absolut gleichen Bedingungen wiederholt gemessen, weisen bei einer großen Zahl von Messungen die gemessenen Werte positive und negative Abweichungen zum wahrscheinlich wahren Wert der Messgröße auf. Der *arithmetische Mittelwert* dieser Messungen zeichnet sich dadurch aus, dass die Summe der Fehlerquadrate zu diesem Mittelwert zu einem Minimum wird. Bei n Messungen der Größe x ist der arithmetische Mittelwert:

$$\bar{x} = \frac{1}{n} \cdot \sum_{i=1}^{i=n} x_i \ . \tag{12.19}$$

Ein Maß für die Genauigkeit des Messwerts ist die *Streuung* oder *Varianz* σ:

$$\sigma = \pm \sqrt{\frac{\sum_{i=1}^{i=n} (\bar{x} - x_i)^2}{n}} \tag{12.20}$$

Der *mittlere Fehler der Einzelmessung s* ist folgendermaßen definiert:

$$s = \pm \sqrt{\frac{\sum_{i=1}^{i=n} (\bar{x} - x_i)^2}{n-1}} \tag{12.21}$$

Der Nenner wird um 1 vermindert, da mindestens eine Messung zur Bestimmung des gesuchten Wertes notwendig ist. Die übrigen $(n-1)$-Werte sind überzählig und dienen zur Erhöhung der Messgenauigkeit. In der Literatur wird der mittlere Fehler der Einzelmessung oft auch als *Standardabweichung* bezeichnet.

Trägt man die Anzahl der Messungen (Häufigkeit), bei denen die zu messende Größe mit dem Wert x gemessen wurde, über dem Messwert x auf, erhält man eine *Gauß*- oder Normalverteilung der Messergebnisse. Am häufigsten wird der arithmetische Mittelwert oder wahrscheinliche Wert gemessen. Man spricht von einer Verteilungskurve der Messergebnisse. Sie ist um den mittleren Wert symmetrisch.

Bei unendlich vielen Messungen wird die Häufigkeit des gemessenen Werts, d. h. die Wahrscheinlichkeit, dass bei einem Mittelwert der Messung der Wert x gemessen wird, durch die *Gauß*-Verteilungsfunktion gegeben:

$$\phi(x) = \frac{1}{\sigma \cdot \sqrt{2 \cdot \pi}} \cdot e^{-\frac{1}{2} \cdot \left(\frac{\bar{x}-x}{\sigma}\right)^2} \tag{12.22}$$

Die Funktion $\phi(x)$ gibt die Häufigkeit an, wie oft der Messwert x bei unendlich vielen Messungen mit der vorhandenen Streuung σ gemessen wird. Je kleiner die Streuung, desto öfter erscheint ein Messwert mit dem arithmetischen Mittelwert und desto genauer ist die Messung. Da die Häufigkeit eine Wahrscheinlichkeit ist, wird das Integral der Funktion ϕ (x) von minus bis plus unendlich gleich 1. Gibt man den arithmetischen Mittelwert und die Werte der Einzelmessungen als ein Vielfaches der Streuung an, vereinfacht sich Gl. 12.22 zu:

$$\phi(x) = \frac{1}{\sqrt{2 \cdot \pi}} \cdot e^{-\frac{1}{2} \cdot (\bar{x}-x)^2} \tag{12.23}$$

Abbildung 12.32 zeigt diese Verteilungskurve. Integriert man Gl. 12.23 in einem Intervall, das die Fehlergrenzen darstellt, erhält man die Wahrscheinlichkeit, mit der der gemessene Fehler in diesem Intervall anzutreffen ist. Das Integral von -1 bis $+1$ ergibt den Wert von 0,683. Damit liegen 68,3 % aller gemessenen Werte innerhalb der Streuung der Messungen.

Bei der Berechnung des arithmetischen Mittelwerts ist es wichtig, dass die Messergebnisse zunächst überprüft und beurteilt werden. Bei jeder Messung treten so genannte „Ausreißer" auf. Diese können durch Schwankungen der Messbedingungen, der Messgeräte oder durch äußere Störungen verursacht sein.

▶   „Ausreißer" werden in der Fehlerrechnung nicht verwendet. Es ist aber stets zu
        begründen, warum sie weggelassen wurden.

Bei vielen Messungen werden vom Beobachter oder vom Messgerät Mittelwerte bereits direkt abgelesen. Bei der Messung des Differenzdruckes mit einem U-Rohrmanometer kann z. B. die Flüssigkeitssäule schwanken. Der Beobachter wird versuchen, die mittlere Höhe der Flüssigkeitssäule anzugeben, weil er je nach Frequenz der Schwankungen nicht

Abb. 12.32 *Gauß*-Verteilung

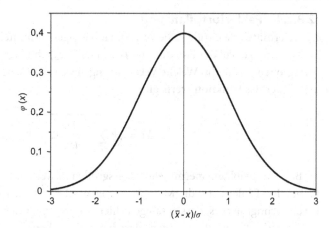

Tab. 12.3 Faktor t in Abhängigkeit von P und n

$P \backslash n$	3	4	5	6	8	10	20	30	50	100	300
0,68	1,32	1,20	1,15	1,11	1,08	1,06	1,03	1,02	1,01	1,00	1,00
0,95	4,30	3,20	2,80	2,60	2,40	2,30	2,10	2,05	2,00	1,97	1,96
0,99		4,60				3,20	2,90		2,70	2,60	2,58

in der Lage ist, einzelne Messungen durchzuführen. In diesem Fall muss der Beobachter versuchen, die mittleren Schwankungen der Flüssigkeitssäule, also den mittleren Fehler, anhand seiner optischen Beobachtungen anzugeben. Nähme man die Flüssigkeitssäule mit einer Hochgeschwindigkeitskamera auf, könnten entsprechend der Fehlerrechnung der Mittelwert und der mittlere Fehler bestimmt werden.

12.8.2.3 Mittlerer Fehler des Mittelwerts

Der mittlere Fehler des Mittelwerts Δx, auch *Vertrauensbereich* genannt, bestimmt den Bereich, in dem der wahre Wert einer Größe mit der Wahrscheinlichkeit P innerhalb des Intervalls $\pm \Delta x$ ermittelt wird. Er ist definiert als:

$$\Delta \bar{x} = \frac{t \cdot s}{\sqrt{n}} \cdot \sqrt{\frac{1}{n \cdot (n-1)} \cdot \sum_{i=1}^{i=n} \left(\bar{x} - x_i \right)^2} \qquad (12.24)$$

Der Faktor t wird von der gewählten Wahrscheinlichkeit und Anzahl durchgeführter Messungen bestimmt. In Tab. 12.3 sind die Werte für t angegeben.

Bei industriellen Abnahmemessungen wird ein Vertrauensbereich angestrebt, in dem der Messwert mit 95 % Wahrscheinlichkeit innerhalb der vorgegebenen Toleranzen dem wahren Wert entspricht. Bei Standard-Labormessungen sollten die Messungen mit 68,3 % Wahrscheinlichkeit innerhalb der Toleranzen liegen.

12.8.2.4   Fehlerfortpflanzung

Die zu ermittelnde Größe y, die von n unabhängigen, unmittelbar ermittelten Messgrößen $x_1, x_2, ..., x_n$ gemäß der Funktion $y = f(x_1, x_2, ..., x_n)$ abhängt, wird durch Fehler einzelner Messgrößen verfälscht. Welche Verfälschungen sie verursachen, bestimmt Funktion f. Für den Fehler des Funktionswerts gilt:

$$\Delta f = \sqrt{\sum_{i=1}^{i=n} \left(\frac{\partial f}{dx_i} \cdot \Delta x_i \right)^2} \tag{12.25}$$

Bei den unabhängig ermittelten Messgrößen x_i werden die arithmetischen Mittelwerte, bei den Fehlern Δx_i die Mittelwerte der mittleren Fehler eingesetzt. Gleichung 12.25 berücksichtigt bereits, dass zufällige Fehler sowohl positiv als auch negativ sein können.

Wichtig ist, darauf zu achten, dass bei mehrfachen funktionellen Zusammenhängen nicht der Fehler einzelner funktioneller Zusammenhänge zuerst bestimmt, sondern nach jeder der unabhängigen Variablen abgeleitet wird. Dies kann am Beispiel der Winkelbestimmung aus gemessenen Längen demonstriert werden. Der Winkel α eines räumlichen Vektors ist gegeben:

$$\alpha = \arccos(x/r) \quad \text{mit } r = \sqrt{x^2 + y^2 + z^2}$$

Die Länge r wird nicht direkt gemessen, sondern aus der Messung der Längen x, y und z bestimmt. Für die Fehlerfortpflanzung gilt:

$$\Delta \alpha = \sqrt{\left(\frac{\partial \alpha}{dx} \cdot \Delta x \right)^2 + \left(\frac{\partial \alpha}{dr} \cdot \Delta r \right)^2} \neq \sqrt{\left(\frac{\partial \alpha}{dx} \cdot \Delta x \right)^2 + \left(\frac{\partial \alpha}{dy} \cdot \Delta y \right)^2 + \left(\frac{\partial \alpha}{dz} \cdot \Delta z \right)^2}$$

Der Fehler des Funktionswerts kann wiederum als absoluter Fehler Δf oder als relativer Fehler $\Delta f/f$ angegeben werden.

Für den Einfluss der Funktion auf den Fehler gelten folgende Regeln:

Bei additiven Funktionen:

$$f = a \cdot x_1 + b \cdot x_2 + c \cdot x_3 \ldots$$
$$\Delta f = \sqrt{(a \cdot \Delta x_1)^2 + (b \cdot \Delta x_2)^2 + (c \cdot \Delta x_3)^2 \ldots} \tag{12.26}$$

Hier wird die Fehlerfortpflanzung von den Koeffizienten a, b und c wesentlich beeinflusst. Die Größen mit den größten Koeffizienten tragen stärker zur Fehlerbildung bei. Sie sind besonders genau zu messen.

Bei multiplikativen Funktionen:

$$f = a \cdot x_1 \cdot x_2 \cdot x_3 \ldots$$
$$\Delta f = a \cdot \sqrt{(x_2 \cdot x_3 \cdot \ldots \cdot \Delta x_1)^2 + (x_1 \cdot x_3 \cdot \ldots \cdot \Delta x_2)^2 + (x_1 \cdot x_2 \cdot \ldots \cdot \Delta x_3)^2 \ldots}$$

$$\frac{\Delta f}{f} = \sqrt{\left(\frac{\Delta x_1}{x_1}\right)^2 + \left(\frac{\Delta x_2}{x_2}\right)^2 + \left(\frac{\Delta x_3}{x_3}\right)^2 \ldots} \qquad (12.27)$$

Hier kann der relative Fehler der Funktion direkt aus den relativen Fehlern der einzelnen Größen bestimmt werden.

Bei additiven Potenzfunktionen:

$$f = a \cdot x_1^p + b \cdot x_2^q + c \cdot x_3^r \ldots$$

$$\Delta f = \sqrt{\left(a \cdot p \cdot x_1^{p-1} \cdot \Delta x_1\right)^2 + \left(b \cdot q \cdot x_2^{q-1} \cdot \Delta x_2\right)^2 + \left(c \cdot r \cdot x_2^{r-1} \cdot \Delta x_3\right)^2 \ldots} \qquad (12.28)$$

Hier wird der Fehler sowohl von den Koeffizienten a, b und c als auch von den Exponenten p, q und r und zusätzlich noch von der gemessenen Größe beeinflusst.

Bei multiplikativen Potenzfunktionen:

$$f = a \cdot x_1^p \cdot x_2^q \cdot x_3^r \ldots$$

$$\Delta f = a \cdot \sqrt{\left(p \cdot x_1^{p-1} \cdot x_2^q \cdot x_3^r \cdot \ldots \cdot \Delta x_1\right)^2 + \left(q \cdot x_1^p \cdot x_2^{q-1} \cdot x_3^r \cdot \ldots \cdot \Delta x_2\right)^2 + \ldots}$$

$$\frac{\Delta f}{f} = \sqrt{\left(p \cdot \frac{\Delta x_1}{x_1}\right)^2 + \left(q \cdot \frac{\Delta x_2}{x_2}\right)^2 + \left(r \cdot \frac{\Delta x_3}{x_3}\right)^2 \ldots} \qquad (12.29)$$

Die Größen mit den größeren Exponenten verursachen größere Fehler. Der relative Fehler der Messgröße wird um den Exponenten vergrößert.

Bei anderen Funktionen müssen bei der Fehlerrechnung die Einflüsse auf den Fehler der Funktion entsprechend untersucht werden.

Die Bestimmung des mittleren Fehlers des Funktionswerts erfolgt nach Gl. 12.24. Zur Bestimmung von t muss jedoch in Tab. 12.1 an Stelle der Anzahl Messungen für n der Wert Anzahl Messungen minus Anzahl unmittelbar gemessener Größen eingesetzt werden.

12.8.2.5 Der absolute Fehler

Bei der Fehlerfortpflanzung wird berücksichtigt, dass zufällige Fehler nicht alle die gleichen Vorzeichen haben. Wird eine Funktionsgröße nicht aus Messreihen, sondern aus Einzelmessungen mit geschätzten Fehlern bestimmt, ist es durchaus möglich, dass die verschiedenen Größen alle oder zumindest zum größten Teil den Fehler der Funktion in gleicher Richtung beeinflussen. In solchen Fällen bestimmt man daher den absoluten Fehler der Messung.

$$\Delta f = \sum_{i=1}^{i=n} \left| \frac{\partial f}{\partial x_i} \cdot \Delta x_i \right| \qquad (12.30)$$

Beim absoluten Fehler liegt der wahre Wert der Funktion innerhalb der Fehlergrenzen, sofern die Einzelmessungen auch innerhalb der geschätzten Fehlergrenzen liegen.

Bei additiven Funktionen gilt:

$$f = a \cdot x_1 + b \cdot x_2 + c \cdot x_3 \dots \quad \Delta f = |a \cdot \Delta x_1| + |b \cdot \Delta x_2| + |c \cdot \Delta x_3| \dots \quad (12.31)$$

Hier wird die Fehlerfortpflanzung wesentlich von den Koeffizienten *a*, *b* und *c* beeinflusst. Die Größen mit den größten Koeffizienten tragen stärker zum Fehler bei. Sie sind besonders genau zu messen.

Für den Einfluss der Funktion auf den Fehler können folgende Regeln angegeben werden:

Bei multiplikativen Funktionen gilt:

$$f = a \cdot x_1 \cdot x_2 \cdot x_3 \dots \quad \Delta f = a \cdot (|x_2 \cdot x_3 \cdot \Delta x_1| + |x_1 \cdot x_3 \cdot \Delta x_2| + |x_1 \cdot x_2 \cdot \Delta x_3| \dots)$$

$$\frac{\Delta f}{f} = \left(\left| \frac{\Delta x_1}{x_1} \right| + \left| \frac{\Delta x_2}{x_2} \right| + \left| \frac{\Delta x_3}{x_3} \right| \dots \right) \quad (12.32)$$

Hier kann aus den relativen Fehlern der einzelnen Größen der relative Fehler der Funktion direkt bestimmt werden.

Bei additiven Potenzfunktionen gilt:

$$f = a \cdot x_1^p + b \cdot x_2^q + c \cdot x_3^r \dots$$

$$\Delta f = \left| a \cdot p \cdot x_1^{p-1} \cdot \Delta x_1 \right| + \left| b \cdot q \cdot x_2^{q-1} \cdot \Delta x_2 \right| + \left| c \cdot r \cdot x_2^{r-1} \cdot \Delta x_3 \right| \dots \quad (12.33)$$

Hier wird der Fehler sowohl von den Koeffizienten *a*, *b* und *c* als auch von den Exponenten *p*, *q* und *r* und zusätzlich von der gemessenen Größe beeinflusst.

Bei multiplikativen Potenzfunktionen gilt:

$$f = a \cdot x_1^p \cdot x_2^q \cdot x_3^r \dots$$

$$\Delta f = a \cdot \left(\left| p \cdot x_1^{p-1} \cdot x_2^q \cdot x_3^r \cdot \Delta x_1 \dots \right| + \left| q \cdot x_1^p \cdot x_2^{q-1} \cdot x_3^r \cdot \Delta x_2 \dots \right| + \dots \right)$$

$$\frac{\Delta f}{f} = \left(\left| p \cdot \frac{\Delta x_1}{x_1} \right| + \left| q \cdot \frac{\Delta x_2}{x_2} \right| + \left| r \cdot \frac{\Delta x_3}{x_3} \right| \dots \right) \quad (12.34)$$

Variable mit den größeren Exponenten verursachen größere Fehler. Der relative Fehler der Messgröße ist proportional zum Exponenten.

12.8.3 Angabe der Fehler

Zu jedem Messwert gehört eine Fehlerangabe. Der Messwert *x* wird mit dem Fehler folgendermaßen angegeben: $x = x \pm \Delta x$ oder $x = x \pm (\Delta x / x) \cdot 100\,\%$. Bei der Fehlerangabe ist es nicht sinnvoll, die gemessene Größe und den Fehler mit unterschiedlichen Genauigkeiten anzugeben. Wird z. B. eine Größe mit 10 % Genauigkeit gemessen, ist es unsinnig, die Größe mit einer sehr hohen Genauigkeit anzugeben. Fehler rundet man auf höchstens zwei signifikante Stellen. Das Ergebnis wird einschließlich der fehlerbehafteten Stelle gerundet.

Nachstehende Beispiele zeigen die richtigen Fehlerangaben.

$x = 2{,}782 \pm 0{,}004$ m oder $x = 2{,}782$ m $\pm 0{,}14$ %	**richtig**
$x = 2{,}8 \pm 0{,}004$ m oder $x = 2{,}8$ m $\pm 0{,}14$ %	falsch
$x = 2{,}782 \pm 0{,}004103$ m oder $x = 2{,}782$ m $\pm 0{,}14378$ %	falsch
$x = 2{,}8 \pm 0{,}4$ m oder $x = 2{,}8$ m ± 14 %	**richtig**
$x = 2{,}782 \pm 0{,}4$ m oder $x = 2{,}782$ m $\pm 14{,}29$ %	falsch
$x = 2{,}8 \pm 0{,}4103$ m oder $x = 2{,}8$ m $\pm 14{,}286$ %	falsch

---

Beispiel 12.7: Fehlerrechnung für das Beispiel 12.5

Bei der durchgeführten Blendenmessung wurde ein digitales Differenzdruckmessgerät mit 200 mbar Messbereich verwendet, dessen Genauigkeit mit 1 % vom Endwert ±1 Digit angegeben ist. Das Thermometer hatte ±1 K Genauigkeit. Die Ablesegenauigkeit des Barometers für den Absolutdruck betrug 0,1 mm. Der Durchmesser des Rohrs und der Blende konnten jeweils mit 0,1 mm Genauigkeit bestimmt werden.

Berechnen Sie den Fehler bei der Bestimmung des Volumenstromes, wenn die Fehler der Durchfluss- und Expansionszahl vernachlässigt werden können.

Lösung

- Annahmen
  - Fehler in der Durchfluss- und Expansionszahl können vernachlässigt werden.
  - Die Zu- und Ablaufstrecken entsprechen EN ISO 5167-1.
- Analyse
  Der Volumenstrom wird mit Gl. 12.16 bestimmt. Setzt man dort die direkt gemessenen Größen ein, erhält man:

$$\dot{V} = \alpha \cdot \varepsilon \cdot A_d \cdot \sqrt{2 \cdot \Delta p / \rho_1} = \alpha \cdot \varepsilon \cdot \frac{\pi}{4} d^2 \cdot \sqrt{2 \cdot \frac{\Delta p \cdot R \cdot T_1}{p_U + \Delta p_U}}$$

Nach Gl. 12.25 ist der Fehler in der Volumenstrommessung:

$$\Delta\dot{V} = \alpha \cdot \varepsilon \cdot \frac{\pi}{4} \cdot \sqrt{ \begin{aligned} &\left(\tfrac{\partial \dot{V}}{\partial d} \cdot \Delta d\right)^2 + \left(\tfrac{\partial \dot{V}}{\partial \Delta p} \cdot \Delta\Delta p\right)^2 + \left(\tfrac{\partial \dot{V}}{\partial T} \cdot \Delta T\right)^2 + \\ &+ \left(\tfrac{\partial \dot{V}}{\partial p_U} \cdot \Delta p_U\right)^2 + \left(\tfrac{\partial \dot{V}}{\partial \Delta p_U} \cdot \Delta\Delta p_U\right)^2 . \end{aligned}}$$

Der Übersichtlichkeit halber ist es günstiger, hier die partiellen Ableitungen separat auszuführen und die relativen Fehler anzugeben.

$$\frac{\Delta d}{\dot{V}} \cdot \frac{\partial \dot{V}}{\partial d} = \frac{\alpha \cdot \varepsilon \cdot \pi}{4 \cdot \dot{V}} \cdot 2 \cdot d \cdot \sqrt{\frac{2 \cdot \Delta p \cdot R \cdot T_1}{p_U + \Delta p_U}} \cdot \Delta d = 2 \cdot \frac{\Delta d}{d} = \frac{2 \cdot 0{,}1 \text{ mm}}{30 \text{ mm}} = 0{,}006\dot{6}$$

$$\frac{\Delta \Delta p}{\dot{V}} \cdot \frac{\partial \dot{V}}{\partial \Delta p} = \frac{\alpha \cdot \varepsilon \cdot \pi}{4 \cdot \dot{V}} \cdot \frac{d^2}{2} \cdot \sqrt{\frac{2 \cdot \Delta p \cdot R \cdot T_1}{p_U + \Delta p_U}} \cdot \frac{\Delta \Delta p}{\Delta p} = -\frac{1}{2} \cdot \frac{\Delta p}{\Delta p} = -0{,}0118$$

$$\frac{\Delta T_1}{\dot{V}} \cdot \frac{\partial \dot{V}}{\partial T_1} = \frac{\alpha \cdot \varepsilon \pi}{4 \cdot \dot{V}} \cdot \frac{d^2}{2} \cdot \sqrt{\frac{2 \cdot \Delta p \cdot R \cdot T_1}{p_U + \Delta p_U}} \cdot \frac{\Delta T_1}{T_1} = \frac{1}{2} \cdot \frac{\Delta T_1}{\Delta T_1} = \frac{1 \text{ K}}{2 \cdot 300 \text{ K}} = 0{,}00167$$

$$\frac{\Delta p_U}{\dot{V}} \cdot \frac{\partial \dot{V}}{\partial p_U} = -\frac{\alpha \cdot \varepsilon \cdot \pi \cdot d^2}{8 \cdot \dot{V}} \cdot \sqrt{2 \cdot \frac{\Delta p \cdot R \cdot T_1}{p_U + \Delta p_U}} \cdot \frac{\Delta p_U}{p_U + \Delta p_U} = -\frac{1}{2} \cdot \frac{\Delta p_U}{p_U + \Delta p_U}$$
$$= -0{,}00007$$

$$\frac{\Delta \Delta p_U}{\dot{V}} \cdot \frac{\partial \dot{V}}{\partial \Delta p_U} = -\frac{\alpha \cdot \varepsilon \cdot \pi \cdot d^2}{8 \cdot \dot{V}} \cdot \sqrt{2 \cdot \frac{\Delta p \cdot R \cdot T_1}{p_U + \Delta p_U}} \cdot \frac{\Delta \Delta p_U}{p_U + \Delta p_U} = -\frac{1}{2} \cdot \frac{\Delta \Delta p_U}{p_U + \Delta p_U}$$
$$= -0{,}00139$$

Für den relativen Fehler der Volumenstrommessung erhalten wir damit:

$$\frac{\Delta \dot{V}}{\dot{V}} = 10^{-3} \cdot \sqrt{44{,}4 + 139{,}5 + 2{,}78 + 0{,}005 + 2{,}10} = \mathbf{0{,}0139}$$

Der errechnete Volumenstrom von $0{,}097 \text{ m}^3/\text{s}$ muss also folgendermaßen angegeben werden:

$\mathbf{0{,}097 \pm 0{,}00135 \text{ m}^3/\text{s}}$ oder $\mathbf{0{,}097 \text{ m}^3/\text{s} \pm 1{,}4\,\%}$

• Diskussion

Betrachtet man die Berechnung der relativen Fehler, ist sofort ersichtlich, dass der Fehler der Differenzdruckmessung den hauptsächlichen Anteil am gesamten Fehler hat. Er beträgt dort ±3 mbar oder relativ betrachtet $2{,}36\,\%$. Da der Volumenstrom proportional zur Wurzel des Differenzdruckes ist, wird der durch ihn verursachte Relativfehler im Volumenstrom $0{,}0118$. Er ist fast so groß wie der Gesamtfehler von $0{,}0140$.

▸   Man erspart sich viel Rechenarbeit, wenn Größen, deren Fehler sehr klein sind, unberücksichtigt bleiben.

In unserem Beispiel könnten alle Fehler außer dem des Differenzdruckes vernachlässigt werden. Die Fehlerangabe lautete dann immer noch $\pm0{,}0011 \text{ m}^3/\text{s}$ oder $\pm1{,}2\,\%$.

12.9   Versuchsberichte

Für die Karriere der Ingenieure sind Berichte von immenser Bedeutung. Die übergeordneten Vorgesetzten haben in der Regel keinen persönlichen Kontakt zum Ingenieur und beurteilen ihn anhand seiner Berichte. Hier wird die Erstellung von Versuchsberichten besprochen, viele der folgenden Grundsätze gelten auch für Berichte über wissenschaftliche Arbeiten, Sitzungsprotokolle und Berichte für Kunden.

Am wichtigsten ist:

▸ Der Versuchsbericht muss so formuliert sein, dass ein anderer Ingenieur mit gleichem Ausbildungsstand den Versuch nachvollziehen kann.

Folgende Punkte sollten außerdem beachtet werden:

- Der Bericht fängt mit einer Zusammenfassung an, in der die wichtigsten Ergebnisse aufgelistet sind. Nach dem Lesen der Zusammenfassung sollte man beurteilen können, ob man den ganzen Bericht lesen muss oder nicht. Die Zusammenfassung wird meist von den höher gestellten Vorgesetzten gelesen, die nicht an Details, sondern nur an den Ergebnissen interessiert sind.
- Die Beschreibungen müssen möglichst kurz und präzise sein. Langatmige, nicht relevante Dinge gehören nicht in den Bericht. Bei einer Messung der Leistung eines Automotors z. B., muss man nicht die Funktion der Verbrennungsmotoren beschreiben, es sei denn, der Motor ist eine vollkommen neue Entwicklung mit bisher unbekannten Eigenschaften.
- Jeder Versuch ist bezüglich seine Aussagefähigkeit und Genauigkeit mit einer Fehleranalyse zu prüfen.
- Zum Schluss sollten die Ergebnisse kurz kritisch diskutiert werden.
- Alle verwendeten Fremdunterlagen, d. h., alles, was nicht auf dem „eigenen Mist" gewachsen ist, (Literatur, Tabellen, Programme, Arbeiten von Kollegen, Diskussionspartner) müssen erwähnt werden.

Nachfolgend ein Beispiel für einen Versuchsbericht:

Laborversuch: „Ausströmung aus einem Behälter"

- Zusammenfassung
  Zur Überprüfung der Gültigkeiten der Beziehungen, die in der Literatur [2] angegeben sind, wurde zunächst bei der Ausströmung aus einem Behälter die Ausflussziffer in Abhängigkeit der Füllhöhe bestimmt. Anschließend wurde die Zeit, die zum Senken des Wasserniveaus von 800 auf 100 mm notwendig war, bestimmt und mit den Gleichungen in [2] verglichen. Die Ausflussziffern stimmen bis auf 0,26 % mit den gemessenen Werten, die Ausflusszeit mit 0,18 % überein.
  Benötigt man genaue Berechnungen für die Ausströmung, sind die Ausflussziffern experimentell zu bestimmen, weil die Angaben in der Literatur nicht exakt genug sind.
- Beschreibung der Versuchsanlage
  Die Anlage (s. Skizze) im Versuchslabor der Hochschule besteht aus einem kreisförmigen Behälter mit 502 mm Innendurchmesser und 1000 mm Höhe. 50 mm oberhalb des Bodens ist ein kurzes Rohr mit 20 mm Innendurchmesser und abgerundeten Kanten am Eintritt installiert. Im Behälter befindet sich ein Maßstab mit 1 mm-Teilung. Mit einem Wasserzulauf, der am Behälterboden mündet, kann man den Behälter füllen oder das Wasserniveau konstant halten. Mit dem im Zulauf installierten Durchflussmessgerät bestimmt man den Massenstrom.
- Verwendete Messgeräte

	Genauigkeit
Elektromagnetisches Durchflussmessgerät EH 12 F	0,3 %
Messlatte mit 1 mm-Skalierung	1 mm
Pt100 Widerstandsthermometer mit Messdatenerfassung	0,2 K
Stoppuhr	0,1 s
Barometer	1 mmHg
Innenmaß zur Bestimmung des Behälterinnendurchmessers	1 mm
Bohrung des Auslaufes	0,05 mm

- Schema der Versuchsanlage

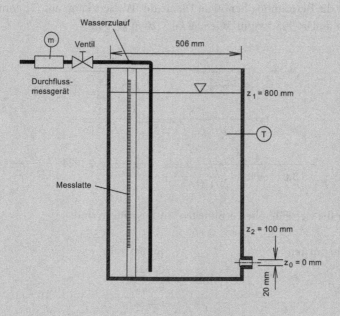

- Durchführung der Messungen

Zunächst wurde bei Wasserniveaus von 200, 400, 600 und 800 mm die Ausflussziffer bestimmt. Dazu stellte man mit dem Ventil einen Zufluss zum Behälter so ein, dass bei den vorgegebenen Werten das Wasserniveau konstant blieb. Der Massenstrom wurde am Durchflussmesser abgelesen und notiert.

Anschließend sperrte man den Zulauf ab und hielt mit dem Finger den Auslauf zu. Der Füllstand von 800 mm wurde kontrolliert und gegebenenfalls Wasser zugefüllt oder entleert. Zur gleichen Zeit wurden der Auslauf geöffnet und die Stoppuhr gestartet. Die Zeit bis zum Erreichen des Wasserniveaus von 100 mm wurde gemessen und notiert.

Folgende Daten erfasste man:

Wassertemperatur	21,4 °C	
Barometerdruck	752 mm	
Massenstrom bei	200 mm	0,610 kg/s
	400 mm	0,867 kg/s
	600 mm	1,061 kg/s
	800 mm	1,220 kg/s
Auslaufzeit		168,2 s

- Auswertung der Messungen

Die für die Berechnung benötigte Dichte des Wassers kann aus [3] entnommen werden und ist 998,1 kg/m^3. Gemäß Gl. 7.20 in [2] gilt:

$$\mu = \frac{\bar{c}_a}{\sqrt{\frac{2 \cdot g \cdot (z - z_0)}{1 - (A_a/A)^2}}} = \frac{4 \cdot \dot{m}}{\pi \cdot d_a^2 \cdot \rho \cdot \sqrt{\frac{2 \cdot g \cdot (z - z_0)}{1 - (A_a/A)^2}}} =$$

$$= \frac{4}{\pi \cdot d_a^2 \cdot \rho \cdot \sqrt{\frac{2 \cdot g}{1 - (A_a/A)^2}}} \cdot \frac{\dot{m}}{\sqrt{z - z_0}} =$$

$$= \frac{4}{\pi \cdot 0,02^2 \cdot 998,1 \cdot \sqrt{\frac{2 \cdot 9,806}{1 - (20/502)^4}}} \cdot \frac{\dot{m}}{\sqrt{z - z_0}} = 0,1624 \cdot \frac{\dot{m}}{\sqrt{z - z_0}} .$$

Die für die vier Füllhöhen ermittelten Ausflussziffern sind:

Füllhöhen in mm	Ausflussziffer
200	0,9822
400	0,9872
600	0,9864
800	0,9822

In [2] ist die Kontraktionszahl mit 0,99 angegeben und die Widerstandszahl, bezogen auf die Geschwindigkeit in einem abgerundeten Einlauf, mit 0,1 bis 0,005. Damit ergeben sich Geschwindigkeitsziffern von 0,9 bis 0,995. Die Ausflussziffern liegen damit zwischen 0,891 und 0,985. Bei der hier vorhandenen strömungstechnisch günstigen Abrundung der Eintrittskante kann eine Widerstandszahl von etwa 0,01 angenommen werden, was in einer Ausflussziffer von 0,98 resultiert. Die Messungen zeigen, dass die Ausflussziffer praktisch von der Strömungsgeschwindigkeit, die hier zwischen 1,95 und 3,9 m/s liegt, unabhängig ist. Die Berechnung der Ausströmzeit erfolgt mit dem Mittelwert der Ausflussziffer von 0,9845. Der Ausströmvorgang kann mit folgender Differentialgleichung beschrieben werden:

$$\frac{dm}{dt} = A \cdot \rho \cdot \frac{dz}{t} = \bar{c}_a \cdot A_a \cdot \rho$$

Die Geschwindigkeit im Austritt kann aus Gl. 7.20 hergeleitet werden:

$$\bar{c}_a = \mu \cdot \sqrt{\frac{2 \cdot g \cdot z}{1 - (A_a/A)^2}} = \mu \cdot \sqrt{\frac{2 \cdot g \cdot z}{1 - (d/D)^4}}$$

Die Geschwindigkeit in die Differentialgleichung eingesetzt, liefert nach Separation der Variablen folgende Gleichung:

$$\frac{1}{\mu \cdot \sqrt{\frac{2 \cdot g}{(D/d)^4 - 1}}} \cdot \frac{dz}{\sqrt{z}} = dt$$

Die Integration ergibt:

$$t = 2 \cdot \frac{\sqrt{z_1} - \sqrt{z_2}}{\mu \cdot \sqrt{\frac{2 \cdot g}{(D/d)^2 - 1}}} = \mathbf{167{,}9 \ s}$$

Die Ausströmzeit wurde mit 168,2 s gemessen.

- Fehlerrechnung

Die für die Fehlerrechnung angepasste Gleichung für die Ausflussziffer lautet:

$$\mu = \frac{4 \cdot \dot{m}}{\pi \cdot d^2 \cdot \rho \sqrt{\frac{2 \cdot g \cdot z}{1 - (d/D)^4}}}$$

Zur Vereinfachung der Fehlerrechnung kann hier gezeigt werden, dass das Verhältnis der Durchmesser d/D in der Wurzel vernachlässigt werden kann. Das Verhältnis beträgt 20/502 und dessen 4. Potenz beträgt $2{,}52 \cdot 10^{-6}$. Zieht man diesen Betrag von 1 ab, erhält man 0,9999975. Weist man dem großen Durchmesser einen Fehler von 10 % zu, erhält man 0,9999983, der resultierend Fehler ist also vernachlässigbar. Die Änderung der Dichte bei 20 °C beträgt pro K nur 0,02 %. Bei einer Genauigkeit der Temperaturmessung von 0,2 K kann dieser Fehler vernachlässigt werden.

Die bezüglich Fehler zu berücksichtigenden Variablen sind damit: $\dot{m}$, d und z.

Da der Nenner in der Wurzel zu 1 gesetzt werden kann, wird die obige Gleichung folgendermaßen umgeformt:

$$\mu = \frac{4}{\pi \cdot \rho \cdot \sqrt{2 \cdot g}} \cdot \dot{m} \cdot d^{-2} \cdot z^{-0{,}5}$$

Die Fehlerrechnung mit Gl. 12.29 liefert bei 200 mm Füllhöhe:

$$\frac{\Delta \mu}{\mu} = \sqrt{\left(\frac{\Delta \dot{m}}{\dot{m}}\right)^2 + \left(2 \cdot \frac{\Delta d}{d}\right)^2 + \left(\frac{\Delta z}{2 \cdot z}\right)^2} =$$

$$= \sqrt{(0{,}003)^2 + (2 \cdot 0{,}0025)^2 + \left(\frac{1}{2 \cdot 200}\right)^2} = \pm 0{,}63 \ \% \ .$$

Dies ist der größte Fehler. Bei der Füllhöhe von 800 mm beträgt der Fehler 0,59 %. Die gemessenen Werte der Ausflussziffern liegen alle in diesem Bereich.

Bei der Bestimmung der Ausströmzeit kann das Verhältnis der Durchmesser nicht mehr vernachlässigt werden, aber die Größe 1 spielt praktisch keine Rolle mehr.

$$t = 2 \cdot \frac{\sqrt{z_1} - \sqrt{z_2}}{\mu \cdot \sqrt{\frac{2 \cdot g}{(A/A_a)^2 - 1}}} = \frac{(D/d)^2}{\mu \cdot \sqrt{2 \cdot g}} \cdot \left(\sqrt{z_1} - \sqrt{z_2} \right) =$$

$$= \frac{1}{\sqrt{2 \cdot g}} \cdot \mu^{-1} \cdot D^2 \cdot d^{-2} \cdot \left(z_1^{0,5} - z_2^{0,5} \right)$$

Die Fehlerrechnung liefert:

$$\frac{\Delta t}{t} = \sqrt{ \left(\frac{\Delta \mu}{\mu} \right)^2 + \left(\frac{\Delta D}{D} \right)^2 \cdot + \left(3 \cdot \frac{\Delta d}{d} \right)^2 + \left(0,5 \cdot \frac{z_2^{0,5} z_1^{0,5} \cdot \left(\frac{\Delta z_1}{z_1} + \frac{\Delta z_2}{z_2} \right)}{z_1^{0,5} - z_2^{0,5}} \right)^2 } =$$

$$= \sqrt{ (0,0063)^2 + \left(\frac{1}{502} \right)^2 \cdot + \left(3 \cdot \frac{0,05}{20} \right)^2 + \left(0,5 \cdot \frac{0,1^{0,5} \cdot 0,8^{0,5} \cdot \left(\frac{1}{800} + \frac{1}{100} \right)}{0,8^{0,5} - 0,1^{0,5}} \right)^2 }$$

$$= \pm 1,04 \, \%$$

Die gemessene Zeit ist 0,22 % größer als die errechnete.

• Diskussion

Mit den Versuchen konnten die Ausflussziffern in guter Genauigkeit ermittelt werden. Die in der Literatur angegebenen Werte sind, wenn man genaue Berechnungen braucht, nicht genügend exakt. Durch die experimentelle Bestimmung der Ausflussziffern konnte die Zeit, in der das Wasserniveau von 800 mm auf 100 mm sank, auf 0,2 % genau bestimmt werden. Mit der in [2] gegebenen kleinsten Geschwindigkeitsziffer hätte man eine 10 % größere Ausflusszeit berechnet.

Bei der Fehlerrechnung konnte gezeigt werden, dass durch die Beurteilung der Fehler und das Weglassen irrelevanter Größen der Rechenaufwand wesentlich verringert wurde.

Die berechnete Ausströmzeit sollte mit 167,1 s ± 1,04 % angegeben werden.

Literatur

[1] Bohl W (1991) Technische Strömungslehre, 9. Auflage, Vogel Verlag, Würzburg

[2] Ruck B (1990) Lasermethoden in der Strömungstechnik, AT-Fachverlag, Stuttgart

[3] Hartwig G (1967) Einführung in die Fehler- und Ausgleichsrechnung, Carl Hanser Verlag, München

[4] Durst F (1985) Principle and Practice of Laser-Doppler Anemometry, Academic Press, NY

[5] Miller R W (1983) Flow Measurement Engineering Handbook. McGraw-Hill NY

[6] Endress+Hauser Flowtec AG (Hrsg.) (2003) Durchfluss Handbuch, 4. Auflage

[7] Schulz, A. (2000): Infrared thermography as applied to film cooling of gas turbine components, Measurement Science and Technology, Vol. 11, S. 948–956.

[8] Ochs, M., Schulz, A., Bauer, H.-J. (2010): High dynamic range infrared thermography by pixelwise radiometric self calibration, Infrared Physics & Technology, Vol. 53, S. 112–119

Anhang A

Normatmosphäre

Höhe	Druck	Temperatur	Dichte	Höhe	Druck	Temperatur	Dichte
m	Pa	°C	kg/m³	m	Pa	°C	kg/m³
0	101.325	15	1,225	5600	49.809	−21,4	0,689
100	100.129	14,4	1,213	5700	49.136	−22,1	0,682
200	98.944	13,7	1,202	5800	48.471	−22,7	0,674
300	97.771	13,1	1,19	5900	47.813	−23,4	0,667
400	96.609	12,4	1,179	6000	47.162	−24,0	0,659
500	95.458	11,8	1,167	6100	46.519	−24,7	0,652
600	94.318	11,1	1,156	6200	45.883	−25,3	0,645
700	93.190	10,5	1,145	6300	45.253	−26,0	0,638
800	92.072	9,8	1,134	6400	44.631	−26,6	0,631
900	90.965	9,2	1,123	6500	44.016	−27,3	0,624
1000	89.869	8,5	1,112	6600	43.407	−27,9	0,617
1100	88.784	7,9	1,101	6700	42.806	−28,6	0,61
1200	87.709	7,2	1,09	6800	42.211	−29,2	0,603
1300	86.645	6,6	1,079	6900	41.623	−29,9	0,596
1400	85.591	5,9	1,069	7000	41.042	−30,5	0,589
1500	84.548	5,3	1,058	7100	40.467	−31,2	0,583
1600	83.515	4,6	1,047	7200	39.898	−31,8	0,576
1700	82.493	4	1,037	7300	39.337	−32,5	0,569
1800	81.480	3,3	1,027	7400	38.781	−33,1	0,563
1900	80.478	2,7	1,017	7500	38.232	−33,8	0,556
2000	79.485	2	1,006	7600	37.689	−34,4	0,55
2100	78.503	1,4	0,996	7700	37.153	−35,1	0,544
2200	77.530	0,7	0,986	7800	36.623	−35,7	0,537
2300	76.567	0,1	0,976	7900	36.099	−36,4	0,531

P. von Böckh und C. Saumweber, *Fluidmechanik*, DOI 10.1007/978-3-642-33892-2,
© Springer-Verlag Berlin Heidelberg 2013

| Höhe | Druck | Temperatur | Dichte | Höhe | Druck | Temperatur | Dichte |
m	Pa	°C	kg/m³	m	Pa	°C	kg/m³
2400	75.614	−0,6	0,966	8000	35.581	−37,0	0,525
2500	74.671	−1,3	0,957	8100	35.069	−37,7	0,519
2600	73.737	−1,9	0,947	8200	34.563	−38,3	0,513
2700	72.812	−2,6	0,937	8300	34.062	−39,0	0,507
2800	71.897	−3,2	0,928	8400	33.568	−39,6	0,501
2900	70.992	−3,9	0,918	8500	33.080	−40,3	0,495
3000	70.095	−4,5	0,909	8600	32.597	−40,9	0,489
3100	69.208	−5,2	0,9	8700	32.120	−41,6	0,483
3200	68.330	−5,8	0,89	8800	31.649	−42,2	0,477
3300	67.461	−6,5	0,881	8900	31.184	−42,9	0,472
3400	66.601	−7,1	0,872	9000	30.723	−43,5	0,466
3500	65.749	−7,8	0,863	9100	30.269	−44,2	0,46
3600	64.907	−8,4	0,854	9200	29.820	−44,8	0,455
3700	64.073	−9,1	0,845	9300	29.376	−45,5	0,449
3800	63.248	−9,7	0,836	9400	28.938	−46,1	0,444
3900	62.432	−10,4	0,828	9500	28.505	−46,8	0,439
4000	61.624	−11,0	0,819	9600	28.077	−47,4	0,433
4100	60.825	−11,7	0,81	9700	27.655	−48,1	0,428
4200	60.034	−12,3	0,802	9800	27.237	−48,7	0,423
4300	59.252	−13,0	0,793	9900	26.825	−49,4	0,418
4400	58.478	−13,6	0,785	10.000	26.418	−50,0	0,412
4500	57.711	−14,3	0,777	10.100	26.016	−50,7	0,407
4600	56.954	−14,9	0,768	10.200	25.619	−51,3	0,402
4700	56.204	−15,6	0,76	10.300	25.226	−52,0	0,397
4800	55.462	−16,2	0,752	10.400	24.839	−52,6	0,392
4900	54.728	−16,9	0,744	10.500	24.456	−53,3	0,387
5000	54.002	−17,5	0,736	10.600	24.079	−53,9	0,383
5100	53.284	−18,2	0,728	10.700	23.706	−54,6	0,378
5200	52.574	−18,8	0,72	10.800	23.337	−55,2	0,373
5300	51.871	−19,5	0,712	10.900	22.974	−55,9	0,368
5400	51.176	−20,1	0,705	11.000	22.614	−56,5	0,364
5500	50.489	−20,8	0,697				

Stoffwerte Wasser/Wasserdampf: Dynamische Viskosität

$\vartheta \backslash p$	1	10	50	100	200	500 bar
°C	$10^6 \cdot \eta$ in kg/(m · s)					
0	1791,53	1789,28	1779,51	1767,90	1746,57	1696,53
10	1305,88	1304,90	1300,68	1295,69	1286,64	1266,44
20	1001,61	1001,22	999,59	997,70	994,42	988,36
30	797,35	797,26	796,92	796,59	796,20	797,24
40	652,98	653,05	653,39	653,87	655,00	659,71
50	546,85	547,01	547,71	548,63	550,56	557,18
60	466,40	466,60	467,50	468,65	471,01	478,57
70	403,90	404,12	405,13	406,39	408,96	416,96
80	354,36	354,59	355,64	356,96	359,62	367,76
90	314,41	314,65	315,72	317,06	319,74	327,86
100	12,27	281,99	283,06	284,39	287,06	295,08
110	12,64	254,93	255,99	257,31	259,95	267,81
120	13,02	232,26	233,31	234,62	237,22	244,91
130	13,41	213,08	214,12	215,41	217,96	225,49
140	13,79	196,70	197,73	199,00	201,51	208,88
150	14,18	182,59	183,60	184,86	187,33	194,55
160	14,58	170,34	171,34	172,58	175,02	182,11
170	14,97	159,61	160,60	161,83	164,25	171,24
180	15,37	15,03	151,13	152,35	154,76	161,66
190	15,77	15,46	142,71	143,94	146,33	153,17
200	16,18	15,89	135,18	136,41	138,81	145,61
210	16,58	16,33	128,39	129,63	132,04	138,82
220	16,99	16,76	122,21	123,47	125,90	132,70
230	17,40	17,19	116,54	117,83	120,31	127,15
240	17,81	17,62	111,30	112,62	115,16	122,08
250	18,22	18,05	106,40	107,78	110,39	117,42
260	18,63	18,47	101,77	103,21	105,93	113,12
270	19,05	18,90	18,34	98,87	101,72	109,12
280	19,46	19,33	18,83	94,68	97,71	105,37
290	19,88	19,76	19,32	90,57	93,84	101,84
300	20,29	20,19	19,80	86,46	90,05	98,48
310	20,71	20,61	20,27	82,23	86,29	95,26
320	21,12	21,04	20,74	20,70	82,47	92,16
330	21,54	21,46	21,21	21,19	78,50	89,14
340	21,95	21,89	21,67	21,67	74,22	86,17
350	22,37	22,31	22,13	22,15	69,31	83,24
360	22,79	22,74	22,58	22,63	62,81	80,30

$\vartheta \setminus p$	1	10	50	100	200	500 bar
°C	$10^6 \cdot \eta$ in kg/(m·s)					
370	*23,20*	*23,16*	*23,03*	*23,10*	*26,32*	77,33
380	*23,62*	*23,58*	*23,48*	*23,56*	*25,78*	74,30
390	*24,04*	*24,00*	*23,93*	*24,03*	*25,82*	71,20
400	*24,45*	*24,42*	*24,37*	*24,49*	*26,03*	67,98
410	*24,87*	*24,84*	*24,81*	*24,94*	*26,33*	64,64
420	*25,28*	*25,26*	*25,25*	*25,40*	*26,67*	61,15
430	*25,69*	*25,68*	*25,68*	*25,85*	*27,04*	57,55
440	*26,11*	*26,10*	*26,12*	*26,29*	*27,42*	53,94
450	*26,52*	*26,52*	*26,55*	*26,74*	*27,81*	50,48
460	*26,93*	*26,93*	*26,98*	*27,18*	*28,21*	47,41
470	*27,35*	*27,35*	*27,41*	*27,61*	*28,62*	44,89
480	*27,76*	*27,76*	*27,83*	*28,05*	*29,03*	42,95
490	*28,17*	*28,17*	*28,26*	*28,48*	*29,44*	41,52
500	*28,58*	*28,59*	*28,68*	*28,91*	*29,85*	40,50

Kursive Werte für die Dampfphase, Quelle: [3]

Stoffwerte Wasser/Wasserdampf: Dichte

$\vartheta \setminus p$	1	10	50	100	200	500 bar
°C	ρ in kg/m³					
0	999,8	1000,3	1002,3	1004,8	1009,7	1023,8
10	999,7	1000,1	1002,0	1004,4	1009,0	1022,3
20	998,2	998,6	1000,4	1002,7	1007,1	1019,9
30	995,7	996,1	997,8	1000,0	1004,3	1016,8
40	992,2	992,6	994,4	996,5	1000,8	1013,0
50	988,0	988,4	990,2	992,3	996,5	1008,7
60	983,2	983,6	985,3	987,5	991,7	1003,9
70	977,8	978,2	979,9	982,1	986,3	998,6
80	971,8	972,2	974,0	976,2	980,5	992,9
90	965,3	965,7	967,5	969,8	974,2	986,8
100	*0,590*	958,8	960,6	962,9	967,4	980,3
110	*0,573*	951,4	953,3	955,6	960,3	973,4
120	*0,558*	943,5	945,5	947,9	952,7	966,2
130	*0,543*	935,2	937,3	939,8	944,8	958,7
140	*0,529*	926,5	928,6	931,3	936,4	950,9

$\vartheta \backslash p$	1	10	50	100	200	500 bar
°C	ρ in kg/m³					
150	0,516	917,3	919,6	922,3	927,7	942,7
160	0,504	907,7	910,0	912,9	918,6	934,2
170	0,492	897,6	900,1	903,1	909,1	925,4
180	0,481	5,144	889,7	892,9	899,1	916,3
190	0,470	4,992	878,7	882,2	888,8	906,8
200	0,460	4,854	867,3	870,9	878,0	897,0
210	0,451	4,727	855,2	859,2	866,7	886,8
220	0,441	4,609	842,6	846,8	854,9	876,3
230	0,432	4,498	829,2	833,9	842,6	865,4
240	0,424	4,395	815,1	820,2	829,7	854,1
250	0,416	4,297	800,1	805,7	816,1	842,4
260	0,408	4,204	784,0	790,3	801,8	830,2
270	0,400	4,116	24,650	773,8	786,6	817,6
280	0,393	4,032	23,655	756,1	770,5	804,5
290	0,386	3,953	22,802	736,7	753,3	790,8
300	0,379	3,876	22,052	715,3	734,7	776,5
310	0,372	3,803	21,383	691,0	714,5	761,5
320	0,366	3,733	20,777	51,89	692,1	745,8
330	0,360	3,666	20,223	48,91	666,8	729,2
340	0,354	3,602	19,714	46,53	637,2	711,8
350	0,348	3,540	19,241	44,56	600,6	693,3
360	0,343	3,480	18,801	42,87	548,0	673,5
370	0,337	3,423	18,389	41,39	144,4	652,3
380	0,332	3,367	18,001	40,08	121,1	629,5
390	0,327	3,313	17,635	38,90	108,8	604,8
400	0,322	3,262	17,289	37,82	100,5	577,7
410	0,318	3,211	16,960	36,84	94,27	548,0
420	0,313	3,163	16,648	35,93	89,29	515,4
430	0,308	3,116	16,349	35,09	85,17	479,6
440	0,304	3,070	16,064	34,31	81,66	441,3
450	0,300	3,026	15,792	33,57	78,62	402,0
460	0,296	2,983	15,530	32,88	75,93	364,3
470	0,292	2,942	15,279	32,23	73,53	330,4
480	0,288	2,901	15,037	31,62	71,37	301,3
490	0,284	2,862	14,805	31,03	69,40	277,1
500	0,280	2,824	14,581	30,48	67,60	257,1

Kursive Werte für die Dampfphase, Quelle [3]

Stoffwerte Wasser/Wasserdampf: Schallgeschwindigkeit

$\vartheta \setminus p$	1	10	50	100	200	500 bar
°C	*a* in m/s					
0	1402,4	1403,8	1410,2	1418,2	1434,5	1485,9
10	1447,6	1449,0	1455,3	1463,3	1479,6	1530,0
20	1483,4	1484,8	1491,2	1499,2	1515,3	1564,9
30	1511,0	1512,4	1518,8	1526,8	1543,0	1592,3
40	1531,3	1532,8	1539,2	1547,4	1563,7	1613,3
50	1545,3	1546,8	1553,5	1561,8	1578,4	1628,7
60	1553,9	1555,4	1562,3	1570,8	1587,9	1639,3
70	1557,6	1559,2	1566,3	1575,2	1592,9	1645,6
80	1557,1	1558,7	1566,2	1575,4	1593,7	1648,1
90	<u>1552,8</u>	1554,5	1562,3	1571,9	1591,0	1647,2
100	*472,3*	1546,9	1555,1	1565,1	1585,0	1643,2
110	*479,3*	1536,3	1544,8	1555,4	1576,2	1636,5
120	*485,9*	1522,8	1531,8	1543,0	1564,7	1627,4
130	*492,3*	1506,8	1516,3	1528,0	1550,8	1616,0
140	*498,6*	1488,3	1498,4	1510,7	1534,7	1602,5
150	*504,7*	1467,4	1478,1	1491,2	1516,5	1587,2
160	*510,7*	1444,3	1455,7	1469,6	1496,2	1570,1
170	*516,6*	<u>1418,9</u>	1431,1	1445,8	1474,0	1551,4
180	*522,4*	*501,0*	1404,3	1420,1	1450,0	1531,0
190	*528,1*	*509,7*	1375,4	1392,2	1424,0	1509,1
200	*533,7*	*517,3*	1344,3	1362,3	1396,2	1485,8
210	*539,2*	*524,4*	1311,0	1330,3	1366,4	1460,9
220	*544,6*	*531,2*	1275,4	1296,1	1334,8	1434,7
230	*550,0*	*537,7*	1237,5	1259,8	1301,2	1407,0
240	*555,3*	*544,0*	1197,1	1221,1	1265,7	1378,0
250	*560,5*	*550,1*	1153,9	1180,0	1228,1	1347,7
260	*565,6*	*556,1*	<u>1107,7</u>	1136,3	1188,5	1316,0
270	*570,7*	*561,9*	*506,9*	1089,4	1146,5	1283,1
280	*575,8*	*567,5*	*518,9*	1038,9	1102,1	1249,0
290	*580,7*	*573,1*	*529,4*	983,8	1054,8	1213,7
300	*585,7*	*578,5*	*538,8*	922,8	1004,3	1177,3
310	*590,5*	*583,8*	*547,6*	<u>854,9</u>	949,8	1139,9
320	*595,4*	*589,1*	*555,8*	*491,7*	890,3	1101,5
330	*600,1*	*594,2*	*563,6*	*508,2*	824,4	1062,1
340	*604,8*	*599,3*	*570,9*	*522,2*	751,1	1021,7
350	*609,5*	*604,3*	*578,0*	*534,5*	<u>665,0</u>	980,1

$\vartheta \setminus p$	1	10	50	100	200	500 bar
°C	*a* in m/s					
360	*614,1*	*609,2*	*584,8*	*545,5*	*542,7*	*936,0*
370	*618,7*	*614,1*	*591,3*	*555,6*	*421,1*	*891,8*
380	*623,2*	*618,9*	*597,6*	*565,0*	*461,3*	*846,8*
390	*627,7*	*623,6*	*603,6*	*573,8*	*487,1*	*801,1*
400	*632,2*	*628,3*	*609,6*	*582,0*	*507,3*	*755,1*
410	*636,6*	*632,9*	*615,3*	*589,9*	*524,2*	*709,7*
420	*641,0*	*637,5*	*620,9*	*597,3*	*538,7*	*666,1*
430	*645,3*	*642,0*	*626,4*	*604,4*	*551,7*	*626,5*
440	*649,6*	*646,5*	*631,7*	*611,3*	*563,4*	*593,6*
450	*653,9*	*650,9*	*637,0*	*617,9*	*574,1*	*570,0*
460	*658,1*	*655,3*	*642,1*	*624,2*	*584,1*	*556,7*
470	*662,3*	*659,6*	*647,2*	*630,4*	*593,5*	*552,5*
480	*666,4*	*663,9*	*652,1*	*636,4*	*602,3*	*554,8*
490	*670,5*	*668,1*	*657,0*	*642,2*	*610,6*	*560,9*
500	*674,6*	*672,3*	*661,8*	*647,9*	*618,6*	*568,9*

Kursive Werte für die Dampfphase, Quelle: [3]

Stoffwerte des Wassers bei 1 bar Druck

Temperatur	p_s	c_p	Dichte	dyn. Viskosität	kin. Viskosität
°C	bar	J/(kg K)	kg/m³	$\eta \cdot 10^6$ kg/(m · s)	$v \cdot 10^6$ m²/s
0	0,0061	4,219	999,89	1791,28	1,791
5	0,0087	4,205	1000,02	1517,96	1,518
10	0,0123	4,195	999,75	1305,77	1,306
15	0,0171	4,189	999,15	1137,48	1,138
20	0,0234	4,184	998,25	1001,56	1,003
25	0,0317	4,182	997,09	890,06	0,893
30	0,0425	4,180	995,70	797,34	0,801
35	0,0563	4,179	994,08	719,32	0,724
40	0,0738	4,178	992,27	652,99	0,658
45	0,0959	4,179	990,27	596,08	0,602
50	0,1235	4,179	988,09	546,87	0,553
55	0,1576	4,181	985,75	504,00	0,511
60	0,1995	4,183	983,25	466,43	0,474
65	0,2504	4,185	980,61	433,29	0,442
70	0,3120	4,188	977,82	403,93	0,413
75	0,3860	4,191	974,90	377,77	0,387
80	0,4741	4,195	971,85	354,38	0,365
85	0,5787	4,200	968,67	333,37	0,344
90	0,7018	4,205	965,36	314,44	0,326
95	0,8461	4,210	961,94	297,31	0,309
100	1,0142	4,216	958,40	281,77	0,294

Quelle: [3]

Dichte der Flüssigkeiten bei 1 bar Druck

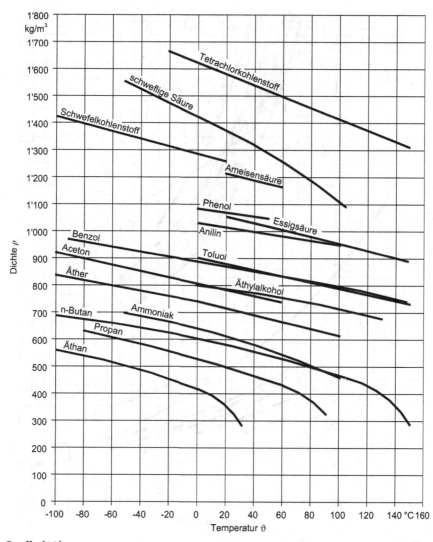

Quelle [10]

Kinematische Viskosität der Flüssigkeiten bei 1 bar Druck

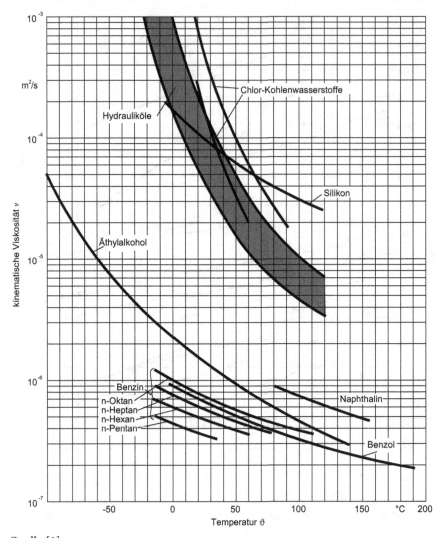

Quelle [1]

Kinematische Viskosität der Öle bei 1 bar Druck

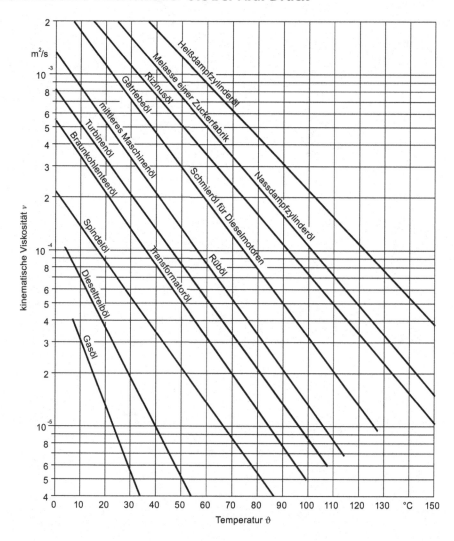

Anhang B

Temperaturtabellen für Thermoelemente

Chromel-Alumel-Thermoelemente						Eisen-Konstantan	
Temperatur	Spannung	Temperatur	Spannung	Temperatur	Spannung	Temperatur	Spannung
°C	mV	°C	mV	°C	mV	°C	mV
−190	−5,60	340	13,88	860	35,75	0	0,00
−180	−5,43	350	14,29	870	36,15	10	0,54
−170	−5,24	360	14,71	880	36,55	20	1,05
−160	−5,03	370	15,13	890	36,96	30	1,58
−150	−4,81	380	15,55	900	37,36	40	2,11
−140	−4,58	390	15,98	910	37,76	50	2,65
−130	−4,32	400	16,40	920	38,16	60	3,19
−120	−4,06	410	16,82	930	38,56	70	3,73
−110	−3,78	420	17,24	940	38,95	80	4,27
−100	−3,49	430	17,67	950	39,35	90	4,82
−90	−3,19	440	18,09	960	39,75	100	5,37
−80	−2,87	450	18,51	970	40,14	110	5,92
−70	−2,54	460	18,94	980	40,53	120	6,47
−60	−2,20	470	19,36	990	40,92	130	7,03
−50	−1,86	480	19,79	1000	41,31	140	7,59
−40	−1,50	490	20,22	1010	41,70	150	8,15
−30	−1,14	500	20,65	1020	42,09	160	8,71
−20	−0,77	510	21,07	1030	42,48	170	9,27
−10	−0,39	520	21,50	1040	42,87	180	9,83
0	0	530	21,92	1050	43,25	190	10,39
10	0,4	540	22,35	1060	43,63	200	10,95
20	0,8	550	22,78	1070	44,02	210	11,51

Chromel-Alumel-Thermoelemente						Eisen-Konstantan	
Temperatur	Spannung	Temperatur	Spannung	Temperatur	Spannung	Temperatur	Spannung
°C	mV	°C	mV	°C	mV	°C	mV
30	1,2	560	23,20	1080	44,40	220	12,07
40	1,61	570	23,63	1090	44,78	230	12,63
50	2,02	580	24,06	1100	45,16	240	13,19
60	2,43	590	24,49	1110	45,54	250	13,75
70	2,85	600	24,91	1120	45,92	260	14,31
80	3,26	610	25,34	1130	46,29	270	14,88
90	3,68	620	25,76	1140	46,67	280	15,44
100	4,1	630	26,19	1150	47,04	290	16,00
110	4,51	640	26,61	1160	47,41	300	16,56
120	4,92	650	27,03	1170	47,78	310	17,12
130	5,33	660	27,45	1180	48,15	320	17,68
140	5,73	670	27,87	1190	48,52	330	18,24
150	6,13	680	28,29	1200	48,89	340	18,80
160	6,53	690	28,72	1210	49,25	350	19,36
170	6,93	700	29,14	1220	49,62	360	19,92
180	7,33	710	29,56	1230	49,98	370	20,48
190	7,73	720	29,97	1240	50,34	380	21,04
200	8,13	730	30,39	1250	50,69	390	21,60
210	8,54	740	30,81	1260	51,05	400	22,16
220	8,94	750	31,23	1270	51,41	410	22,72
230	9,34	760	31,65	1280	51,76	420	23,29
240	9,75	770	32,06	1290	52,11	430	23,86
250	10,16	780	32,48	1300	52,46	440	24,43
260	10,57	790	32,89	1310	52,81	450	25,00
270	10,98	800	33,30	1320	53,16	460	25,57
280	11,39	810	33,71	1330	53,51	470	26,14
290	11,8	820	34,12	1340	53,85	480	26,71
300	12,21	830	34,53	1350	54,20	490	27,28
310	12,63	840	34,93	1360	54,54	500	27,85
320	13,04	850	35,34	1370	54,88		
330	13,46						

Durchflusszahlen für Normdüsen

$\alpha = f\ (m^2,\ Re)$ nach EN ISO 5167-1

Re m	m^2	$2 \cdot 10^4$	$2,5 \cdot 10^4$	$3 \cdot 10^4$	$4 \cdot 10^4$	$5 \cdot 10^4$	$7 \cdot 10^4$	10^5	$2 \cdot 10^5$	$2 \cdot 10^6$
0,1000	0,01						0,9892	0,9895	0,9895	0,9896
0,1414	0,02						0,9917	0,9924	0,9927	0,9928
0,1732	0,03						0,9945	0,9954	0,9959	0,9960
0,2000	0,04	0,9798	0,9849	0,9883	0,9926	0,9951	0,9973	0,9984	0,9992	0,9994
0,2236	0,05	0,9822	0,9871	0,9906	0,9951	0,9977	1,0002	1,0015	1,0026	1,0027
0,2449	0,06	0,9849	0,9895	0,9930	0,9976	1,0005	1,0033	1,0047	1,0059	1,0061
0,2646	0,07	0,9876	0,9921	0,9956	1,0002	1,0033	1,0064	1,0080	1,0093	1,0095
0,2828	0,08	0,9907	0,9951	0,9984	1,0031	1,0063	1,0096	1,0113	1,0128	1,0130
0,3000	0,09	0,9939	0,9982	1,0014	1,0060	1,0093	1,0128	1,0147	1,0163	1,0166
0,3162	0,10	0,9973	1,0015	1,0046	1,0092	1,0125	1,0162	1,0182	1,0199	1,0202
0,3317	0,11	1,0009	1,0050	1,0080	1,0126	1,0159	1,0196	1,0217	1,0235	1,0238
0,3464	0,12	1,0048	1,0086	1,0116	1,0160	1,0194	1,0230	1,0253	1,0272	1,0275
0,3606	0,13	1,0088	1,0123	1,0153	1,0197	1,0230	1,0266	1,0290	1,0309	1,0312
0,3742	0,14	1,0129	1,0163	1,0192	1,0235	1,0267	1,0303	1,0328	1,0347	1,0350
0,3873	0,15	1,0173	1,0206	1,0234	1,0274	1,0305	1,0341	1,0366	1,0385	1,0388
0,4000	0,16	1,0219	1,0251	1,0276	1,0316	1,0345	1,0380	1,0405	1,0424	1,0427
0,4123	0,17	1,0266	1,0297	1,0321	1,0358	1,0386	1,0420	1,0445	1,0463	1,0467
0,4243	0,18	1,0315	1,0344	1,0367	1,0402	1,0428	1,0461	1,0486	1,0504	1,0507
0,4359	0,19	1,0366	1,0393	1,0415	1,0447	1,0472	1,0503	1,0527	1,0545	1,0547
0,4472	0,20	1,0418	1,0444	1,0464	1,0494	1,0517	1,0546	1,0569	1,0586	1,0589
0,4583	0,21	1,0472	1,0496	1,0515	1,0543	1,0563	1,0590	1,0612	1,0628	1,0631
0,4690	0,22	1,0528	1,0550	1,0567	1,0593	1,0611	1,0636	1,0656	1,0671	1,0674
0,4796	0,23	1,0586	1,0606	1,0621	1,0644	1,0660	1,0682	1,0701	1,0715	1,0718
0,4899	0,24	1,0645	1,0662	1,0677	1,0697	1,0710	1,0730	1,0746	1,0760	1,0762
0,5000	0,25	1,0706	1,0721	1,0734	1,0751	1,0763	1,0779	1,0793	1,0805	1,0807
0,5099	0,26	1,0769	1,0782	1,0792	1,0806	1,0816	1,0830	1,0841	1,0852	1,0854
0,5196	0,27	1,0833	1,0844	1,0853	1,0864	1,0871	1,0881	1,0890	1,0899	1,0901
0,5292	0,28	1,0899	1,0908	1,0914	1,0923	1,0928	1,0934	1,0941	1,0948	1,0949
0,5385	0,29	1,0966	1,0972	1,0976	1,0982	1,0985	1,0989	1,0993	1,0998	1,0999
0,5477	0,30	1,1035	1,1037	1,1039	1,1042	1,1043	1,1045	1,1046	1,1049	1,1049
0,5668	0,31	1,1106	1,1106	1,1105	1,1104	1,1102	1,1101	1,1101	1,1101	1,1101
0,5657	0,32	1,1179	1,1176	1,1173	1,1168	1,1164	1,1159	1,1156	1,1155	1,1154
0,5745	0,33	1,1253	1,1246	1,1241	1,1233	1,1225	1,1218	1,1214	1,1209	1,1208
0,5831	0,34	1,1329	1,1320	1,1312	1,1300	1,1290	1,1279	1,1272	1,1266	1,1264
0,5916	0,35	1,1407	1,1394	1,1384	1,1368	1,1355	1,1341	1,1332	1,1324	1,1321
0,6000	0,36	1,1486	1,1470	1,1457	1,1438	1,1423	1,1406	1,1394	1,1383	1,1379

Re / m	m^2	$2 \cdot 10^4$	$2,5 \cdot 10^4$	$3 \cdot 10^4$	$4 \cdot 10^4$	$5 \cdot 10^4$	$7 \cdot 10^4$	10^5	$2 \cdot 10^5$	$2 \cdot 10^6$
0,6083	0,37	1,1567	1,1548	1,1532	1,1510	1,1493	1,1472	1,1457	1,1445	1,1439
0,6164	0,38	1,1650	1,1627	1,1609	1,1583	1,1564	1,1540	1,1523	1,1508	1,1501
0,6245	0,39	1,1734	1,1709	1,1688	1,1658	1,1636	1,1609	1,1590	1,1573	1,1565
0,6325	0,40	1,1821	1,1793	1,1768	1,1735	1,1711	1,1680	1,1660	1,1641	1,1630
0,6403	0,41	1,1909	1,1877	1,1851	1,1813	1,1788	1,1754	1,1732	1,1710	1,1698

Gültig für glatte Rohre mit Durchmessern D von 50 bis 500 mm.
Zwischen den angegebenen Werten von m^2 (nicht von m) und von Re kann linear interpoliert werden.
Die Angabe von vier Dezimalen entspricht nicht der Unsicherheit, mit der die Zahlenwerte behaftet sind.

Expansionszahlen für Normdüsen

$\varepsilon = f\ (m^2, p_2/p_1, k)$ nach EN ISO 5167-1

p_2/p_1 / m	m^2	1,0	0,98	0,96	0,94	0,92	0,90	0,85	0,80	0,75
ε für $\varkappa = 1,2$										
0	0	1,0	0,9874	0,9748	0,9620	0,9491	0,936	0,9029	0,8689	0,8340
0,3162	0,10	1,0	0,9856	0,9712	0,9568	0,9423	0,9278	0,8913	0,8543	0,8169
0,4472	0,20	1,0	0,9834	0,9669	0,9504	0,9341	0,9178	0,8773	0,8371	0,7970
0,5477	0,30	1,0	0,9805	0,9613	0,9424	0,9238	0,9053	0,8602	0,8163	0,7733
0,6326	0,40	1.0	0,9767	0,9541	0,9320	0,9105	0,8896	0,8390	0,7909	0,7448
0,6403	0,41	1,0	0,9763	0,9532	0,9308	0,9090	0,8877	0,8366	0,7881	0,7416
ε für $\varkappa = 1,3$										
0	0	1,0	0,9884	0,9767	0,9649	0,9529	0,9408	0,9100	0,8783	0,8457
0,3162	0,10	1,0	0,9867	0,9734	0,9600	0,9466	0,9331	0,8990	0,8645	0,8294
0,4472	0,20	1,0	0,9846	0,9693	0,9541	0,9389	0,9237	0,8859	0,8481	0,8102
0,5477	0,30	1,0	0,9820	0,9642	0,9466	0,9292	0,9120	0,8697	0,8283	0,7875
0,6325	0,40	1,0	0,9785	0,9575	0,9369	0,9168	0,8971	0,8495	0,8039	0,7599
0,6403	0,41	1,0	0,9781	0,9567	0,9358	0,9154	0,8954	0,8472	0,8012	0,7569
ε für $\varkappa = 1,4$										
0	0	1,0	0,9892	0,9783	0,9673	0,9562	0,9449	0,9162	0,8865	0,8558
0,3162	0,10	1,0	0,9877	0,9753	0,9628	0,9503	0,9377	0,9068	0,8733	0,8402
0,4472	0,20	1,0	0,9857	0,9715	0,9573	0,9430	0,9288	0,8933	0,8577	0,8219
0.5477	0,30	1,0	0,9833	0,9667	0,9503	0,9340	0,9178	0,8780	0,8388	0,8000
0,6325	0,40	1,0	0,9800	0,9604	0,9412	0,9223	0,9038	0,8588	0,8154	0,7733
0,6403	0,41	1,0	0,9796	0,9596	0,9401	0,9209	0,9021	0,8566	0,8127	0,7704

p_2/p_1		1,0	0,98	0,96	0,94	0,92	0,90	0,85	0,80	0,75
m	m^2									
ε für $\varkappa = 1,6$										
0	0	1,0	0,9909	0,9817	0,9724	0,9629	0,9533	0,9288	0,9033	0,8768
0,3102	0,10	1,0	0,9896	0,9791	0,9685	0,9578	0,9470	0,9197	0,8917	0,8629
0,4472	0,20	1,0	0,9879	0,9769	0,9637	0,9516	0,9394	0,9088	0,8778	0,8464
0,5477	0,30	1,0	0,9858	0,9718	0,9577	0,9438	0,9299	0,8953	0,8609	0,8235
0,6325	0,40	1,0	0,9831	0,9664	0,9499	0,9336	0,9176	0,8782	0,8397	0,8020
0,6403	0,41	1,0	0,9827	0,9657	0,9490	0,9324	0,9161	0,8762	0,8373	0,7993

Gültig für beliebige Gase und Dämpfe.

Die Zahlenwerte für $m = 0$ und $p_2/p_1 = 1$ sind nur aufgeführt, um die Interpolation von Werten für $m < 0,1$ bzw. p_1 zu ermöglichen.

Durchflusszahlen für Normblenden

$\alpha = f(m^2, Re)$ nach EN ISO 5167-1

Re		$5 \cdot 10^3$	10^4	$2 \cdot 10^4$	$3 \cdot 10^4$	$5 \cdot 10^4$	10^5	10^6	$2 \cdot 10^7$
m	m^2								
0,0500	0,0025	0,6024	0,6005	0,5993	0,5989	0,5985	0,5981	0,5978	0,5977
0,0548	0,003	0,6032	0,6011	0,5998	0,5993	0,5988	0,5985	0,5981	0,5980
0,0632	0,004	0,6045	0,6022	0,6007	0,6001	0,5995	0,5991	0,5986	0,5986
0,0707	0,005	0,6058	0,6031	0,6015	0,6008	0,6002	0,5997	0,5992	0,5991
0,1000	0,01	0,6110	0,6073	0,6050	0,6039	0,6031	0,6025	0,6018	0,6016
0,1414	0,02	0,6194	0,6142	0,6108	0,6094	0,6081	0,6073	0,6062	0,6061
0,1732	0,03	0,6268	0,6203	0,6161	0,6143	0,6129	0,6117	0,6105	0,6103
0,2000	0,04	0,6335	0,6260	0,6212	0,6190	0,6173	0,6160	0,6146	0,6144
0,2236	0,05	0,6399	0,6315	0,6260	0,6236	0,6217	0,6202	0,6186	0,6184
0,2449	0,06		0,6370	0,6308	0,6281	0,6260	0,6245	0,6226	0,6223
0,2646	0,07		0,6422	0,6355	0,6327	0,6302	0,6284	0,6265	0,6262
0,2828	0,08		0,6474	0,6403	0,6371	0,6343	0,6324	0,6303	0,6300
0,3000	0,09		0,6526	0,6450	0,6415	0,6385	0,6362	0,6341	0,6338
0,3162	0,10		0,6577	0,6497	0,6459	0,6425	0,6401	0,6378	0,6375
0,3317	0,11		0,6630	0,6542	0,6500	0,6465	0,6439	0,6415	0,6412
0,3464	0,12		0,6682	0,6588	0,6544	0,6507	0,6478	0,6452	0,6449
0,3606	0,13		0,6734	0,6633	0,6587	0,6547	0,6516	0,6489	0,6486
0,3742	0,14		0,6786	0,6679	0,6629	0,6587	0,6555	0,6526	0,6522
0,3873	0,15		0,6839	0,6724	0,6672	0,6627	0,6594	0,6563	0,6559
0,4000	0,16		0,6890	0,6769	0,6715	0,6667	0,6633	0,6600	0,6596

Re m	m^2	$5 \cdot 10^3$	10^4	$2 \cdot 10^4$	$3 \cdot 10^4$	$5 \cdot 10^4$	10^5	10^6	$2 \cdot 10^7$
0,4123	0,17		0,6943	0,6815	0,6759	0,6708	0,6671	0,6638	0,6633
0,4243	0,18		0,6995	0,6861	0,6802	0,6749	0,6711	0,6675	0,6670
0,4359	0,19		0,7047	0,6908	0,6846	0,6791	0,6751	0,6713	0,6708
0,4472	0,20		0,7099	0,6954	0,6890	0,6832	0,6791	0,6751	0,6746
0,4583	0,21		0,7153	0,7000	0,6934	0,6874	0,6830	0,6789	0,6784
0,4690	0,22		0,7206	0,7047	0,6979	0,6917	0,6871	0,6828	0,6823
0,4796	0,23		0,7259	0,7094	0,7024	0,6960	0,6911	0,6867	0,6861
0,4899	0,24		0,7312	0,7142	0,7069	0,7003	0,6952	0,6906	0,6899
0,5000	0,25		0,7366	0,7189	0,7114	0,7046	0,6994	0,6945	0,6938
0,5099	0,26		0,7419	0,7237	0,7160	0,7090	0,7035	0,6984	0,6977
0,5196	0,27		0,7472	0,7286	0,7207	0,7136	0,7078	0,7025	0,7017
0,5292	0,28		0,7526	0,7336	0,7255	0,7180	0,7121	0,7065	0,7057
0,5385	0,29		0,7580	0,7385	0,7301	0,7225	0,7163	0,7105	0,7096
0,5477	0,30		0,7635	0,7436	0,7349	0,7269	0,7206	0,7145	0,7136
0,6568	0,31		0,7690	0,7487	0,7398	0,7317	0,7250	0,7187	0,7177
0,5657	0,32		0,7745	0,7538	0,7446	0,7363	0,7294	0,7228	0,7218
0,5745	0,33		0,7802	0,7591	0,7495	0,7410	0,7339	0,7269	0,7259
0,5831	0,34		0,7859	0,7646	0,7547	0,7459	0,7385	0,7312	0,7301
0,5916	0,35		0,7917	0,7699	0,7597	0,7508	0,7432	0,7354	0,7343
0,6000	0,36		0,7976	0,7754	0,7648	0,7554	0,7476	0,7396	0,7384
0,6083	0,37			0,7809	0,7699	0,7605	0,7523	0,7439	0,7426
0,6164	0,38			0,7866	0,7752	0,7656	0,7571	0,7483	0,7470
0,6245	0,39			0,7924	0,7805	0,7706	0,7619	0,75270	0,7513
0,6325	0,40			0,7986	0,7864	0,7763	0,7673	0,7576	0,7561
0,6403	0,41			0,8046	0,7924	0,7819	0,7726	0,7624	0,7609

Gültig für glatte Rohre mit Durchmessern D von 50 bis 1000 mm.

Zwischen den angegebenen Werten von m^2 (nicht von m) und von Re kann linear interpoliert werden. Die Angabe von vier Dezimalen entspricht nicht der Unsicherheit, mit der die Zahlenwerte behaftet sind.

Expansionszahlen für Normblenden

$\varepsilon = f\,(m^2, p_2/p_1, k)$ nach EN ISO 5167-1

p_2/p_1 m	m^2	1,0	0,98	0,96	0,94	0,92	0,90	0,85	0,80	0,75
ε für $\varkappa = 1{,}20$										
0,0000	0,00	1,0	0,9919	0,9845	0,9774	0,9703	0,9634	0,9463	0,9294	0,9126
0,3162	0,10	1,0	0,9912	0,9832	0,9754	0,9678	0,9603	0,9417	0,9233	0,9051
0,4472	0,20	1,0	0,9905	0,9819	0,9735	0,9652	0,9571	0,9371	0,9173	0,8976
0,5477	0,30	1,0	0,9898	0,9806	0,9715	0,9627	0,9540	0,9325	0,9112	0,8901
0,6325	0,40	1,0	0,9892	0,9792	0,9696	0,9602	0,9508	0,9278	0,9052	0,8826
0,6403	0,41	1,0	0,9891	0,9791	0,9694	0,9599	0,9505	0,9274	0,9046	0,8819
ε für $\varkappa = 1{,}30$										
0,0000	0,00	1,0	0,9925	0,9856	0,9790	0,9724	0,9659	0,9499	0,9341	0,9183
0,3162	0,10	1,0	0,9919	0,9844	0,9772	0,9700	0,9630	0,9456	0,9284	0,9112
0,4472	0,20	1,0	0,9912	0,9832	0,9754	0,9677	0,9601	0,9413	0,9227	0,9042
0,5477	0,30	1,0	0,9906	0,9819	0,9735	0,9653	0,9572	0,9370	0,9171	0,8972
0,6325	0,40	1,0	0,9899	0,9807	0,9717	0,9629	0,9542	0,9327	0,9114	0,8902
0,6403	0,41	1,0	0,9899	0,9806	0,9716	0,9627	0,9539	0,9323	0,9109	0,8895
ε für $\varkappa = 1{,}40$										
0,0000	0,00	1,0	0,9930	0,9866	0,9803	0,9742	0,9681	0,9531	0,9381	0,9232
0,3162	0,10	1,0	0,9924	0,9854	0,9787	0,9720	0,9654	0,9491	0,9328	0,9166
0,4472	0,20	1,0	0,9918	0,9843	0,9770	0,9698	0,9627	0,9450	0,9275	0,9100
0,5477	0,30	1,0	0,9912	0,9831	0,9753	0,9676	0,9599	0,9410	0,9222	0,9034
0,6325	0,40	1,0	0,9906	0,9820	0,9736	0,9653	0,9572	0,9370	0,9169	0,8968
0,6403	0,41	1,0	0,9905	0,9819	0,9734	0,9651	0,9569	0,9366	0,9164	0,8961
ε für $\varkappa = 1{,}60$										
0,0000	0,00	1,0	0,9940	0,9885	0,9832	0,9779	0,9727	0,9597	0,9466	0,9335
0,3162	0,10	1,0	0,9935	0,9875	0,9817	0,9760	0,9703	0,9562	0,9421	0,9278
0,4472	0,20	1,0	0,9930	0,9866	0,9803	0,9741	0,9680	0,9527	0,9375	0,9221
0,5477	0,30	1,0	0,9925	0,9856	0,9788	0,9722	0,9656	0,9493	0,9329	0,9164
0,6325	0,40	1,0	0,9920	0,9846	0,9774	0,9703	0,9633	0,9458	0,9283	0,9107
0,6403	0,41	1,0	0,9919	0,9845	0,9773	0,9701	0,9630	0,9455	0,9279	0,9101

Gültig für beliebige Gase und Dämpfe.
Die Zahlenwerte für $m = 0$ und $p_2/p_1 = 1$ sind nur aufgeführt, um die Interpolation von Werten für $m < 0{,}1$ bzw. $p_1/p_2 > 0{,}98$ zu ermöglichen.
Die Angabe von vier Dezimalen entspricht nicht der Unsicherheit, mit der die Zahlenwerte behaftet sind.

Durchflusszahlen für Normventuridüsen

$\alpha = f\ (m^2)$ nach EN ISO 5167-1

m	m^2	α	m	m^2	α
0,1000	0,01	0,9893	0,4472	0,20	1,0659
0,1414	0,02	0,9933	0,4583	0,21	1,0706
0,1732	0,03	0,9972	0,4690	0,22	1,0754
0,2000	0,04	1,0010	0,4796	0,23	1,0804
0,2236	0,05	1,0047	0,4899	0,24	1,0854
0,2449	0,06	1,0084	0,5000	0,25	1,0906
0,2646	0,07	1,0122	0,5099	0,26	1,0959
0,2828	0,08	1,0159	0,5196	0,27	1,1013
0,3000	0,09	1,0197	0,5292	0,28	1,1068
0,3162	0,10	1,0235	0,5385	0,29	1,1124
0,3317	0,11	1,0274	0,5477	0,30	1,1182
0,3464	0,12	1,0314	0,5568	0,31	1,1241
0,3606	0,13	1,0354	0,5657	0,32	1,1301
0,3742	0,14	1,0395	0,5745	0,33	1,1363
0,3873	0,15	1,0437	0,5831	0,34	1,1425
0,4000	0,16	1,0479	0,5916	0,35	1,1489
0,4123	0,17	1,0523	0,6000	0,36	1,1554
0,4243	0,18	1,0567			
0,4359	0,19	1,0612			

Gültig für glatte Rohre mit Durchmessern D von 65 bis 500 mm im Bereich von $1{,}5 \cdot 10^5 < Re < 2 \cdot 10^6$
Zwischen den angegebenen Werten von m^2 (nicht von m) und von Re kann linear interpoliert werden.
Die Angabe von vier Dezimalen entspricht nicht der Unsicherheit, mit der die Zahlenwerte behaftet sind.
Die Expansionszahlen sind aus Tabelle B3 für Normdüsen zu ermitteln.

Anhang C

Liste der Programme

Um die Programme verwenden zu können, benötigt man Mathcad 2001 oder höhere Versionen.

FMB01 bis **FMB12:** Im Buch aufgeführte Beispiele, zusammengefasst pro Kapitel.

FMA0201:   Berechnung von Stoffwerten

FMA0301:   Berechnung der Atmosphäre

FMA0401:   Füllen eines Bassins

FMA0601:   Berechnung der Rohrreibungszahl λ und des Druckverlustes in Rohrleitungssystemen

FMA0901:   Druckverlust und kritischer Massenstrom in der Zweiphasenströmung

FMA1001:   Widerstandszahl in Rohrbündel mit glatten Rohren in fluchtender Rohranordnung

FMA1002:   Widerstandszahl in Rohrbündeln mit glatten Rohren in versetzter Rohranordnung

FMA1003:   Widerstandszahl in Rohrbündeln mit Rippenrohren in versetzter Rohranordnung

FMA1004:   Widerstandszahl in Rohrbündeln mit Rippenrohren in fluchtender Rohranordnung

FMA1201:   Durchflusszahlen der Normblenden

Sachverzeichnis